高等学校电子与电气工程及自动化专业系列教材

电气控制与PLC原理及应用

(第二版)

周亚军　张　卫　岳伟挺　编著

颜钢锋　主审

西安电子科技大学出版社

内 容 简 介

本书以三菱FX系列和西门子S7系列的可编程控制器(PLC)作为目标机型，结合工程应用和教学要求，介绍了电气控制和PLC的基础知识、设计基础及应用设计。

全书共分10章，第1～4章介绍常用低压电器、电气控制线路基础、继电接触式电气控制系统设计和智能低压开关电器；第5～7章是PLC基础部分，介绍PLC的构成、工作原理、编程元件与指令系统、程序设计基础和设计方法；第8～10章从应用角度出发，讨论PLC控制系统综合设计及设计规范、网络技术，并且列举了工程应用实例。

书中图文并茂，列举了大量的例子，有利于学生掌握原理和工程设计方法。

本书可作为本科学生学习低压电器和PLC技术的教材，也可供工程技术人员自学，还可作为培训教材使用。

图书在版编目（CIP）数据

电气控制与PLC原理及应用／周亚军，张卫，岳伟挺编著. —2版. —西安：西安电子科技大学出版社，2018.8(2023.7重印)
ISBN 978-7-5606-4848-4

Ⅰ.①电…　Ⅱ.①周…　②张…　③岳…　Ⅲ.①电气控制　②PLC技术
Ⅳ.①TM571.2　②TM571.6

中国版本图书馆CIP数据核字（2018）第024412号

策　　划　毛红兵
责任编辑　买永莲
出版发行　西安电子科技大学出版社（西安市太白南路2号）
电　　话　(029)88202421　88201467　　邮　　编　710071
网　　址　www.xduph.com　　电子邮箱　xdupfxb001@163.com
经　　销　新华书店
印刷单位　咸阳华盛印务有限责任公司
版　　次　2018年8月第2版　2023年7月第8次印刷
开　　本　787毫米×1092毫米　1/16　印张16.75
字　　数　395千字
印　　数　20 001～21 000册
定　　价　45.00元
ISBN 978 – 7 – 5606 – 4848 – 4 / TM
XDUP　5150002-8

前 言

低压电器技术、可编程控制器(PLC)技术、现场总线及网络通信技术是现代电气控制技术的基础，在工业企业自动化中有着广泛的应用，社会对这方面技术人才的需求也非常大。本书通过参考多种已有教材和应用论文，结合工程应用和教学要求，并融入作者多年的教学经验和科研成果，以三菱 FX 和西门子 S7 两个系列的可编程控制器作为目标机型，介绍了电气控制和可编程控制器的原理及应用。

本书从基础知识、设计基础、应用设计三个内容层次，系统地、由浅入深地引导学生掌握基础知识和应用知识。书中通过大量例子和图文，如指令编程举例、设计举例等，来帮助读者理解和掌握所学内容。在第 10 章系统应用实例中，结合 PLC、低压电器和工业网络，按工程设计步骤和规范要求给出设计过程，对前面所学知识进行综合应用。

本书重视培养学生工程设计的规范化、标准化能力。书中的图标、符号基本符合国家标准。第 3 章介绍的继电接触器控制系统设计和第 8 章的 PLC 控制系统设计严格按照工程设计步骤和要求进行，引导学生加强设计的规范意识，注重掌握设计方法。

目前在电气控制系统中，继电接触器控制系统大多已被基于 PLC 的控制系统代替，而低压电器在控制系统中侧重于主电路、输入/输出外围电路、物理信号的转换和匹配、系统机电和电气保护等方面的应用。因此本书在内容安排中，前 3 章重点介绍低压电器原理、继电接触式电气控制线路的基本环节和基本设计方法，对典型生产机械电气控制电路的内容仅在读图部分给出了两个例子。本书还引入了在自动化中已广泛应用的智能低压电器、现场总线、PLC 网络通信等较先进的自动化技术。

根据低压电器和 PLC 技术与应用的发展，我们对本书的第 1 版(2008 年出版)进行了一些修订。修订内容为：第 4 章“可通信的低压电器与现场总线”

改为“智能低压电器与现场总线”，并在内容上做了些调整；三菱 FX 系列 PLC 介绍中，用第三代 FX3U PLC 替代第二代 FX2N PLC，以适应实际应用需求；第 10 章为系统应用实例，增加了“基于 PLC 的直角坐标机械手的运动控制设计”的综合性应用案例。

本书由浙江大学颜钢锋教授主审，颜教授对本书提出了许多宝贵意见和建议；研究生伍胡平、张毅、刘玉成等人参与了本书的插图绘制和书稿整理工作，在此对以上人员一并表示感谢。

由于编者水平有限，书中难免存在疏漏和不足之处，请广大读者予以指教。

作　者

2018 年 4 月

目 录

第1章　常用低压电器

自动控制系统和电力输配电系统中广泛使用的各类高低压电器，在电能的生产、输送、分配及使用环节起着控制、能量调节、电压转换、信号检测、电气保护等重要作用，并逐渐侧重于控制系统的配电、电压匹配、信号检测及电气保护等外围电气线路。

随着自动控制技术的发展，自动化智能化控制系统在控制策略、控制手段、执行器件等方面都体现出其控制上的优越性，并逐渐取代了传统的以继电接触器为主的控制方式，如集散控制系统(DCS)、可编程控制系统(PLC)、嵌入式控制系统等，但由于控制对象在电压、电流、功率等许多参数上差异很大，控制系统无法对种类繁多的执行器件直接进行控制，而必须通过必要的电器元件在能量、速度上进行转换和匹配。控制系统和执行器件本身也需要工作电源，即需要通过电网经电器元件组成的配电线路实现配送。此外，也必须为控制系统提供必要的电气保护措施，以避免因控制失效或器件损坏等因素而造成的短路、过流、过压、失压、弱磁等现象以及由此导致的更大的损失或危害。因此，掌握低压电器知识和继电器控制技术是更有效地运用 DCS、PLC 等先进控制设备所必须具备的。

1.1　低压电器概述

电器的功能种类繁多，根据工作电压等级可将其分为两类：

(1) 高压电器：用于交流电压 1200 V、直流电压 1500 V 及以上电路中的电器，通常用于电能的输送和分配，如高压断路器、高压隔离器、高压熔断器等。

(2) 低压电器：用于交流 50 Hz(60 Hz)、额定电压 1200 V 以下或直流额定电压 1500 V 以下电路中起电能分配、通断、保护、控制、调节或检测作用的电器，如接触器、继电器、断路器等。

1.1.1　低压电器的分类和主要用途

根据使用目的和动作类型不同，低压电器可作如下分类：

1．按使用目的分类

(1) 控制电器：用于组成各类控制电路和控制系统，实现特定控制目的的电器，例如接触器、继电器、电动机软启动器等。这类电器自身可以实现简单的控制系统，也可以作为高级控制设备完成控制目的不可或缺的组成部分，实现逻辑解算结果(弱电信号)对控制对象(强电设备)的控制或由现场设备工况(如主回路电压、电流)到控制系统识别的特征信息(控制系统工作电压)之间的转换。控制电器要求工作准确可靠、寿命长、操作频率高。

(2) 配电电器：用于电能的输送和分配的电器，例如低压断路器、刀开关等。根据容量、规格为电气控制设备提供正常工作运行的电源，是低压电器的主要应用领域。配电电器要求有足够的热稳定性和电稳定性，在系统故障的情况下，动作准确、可靠。

(3) 主令电器：用于控制系统发送动作指令、实现位置检测等功能的电器，例如按钮、主令控制器、行程开关等。它为系统提供了人机交互的手段。

(4) 保护电器：用于保护线路、电气设备和人身安全的电器，如断路器、熔断器、漏电保护器、热继电器等。

(5) 执行电器：用于执行某种动作，实现某种功能的电器，如电磁阀、制动器等。

2. 按动作特点分类

(1) 手动动作电器：由操作人员手动发出控制指令或设备在生产过程中经外力触发的电器，如按钮、行程开关等。

(2) 自动开关电器：利用电磁吸力自动完成动作的电器，如接触器、继电器、电磁阀等。

3. 按工作原理分类

(1) 电磁式电器：利用电磁感应原理工作的电器，如接触器、电磁式继电器等。

(2) 非电量控制电器：利用外力或某种非电物理量的变化而动作的电器，如刀开关、行程开关、按钮等。

此外，也可按照低压电器的使用场合简单地分为民用电器、工业用电器、农业用电器、建筑电器、汽车电器等类型。

1.1.2 低压电器的发展趋势

低压电器在电能的输配、控制和设备保护中的重要作用使得国内外对其新产品的研发非常重视，这给低压电器产品的发展带来了深远的影响。

新技术的出现和应用，如计算机辅助设计(CAD)、计算机辅助制造(CAM)、计算机辅助分析(CAE)、微电子技术、自动化技术、网络技术、通信技术等的发展，推动着低压电器产品朝着智能化、网络化、模块化、功能集成化、节能化的方向发展，同时，也更注重研究限流新技术和电磁兼容技术(EMC)，提高分断能力和限流性能。

1. 低压电器智能化

智能化低压电器带有微处理器，能准确监测和显示配电线路的运行情况，并能准确地解决过载、短路等各种故障；能按运行人员的设置要求进行各种操作；具有运行监测和内部故障自诊断及故障显示功能，并将智能控制理论(如模糊理论、神经网络等)逐渐应用到低压电器的控制上。目前，智能化低压电器的发展主要在万能式断路器、塑壳式断路器及电机启动控制、保护器等产品上。

2. 低压电器网络化

现今的自动化系统在信息化方面提出了更多更高的要求，全局监控、信息共享同样也体现在低压电器产品的发展上，如 Internet 协议、现场总线协议(如 Profibus、DeviceNet、Modbus、ASI-bus 等)、楼宇自动化总线协议(如 Europen Installation BUS、Lonwork、IQBUS、BACnet 等)等在低压电器上的应用。具有通信功能和现场总线技术的智能化低压电器带有通信接口，能和系统通信，构成整个智能化控制系统。这些智能化产品以现场总线为纽带，把各个智能化终端联通起来，共享信息，共同完成控制任务，从而实现电器产品“四遥”(遥控、遥测、遥训、遥调)功能，提高了配电系统供电可靠性，实现了区域联锁，改善了低压配电、控制系统的自动化程度。

3．低压电器模块化、组合化

目前，低压电器产品朝着多功能化的方向发展，产品结构上采用具有独立功能的组件进行装配，形成模块化的积木拼装式结构，而每一种模块相对独立，便于功能分割和组合，是实现电器产品多功能化的重要途径。例如，多功能的组合电器就是一个典型。20 世纪 80 年代中后期发展起来的模块化终端电器，具有统一的外形尺寸，安装导轨化，为发展组合电器和成套设备创造了条件。

1.1.3　电磁机构

接触器、电磁式继电器、电磁阀等都是采用电磁感应原理工作的电磁式电器。其机构由电磁机构和触头系统构成，部分还带有灭弧系统及绝缘外壳等附件。

电磁机构包括电磁线圈、静铁芯和动铁芯(衔铁)，其作用是将电磁能转换为机械能，依靠它带动触头的闭合和断开。其结构分为直动式和拍合式，图 1-1 为直动式结构。

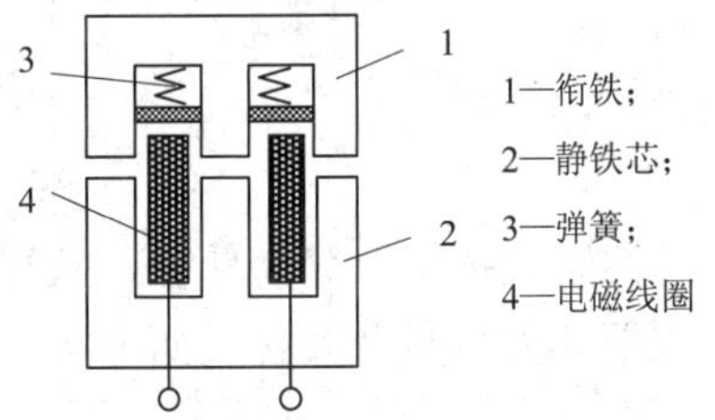

图 1-1　电磁线圈和铁芯

执行机构包括主触头和辅助触头，用来接通和分断控制电路。主触头用于电流较大的主回路，辅助触头则用于电流较小的控制回路。原始状态时(线圈未通电)断开，线圈通电后闭合的触头叫常开触头；原始状态时闭合，线圈通电后断开的触头叫常闭触头。当线圈由通电变为断电时，所有触头恢复为原始状态。

灭弧系统是用来保证在触头断开电路时，产生的电弧能够可靠熄灭，从而减少电弧对触头造成损伤的灭弧装置。电弧是指当两个触头行将接触或开始分离时，若它们之间的电压达到 12～20 V，电流达到 0.25～1 A，则在触头间隙内产生的高温弧光。由于电弧温度非常高，会导致触头烧损或熔焊，因此对采用换接触头式接触方式的触头非常有害，一般采用半封式纵缝陶土灭弧罩。

电磁机构的工作原理：当电磁线圈通电后，线圈电流产生磁场使铁芯产生电磁吸力作用于衔铁，电磁吸力克服弹簧反力使得衔铁吸合，使其产生机械位移，带动触头系统动作。当线圈断电或线圈两端电压显著降低时，电磁吸力小于弹簧反力，衔铁释放，触头系统复位。

当线圈通过直流电时，电磁吸力为恒值；当线圈通过交流电时，电磁吸力随着电源电压作周期变化，并且在一个周期里，衔铁吸合两次，释放两次，会导致电磁机构产生强烈震动和噪声而无法正常工作。因此在设计时铁芯端面都安装一个铜制的短路环，短路环内会产生感应电动势和感应电流，这样将通过极面的磁通分为大小接近、相位相差约90° 的环外磁通和环内磁通，其合成电磁吸力在通电期间始终大于弹簧反力，保证铁芯吸合。

1.2 低压隔离器

低压隔离器也称刀开关，主要用于低压配电设备中隔离电源和小容量负载非频繁启动的操作开关。目前，低压隔离器主要有低压刀开关、熔断器式刀开关和组合开关三种。

1.2.1 低压刀开关

低压刀开关由操作手柄、触刀、触刀插座和绝缘底板组成，其结构和图形符号如图1-2所示。

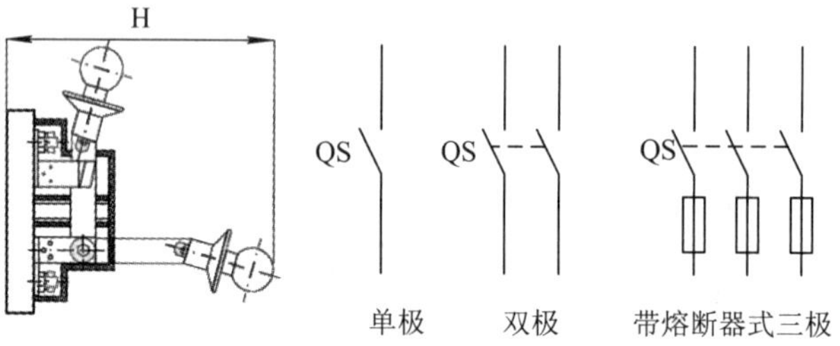

图1-2 刀开关的结构和图形符号

刀开关按极数分为单极、双极和三极；按转换方式分为单投方式和双投方式。

刀开关型号及其含义如下所示：

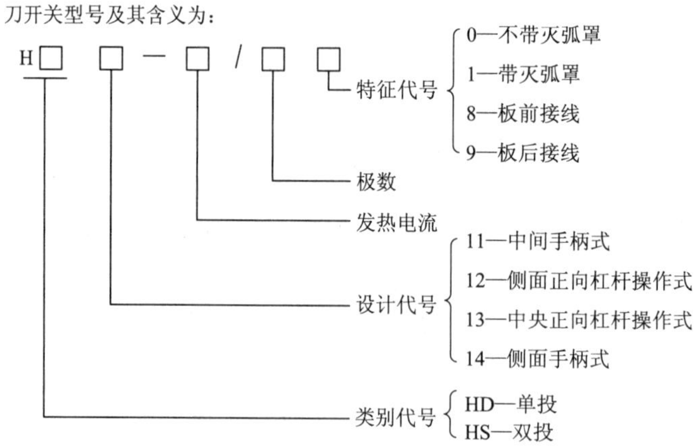

刀开关的主要技术参数包括：

(1) 额定电流：长期通过的最大允许电流。

(2) 额定电压：长期工作所承受的最大电压。

(3) 机械寿命：刀开关在不带电的情况下所能承受的操作次数。

(4) 电寿命：刀开关在额定电压下能可靠地分断额定电流的工作次数。

(5) 短时耐受电流：当发生短路时，刀开关在指定时间内通以某一短路电流而未发生熔焊现象，则称该短路电流为短时耐受电流，通常时间设为 1 s。

(6) 动态稳定电流峰值：当发生短路时，刀开关不产生变形、破坏或触刀自动弹出的现象时的最大短路电流峰值。

1.2.2　熔断器式刀开关

熔断器式刀开关即带有熔断器的刀开关，适用于有高短路电流的配电电路和电动机电路，用作电源开关、隔离开关和应急开关，作为短路保护和电缆、导线的过载保护之用，但一般不用于单台电动机的接通、分断。在正常情况下，它可供非频繁地手动接通和分断正常负载电流与过载电流；在短路情况下，由熔断器分断电流。熔断器式刀开关的结构如图 1-3 所示。

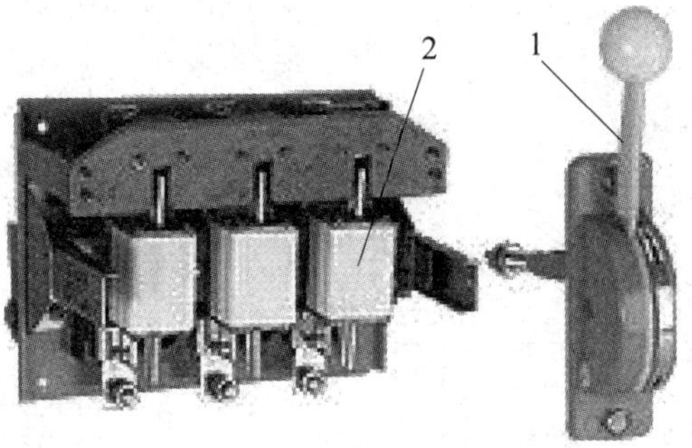

1—手柄；2—熔断器

图 1-3　熔断器式刀开关

1.2.3　组合开关

组合开关属于转换开关，适用于非频繁地接通或分断电路，换接电源或负载，也可用于小容量电动机的启动、停止、换向和变速。

组合开关由动触头、静触头、方形转轴、手柄、定位机构和外壳组成。其结构和图形符号如图 1-4 所示。当转动手柄时，每层的动触头随方形转轴一起转动，并使静触头插入相应的动触片中接通电路。

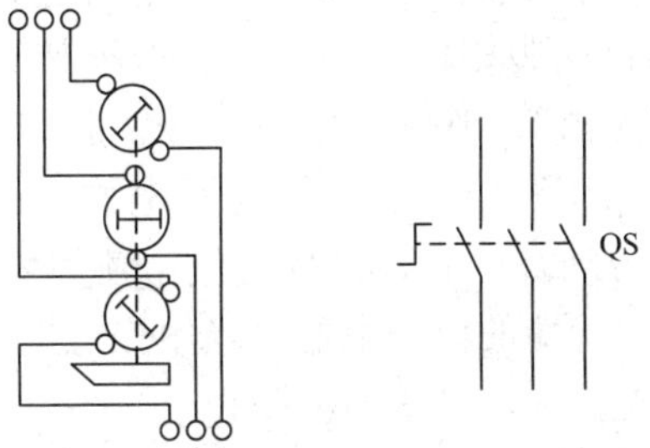

图 1-4　组合开关结构和图形符号

1.3 低压断路器

低压断路器也称为自动空气开关。低压断路器的功能相当于刀开关、熔断器过电流继电器、失压继电器、热继电器及漏电保护器等电器部分或全部功能的组合，可用来非频繁地接触和分断电路与用电设备，能对电源线路及电气设备进行过载、短路、失压和欠压等保护，是低压配电和电力拖动系统网中一种重要的保护电器。

低压断路器具有保护功能多、动作值可调、分断能力高、操作方便安全等优点，所以目前被广泛应用。

1.3.1 低压断路器的结构及工作原理

低压断路器由操作机构、触头系统、自由脱扣机构(由图 1-5 中锁键、搭钩、杠杆等组成)、各种脱扣器、灭弧系统、辅助触头、框架及外壳等组成。其工作原理如图 1-5 所示。

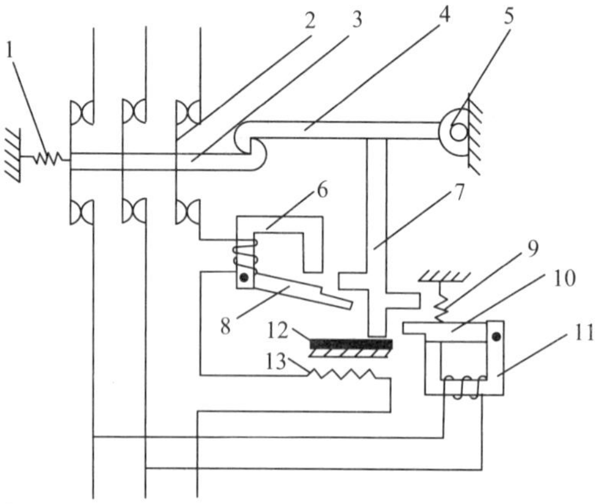

1、9—弹簧；
2—触头；
3—锁键；
4—搭钩；
5—轴；
6—过电流脱扣器；
7—杠杆；
8、10—衔铁；
11—欠电压脱扣器；
12—热脱扣器双金属片；
13—热脱扣器发热元件

图 1-5　低压断路器工作原理图

低压断路器的主触头是靠手动操作或电动合闸的。主触头闭合后，自由脱扣机构将主触头锁在合闸位置上。过电流脱扣器的线圈和热脱扣器的发热元件与主电路串联，欠电压脱扣器的线圈和电源并联。当电路发生短路或严重过载时，过电流脱扣器的衔铁吸合，使自由脱扣机构动作，主触头断开主电路。当电路过载时，热脱扣器的热元件发热使双金属片受热弯曲，推动自由脱扣机构动作。一般框架式断路器具有分励脱扣器，而塑壳断路器也可以配置分励脱扣器，图 1-5 中不含分励脱扣器部分。分励脱扣器是一种远距离操纵分闸的附件，在正常工作时，其线圈是断电的，在需要远距离控制时，按下启动按钮，使线圈通电，衔铁带动自由脱扣机构动作，使主触头断开。

断路器是一具有多种保护功能的保护电器，当用作过电流保护时，具有短路和过载两种保护功能，并可实现选择性保护，如图 1-6 所示。

图 1-6(a)为两段保护特性，前一段 AB 为长延时的反时限特性，用于过载保护；后一段

CD 为瞬时动作特性，用于短路保护。当作为选择性保护时，两段保护特性的短路保护为短延时的定时限动作特性。

图 1-6(b)为三段保护特性，由过载反时限 $A'B'$ 、一般短路短延时 $C'D'$ 和短路电流较大的瞬时短路动作 $E'F'$ 组成三段不连续的保护特性。

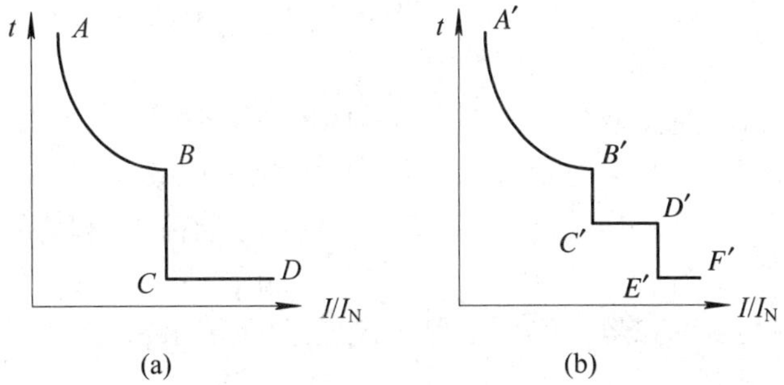

图 1-6　低压断路器的过流保护特性

低压断路器的主要参数包括额定电压、额定绝缘电压、额定电流、极数、脱扣器类型及其额定电流、脱扣器的电流整定范围、辅助触头、额定分断能力等。其图形符号如图 1-7 所示。

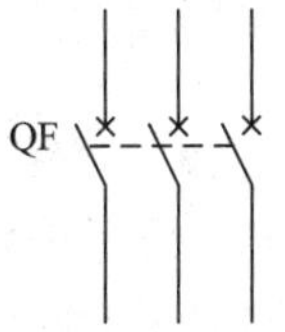

图 1-7　低压断路器的图形符号

1.3.2　低压断路器的常用类型

1．万能式低压断路器

万能式低压断路器具有绝缘衬底的框架机构底座，各部件皆采用敞开式组装方式，便于安装维护。它主要用于配电网络，用来分配电能，保护线路和防止电源设备的过载、欠电压及短路。在正常条件下，它可作为线路的非频繁转换之用。万能式低压断路器主要有以下三种类型：

(1) 一般万能式断路器：不具有选择性保护功能，结构简单，维修方便，分断能力相对较弱。

(2) 中级万能式断路器：具有三段保护特性和选择性保护功能，分断能力较强。

(3) 高级万能式断路器：带有各种保护功能的脱扣器，包括智能化脱扣器，可实现计算机网络通信、外部故障记忆、内部故障自诊断等，分断能力强，结构模块化。

2．塑壳式低压断路器

塑壳式低压断路器的所有组件安装在绝缘材料制成的封闭型外壳内，可用于配电线路中接通或分断电路，作线路和电源设备的过载及短路保护之用；亦可作电动机的非频繁启动和转换之用，作为电动机的启动及过载、短路、欠电压保护。

3. 快速断路器

快速断路器具有快速动作和保护装置，用于半导体整流元件和装置的保护。

4. 限流断路器

限流断路器利用电动斥力使动、静触头迅速分离，其分断时间短到足以使电流在尚未达到预期峰值前即被分断。它主要用于短路电流相当大的电路中。

限流断路器大致可分为以下四种类型：

(1) 由限流熔断器和通用型断路器组合而成的限流断路器；

(2) 由自复式熔断器和通用型断路器组合而成的限流断路器；

(3) 由金属限流线(一种电阻温度系数值很大的铁基合金线)和通用型断路器组合而成的限流断路器；

(4) 电动斥力式限流断路器，利用短路电流通过触头回路时所产生的巨大吸力使触头迅速断开。

1.3.3 低压断路器的选用

低压断路器的选用应考虑以下条件：

(1) 根据线路对保护的要求确定断路器的类型和保护形式，选用框架式、装置式或限流式等；

(2) 断路器的额定电压 U_N 应等于或大于被保护线路的额定电压；

(3) 断路器欠压脱扣器额定电压应等于被保护线路的额定电压；

(4) 断路器的额定电流及过流脱扣器的额定电流应大于或等于被保护线路的计算电流；

(5) 断路器的极限分断能力应大于线路的最大短路电流的有效值；

(6) 配电线路中的上、下级断路器的保护特性应协调配合，下级的保护特性应位于上级保护特性的下方且不相交，避免越级跳闸现象；

(7) 断路器的长延时脱扣电流应小于导线允许的持续电流。

1.4 接 触 器

接触器是用于远距离频繁接通和分断交直流主回路及大容量用电回路的低压控制电器。其主要控制对象是电动机，实现启停、正反转、制动和调速等控制功能，也可用于电热器、电焊机、电容器等电力负载。它能接通和分断比工作电流大数倍乃至十几倍的电流，但不能分断短路电流，是电力拖动和自动控制系统中最常用的控制电器之一。

1.4.1 接触器的结构和工作原理

接触器内部由电磁机构、主触头、灭弧系统、辅助触头、支架和底座组成，直动式双断点交流接触器结构示意图如图 1-8 所示。

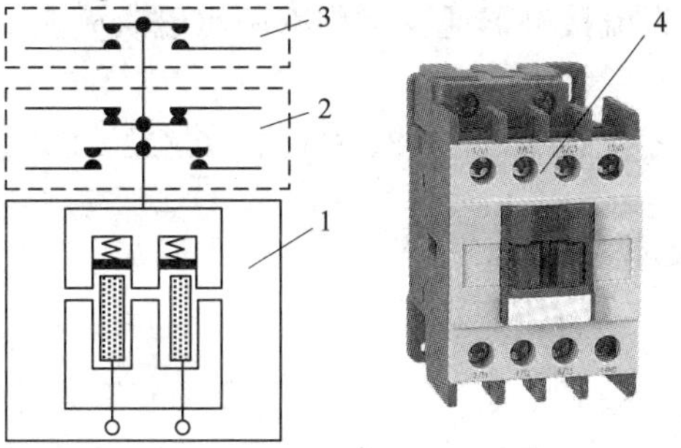

1—电磁机构；2—辅助触头组；3—主触头组；4—外型图

图 1-8　直动式双断点交流接触器结构示意图

接触器根据电磁原理工作：当电磁线圈通电后，电磁吸力吸引衔铁，带动绝缘支架运动，桥式动触头与静触头闭合，常闭触头断开，常开触头接通，同时带动辅助触头动作；当线圈断电时，电磁吸力消失，在释放弹簧的反力作用下，常闭触头接通，常开触头断开，恢复为初始状态(不带电状态)。

接触器的图形符号如图 1-9 所示。

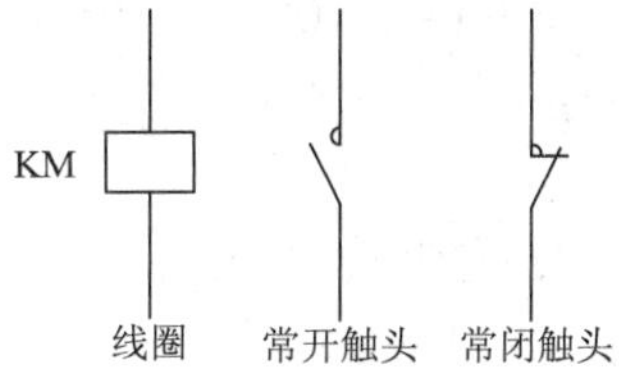

图 1-9　接触器的图形符号

1.4.2　接触器的种类

按主触头控制主电路电流的种类，接触器可分为交流接触器和直流接触器。

1. 交流接触器

线圈通以交流电，产生交变磁场。电磁吸力的瞬时值是脉动的，因此对于单相交流机构通常在铁芯端面安装一个铜制的短路环，可以避免震动和噪声，使电磁机构稳定工作。此外，由于交变磁通穿过铁芯会产生涡流和磁损，导致铁芯发热，因此铁芯采用硅钢片冲压而成。

交变电流产生的电弧在电流过零时通常自行熄灭，若未能熄灭，则另一半周电弧将重燃，因此灭弧非常重要，主要采用灭弧罩和灭弧栅。

交流接触器的主要型号有 CJ20、CJ10、CJX1、CJX2、CJ24、CJ12、CJ40 等系列。

2. 直流接触器

线圈通以直流电，铁芯中不产生涡流和磁损，不会发热，因此铁芯由整块钢制成。但因电磁时间常数大，磁通的建立和消失均比较缓慢，导致吸合和释放也比较慢，所以直流接触器灭弧较难，常采用磁吹灭弧装置、栅片灭弧装置和真空灭弧室等方法。大容量直流接触器通常采用铜制或镉铜制单断点触头，在闭合过程中能自动清除其表面的氧化物，防止接触电阻增大。小容量直流接触器通常采用双断点磁吹灭弧罩灭弧，熄弧能力强，适合于频繁操作。

直流接触器的主要型号有CZ0、CZ18、CZ21、CZ22、CZ10、CZ2等系列。

1.4.3 接触器的主要技术参数

接触器的主要技术参数如下：

1. 额定工作电压 U_N

额定工作电压是指规定条件下保证电器主触头正常工作的电压。常用的额定电压等级如下：

直流：110 V、220 V、440 V、660 V；

交流：127 V、220 V、380 V、500 V、660 V、1140 V。

2. 额定工作电流 I_N

额定工作电流是指规定条件下主触头中允许通过的长期工作电流。常用的额定电流等级如下：

直流：5 A、10 A、20 A、40 A、60 A、100 A、150 A、250 A、400 A、600 A；

交流：5 A、10 A、20 A、40 A、60 A、100 A、150 A、250 A、400 A、600 A。

3. 线圈额定电压

常用的线圈额定电压等级如下：

直流线圈：24 V、48 V、110 V、220 V、440 V；

交流线圈：36 V、110 V、127 V、220 V、380 V。

4. 接通和分断能力

接通和分断能力是指主触头在规定条件下能可靠接通和分断的电流值。接通时不发生熔焊，分断时能可靠地熄弧。

5. 机械寿命和电寿命

接触器的机械寿命是指其在需要维修或更换机械零件前所能承受的无载操作循环次数。推荐的机械寿命(操作次数)为0.001～1000万次。

接触器的电寿命是指在规定使用条件下，无需修理或更换零件的负载操作次数。根据使用类别不同，电寿命指标有所不同。

6. 操作频率

操作频率是指接触器每小时的允许操作次数，它直接影响到接触器的电寿命和灭弧室的工作条件，对交流接触器的线圈温度也有影响。交流接触器最高为600次/h，直流接触器最高为1200次/h。

1.4.4 接触器的选用

使用接触器时，应根据负载任务、负载功率、操作情况等选用接触器的电流等级；根据控制回路电源情况选择接触器线圈参数。

(1) 控制交流负载应选用交流接触器，控制直流负载应选用直流接触器。常见接触器使用类别及典型用途如表1-1所示。

表 1-1　常用接触器使用类别及典型用途

电流种类	使用类别	典 型 用 途
AC (交流)	AC1 AC2 AC3 AC4	无感或微感负载、电阻炉 绕线式电动机的启动和中断 笼型电动机的启动和中断 笼型电动机的启动、反接制动、反向和点动
DC (直流)	DC1 DC3 DC5	无感或微感负载、电阻炉 并励电动机的启动、反接制动、反向和点动 串励电动机的启动、反接制动、反向和点动

其中，AC3 为一般任务，AC4 为重任务，AC2 一般不易用来控制 AC3、AC4 负载，另外应注意混合负载，如 AC1、AC4 混合。

(2) 接触器主触头的额定电压应大于或等于负载回路的额定电压。

(3) 接触器主触头的额定电流应等于或稍大于实际负载的额定电流，应根据负载的功率和操作情况来确定。

(4) 接触器吸引线圈的电压等级与电流种类应与控制电路相同。

(5) 触头数量和种类应满足主电路和控制线路的要求。

1.5　低压熔断器

熔断器是一种利用金属导体为熔体串联于电路中，当过载或短路电流通过熔体时发热而熔断，分断电路，从而达到保护电路目的的装置。它是一种低成本的过载、短路保护措施，但应注意它不能实现缺相保护。

1.5.1　熔断器的结构和特点

熔断器在机构上主要由熔断管(熔盖或熔座)、熔体及导电部件等组成，有的还具有填充材料起加速灭弧作用。

低压熔断器的种类很多，按产品结构形式分为半封闭插入式熔断器、无填料密封管式熔断器、有填料封闭管式熔断器和螺旋式熔断器；按用途分为一般工业用熔断器、半导体器件保护用快速熔断器和特殊熔断器等。图 1-10 为常见低压熔断器类型及图形符号。

图 1-10　常见低压熔断器类型及图形符号

1.5.2　熔断器的特性

1. 熔断器的保护特性曲线

熔断器的保护特性曲线也称安秒特性曲线，是描述使熔断器熔体熔断的电流值与熔断时间的关系曲线，如图 1-11 所示。它是选用熔断器的重要依据之一，属反时限特性，即通过的电流越大，熔断时间越短。当电流减小到某一临界值时，熔断时间趋于无穷大，此电流称为最小熔化电流 I_r。最小熔化电流 I_r 与熔体额定电流 I_{re}(此时熔体绝对不应熔断)之比称为熔化系数 K_r，即 $K_r=I_r/I_{re}$，它是表征熔断器对过载的灵敏度，一般为 1.2～1.5。从过载方面考虑，熔化系数小对小倍数过载有利，但 K_r 过小会影响熔断器工作的可靠性。通常为了使熔断器的保护特性与保护对象允许的过载能力相匹配，应使保护特性尽可能地接近并低于保护对象的允许过载特性。

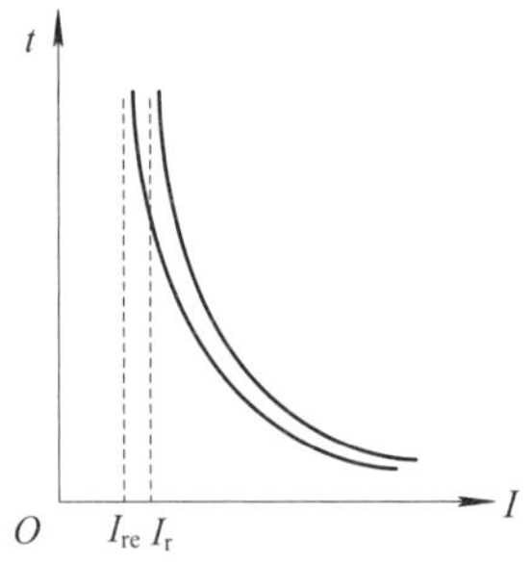

图 1-11　熔断器的保护特性曲线

熔化系数主要取决于熔体的材料和工作温度以及它的结构。不同熔体材料的熔断器，在过载保护及灭弧处理方面侧重点不同，熔点低的金属材料利于过载保护，但不利于熄弧，故分断能力较低；熔点高的金属材料不利于过载保护，易发热，但有利于熄弧，故分断能力高，选用时应综合考虑。

2. 熔体的熔断过程曲线

熔断器的熔断过程大致分为四个阶段，如图 1-12 所示。

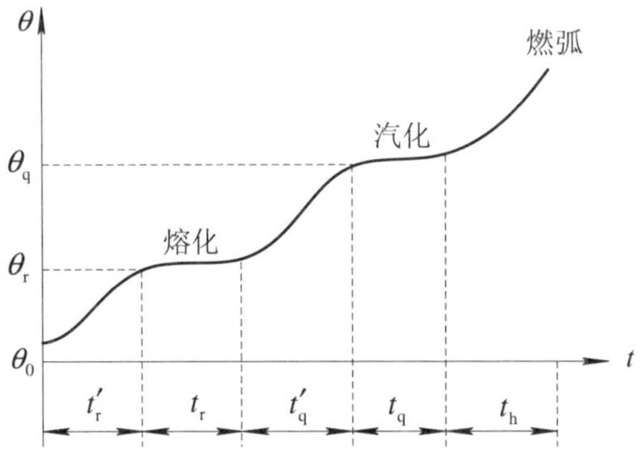

图 1-12　熔断器的熔断过程

(1) t'_r 阶段：熔断器的熔体因过载电流或短路电流而发热，其温度从起始温度 θ_0 逐渐上升到熔体材料的熔点 θ_r，但熔体仍处于固态，尚未熔化。

(2) t_r 阶段：熔体开始熔化，但从固态转化为液态需要吸收热量，这个阶段温度不变，保持为熔点温度。

(3) t'_q 阶段：已熔化的金属被持续加热，直至达到金属汽化点 θ_q 为止。

(4) t_q 阶段：在汽化点温度，熔体断裂，出现间隙，并产生电弧，直至电弧熄灭。这个阶段包括汽化时间 t_q 和燃弧时间 t_h。

上述四个阶段是两个连续的过程：未产生电弧之前的弧前过程，称为弧前时间；产生电弧直至熄灭的电弧过程，称为燃弧时间。熔断器的熔断时间为弧前时间和燃弧时间之和。对于小倍数过载，燃弧时间往往可以忽略不计，但当分断电流很大时，燃弧时间已不容忽略。

1.6　继　电　器

继电器是在控制、保护电路中起信号转换作用的一种低压控制电器，适用于接通和分断交直流小容量控制电路。它在继电器控制系统和电气控制系统中用途广泛。继电器一般都由输入电路(能反映一定输入变量(如电流、电压、功率、温度、压力、速度、频率、计数等)的感应元件)、输出电路(能对被控对象进行通、断控制的执行元件)、中间机构(用于解决输入和输出之间的电气隔离、比较判断和信号放大等问题)三部分组成。当输入量的变化达到一定程度时，输出量才会发生阶跃性的变化。

继电器种类繁多，常用的有电压继电器、电流继电器、中间继电器、时间继电器、速度继电器、压力继电器、热继电器、温度继电器等。

1.6.1　继电器的输入/输出特性及主要技术参数

继电器的输入/输出特性又称继电特性，如图 1-13 所示。下面以继电器常开触头为例来说明。

输入量增加过程：在输入量 x 由零增至 x_2 以前输出量始终保持为零(常开触头断开状态)；当 x 继续增大到动作值 x_2，继电器吸合，输出量跳变为 y_1 (常开触头接通状态)，此后 x 再继续增大，输出状态保持不变。

输入量减小过程：输入量 x 由吸合状态开始减小至 x_1 之前，输出不变，为 y_1；当 x 继续减小到 x_1 时，输出量跳变为零(常开触头断开)，此后 x 减小至零，输出保持为零。

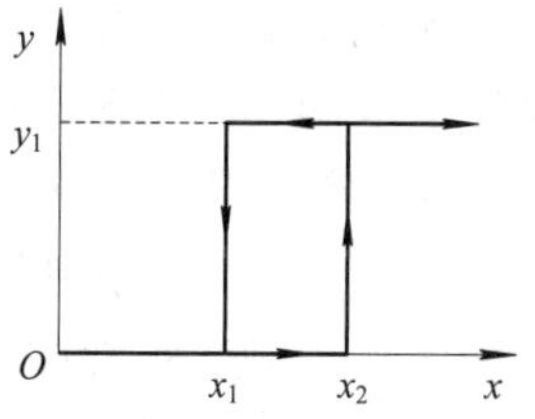

图 1-13　继电器输入/输出特性

x_1 称为继电器释放值，x_2 称为继电器吸合值，而 $k = x_1 / x_2$ 称为继电器的返回系数。为保证动作的可靠性，不同类型继电器 k 值不同。

继电器从线圈接收控制信号到所有触头均可靠接通所需的时间称为吸合时间；从接收控制信号到所有触头均恢复到释放状态所需的时间称为释放时间。这两个参数决定了继电器的动作时间，是应用继电器的重要参数。一般继电器的动作时间为 0.05～0.15 s。

1.6.2　普通电磁式继电器

电磁式继电器的机构、工作原理与接触器类似，由电磁系统、触头系统组成。由于继电器主要用于控制回路，不需要接通、分断主回路(负载回路)，电流小，故不设灭弧装置，同时为了方便实现控制逻辑组合，触头数量通常都比较多。电磁式继电器的图形符号如图 1-14 所示，在图 1-14(d)中，对于电压或电流继电器，其触头的文字符号应换为 KV 或 KI。

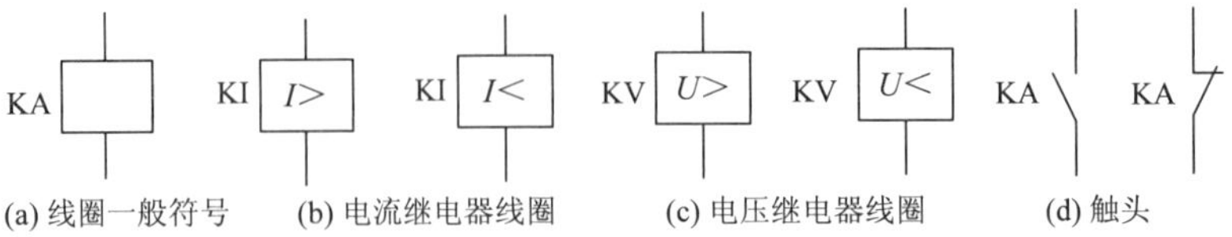

图 1-14　电磁式继电器的图形符号

1. 电压继电器

电压继电器是根据输入电压大小而动作的继电器，常用于电压保护和控制，分为过电压继电器和欠电压继电器。电压继电器的线圈应与负载并联。

过电压继电器线圈在额定电压下不吸合，当线圈电压达到高于负载额定电压的某一设定值时产生吸合动作。在正常工作电压下，继电器处于释放状态，其常闭触头闭合，故在保护电路中通常利用其常闭触头实现控制功能。

欠电压继电器则是当线圈电压低于负载额定电压的某一设定值时产生释放动作。在正常工作电压下，继电器处于吸合状态，其常开触头闭合，故在保护电路中通常利用其常开触头实现控制功能。当欠电压继电器的设定值低于额定电压的 25%时，也称其为零压继电器，保护措施称为失压保护。

选用电压继电器时应注意，线圈电流的种类和电压等级应与负载电路一致，正确选择控制类型、触头类型和触头数量。

2. 电流继电器

电流继电器是根据输入线圈电流大小而动作的继电器，常用于电流保护和控制，分为过电流继电器和欠电流继电器。电流继电器的线圈应与负载串联。

过电流继电器在正常工作电流下，不会产生吸合动作，当负载电流大于整定值时，产生吸合动作。正常工作电流时继电器处于释放状态，其常闭触头闭合，故在保护电路中通常利用其常闭触头实现控制功能。

欠电流继电器则是当线圈通过的电流低于负载额定电流的某一设定值时产生释放动作。正常工作电流时继电器处于吸合状态，其常开触头闭合，故在保护电路中通常利用其常开触头实现控制功能。

选用电流继电器时应注意，线圈电流种类和等级应与负载电路一致，应正确选择控制类型、触头类型和触头数量。

3. 中间继电器

中间继电器可以完成信息保存、信息传递、隔离放大等作用，可以扩大触头数量及触头容量，提高信息的使用率和接通能力。它实质上是一种电磁式电压继电器。

电磁式继电器的型号、规格很多，使用过程中应结合设计要求，参照产品手册中继电器参数说明选择，本书对此不一一罗列。

1.6.3　时间继电器

时间继电器是一种利用电磁原理或机械动作原理实现触头延时接通或断开的自动控制电器，可以用来进行时间控制。其种类很多，常用的有电磁式、空气阻尼式、电动机式、半导体式、数字式等类型。

时间继电器的延时方式有两种：通电延时和断电延时。

通电延时是指，当继电器获得输入信号后(输入线圈通电)开始延时，延时时间到后输出触头才动作(输出常开触头接通、常闭触头断开)；输入信号如果维持不变，输出一直有效，直到输入信号消失，输出触头恢复动作前的状态。断电延时则是在获得输入信号后(输入线圈通电)，输出触头立即动作(输出常开触头接通、常闭触头断开)；当输入信号消失后，继电器开始延时，延时时间到，输出触头恢复为动作前的状态。时间继电器的图形符号如图 1-15 所示。

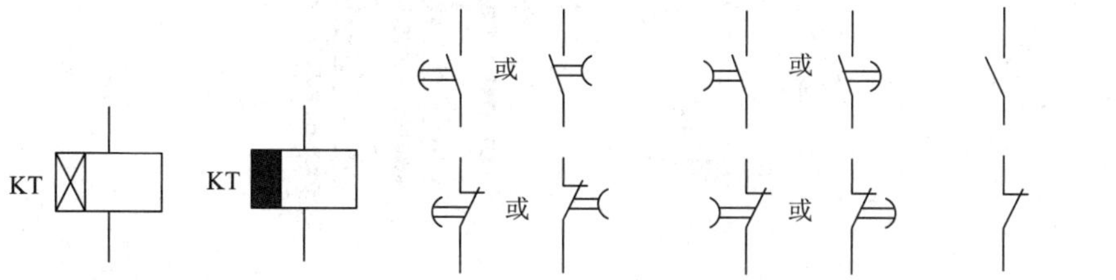

(a) 通电延时线圈　(b) 断电延时线圈　(c) 通电延时常开、常闭触头　(d) 断电延时常开、常闭触头　(e) 瞬时动作常开、常闭触头

图 1-15　时间继电器的图形符号

1.6.4　热继电器

热继电器是利用电流通过发热元件时产生的热量，使双金属片受热弯曲而推动机构动作的一种低压电器。它作为一种保护电器，专门用于电动机的过载及断相保护。

1．热继电器的结构与工作原理

热继电器的发热元件有很多种，包括双金属片式、热敏电阻式、易熔合金式三种，其中最常用的是双金属片式。

双金属片是采用两种线膨胀系数不同的金属片复合制成的，其中一端被固定，另一端为自由端，受热后会发生弯曲。受热方式有直接受热方式、间接受热方式、复合受热方式和互感器式受热方式四种，如图 1-16 所示。

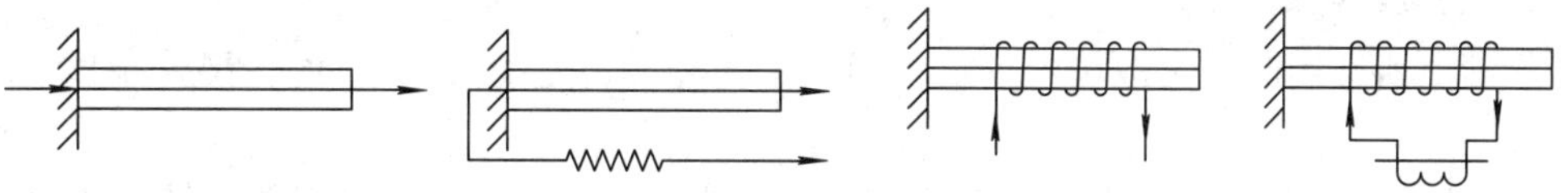

(a) 直接受热方式　(b) 间接受热方式　(c) 复合受热方式　(d) 互感器式受热方式

图 1-16　双金属片的受热方式

热继电器的结构原理如图 1-17 所示。热元件 3 串接在电动机定子绕组中，电动机绕组电流即流经热元件。当电动机正常运行时，热元件受热使双金属片发生弯曲但不足以使常闭触头 7、8 分离；当电动机过载时，热元件在过载电流作用下，热量增大，一定时间后，双金属片受热弯曲产生的位移推动导板 4，并通过补偿双金属片 6 与推杆 12 的联动使串接在接触器主触头上的热继电器常闭触头 7、8 断开，从而分断接触器主触头回路，电动机电源切断并得以保护。在热继电器结构中，调节旋钮 5 是一个偏心轮，它可以调整补偿双金属片 6 和导板 4 的接触距离，从而达到调节整定动作电流值的目的。复位螺丝 10 可以调节

常开触头9的位置，使热继电器能工作在手动复位和自动复位两种状态。复位按钮11则是用来在故障排除后手动恢复触头7、8的常闭状态的。

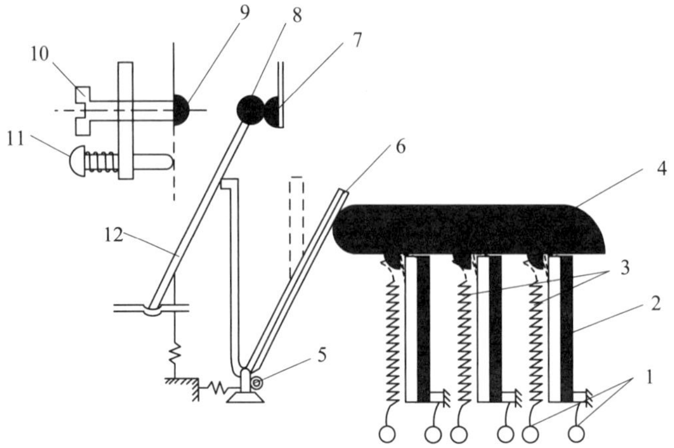

1—热元件电流接入端；2—双金属片；3—热元件；4—导板；5—偏心轮；
6—补偿双金属片；7—热继电器静触头；8—热继电器动触头；
9—热继电器常开触头；10—复位螺丝；11—复位按钮；12—推杆

图1-17　热继电器的结构原理图

在普通热继电器的基础上增加一个差动机构，对三个流经热元件的电流进行比较，就可实现电动机的缺相保护，这在三角形连接的电动机控制电路中必须注意。热继电器的图形符号如图1-18所示。

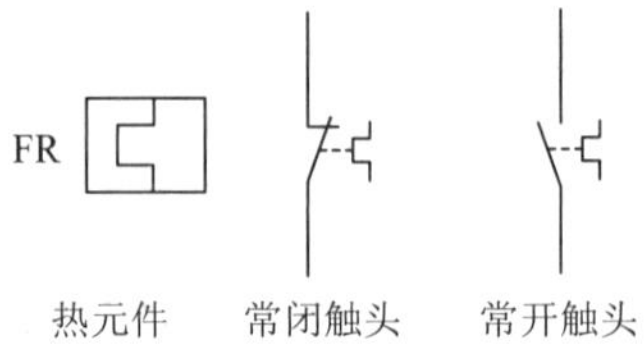

图1-18　热继电器的图形符号

2. 热继电器的选用

热继电器选用时通常应按电动机形式、工作环境、启动情况、负载情况等因素加以综合考虑。

(1) 热继电器的热元件额定电流按电动机额定电流选择，但对过载能力较差的电动机，热元件的额定电流应适当小些，为电动机额定电流的60%～80%。

(2) 根据电动机定子绕组联结方式确定热继电器是否要进行缺相运行保护。

(3) 根据电动机实际运行情况，确保热继电器在电动机启动过程中不会误动作。对于不频繁启动的场合，可按电动机的额定电流选取热继电器；对于重复短时工作的场合，要特别注意热继电器的允许操作频率。

(4) 对于频繁正反转和频繁启动制动工作的电动机不宜采用热继电器。

通常在系统设计过程中，根据电动机运行环境、容量大小、工艺流程等条件，都会有成组的热继电器和接触器产品方案供选用时参考。

1.6.5　固态继电器

固态继电器是一种无触头开关器件，它依靠半导体器件和电子元件的电、磁和光特性来完成信号的隔离和转换功能。它与普通电磁式继电器相比，是一种没有机械运动部件的继电器，但本质上具有相同的功能，性能上则具有可靠性高、寿命长、电磁干扰小、能兼容逻辑电路和集成电路、抗干扰能力强、开关速度快和使用方便等一系列优点，因而较电磁式继电器应用范围更宽，并可进一步扩展到计算机控制领域。

固态继电器由三部分组成：输入电路、隔离电路和输出电路。输入、输出电路均有交流型、直流型两类，输入、输出电路间的隔离方式有光电隔离和变压器隔离两种。输出时，直流通常采用功率晶体管或场效应管，交流采用可控硅作为开关元件，因此不存在机械延时，开关速度快。

光电耦合式交流固态继电器原理如图 1-19 所示。当没有输入信号时，光耦输出高电平，V2 导通，VT1 控制端为低电平而关断，VT2 无触发信号处于关断状态；当输入信号经 R1 限流后仍能使光耦 VD2 导通，光耦输出低电平，V1 截止，其集电极输出高电平触发 VT1 导通，双向晶闸管 VT2 的控制回路由 R7、VD3、VT1、VD5、R8 给出正半周触发信号，R8、VD6、VT1、VD4、R7 给出负半周触发信号，VT2 处于接通状态，负载通电工作。

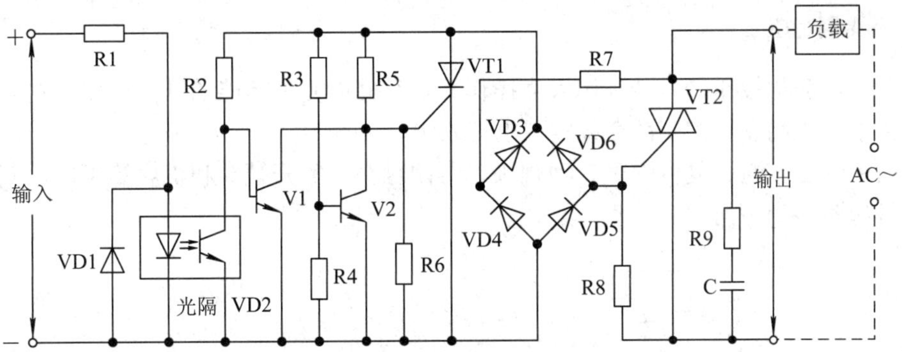

图 1-19　光电耦合式交流固态继电器原理图

略为简单一点的固态继电器原理如图 1-20 所示，工作原理与上基本相同。

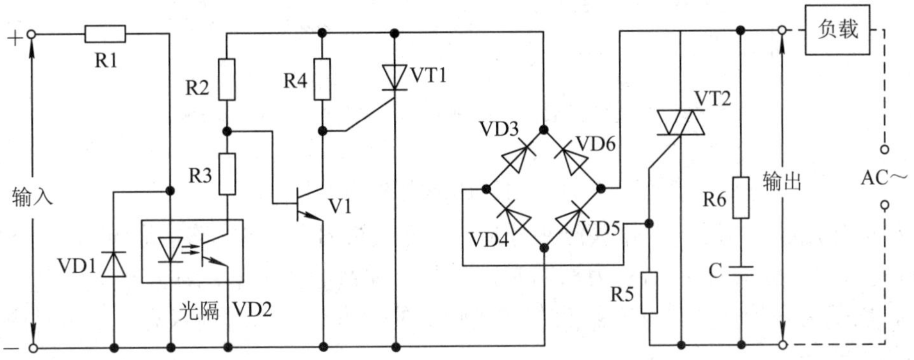

图 1-20　简单光电耦合式交流固态继电器原理图

使用固态继电器时应注意：

(1) 勿使负载两端短路，以免造成永久性损坏。半导体器件由导通到关断时存在漏电流，处理不当可能导致电源短路，如当控制电机正反转时，会有瞬间正向、反向同时接通的可能，足以造成系统短路。此外，也不宜直接控制小功率负载，以免导致误动作。

(2) 当用固态继电器控制感性负载时，应接上氧化锌压敏电阻起保护作用。

(3) 固态继电器是有损耗的，如果工作电流大，发热量就非常高，温度升高，负载能力将迅速下降，因此需要考虑散热。

(4) 固态继电器对过载有较大的敏感性，必须用快速熔断器或快速断路器对其进行过载保护。

1.7 主令电器

主令电器是一种专门发布命令的电器，用来接通和断开控制电路，实现控制对象的启动、停止、急停等操作。它只能作用于控制电路，不允许分合主回路。常用类型有控制按钮、行程开关、万能转换开关、主令控制器等。

1.7.1 控制按钮

控制按钮简称按钮，是一种用人力操作并具有储能复位功能的开关电器，在电气控制线路中用于远距离发布控制命令或实现电气联锁。

按钮主要由按帽、复位弹簧、动触头、常闭触头、常开触头和机座等组成，其结构与图形符号如图1-21所示。

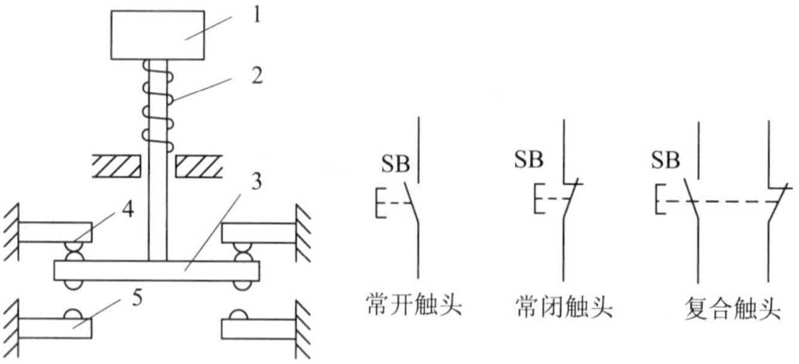

1—按帽；2—复位弹簧；3—动触头；4—常闭触头；5—常开触头

图1-21 按钮结构与图形符号

当外力作用在按帽上时，常闭触头分离，常开触头闭合，将线路接通(使用常开触头时)或分断(使用常闭触头时)；当外力撤销时，在复位弹簧的作用下，常开触头断开，常闭触头接通，恢复为初始位置。常开触头和常闭触头的数量可从一对到六对，使用时应根据控制线路的需要而定。

按钮从结构上分为按钮式、急停式、钥匙式、旋钮式、保护式、密封式、自持式、带指示灯式等形式，为避免误操作，通常将按钮做成红、绿、黑、黄、蓝、白、灰等颜色，并作如下规定：

(1) “停止”、“急停”按钮必须是红色；

(2) “启动”按钮用绿色；

(3) “启动”和“停止”交替动作的按钮必须是黑、白或白、灰色，不得用红、绿色；

(4) “点动”按钮必须是黑色；

(5) “复位”按钮必须是蓝色，当复位按钮兼有停止的作用时，必须用红色。

1.7.2 行程开关

行程开关也称位置开关，是用于反映机械设备的行程、发布命令以控制其运动方向或行程大小的主令电器。根据需要，行程开关可以安装在机械设备运行路线上的任意位置，通常作为零位(HOME)检测开关、左右行程限位开关、加工工位到位开关使用。其图形符号如图 1-22 所示。

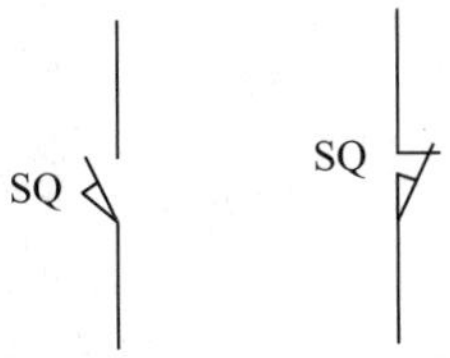

图 1-22　行程开关图形符号

行程开关主要分为接触式结构和电子式非接触式结构两大类。通常的行程开关称谓多指前者，为无源式主令电器；后者习惯上称为接近开关，为有源式主令电器。

设备运行过程中，移动机构通过机械碰撞或滚动接触行程开关触头使其内部的常开触头闭合、常闭触头断开，这一类行程开关属于接触式行程开关。它有直动式、滚轮式和微动式三种。选用时应根据使用场合和控制对象确定开关种类和防护形式，为避免动作失灵导致事故，必要时可以采用双限位开关。

非接触式行程开关属于电子式，工作原理有高频振荡式、电容式、感应电桥式、永久磁铁式和霍尔效应式等，其中高频振荡式和霍尔效应式最为常用，通过金属检测物(铁质或金属材质)经过开关的感应头产生的电磁感应来改变输出状态。接近开关具有定位精度高、操作频率高、寿命长、耐冲击震动等优点，使用时应注意外接电源形式和放大器是 NPN 型还是 PNP 型结构。

思考与习题

1.1　什么是低压电器？

1.2　断路器在电路中的作用是什么？失压、过载和过电流脱扣器各起什么作用？

1.3　接触器的作用是什么？根据结构特征如何区分交流、直流接触器？

1.4 试比较中间继电器和交流接触器有何异同。在什么条件下中间继电器可以替代交流接触器启动电机?

1.5 如果误把 220 V 交流接触器的线圈接入 220 V 直流电源，能正常工作吗？为什么？如果误把 24 V 直流继电器线圈接入 24 V 交流电源，能正常工作吗？为什么？

1.6 交流接触器线圈能否串联使用？为什么？

1.7 熔断器的额定电流与熔体的额定电流有何区别?

1.8 过电流和欠电流继电器主要有什么区别?

1.9 热继电器和熔断器用于保护交流三相笼型异步电动机时，能不能互相取代？为什么?

1.10 时间继电器和中间继电器在电路中有何作用?

1.11 是否可用过电流继电器来作为电动机的过载保护？为什么？

1.12 符号 QS、FU、KI、KA、KM、SQ、SA 各表示什么电器元件?

第 2 章

电气控制线路基础

2.1　电气控制线路图基础知识

电气控制系统是由电气设备和电气元件按照相应的控制和工艺要求连接而成的。电气控制线路图是设计、生产、维修人员进行技术交流不可缺少的工程技术语言，它用图形方法说明电气系统、装置和设备中各组成部分之间的相互关系及其连接方式，并表达电气控制系统的组成结构、工作原理及安装、调试、维修等技术要求。电气控制线路图要根据国家电气制图标准，用规定的图形符号、文字符号和绘制原则来绘制。成套电气控制线路图包括电气原理图、安装接线图、元件布置图等。本节主要介绍电气图中常用的图形符号、文字符号，以及电气原理图的绘制原则和分析方法。

2.1.1　常用电气图的图形符号和文字符号

在电气图中，电气设备和电气元件用不同的图形符号和文字符号表示。这些图形符号和文字符号必须采用统一标准。国家标准局参照国际电工委员会(IEC)颁布的有关文件，制定了我国电气设备的有关国家标准，如：GB/T 4728《电气简图用图形符号》、GB/T 7159《电气技术中的文字符号制定通则》。

1．图形符号

图形符号用于表示一个设备或概念。例如：“~”表示交流，“─□─”表示电阻。在国家标准中，除按专业规定了各种图形符号外，还规定了绘图比例、符号要素、限定符号和常用的其他符号，详见附录 A。

2．文字符号

文字符号是用来表示电气设备、装置和元器件种类的字符代码和功能字符代码(名称、功能、状态和特征)。电气图中的文字符号，采用大写拉丁字母正体字表示(“I”、“J”、“O”除外)，标注在相应的设备、装置、元器件上或近旁。文字符号分为基本文字符号和辅助文字符号。

1) 基本文字符号

基本文字符号又分单字母文字符号和双字母文字符号两种。单字母符号表示电气设备、装置和元器件的大类，每大类用一个专用单字母符号表示，如“K”表示继电器、接触器类，“R”表示电阻器类，“Q”表示开关类，“C”表示电容器类等。

双字母符号由一个表示大类的单字母符号与另一个表示器件某一特性的字母符号组成，组合形式为单字母符号在前、另一个字母符号在后，如“F”表示保护器件类，“FU”表示熔断器，“FR”表示热继电器。双字母符号中的另一个字母通常选用该类设备、装置和元器件的英文名称的首位字母，或常用缩略语，或约定俗成的习惯用字母。例如：G为电源的单字母符号，“Synchronous generator”为同步发电机的英文名，“Asynchronous generator”为异步发电机的英文名，则同步发电机、异步发电机的双字母符号分别为“GS”、“GA”。

常用基本文字符号见附录B。

2) 辅助文字符号

辅助文字符号是用以表示电气设备、装置和元器件以及电路的功能、状态和特征的。如“DC”表示直流，“AC”表示交流，“SYN”表示同步，“ASY”表示异步，“L”表示限制，“RD”表示红色等。辅助文字符号也可放在表示种类的单字母符号后边组成双字母符号，如“KS”表示速度继电器，“KM”表示继电器类元件中的接触器。为简化文字符号起见，当辅助文字符号由两个以上字母组成时，可以只采用其第一位字母进行组合。

3) 补充文字符号

补充文字符号用于基本文字符号和辅助文字符号在使用中仍不够用时进行补充标记，但要按照国家标准中的有关原则进行。例如，需要在电气原理图中对相同的设备或元器件加以区别时，常使用数字序号进行编号，如“G1”表示1号发动机，“T2”表示2号变压器。

4) 线路和三相电气设备端标记

线路采用字母、数字、符号及其组合标记。标记方法包括对三相交流电源、电动机主电路、控制电路、电动机绕组的标记方法。

三相交流电源引入线采用L1、L2、L3标记，中性线采用N标记。保护接电采用PE标记。电源开关之后的三相交流电源主电路分别按U、V、W顺序标记。直流系统的电源正、负、中间线分别用L+、L−与M标记。分级三相交流电源主电路采用三相文字代号U、V、W的前面加上阿拉伯数字1、2、3等来标记，如1U、1V、1W，2U、2V、2W等。

各电动机分支电路各接点的标记，采用三相文字代号加数字表示。数字中的个位数表示电动机代号，十位数字表示该支路各接点的代号，从上到下按数值大小顺序标记。凡是被器件、触头间隔的接线端子，接点编号要递增，如M1电动机所在的主电路，用U11、V11、W11，U21、V21、W21……标记；M2电动机所在的主电路，用U12、V12、W12，U22、V22、W22……标记；依此类推。

控制电路采用阿拉伯数字编号，一般由三位或三位以下的数字组成。标注方法按“等电位”原则进行，在垂直绘制的电路中，标号顺序一般由上而下编号，凡是被线圈、绕组、触头或电阻、电容等元件所隔离的线段，都应标以不同的电路标记。参阅图2-1所示的电气原理图中元件符号和线路标记。

2.1.2 电气控制线路图的绘制规则

常用电气控制线路图有系统图、电气原理图、电气元件布置图和电气安装图。

1. 电气原理图

电气原理图是用来表示电路中各电气元件的连接关系和电气工作原理的电路图。由于原理图具有结构简单、层次分明，便于研究和分析电路的工作原理等优点，因此无论在设计部门还是现场及教学上都得到了广泛的应用。下面说明电气原理图的绘制原则，请参照图 2-1 的电气原理图。

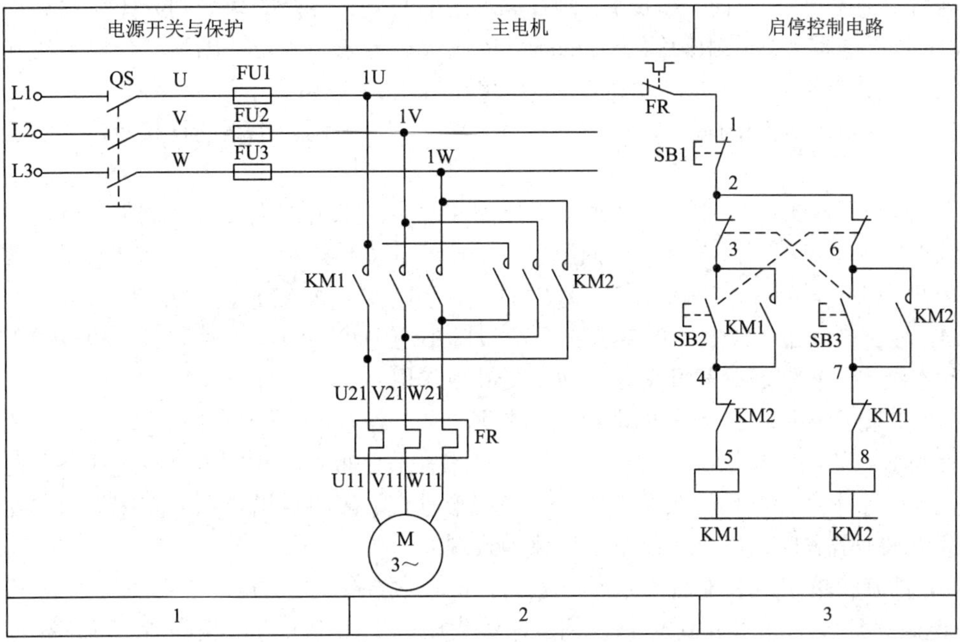

(a) 三相笼型异步电动机—接触器控制原理图

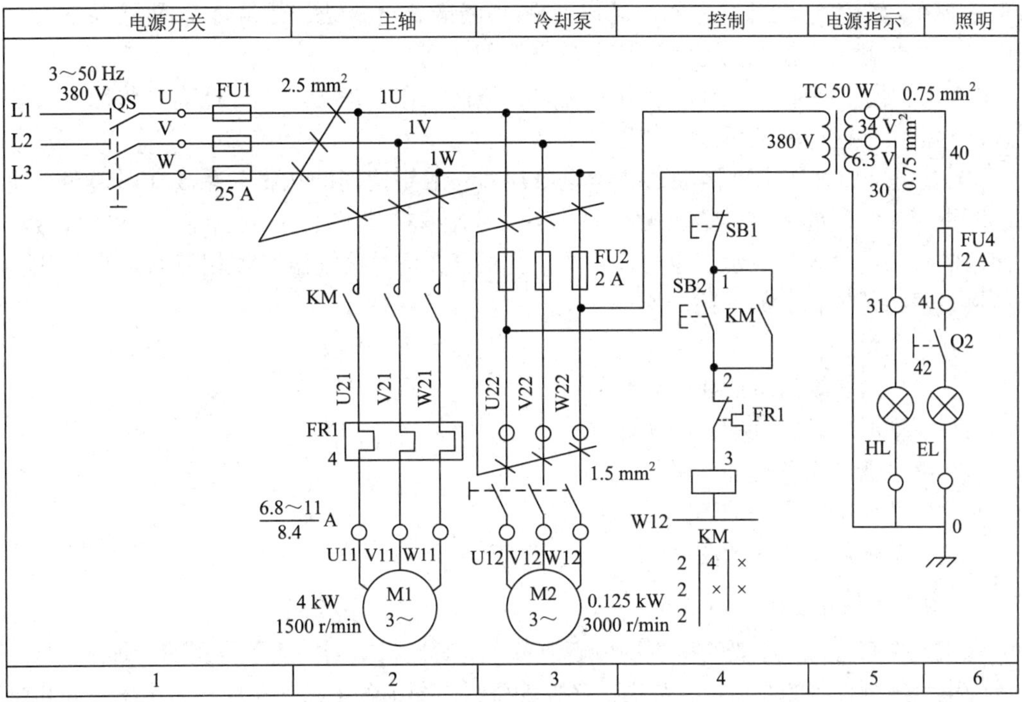

(b) 某车床继电—接触器控制原理图

图 2-1　电气原理图示例

(1) 电气原理图一般分为主电路和辅助电路。主电路是从电源到电动机或线路末端的电路，是强电流通过的部分，画在原理图的左侧或上面。辅助电路是通过小电流的电路，一般是由按钮、电器元件的线圈、接触器的辅助触头、继电器的触头等组成的控制电路、照明电路、信号电路及保护电路等，画在原理图的右侧。复杂的系统则分图绘制。

(2) 每一电器元件采用国家规定的统一的图形符号来表示，在图形符号附近用文字符号标注属于哪类电器，例如，线路接触器的线圈和触头皆用文字符号 KM 标注。需要测试和拆、接外部引出线的端子，用图形符号“空心圆”表示。电路的连接点用“实心圆”表示。

(3) 同一电器的各个部件(如接触器的线圈和触头)在图中的位置，根据便于阅读和研究的原则来安排，可以不画在一起，但属于同一电器的部件均编以相同的文字符号。若有多个同一种类的电器元件，可在文字符号后加上数字序号，如 KM1、KM2 等。

(4) 对于接触器、继电器的触头按吸引线圈不通电状态画出，控制器手柄按趋于零位时的状态画出，按钮、行程开关触头按不受外力作用时的状态画出等。

(5) 在原理图中，无论是主电路还是辅助电路，各电器元件一般应按动作顺序和信号流从上到下、从左到右依次排列，可水平布置或者垂直布置，并尽可能减少线条和避免线条交叉。电路中各元器件触头图形符号，当图形垂直放置时，以“左开右闭”原则绘制；当图形为水平放置时，以“上闭下开”原则绘制。

(6) 直流和单相电源电路用水平线画出，一般画在图样上方(直流电源的正极)和下方(直流电源的负极)。多相电源电路，用水平线集中画在图样上方，相序自上而下排列。中性线(N)和保护接地线(PE)放在相线之下。主电路与电源电路垂直画出。控制电路与信号电路垂直画在两条水平电源线之间。耗电元件(如线圈、电磁铁、信号灯等)直接与下方水平线连接，控制触头连接在上方水平线与耗电元件之间。

(7) 为了便于检索电气线路，方便阅读、分析，在原理图的上方或右方将图分成若干图区，并标明该区电路的用途与作用。

(8) 在电气原理图中，接触器和继电器线圈与触头之间的从属关系要加以说明，即在原理图中相应线圈的下方，给出触头的文字符号，并在其下注明相应触头的索引代号，对未使用的触头用“×”表示，也可以不画，如图 2-2 是对接触器 KM 相应触头的索引。

接触器各栏的含义如下：

左栏：主触头所在的图区号；

中栏：动合辅助触头所在的图区号；

右栏：动断辅助触头所在的图区号。

对于继电器，其各栏的含义如下：

左栏：动合触头所在的图区号；

右栏：动断触头所在的图区号。

KM

2	4	×
2	×	×
2		

图 2-2　接触器触头索引

2. 电气元件布置图

电气元件布置图主要是用来表明成套设备中所有电机电器的实际位置的一种图，为生产机械的电气控制设备的制造、安装提供必要的资料。图中各电器代号应与有关电路图和电器清单上所用的元器件代号相同。图中不需要标注尺寸。图 2-3 为电气元件布置图的示例。

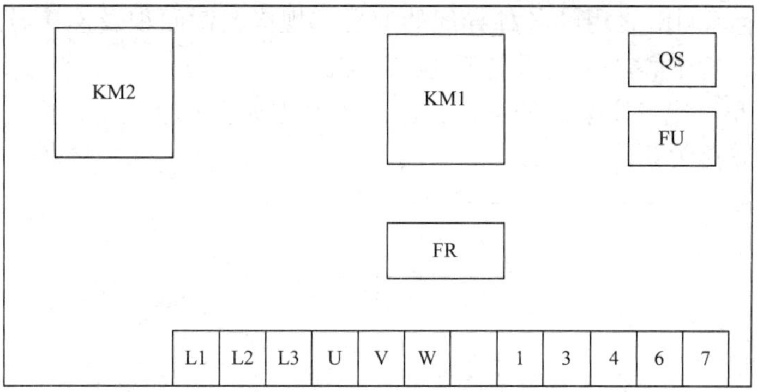

(a) 三相笼型电动机可逆运行控制电器位置图

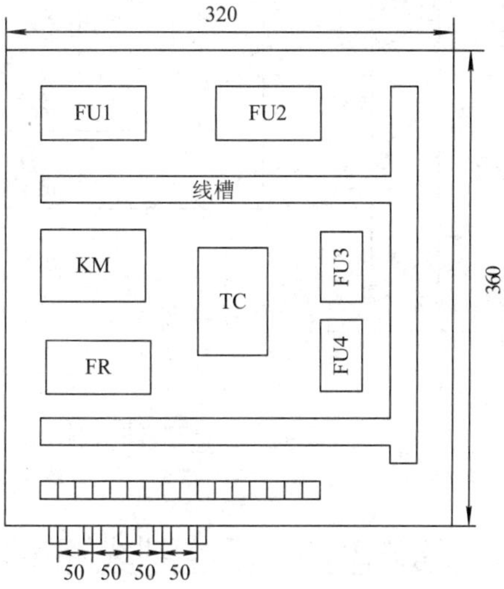

(b) 某车床控制盘电器布置图

图 2-3　电气元件布置图示例

3. 电气安装图

电气安装图又称电气互连图、安装接线图，用于电气设备和电气元件的安装、配线或检修。它清楚地表明电气设备外部元件的相对位置及它们之间的电气连接，在具体施工和抢修中能够起到电气原理图所起不到的作用，在生产现场得到广泛应用。它是电气原理图具体实现的表现形式，可直接用于安装配线。

绘制电气安装图的原则是：

(1) 同一电器的各部件画在一起，其尺寸和比例没有严格要求，各部件的位置尽量符合实际情况。

(2) 各电气元件的图形符号、文字符号和回路标记，均应以原理图为准，并且要保持一致。

(3) 不在同一控制箱内或不是同一块配电屏上的各电气元件之间的连接，必须通过接线端子板进行连接。同一控制箱内的各控制元件之间可以直接连接。安装接线图上所表示的电气连接，一般不表示实际走线的途径，施工时由操作者根据实际情况选择最佳走线方式。

(4) 应详细地标明配线用的各种导线的型号、规格、截面积及连接导线的根数，标明所穿管子的型号、规格等，并标明电源的引入点。

图 2-4 为某车床电气安装图的一部分。该图中表明了电源进线、按钮板、电动机与接线端子板之间的连接关系。

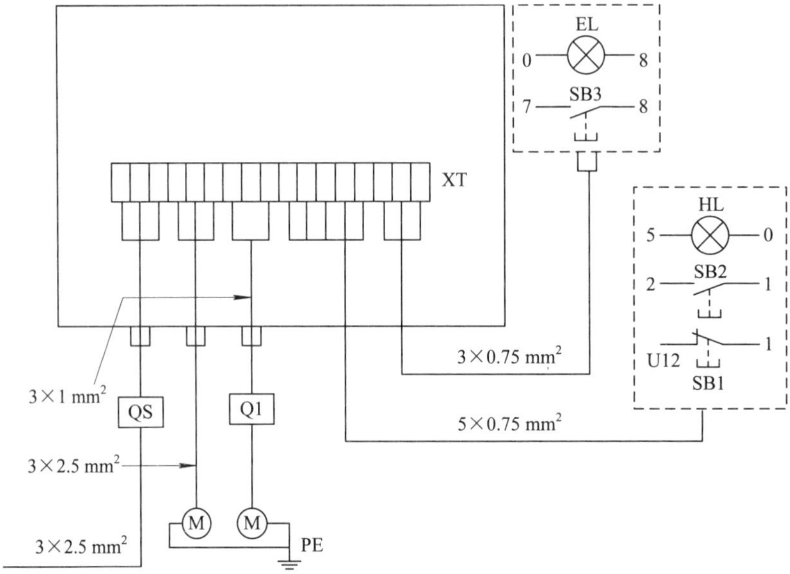

图 2-4　电气安装图示例

2.2　继电接触器控制线路基本环节

继电器、接触器及其他低压电器组成的控制系统，称为继电接触器控制系统，系统全部用低压电器硬件组成。采用继电接触器控制，无论机械设备的控制线路如何复杂，我们都可以将其分解为结构相对独立的基本控制环节，采用低压电器控制。常见的线路基本控制环节有点动控制线路、自保持控制线路、正反转控制线路、顺序启动与顺序停止控制线路、保护线路、延时控制线路等。复杂控制线路都是由基本的控制环节组合而成的。本节和 2.3 节将介绍这些基本控制环节。

2.2.1　启停、自锁环节和连续控制

图 2-5 为三相异步电动机单向全压启动、停止、连续自锁控制线路。主电路由刀开关 QS、熔断器 FU、接触器 KM 的主触头、热继电器 FR 的热元件和电动机 M 构成。控制回路由 FR 的常闭触头、停止按钮 SB1、启动按钮 SB2、接触器线圈 KM 和常开触头 KM 组成，这也是最典型的启动、停止、连续自锁控制线路。

启动时，合上 QS，按下按钮 SB2，则 KM 线圈通电，接触器 KM 吸合，主触头闭合，电动机接通电源开始全压启动，同时 KM 的辅助常开触头也闭合，使 KM 线圈经两条路通电。

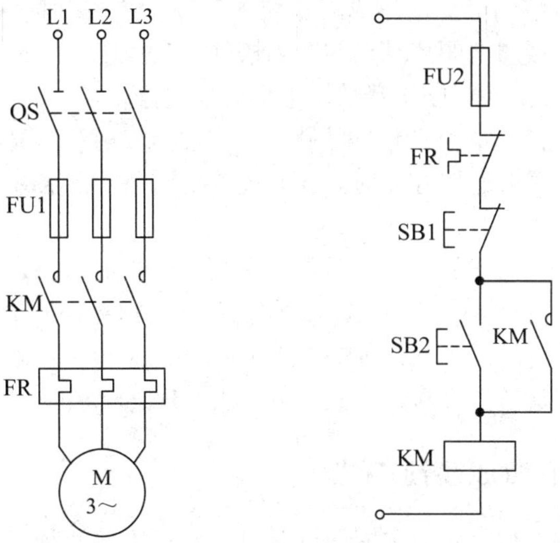

图 2-5　三相异步电动机连续控制电路

这样，当松开按钮 SB2 时，SB2 复位跳开，KM 线圈通过 KM 的辅助常开触头，照样通电处于吸合状态，从而保证电动机的连续运行。这种依靠接触器自身的辅助触头而使其线圈保持通电的现象称为自锁或自保持。

要使电动机停止运转，只要按一下停止按钮 SB1 即可，这时接触器 KM 线圈断电，KM 的主触头断开主电源，电动机停止，同时 KM 的辅助常开触头也断开，控制回路解除自锁，即使手松开停止按钮 SB1，控制回路也不能再自行启动。

2.2.2　点动控制

在生产实际中，有的生产机械需要点动控制，如夹紧机构在夹紧过程中机床的对刀调整、快速进给等。有的生产机械进行运动位置调整时，也需要点动控制。图 2-6 列出了几种点动控制线路。

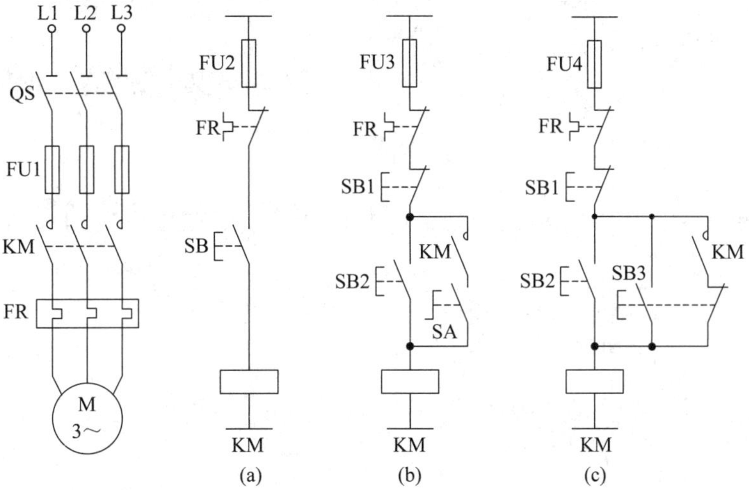

图 2-6　实现点动的几种控制电路

图(a)是点动控制线路的最基本形式。当按下启动按钮 SB 时，接触器 KM 通电吸合，其主触头闭合，电动机接通电源启动运转。当松开启动按钮 SB 时，在恢复弹簧作用下，SB 恢复常开状态，接触器 KM 断电释放，电动机断电停止。

图(b)是带手动开关 SA 的点动控制线路。当需要点动时，将开关 SA 打开，操作 SB2 即可实现点动控制。当需要连续控制时，将开关 SA 闭合，将 KM 的自锁触头接入，操作 SB2 即可实现连续控制。

图(c)中增加了一个复合按钮 SB3，这样，需要点动控制时，按下按钮 SB3，其常闭触头先断开接触器 KM 自锁电路，常开触头后闭合，接通启动控制电路，KM 线圈通电，主触头闭合，电动机启动运转。当松开 SB3 时，KM 线圈断电，主触头断开，电动机停止转动。若需要电动机连续运转，由按钮 SB2、SB1 来实现连续控制。

2.2.3　可逆控制与互锁(或联锁)环节

许多机械运动部件，根据工艺要求经常需进行正反方向两种运动，采用电力拖动时可借电动机的正反转来实现这两种运动。由异步电动机的工作原理可知，只要改变电动机三相电源的相序，就可以实现对异步电动机正反向运动的控制。为了更换相序，需要使用两个接触器来完成。图 2-7 为异步电动机正反转的自动控制线路。正转接触器 KM1 接通正向工作电路，反转接触器 KM2 接通反向工作电路，此时电动机定子端的相序恰与前者相反，

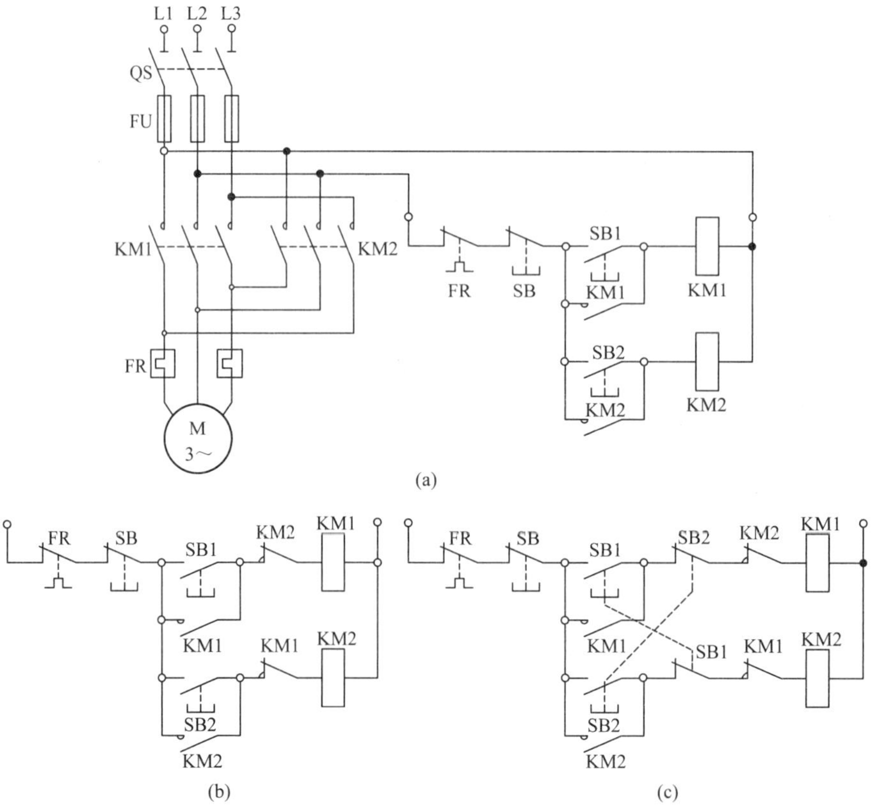

图 2-7　异步电动机正反转的自动控制线路

系统全压启动。图 2-7(a)所示的自动控制线路具有下述缺点：若不小心同时按下正向按钮 SB1 和反向按钮 SB2，可以使 KM1、KM2 接触器同时接通，会造成主电路的电源发生短路事故。为避免产生上述事故，必须加互锁保护，使其中任一接触器工作时，另一接触器即失效不能工作。为此，采用如图 2-7(b)所示的电气互锁，当按下 SB1 按钮后，接触器 KM1 动作，使电动机正转。KM1 除有一常开触头将其自锁外，另有一常闭触头串联在接触器 KM2 线圈的控制回路内，此时断开。因此，若再按 SB2 按钮，接触器 KM2 受 KM1 的常闭触头互锁不能动作，这样就防止了电源短路的事故。但此线路尚存在下述缺点，反向时，必先按停止按钮 SB，不能直接按反向按钮 SB2，故操作不太方便。造成此缺点的基本原因在于按 SB2 时，不能断开正向接触器 KM1 的常闭触头，继续互锁保护。因此，需采用复合按钮，接成如图 2-7(c)所示的线路。此线路是一个较完整的正反转自动控制线路，生产机械中用得很多。

2.3　三相笼型异步电动机的基本控制电路

电动机作为运动控制的驱动对象，常用于实现机械设备的运行要求。一些控制要求不高的简单机械，如小型台钻、冷却泵，常采用开关直接控制电动机启动、正反转、停止。这一节介绍几个有代表性的三相异步电动机基本电器的控制电路。

2.3.1　电动机降压启动的控制电路

三相异步电动机在容量较小时可以采用全压直接启动，控制线路简单。但对于容量较大的电动机，采用全压启动，启动电流会很大，应采用降压启动。星形/三角形降压启动是常用的方法之一。凡是正常运行时三相定子绕组接成三角形运转的三相笼型异步电动机，都可采用星形/三角形降压启动。启动时，先将定子绕组按星形连接，接入三相交流电源。此时，由于电动机每相绕组电压只为正常工作电压的$\sqrt{1/3}$，因此减少启动电流，待电动机转速接近额定转速时，再将电动机定子绕组改成三角形连接，各相绕组承受额定工作电压，电动机进入正常运转。这种启动方法简便、经济，不仅适用于轻载启动，也适用于较重负载下的启动。

图 2-8 所示电路为交流 50 Hz、电压 380 V 三相异步电动机的星形/三角形启动。在该电路中，电动机启动过程的星形/三角形转换是靠时间继电器自动完成的。

控制电路分析如下：合上三相电源开关 QS，按下启动按钮 SB2，KM1、KT、KM3 线圈同时通电吸合并自锁，KM1 主触头闭合接通电动机三相电源，KM3 的主触头闭合将电动机的尾端连接，电动机接成星形连接，开始减压启动。时间继电器 KT 延时时间设定为电动机启动过程时间，当电动机转速接近额定转速时，时间继电器整定时间到，KT 动作，其对应的常闭触头断开，常开触头闭合，前者使 KM3 线圈断电释放，KM3 的辅助常闭触头闭合，为 KM2 线圈的通电作好准备，后者使 KM2 线圈通电吸合，电动机由星形连接改成三角形连接，进入正常运行。而 KM2 常闭触头断开，使时间继电器 KT 在电动机星形/三角形启动完成后断电，电路中实现了 KM2 与 KM3 的电气互锁。

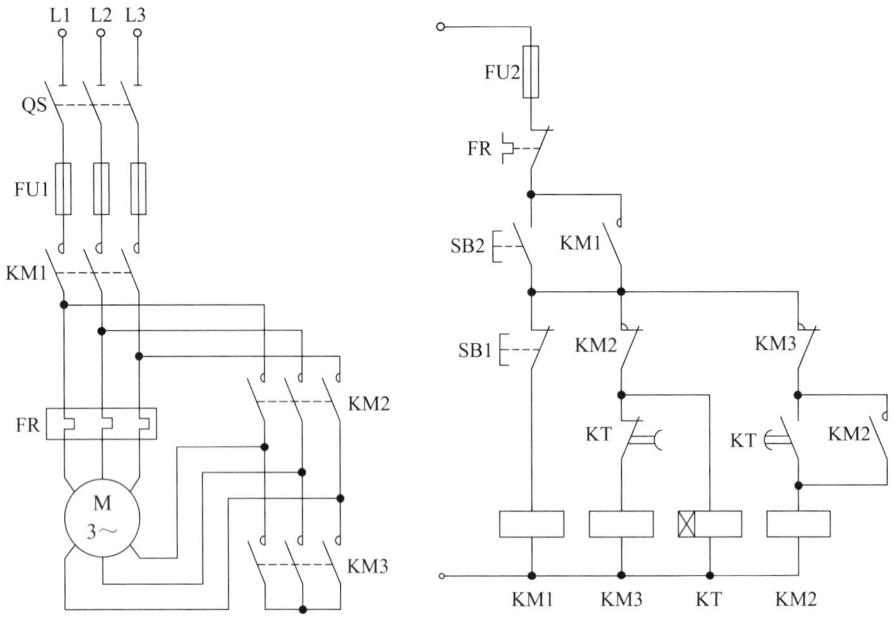

(a) 主电路　　(b) 控制电路

图 2-8　三相电动机的星形/三角形启动电路

2.3.2　三相异步电动机的制动控制

许多生产机械都要求能迅速停车或准确定位，这就需要对电动机采取有效的制动措施。一般采用的制动方法有机械制动与电气制动。所谓机械制动，是利用外加的机械力使电动机转子迅速停止的方法。电气制动是使电动机的电磁转矩方向与电动机旋转方向相反，起制动作用。下面介绍三相异步电动机反接制动和能耗制动的电气控制原理。

1. 三相感应电动机反接制动

通过改变电动机三相电源相序，使电动机定子旋转磁场与转子旋转方向相反，产生电磁制动转矩，使电动机转速迅速下降，当电动机转速接近零时应立即切断三相交流电源，否则电动机将反向启动旋转。当电源反接制动时，转子转速与突然反向的定子旋转磁场的相对速度接近于 2 倍的同步转速，因此反接制动时，定子绕组电流相当于电动机全压启动时启动电流的 2 倍。为了减小这一冲击电流，电动机电源反接制动时，应在电动机定子电路中串入反接制动电阻，并限制其每小时反接制动的次数。

由以上分析可知，电动机电源反接制动关键在于：

(1) 三相感应电动机电源相序要反接。

(2) 当电动机转速接近零时，应迅速切断三相感应电动机的三相电源，否则会出现反向启动。

(3) 进行电源反接制动时，电动机定子电路应串入反接制动电阻，以减小反接制动电流，减小制动冲击。

图 2-9 为电动机单向运行反接制动电路。图中 KM1 为电动机单向运行接触器，KM2 为反

接制动接触器，KV 为速度继电器，R 为反接制动限流电阻。速度继电器一般在 120～1300 r/min 转速范围内触头动作，而转速低于 100 r/min 时，触头复位。

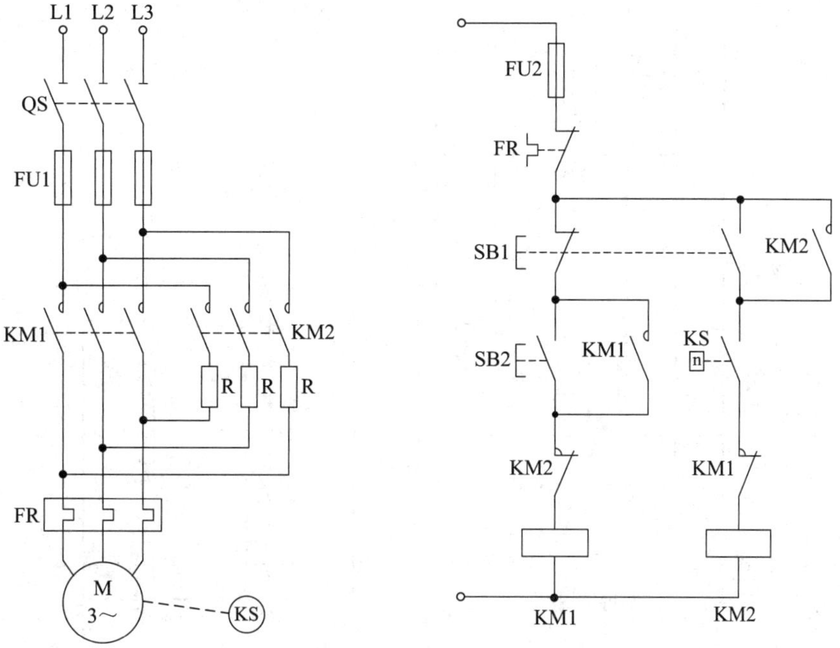

图 2-9　电动机单向运行反接制动电路

控制电路分析如下：当电动机处于单向旋转时，KM1 处于通电并自保状态，当速度超过 120 r/min 时，与电动机有机械联系的速度继电器 KV 相应触头闭合，为反接制动作准备。需停车制动时，按下停止按钮 SB1，KM1 线圈断电释放，其三对主触头断开，切除三相交流电源，电动机以惯性旋转。当将 SB1 按到底时，SB1 常开触头闭合，使 KM2 线圈通电并自保，KM2 主触头闭合，电动机定子绕组串入对称限流电阻 R 进行反接制动，电动机转速迅速下降，当电动机转速低于 100 r/min 时，速度继电器 KV 复原，其常开触头复位，使 KM2 线圈断电释放，电动机断开电源，自然停车至零速。

2. 三相感应电动机能耗制动

能耗制动是将运行中的电动机从交流电源上切除的同时，在定子绕组上接通直流电源，在电动机中产生一个静止的直流恒定磁场，转子导体中的感应电流与恒定磁场相互作用，产生制动力矩，使电动机迅速减速，最后停止转动。图 2-10 为三相感应电动机能耗制动控制电路原理图。

控制电路分析如下：合上空气开关 QF 接通三相电源，按下启动按钮 SB2，接触器 KM1 线圈通电并自锁，主触头闭合，电动机接入三相电源，启动运行。当需要停止时，按下停止按钮 SB1，KM1 线圈断电，其主触头全部释放，电动机脱离交流电源。此时，接触器 KM2 和时间继电器 KT 线圈通电并自锁，KT 开始计时，KM2 主触头闭合将直流电源接入电动机定子绕组，电动机在能耗制动下迅速停车。时间继电器 KT 的常闭触头延时断开时，接触器 KM2 线圈断电，KM2 常开触头断开直流电源，脱离电源及定子绕组，能耗制动即时结束。电路中直流电源采用二极管单相桥式整流电路，电阻 R 用来调节制动电流大小，改变制动力的大小。在这个电路中，有下列互锁环节，起到互锁保护作用。

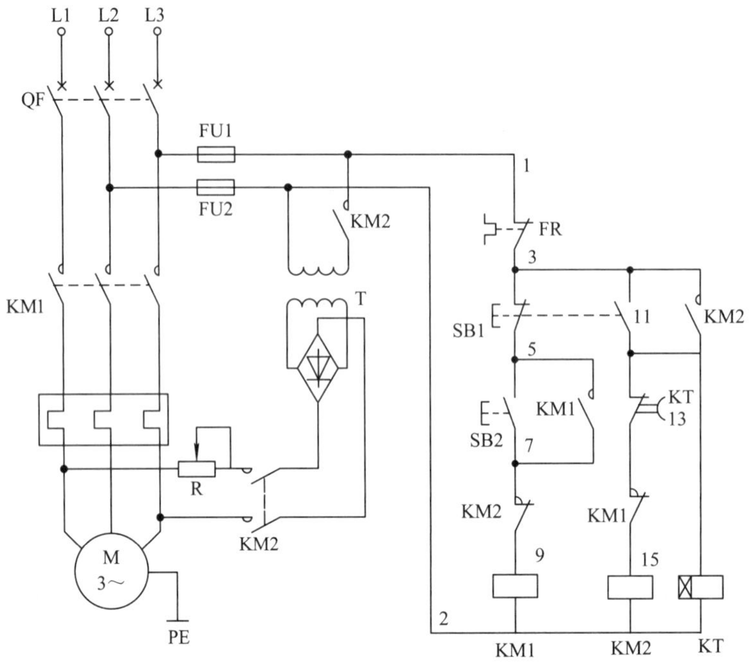

图 2-10　三相感应电动机能耗制动控制电路原理图

(1) KM2 常闭触头与 KM1 线圈回路串联，KM1 常闭触头与 KM2 线圈回路串联，保证了 KM1 与 KM2 线圈不可能同时通电，也就是在电动机没脱离三相交流电源时，直流电源不可能接入定子绕组。

(2) 按钮 SB1 的常闭触头接入 KM1 线圈回路，SB1 的常开触头接入 KM2 线圈回路，这时按钮互锁保证了 KM1、KM2 不可能同时通电，与上面的互锁触头起到同样作用。

2.3.3　电动机可逆运行自动往返控制电路

有些生产机械，如组合机床、龙门刨床、导轨磨床、铣床等要求工作台在一定距离内能自动往返。而自动往返通常是利用行程开关实现位置到位检测和反向触发。若在预定位置电动机需要停止，则将行程开关安装在相应位置处，其常闭触头串接在相应的控制电路中。这样，在机械装置运动到预定位置时行程开关动作，常闭触头断开相应的控制电路，电动机停转，机械运动也停止。若需停止后立即反向运动，则应将此行程开关的常开触头并接在另一控制回路中的启动按钮处，这样在行程开关动作时，常闭触头断开了正向运动控制的电路，同时常开触头又接通了反向运动的控制电路。图 2-11 为自动往返控制电路，其中图 2-11(a)是一个机械运动的示意图，图 2-11(b)是往返循环电气控制原理图。

控制电路分析如下：合上刀开关 QS 接通三相电源。按下正向启动按钮 SB2，接触器 KM1 得电并自锁，KM1 主触头闭合，接通电动机三相电源，电动机正转，带动机械部件向左运动(设左为正向)。当到达预定位置时，挡块压下行程开关 SQ1，SQ1 的常闭触头断开使接触器 KM1 断电，主触头释放，电动机断电。与此同时 SQ1 的常开触头闭合，使接触器 KM2 得电并自锁，其主触头使电动机电源相序改变，电动机由正转变为反转，电动机拖动机械部件向右运动。在运动部件向右运动过程中，挡块离开行程开关 SQ1，SQ1 复位，为下次 KM1 动作作好准备。当机械部件向右运动到预定位置时，挡块压下行程开关 SQ2，SQ2 的常闭触头使接触器 KM2 断电，主触头释放，SQ2 的常开触头闭合使 KM1 得电并自锁，KM1 主触头闭合接通电动机电源，电动机正转。如此周而复始地自动往返工作。当按下停止按钮 SB1 时，电动机停转，工作台停止移动。

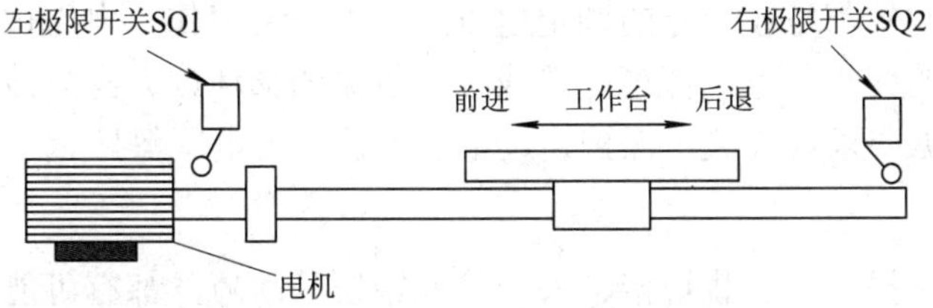

(a) 机械运动示意图

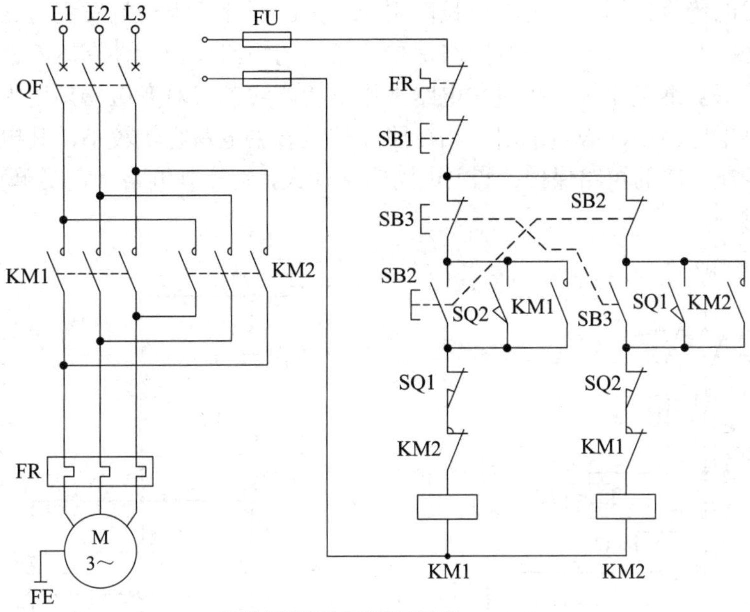

(b) 往返循环电气控制原理图

图 2-11　自动往返控制电路

2.3.4　电气控制系统的保护环节

电气保护环节是电气控制系统的重要组成部分，是保证电气控制系统安全可靠运行的主要措施之一。所有电气控制系统必须设有完善的保护环节，用以保护电网、电动机、电器以及其他电路元件等。

电气控制系统中常用的保护环节有短路保护、过载保护、零压保护、热保护、欠电压保护及弱磁保护等。下面从电气设计角度讨论电气故障的类型、产生原因、常用电气保护方法等。

在正常工作中，电气设备通过的电流一般不超过额定电流，若少量超过额定电流，在短时间内，只要温升不超过允许值也是允许的，这也是各电气设备或元件应具有的过载能力。但当短路、过电流、过载和断相发生时，通过电气设备或元件的电流过大，将因发热而使温升超过绝缘材料的承受能力，就会造成事故，甚至烧毁电气设备。在散热条件一定的情况下，温升决定于发热量，而发热量不仅决定于电流大小，而且还与通电时间密切相关。电流型保护就是基于这一原理，通过传感元件检测过电流信号，经过信号变换、放大后控制执行机构及被保护对象动作，切断故障电路。

电动机或电气元件都是在一定的额定电压下才能正常工作，电压过高、过低或者工作过程中非人为因素的突然断电，都可能造成生产机械的损坏或人身事故，因此在电气控制线路设计中，应根据要求设置失压保护、过电压保护及欠电压保护。

1．短路保护

电器或线路绝缘损坏、负载短接、人为接线错误等故障，都有可能发生短路事故。短路时产生的瞬时故障电流可达到额定电流的几倍到几十倍，导致产生过大的热量，使电器设备和导线的绝缘损坏，甚至因电弧而引起火灾。因此要求一旦发生短路故障，控制电路能迅速地切断电源，这种保护叫短路保护。常用的短路保护元件有熔断器、低压断路器或专门的短路保护继电器等。在对主电路采用三相四线制或对变压器采用中性点接地的三相三线制的供电电路中，必须采用三相短路保护。若主电路容量较小，其电路中的熔断器可同时作为控制电路的短路保护；若主电路容量较大，则控制电路一定要单独设置短路保护，如图 2-12 所示。

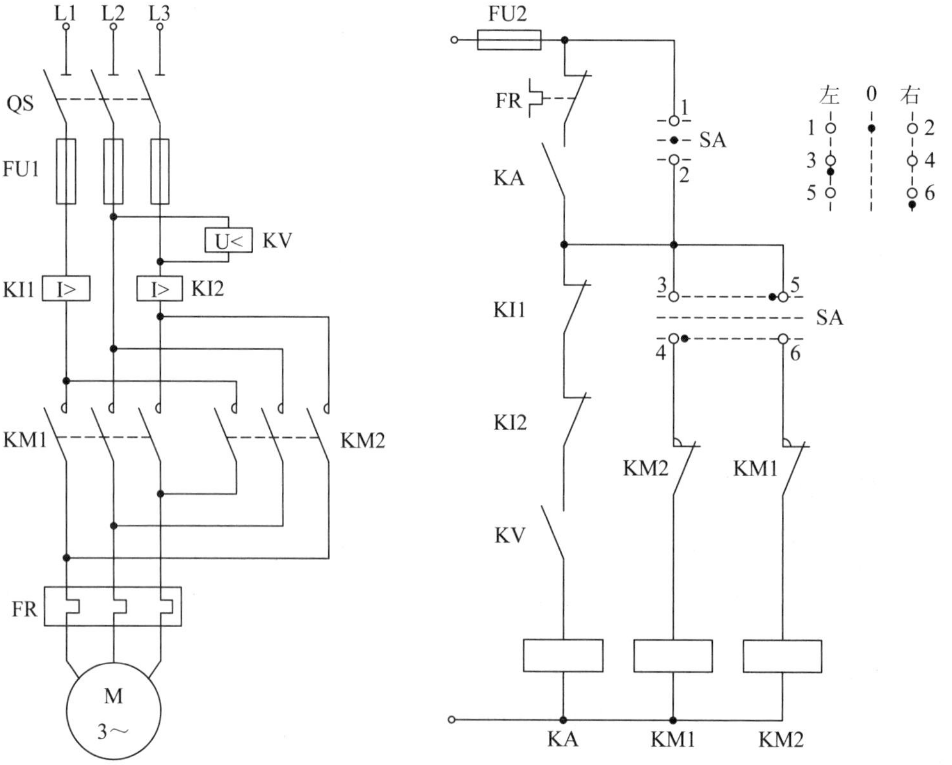

图 2-12　电气控制电路中常用的保护环节

2. 过电流保护

过电流保护是区别于短路保护的一种电流型保护。所谓过电流，是指电动机或电气元件超过其额定电流(一般不超过 $2.5I_N$)的运行状态，时间长了同样会过热损坏绝缘，需要采取保护。不正确启动和过大的负载转矩常常引起电动机很大的过电流，但一般比短路电流要小。在电动机运行中，产生过电流比发生短路的可能性更大，特别是在频繁启动和正反转、重复短时工作制电动机中更是如此。在过电流情况下，电气元件并不是马上损坏，只要在达到最大允许温升之前，电流值能恢复正常，还是允许的。

通常，过电流保护可以采用低压断路器、热继电器、过电流继电器，图 2-12 电路中过电流继电器 KI1、KI2 的线圈串联在被保护的主电路中，其常闭触头 KI1、KI2 串联在接触器控制回路中，由接触器切断电源。当过电流继电器线圈中的电流达到其整定值时，过电流继电器动作，于是吸动衔铁，打开其常闭触头，使 KM1 释放，从而切断电源。这里，过电流继电器只是一个检测电流大小的元件，切断过电流还是靠接触器。如果用断路器实现过电流保护，则检测电流大小的元件就是断路器的电流释放线圈，而断路器的主触头用以切断过电流。

3. 过载保护或热保护

过载保护是类似于过电流保护的一种电流型保护。过载是指电动机的运行电流大于其额定电流。造成电动机过载的原因很多，如负载过大、三相电动机缺相运行、欠电压运行等。长期处于过载运行，绕组温升将超过其允许值，造成绝缘材料变脆，寿命降低，严重时还会使电动机损坏。过载电流越大，达到允许温升的时间就越短。常用的过载保护元件是热继电器，如图 2-12 中的 FR。由于热惯性的原因，热继电器不会受电动机短时过载冲击电流或短路电流的影响而瞬时动作，所以在使用热继电器作过载保护的同时，还必须装有熔断器或低压断路器配合作短路保护。当电动机过载时，热继电器发热元件发出较大的热量，经一定时间后，打开其常闭触头 FR，使接触器释放，电动机电源被切断。在热继电器动作后，需等待 30 s 以上，等双金属片冷却恢复原状，使其常闭触头闭合，再投入工作。

4. 欠电压与零电压保护

当电动机正常工作时，如果电源电压因某种原因消失造成停转，那么在电源电压恢复时，电动机就可能自行启动，这会造成事故。对电网来说，许多电动机同时启动，也会引起不允许的过电流和瞬间电网电压下降。为了防止电网失电，恢复供电时电动机自行启动的保护称为零电压保护。采用接触器及按钮控制电动机的启停，具有零电压保护作用。因为如果在正常工作中，电网电压消失，接触器就释放而切断电动机电源。当电网恢复正常时，由于接触器自锁电路已断开，故不会自行启动。但如果不是采用按钮，而是用不能自动复位的手动开关、行程开关等控制接触器，就必须采用专门的零电压继电器。

当电动机运行时，电源电压过分降低将引起电动机转速、电磁转矩降低甚至堵转，在负载一定的情况下，电动机电流将增加，不仅影响产品加工质量，还会影响设备正常工作，使机械设备损坏，造成人身事故。因此，在电源电压降到允许值以下时需要采取保护措施及时切断电源，这就是欠电压保护。采用接触器加按钮的控制方式，利用接触器本身可以起到欠电压保护的作用。但如果电网电压降低的幅度不足以使控制线路中的各类交流接触器、继电器释放，此时交流接触器、继电器既没有释放也不能可靠吸合，处于抖动状态并产生很大噪声，线圈电流增大，甚至过热造成电气元件和电动机被烧毁。因此通常还采用低压断路器或专门的电磁式电压继电器 KV 来进行欠电压保护，其方法是将电压继电器 KV 的线圈跨接在电源上，其常开触头串接在接触器控制回路中。当电网电压低于整定值时，电压继电器动作使接触器释放。

图 2-12 是电气控制线路常用保护环节的集中体现，当然，有时这些保护环节并不一定全部需要，但短路保护、过载保护、零电压保护一般是不可缺少的。

图中各电路元件所起的保护作用分别是：

短路保护：熔断器 FU1 和 FU2；

过载保护：热继电器 FR；

过电流保护：过电流继电器 KI1、KI2；

零电压保护：中间继电器 KA；

欠电压保护：欠电压继电器 KV；

联锁保护：KM1 和 KM2 互锁。

5. 弱磁保护

电动机磁通的过度减少会引起电动机的超速甚至发生“飞车”，因此需要采取弱磁保护。弱磁保护是通过电动机励磁回路串入欠电流继电器来实现的，在电动机运行中，如果励磁电流消失或降低太多，欠电流继电器就会释放，其触头切断接触器线圈的电源，使电动机断电停车。

2.4 典型生产机械设备电气电路分析

机床是我国目前工业生产中应用最广泛、最基本的电气设备。本节通过分析典型机床的电气控制线路，学习和理解一般生产机械电气控制的基本原理，以及电气部分在整个设备中所处的地位和作用。本节是前几节知识的综合应用。

2.4.1 电气控制电路分析基础

分析一个设备的电气控制，首先要详细阅读设备说明书及设备的技术资料，理解其工作原理、综合控制、使用方法和维护要求，主要包括以下几个内容。

1. 电气控制分析的内容

(1) 设备说明书：通过阅读设备说明书，分析设备的基本结构，机械、液压、气动部分的工作原理，分析加工工艺、电气传动方式和对电气控制的要求，以及设备的使用方法。

(2) 电气控制原理图：包括主电路、控制电路、辅助电路、保护及联锁环节以及特殊控制电路等。

(3) 电气设备的总装接线图。

(4) 电气元件布置图与接线图。

2．电气控制原理图的阅读分析方法

(1) 了解电气控制系统的总体结构、电动机和电气元件的分布状况；分析机械部件与电气元件的关联，含操纵手柄、行程控制的挡铁、撞块、离合器、电磁铁等的状态及安装位置；分析工艺过程、电气控制原理、控制要求。

(2) 分析主回路。从主回路入手，根据伺服电动机、辅助机构电动机和电磁阀等执行电器的控制要求，分析它们的控制内容。控制内容包括启动、方向控制、调速和制动。

(3) 分析控制电路。根据主回路中各伺服电动机、辅助机构电动机和电磁阀等执行电器的控制要求，逐一找出控制电路中的控制环节，按功能不同划分成若干个局部控制线路来进行分析。分析控制电路的最基本的方法是查线读图法。

(4) 分析辅助电路。辅助电路包括电源显示、工作状态显示、照明和故障报警等部分，它们大多由控制电路中的元件来控制，所以在分析时，还要回头来对照控制电路进行。

(5) 分析互锁与保护环节。机床对安全性和可靠性有很高的要求，为实现这些要求，除了合理地选择元器件和控制方案以外，在控制线路中还设置了一系列电气保护和必要的电气互锁。

(6) 总体检查。经过“化整为零”，逐步分析每一个局部电路的工作原理以及各部分之间的控制关系之后，还必须用“集零为整”的方法，检查整个控制线路，看是否存在遗漏，特别要从整体的角度进一步检查和理解各控制环节之间的联系，理解电路中每个元器件所起的作用。

2.4.2　C650 型普通卧式车床电气控制电路分析

1．C650 车床对电气控制的要求

C650 车床共采用三台三相笼型异步电动机拖动，各台电动机的控制要求是：

(1) 进给电动机(简称主电动机)M1，功率为 30 kW，允许在空载情况下直接启动。主轴与进给电动机要求实现正、反转，可经主轴变速箱实现主轴正、反转，或通过挂轮箱传给溜板箱来拖动刀架实现刀架的横向左、右移动。

为便于进行车削加工前的对刀，要求主轴拖动工件能作调整点动，所以要求主轴与进给电动机能实现单方向旋转的低速点动控制。

当主电动机停车时，由于加工工件转动惯量较大，故需采用反接制动。主电动机除具有短路保护和过载保护外，在主电路中还应设有电流监视环节。

(2) 冷却泵电动机 M2，功率为 0.15 kW，用以在车削加工时，提供冷却液，对工件与刀具进行冷却。电动机采用直接启动、单向旋转、连续工作方式，具有短路保护与过载保护。

(3) 快速移动电动机 M3，功率为 2.2 kW，由于溜板箱连续移动是短时工作，故 M3 只要求单向点动、短时运转，不设过载保护。

此外，电路还应有必要的联锁、保护及安全可靠的照明电路。

2．C650 型车床电气控制电路分析

1) 控制原理图

图 2-13 为 C650 型普通车床电气控制原理图。

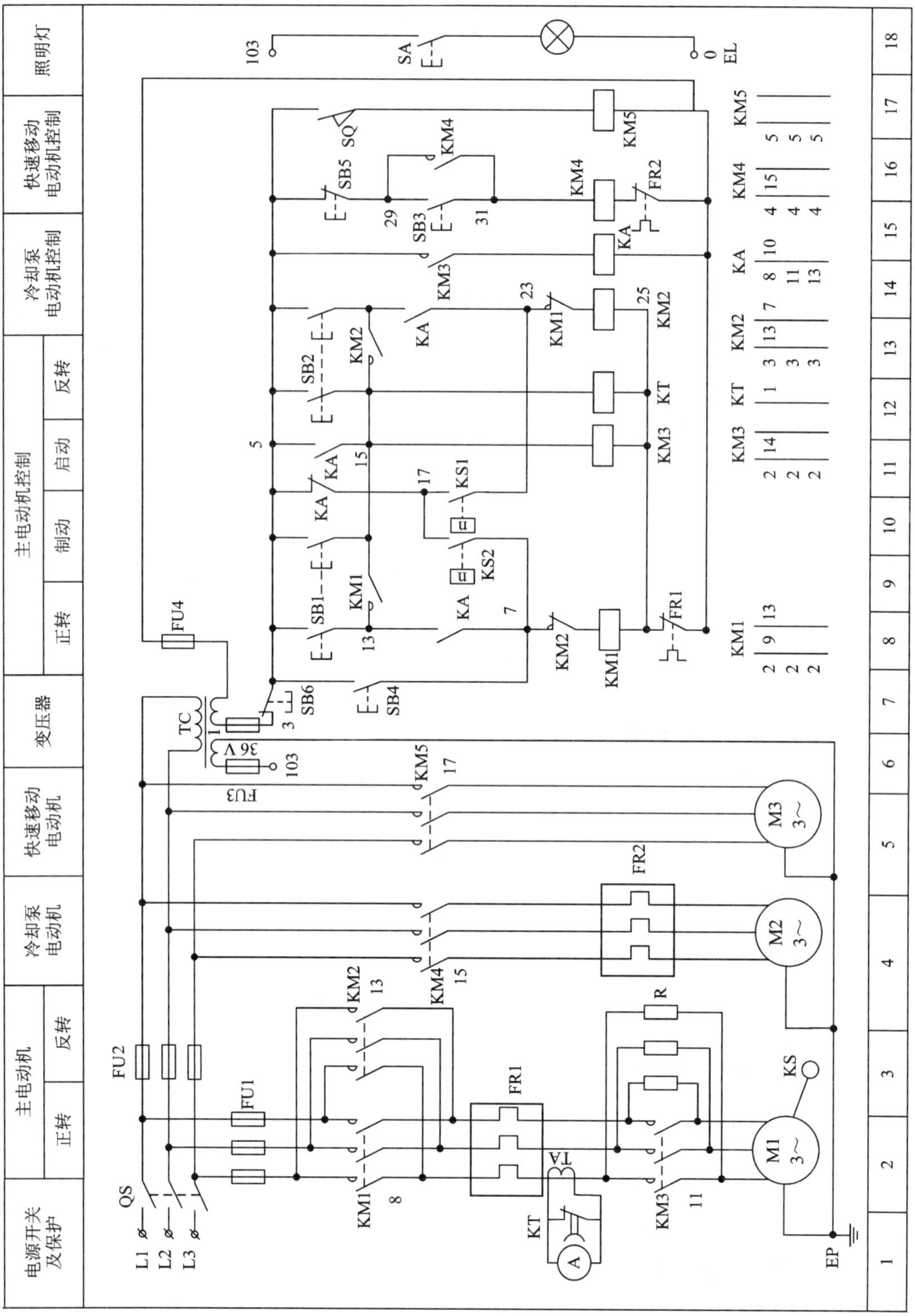

图 2-13　C650 型卧式车床电气控制原理图

刀开关 QS 将三相交流电源引入。FU1 为主电动机 M1 短路保护熔断器，FR1 为 M1 过载保护热继电器，R 为限流电阻，限制反接制动时的电流冲击。通电电流互感器 TA 接入电流表来监视主电动机的线电流。KM1、KM2 分别为主电动机正、反转接触器，KM3 为主电动机制动限流接触器。速度继电器 KS 用于反接制动时转速的过零检测。

冷却泵电动机 M2 通过接触器 KM4 的控制来实现单向连续运转，FU2 为 M2 的短路保护熔断器，FR2 为其过载保护热继电器。

快速移动电动机 M3 通过接触器 KM5 控制实现单向旋转点动短时工作。

2) 控制电路分析

控制电路的电源为 110 V 的交流电压，由控制变压器 TC 供给控制电路。同时，TC 还为照明电路提供 36 V 的交流电压，FU4 为控制电路短路保护熔断器，FU3 为照明电路短路保护熔断器，车床局部照明灯 EL 由主令开关 SA 控制。

(1) 主电动机 M1 的点动调整控制。按下 SB4，KM1 线圈通电吸合(无自锁)，KM1 主触头闭合，M1 定子绕组经限流电阻 R 与电源接通，电动机 M1 定子串电阻作正转减压点动。若点动时速度达到速度继电器 KS 动作值 140 r/min，KS 正转触头 KS1 将闭合，为点动停止时的反接制动作准备。松开点动按钮 SB4，KM1 线圈断电释放，KM1 触头复原；若 KS 转速大于其释放值 100 r/min，触头 KS1 仍闭合，使 KM2 线圈通电吸合，M1 接入反相三相交流电源，并串入限流电阻 R 进行反接制动；当 KS 转速达到 100 r/min 时，KS1 触头断开，反接制动结束，电动机自然停止。

(2) 主电动机 M1 的正、反转控制。正转时，按下启动按钮 SB1，接触器 KM3 通电吸合，其常开主触头闭合，将限流电阻 R 短接。KT 线圈通电开始延时，KM3 常开辅助触头闭合，使中间继电器 KA 线圈通电吸合，触头 KA(13-7)闭合，使接触器 KM1 线圈通电吸合，其常开主触头闭合，主电动机 M1 在全电压下正向直接启动。由于 KM1 常开触头 KM1(15-13)闭合和 KA 常开触头 KA(5-15)闭合，使 KM1 和 KM3 线圈自锁，M1 获得正向连续运转。接触器 KM1 与 KM2 的常闭触头串接在对方线圈电路中，实现电动机 M1 正、反转的互锁。启动完毕，KT 延迟时间到，KT 常闭触头断开，电流互感器 TA 投入检测运行电流。

(3) 主电动机 M1 的停车制动控制。主电动机停车时采用反接制动。反接制动电路由正反转可逆电路和速度继电器组成。正转制动原理为：当 M1 正转运行时，接触器 KM1、KM3 和中间继电器 KA 线圈通电吸合，KS 的常开触头 KS1(17-23)闭合，为正转制动作好准备。如需停车，按下停止按钮 SB6，KM3、KM1、KA 线圈同时断电。电阻 R 串入主电路中，作为反接制动电阻，KA 的常闭触头闭合，松开 SB6 时，反转接触器 KM2 经过 1—3—5—17—23—25 线路接通，电动机电源反接，使其处于反接制动状态。当电动机转速下降到速度继电器的复位转速时，速度继电器的正转常开触头断开，切断了电动机电源，电动机自由停车。反转制动原理与正转制动的相同。

(4) 冷却泵电动机 M2 的控制。冷却泵电动机 M2 的启动和停止通过按钮 SB3、SB5 和 KM4 控制。

(5) 刀架移动电动机 M3 的控制。刀架的快速移动是通过转动刀架手柄压动限位开关 QS，使接触器 KM5 吸合，M3 电动机转动来实现的。

(6) 辅助电路。辅助电路主要是保护和联锁功能电路。主电动机 M1 正反转之间有互锁；熔断器 FU1～FU6 可实现各电路的短路保护；热继电器 FR1、FR2 实现 M1、M2 的过载保护；接触器 KM1、KM2、KM4 采用按钮与自锁环节，对 M1、M2 实现欠电压与零电压保护，此外还设有检测主电动机工作电流的环节。

2.4.3 摇臂钻床

1. 摇臂钻床的工作情况

摇臂钻床是一种孔加工机床，可进行钻孔、扩孔、铰孔、镗孔和攻螺纹等加工。

摇臂钻床主要由底座、内外立座、摇臂、主轴箱和工作台等组成。摇臂的一端为套筒，套装在外立柱上，并借助丝杠的正、反转可沿外立柱作上下移动。

主轴箱安装在摇臂的水平导轨上，可通过手轮操作使其在水平导轨上沿摇臂移动。加工时，根据工件高度的不同，摇臂借助于丝杠可带着主轴箱沿外立柱上下升降。在升降之前，应自动将摇臂松开，再进行升降，当达到所需的位置时，摇臂自动夹紧在立柱上。

钻削加工时，钻头一面旋转一面作纵向进给。钻床的主运动是主轴带着钻头作旋转运动。进给运动是钻头的上下移动。辅助运动是主轴箱沿摇臂水平移动，摇臂沿外立柱上下移动和摇臂与外立柱一起绕内立柱的回转运动。

2. Z3040 摇臂钻床的电气控制分析

图 2-14 为 Z3040 摇臂钻床的电气控制原理图。

摇臂钻床共由 4 台电动机拖动。M1 为主轴电动机。钻床的主运动与进给运动皆为主轴的运动，都由电动机 M1 拖动，分别经主轴与进给传动机构实现主轴旋转和进给。主轴变速机构和进给变速机构均装在主轴箱内。M2 为摇臂升降电动机，M3 为液压泵电动机，M4 为冷却泵电动机。

1) 主电路

电源由总开关 QS 引入，主轴电动机 M1 单向旋转，由接触器 KM1 控制。主轴的正、反转由机床液压系统机构配合摩擦离合器实现。摇臂升降电动机 M2 由正、反转接触器 KM2、KM3 控制。液压泵电动机 M3 拖动液压泵送出压力液以实现摇臂的松开、夹紧和主轴箱的松开、夹紧，并由接触器 KM4、KM5 控制正、反转。冷却泵电动机 M4 用开关 SA2 控制。

2) 控制线路

(1) 主轴电动机 M1 的控制。

启动：按启动按钮 SB2→接触器 KM1 通电→M1 转动。

停止：按停止按钮 SB1→接触器 KM1 断开→M1 停止。

(2) 摇臂升降电动机 M2 的控制。

摇臂上升：按上升启动按钮 SB3→时间继电器 KT 通电→电磁阀 YV 和接触器 KM4 同时通电，液压泵电动机 M3 正转，供给压力油，推动松开机构使摇臂松开。松开到位，松开机构压下限位开关 SQ2→KM4 断电→M3 停转，停止松开；下限位开关 SQ2→上升接触器 KM2 通电→升降电动机 M2 正转，摇臂上升。

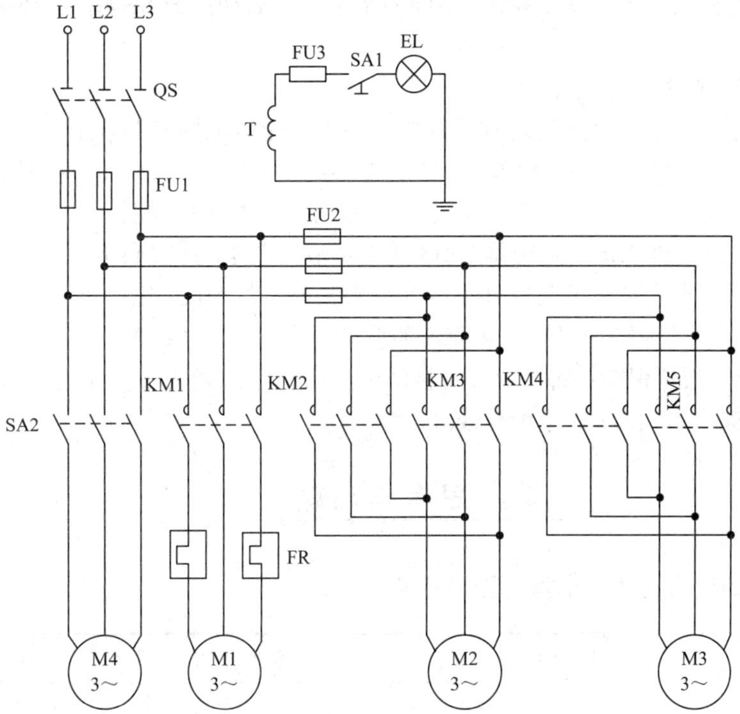

(a) 主电路

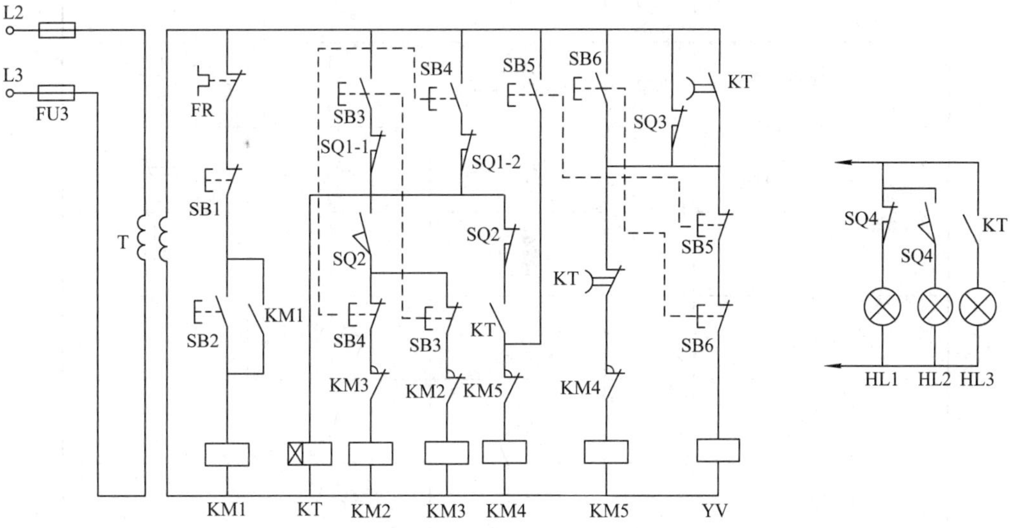

(b) 控制电路

图 2-14　Z3040 摇臂钻床的电气控制原理图

到预定位置→松开 SB3→①上升接触器 KM2 断电→M2 停转，摇臂停止上升；②时间继电器 KT 断电→延时 t(s)，KT 延时闭合，常闭触头闭合→接触器 KM5 通电→M3 反转，供给压力油→反向推动夹紧机构使摇臂夹紧→夹紧机构压动限位开关 SQ3→电磁阀 YV 断电、接触器 KM5 断电→液压泵电动机 M3 停转，夹紧停止。摇臂上升过程结束。

摇臂下降过程和上升情况基本相同，不同的是由下降启动按钮 SB4 和下降接触器 KM3 实现控制。

(3) 主轴箱和立柱的夹紧与放松控制。

主轴箱和立柱的夹紧与松开是同时进行的，均采用液压机构控制。工作过程如下：

松开：按下松开按钮 SB5→接触器 KM4 通电→液压泵电动机 M3 正转，推动松紧机构使主轴箱和立柱分别松开→限位开关 SQ4 复位→松开指示灯 HL1 亮。

夹紧：按下夹紧按钮 SB6→接触器 KM5 通电→液压泵电动机 M3 反转，推动松紧机构使主轴箱和立柱分别夹紧→压下限位开关 SQ4→夹紧指示灯 HL2 亮。

(4) 照明线路：变压器 T 提供 36 V 交流照明电源电压。

(5) 摇臂升降的限位保护：摇臂上升到极限位置压动限位开关 SQ1-1，或下降到极限位置压动限位开关 SQ1-2，使摇臂停止升或降。

思考与习题

2.1 在下表的空白处填上电器的图形符号。

名 称		文字符号	图形符号		
			线圈(元件)	常开触点	常闭触点
刀开关		QS		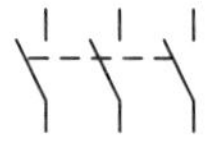	
接触器		KM	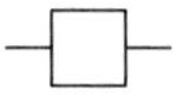		
时间继电器	延时闭合	KT			
	延时断开		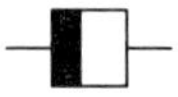		
空气断路器		QF		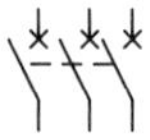	
按钮		SB		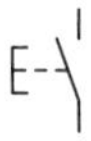	
速度继电器		KS		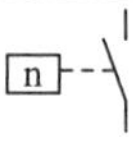	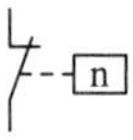
热继电器		FR	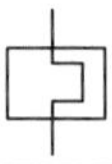		
熔断器		FU		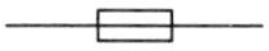	
行程开关		SQ			

2.2　自锁环节怎样组成？它起什么作用？

2.3　什么是互锁环节？它起什么作用？

2.4　试设计一台异步电动机的控制线路，要求如下：

(1) 能实现启、停的两地控制；

(2) 能实现点动调整；

(3) 能实现单方向的行程保护；

(4) 有短路和过载保护。

2.5　电气控制线路常用的保护环节有哪些？各采用什么电气元件？

第 3 章 继电接触器控制系统设计

3.1　控制系统设计基础

电气控制系统主要包括高低压配电系统、继电保护系统、电气传动系统、机床控制系统、自动生产控制系统等，多以电动机作为执行对象，控制方式则由传统的继电接触器控制为主逐渐发展为 PLC 控制，计算机控制为主、低压电器为辅的控制模式。

电气控制系统的设计应该遵循一定的原则，保证设计的合理性、完整性和可操作性。

3.1.1　控制系统设计的基本任务与内容

控制系统设计的基本任务是根据控制要求设计、编制出设备制造和使用维修过程中所必需的设计图纸、设计资料等。设计图纸包括电气原理图(主回路、辅助回路)、电气系统的组件划分图、元器件布置图、安装接线图、电气箱(柜)图、控制面板图和非标准件加工图等；设计资料包括元器件清单(名称、型号、数量、厂家等)、设备技术说明书(电气图工作原理、元器件参数选用计算依据、程序注释等)和使用说明书(设备组成、使用方法、故障分析及排除等)。

控制系统设计的内容包括确定拖动方案、选择电机容量和设计电气控制线路并提供相关图纸。从原理性设计、施工工艺设计、安装调试到使用维护等都属于设计范畴。

3.1.2　控制系统设计原则

控制系统设计的一般原则如下：

(1) 最大限度地实现生产机械和工艺对控制线路的要求。控制系统是为生产服务的。设计之初，应该认真分析生产设备的控制要求、产品精度要求和加工工艺流程，也就是常说的生产工艺。明确生产工艺对于后续电气线路设计和程序设计的重要性，否则会导致设计周期的延长甚至是设计方案的颠覆。

(2) 在满足生产要求的情况下，控制线路应力求简单、经济，提高性价比。

① 尽量选用标准的、常用的或经过实际考验过的线路和环节。继电接触器控制系统的电路设计要求通常都比较简单，由启动、制动、正向运行、反向运行、保护电路和简单的时序电路等组成，设计这些电路环节时可以参考各类经典电路。对于 PLC 控制系统，控制部分已由 PLC 软件编程实现，因此线路设计内容主要包括配电、驱动和保护电路。

② 合理安排电气元件及触头的位置。在图 3-1 所示的线路中，行程开关的触头与线圈位置安排不当，一方面使行程开关与控制柜间连线数量由图 3-1(b)的 3 根增加为图 3-1(a)的 4 根，不利于安装和维护；另一方面，从可靠性上分析，图 3-1(a)的接法可能会因常开、常闭触头动作时出现的电位差产生电弧造成电源短路。因此合理的接法是按照图 3-1(b)，将触头接在同一相线上。

图 3-2 为一典型的启-保-停控制电路，图 3-2(a)由于停止按钮 SB1 的位置安排不当将导致操作台与电气柜之间的接线数量增加。因此，合理设计为图 3-2(b)。

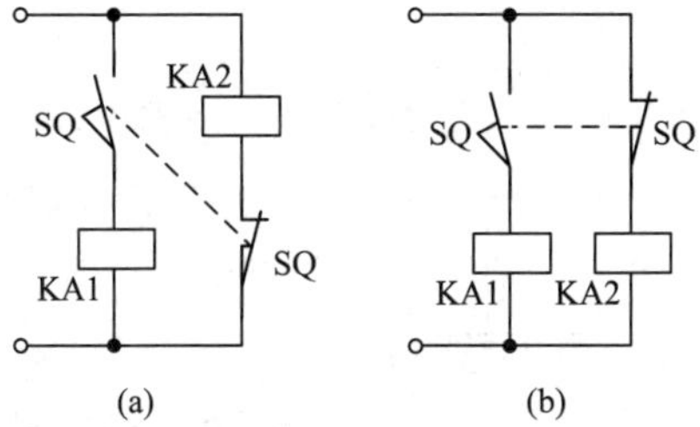

图 3-1　电器触头的合理安排(一)

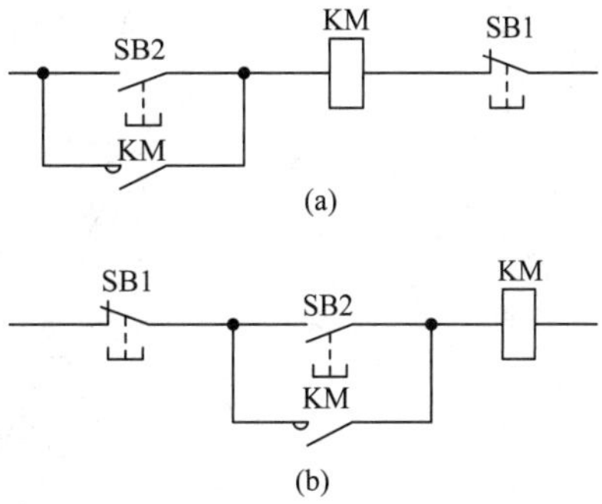

图 3-2　电器触头的合理安排(二)

③ 尽量缩减电器的数量，采用标准件，并尽可能选用相同型号，这样可以降低研制和生产成本，便于厂家采购和降低备品备件的数量、种类。

对于采用经验设计法完成的控制线路，必要时可采用逻辑分析法进行简化，减少不必要的触头以简化电路，提高可靠性。

图 3-3 为采用合并触头、合并开关的方式进行的电路简化。

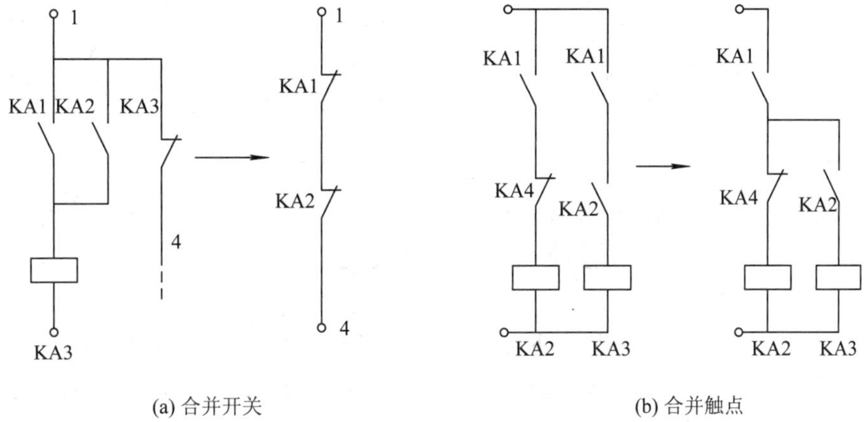

图 3-3　控制线路的简化

图 3-3(a)采用逻辑分析法，分析有

因为
$$KA3 = KA1 + KA2 \tag{3-1}$$

所以
$$\overline{KA3} = \overline{KA1 + KA2} = \overline{KA1} \cdot \overline{KA2} \tag{3-2}$$

式(3-1)为继电器 KA3 线圈的逻辑表达式，式(3-2)为继电器 KA3 常闭触头状态逻辑值，它在线圈断电时接通。经过逻辑分析法化简后，我们发现端子 1、4 间只需要继电器 KA1、KA2 的常闭触头串联就能实现控制目的。对图 3-3(b)采用逻辑分析法化简，也不难理解。

此外，控制线路中应尽量减少通电电器的数量和通电时间，这样可以节能并延长电器元件的使用寿命。通常采用类似上面的线路化简或局部调整的方法进行线路改造。

(3) 保证控制线路工作的可靠和安全。

① 正确连接电器线圈和触头。在交流控制电路中线圈不能串联使用，原因是交流线圈在工艺上存在的略微差异会导致先吸合电器阻抗增加，经分压后使未动作的线圈电压无法达到动作值，从而不能同时吸合。两个交流电器若要同时动作应采用并联方式，如图 3-4(b)所示。

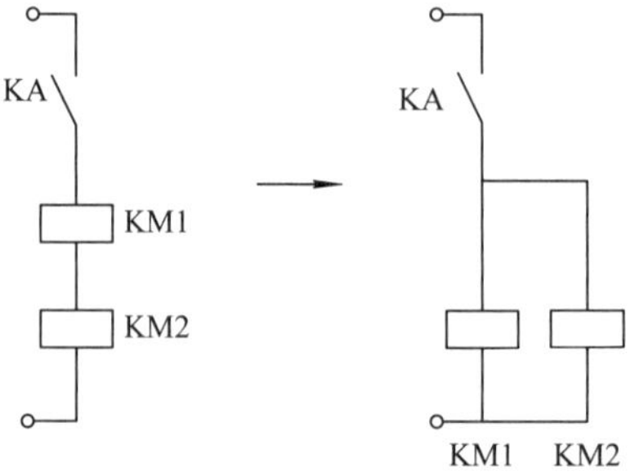

(a) 错误连接　　(b) 正确连接

图 3-4　交流线圈连接方法

在直流控制电路中，电感差异较大的同电压等级的线圈不应直接并联使用，原因是电感较大的电器(如 YV：电磁阀)由接通到断开产生的感应电动势会导致中间继电器 KA 的瞬间误动作，导致控制逻辑改变。其解决方法是为 YV 线圈提供一个泄流回路，同时将 KA 的控制电路与原电路分离，如图 3-5(b)所示。

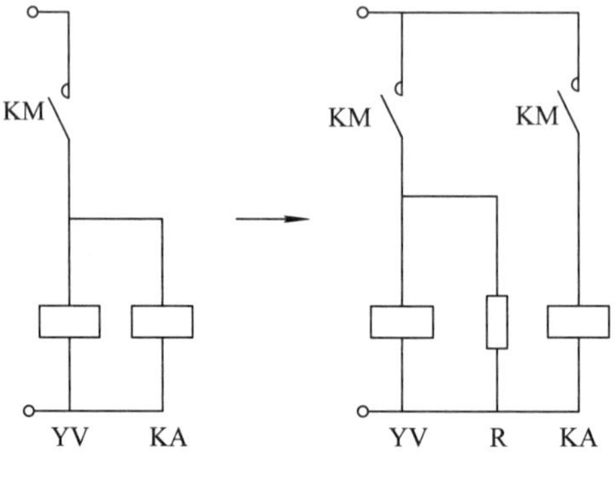

(a) 错误连接　　(b) 正确连接

图 3-5　直流线圈容量差异较大时的连接方法

② 控制线路中应避免出现“寄生”电路。“寄生”电路是指在线路动作过程中，不是由于误操作引起的意外接通电路。这类情况通常是由于电路设计不合理造成的，如图 3-6 所示。在图 3-6(a)中，当 KM1 回路接通时出现过载导致热继电器动作，常闭触头 FR 断开，但由于位置安排不合理，导致电源经 KM1、KM2 线圈，信号指示灯 HL2 形成回路，从而无法关断 KM1 实施保护。其解决方法是将 FR 常闭触头安排在上面即可，如图 3-6(b)所示。

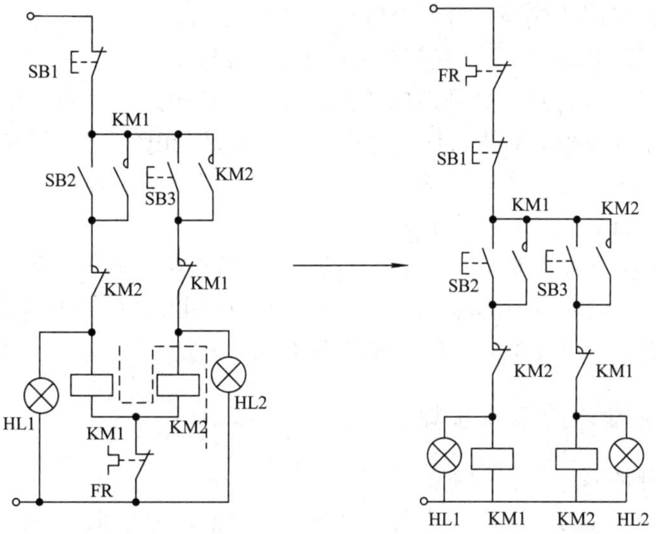

(a) 错误连接　　(b) 正确连接

图 3-6　“寄生”电路的处理

③ 尽量避免多个电器依次动作才能接通另一个电器的控制结构，可以提高线路工作的可靠性，如图 3-7 所示。

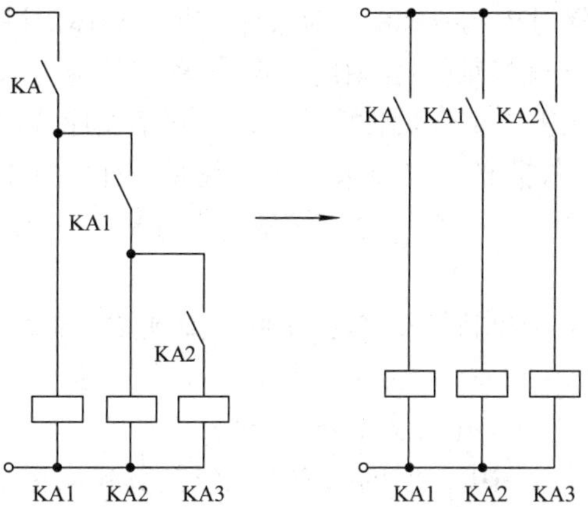

(a) 错误连接　　(b) 正确连接

图 3-7　减少通电电器的连接方法

④ 选择好控制电器元件的动作类型，注意“竞争”现象。

在实际应用过程中，继电器常开、常闭触头的动作类型有“先断后合”型和“先合后断”型，前者是线圈通电时，常闭触头先断开，常开触头后闭合；断电时常开触头先断开，常闭触头后闭合。后者是线圈通电时，常开触头先闭合，常闭触头后断开；断电时常闭触头先闭合，常开触头后断开。

“竞争”现象：对于控制电路，采用不同动作类型的触头，会得到不同的输出状态，称为电路的“竞争”。如图 3-8 所示，继电器 KA 采用“先合后断”型触头，当交流接触器常开触头 KM 接通，KA 线圈通电，其常开触头先接通自锁，常闭触头后动作并分断接触器触头，

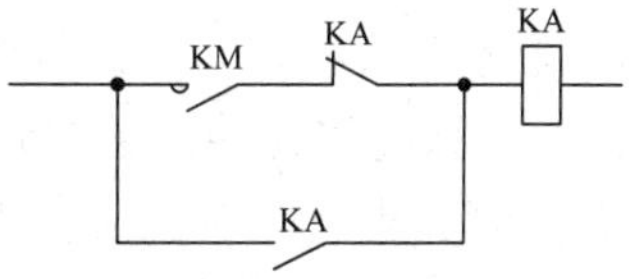

图 3-8　触头“竞争”现象

电路能够工作；若采用“先断后合”型触头，电路则无法工作。

⑤ 应具有完善的保护环节，包括必要的电气联锁。

分析控制线路运行特点，合理地安排保护环节，如短路、过载、过流、欠流、过压、欠压、失压、缺相等保护。对于可逆运行电机，必须采取电气互锁(接触器、继电器触头互锁)、机械互锁(行程开关互锁)等措施。此外还应提供必要的监控信息，如工作电压、电流值的仪表显示和运行、报警等工况指示。

(4) 应尽量使操作和维修方便。操作方式方法应符合生产规范，尽量做到与同类型生产设备的操作一致，提供多点启动、多点停止或急停。控制方式可根据需要设置手动方式和自动方式，为便于设备调试及维修，自动方式还可进一步细分为单步、单周期、循环等方式。

3.1.3 控制系统设计的基本步骤

控制系统设计的基本步骤如下：

(1) 制定设计任务书。设计任务书是设计和验收的技术依据，它的内容应包括设备的生产用途、生产工艺流程，应满足的技术参数、拖动特性、控制特性等指标，设备具有的工作模式、操作方法以及相关技术文档。设计工作都应围绕任务书展开。

(2) 确定拖动方案，确定电机型号。根据生产需求及性价比要求，确定电动机的数量、用途、拖动方式和各类阀门的动作形式。电动机作为电气执行部件，其电气拖动方式、电机类型及调速方式的选择对控制方案的拟订非常重要。具体地讲，拖动方式包括集中拖动、独立拖动，复杂设备还含有多轴(多自由度协调)拖动；调速方式主要包括有级调速、无级调速和伺服系统，同时还需要结合负载特性决定恒功率调速或恒转矩调速。

(3) 确定控制方案。按照任务书要求合理实现对各种执行电器的控制，包括电机和阀门。控制方案应包括设备供电、I/O 关系、设备工作方式、执行器件动作顺序、电气保护等环节的具体内容。

(4) 设计控制原理图。控制原理图包括主回路原理图、辅助回路(二次回路)原理图及控制器原理图。

主回路是指有负载(电机、电磁阀等设备)电流流过的线路，电流通常较大，因此控制电器不能直接接在主回路线路中。它的组成主要包括负载、保护电器、断路器或刀开关、执行电器(如接触器)，部分电路可能还包括显示表头、变压器、功率电阻等器件。

辅助回路(又叫二次回路)通常是指用来控制主回路内执行器件的通断逻辑，使负载按照生产工艺要求进行动作的控制电器组合和必要的联锁、保护电路。当控制系统采用 PLC、DCS 等控制方式后，辅助回路的主要任务转变为控制设备供电、现场信号与控制器信号匹配、输出信号与执行器件电压匹配、硬件联锁、显示、保护、报警等。

控制方式的转变同时也在原理图设计中增加了控制器原理图的设计内容。这部分内容主要是控制器的外部接线设计，包括电源进线方式、输入/输出的配置情况(数字或模拟)、操作和显示方式、通信方式等电路设计。

(5) 选择电气元件，制定元器件明细表，必要时应给出元器件生产厂家。

(6) 设计电气设备的施工图纸，包括控制柜(箱)、元器件布置图、接线图、控制面板图等。

(7) 编写设计说明书和使用说明书。

3.2　继电接触器控制系统原理图的设计

原理图设计是电气控制系统设计的主要内容之一。在继电接触器控制方式下，原理图设计包含了拖动方案和控制方案的设计。当采用 PLC 控制、计算机控制等控制方式时，原理图设计和软件设计都是设计的核心内容。

3.2.1　原理图的基本设计方法

继电接触器控制原理图设计的方法有经验设计法和逻辑设计法两种。

1. 经验设计法

经验设计法是将控制系统划分为若干个控制环节，根据生产工艺，结合各种典型电路环节逐一设计，然后将各个环节组合起来，加入必要的联锁、保护环节，构成完整的控制线路。

经验设计法的特点是方法简单，容易掌握，方法答案不唯一，对设计者的工作经历(经验)有较高要求。设计过程中常要经过多次试验、修改、再试验、再修改的过程，执行器件风险大，线路优化程度低。这种方法较适合于小规模系统、任务较简单、控制点数少的设备。其控制电路的核心是启-保-停电路结构，即由启动电路、保持电路、停止电路组成的电路结构。

2. 逻辑设计法

逻辑设计法是将逻辑代数引入控制系统设计中，利用输入信号、检测信号、中间单元、输出逻辑值等开关量作为输入变量，按一定逻辑规律组成逻辑表达式，其输出变量为执行元件。设计的核心是建立控制任务的逻辑规律，即逻辑表达式。

逻辑设计法的特点是线路简单、合理、优化程度高，适合较复杂的电气系统设计，要求设计者具有一定的知识背景。当然，采用逻辑设计法得到的控制线路还需要加入必要的联锁、保护等环节。

运用逻辑设计法进行线路设计，首先要建立电气元件的通断状态与逻辑代数状态值之间的对应关系，然后利用逻辑代数的基本运算规律进行电路设计和优化。逻辑关系的表示方法有逻辑代数式法和真值表法。

1) 电路元件的逻辑表示

电路元件的逻辑表示方法如下：

(1) 用逻辑原变量 KA、KM、SB、SQ 等分别表示继电器、接触器、按钮、行程开关等元件的常开触头。

用逻辑反变量 $\overline{KA}$、$\overline{KM}$、$\overline{SB}$、$\overline{SQ}$ 等分别表示继电器、接触器、按钮、行程开关等元件的常闭触头。

(2) 电路中开关元件受激(通电接通)状态为“1”状态，开关元件的原始(失电断开)状态为“0”状态；触头的闭合为“1”状态，触头的断开为“0”状态。具体描述如下：

对于输出变量(线圈)：

KA =1　表示继电器线圈通电

KA =0　表示继电器线圈断电

对于输入变量(触头)：

KA =1　表示继电器常开触头闭合

KA =0　表示继电器常开触头断开

$\overline{KA}=1$　表示继电器常闭触头闭合

$\overline{KA}=0$　表示继电器常闭触头断开

SB =1　表示按钮常开触头闭合

$\overline{SB}=0$　表示按钮常闭触头断开

2) 电路状态的逻辑表示

电路状态的逻辑表示方法如下：

(1) 逻辑与：表示触头串联，如图 3-9(a)所示，逻辑表达式为 C=A·B 或 C=AB。从电路上分析，A、B 触头接通，线圈 C 通电接通，C=1；A、B 任一触头断开，线圈 C 失电断开，C=0。

(2) 逻辑或：表示触头并联，如图 3-9(b)所示，逻辑表达式为 C=A+B。从电路上分析，A、B 任一触头接通，线圈 C 通电接通，C=1；A、B 同时断开，线圈 C 失电断开，C=0。

(3) 逻辑非：表示触头关系取反，如图 3-9(c)所示，逻辑表达式为 $C=\overline{A}$ 。从电路上分析，A 的常闭触头接通，线圈 C 通电接通，C=1；当 A 的常闭触头断开，线圈 C 失电断开，C=0。

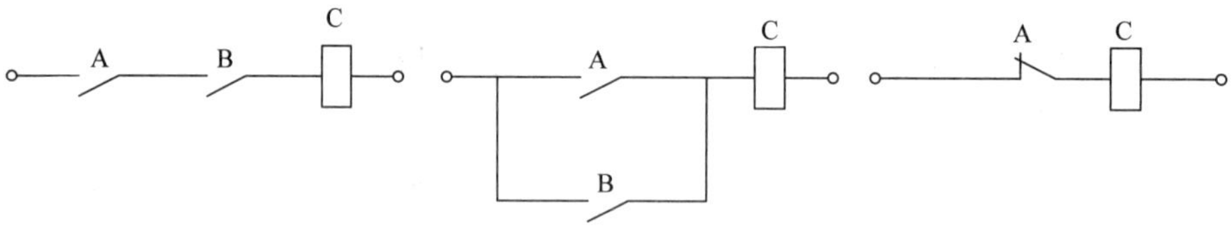

(a) 逻辑与　(b) 逻辑或　(c) 逻辑非

图 3-9　逻辑电路基本结构

例 3-1　写出如图 3-10 所示电路的逻辑表达式。

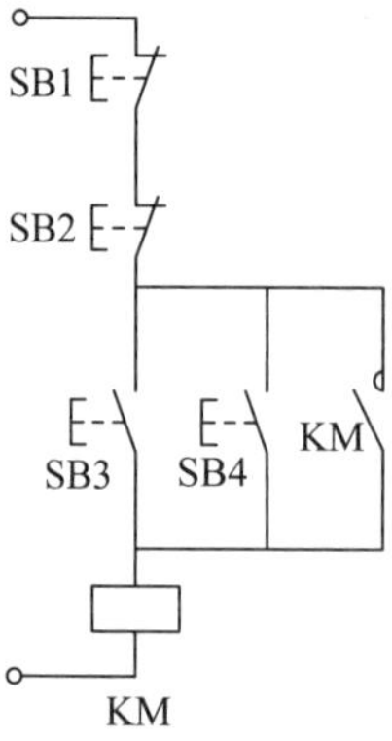

图 3-10　多点控制电路

根据逻辑与、逻辑或、逻辑非基本电路，可以写出该电路的逻辑表达式为

$$f(KM)=\overline{SB1}\,\overline{SB2}(SB3+SB4+KM)$$

3.2.2　原理图的基本设计步骤

1. 经验设计法的基本步骤

(1) 根据确定的拖动方案和控制方式设计系统的原理框图。

(2) 设计原理框图各组成部分的具体电路，包括主回路、辅助回路(含控制电路)、联锁和保护环节。

(3) 修改完善各个电路。

(4) 绘制原理图。

(5) 选定元器件，制订元器件明细表。

经验设计法虽然对经验积累要求较高，但还是有一定规律可循的。那就是根据控制要求，认真分析每个设备的工作流程，找出它的启动条件电路组合、停止条件电路组合，以及是否需要自锁电路，然后将这三部分电路结合起来即为完整的控制电路。

例 3-2　设计三地运行小车控制系统原理图，当启动按钮 SB2 按下后，按图 3-11 的动作流程循环运行，运行期间按下停止按钮 SB1 则立即停止运行。

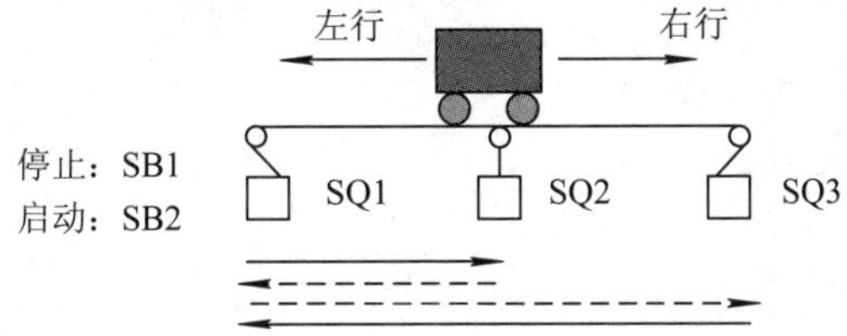

图 3-11　三地运行小车运动示意图

(1) 该系统执行电机为三相异步电机，此处假定功率较小，可以直接启动，原理图应包括主回路、控制回路和必要的联锁及保护电路。

(2) 主回路设计：规定 KM1 接通正转运行(右行)，KM2 接通反转运行(左行)。

控制回路设计：包括 KM1 和 KM2 两个接触器的控制电路。

KM1：启动条件由 SB2 和 SQ1 常开触头的并联组合构成；
　　停止条件由 SQ2 和 SQ3 常闭触头的串联组合构成；
　　需要自锁电路，利用接触器辅助常开触头实现。

KM2：启动条件由 SQ2 和 SQ3 常开触头并联组合构成；
　　停止条件由 SQ1 常闭触头构成；
　　需要自锁电路，利用接触器辅助常开触头实现。

联锁电路：包括继电器、接触器的自锁和接触器之间的互锁电路。

保护电路：考虑短路、过载、失压等保护。

(3) 经检查分析，发现如下问题并作改进。

问题一：若小车开始时处于起点，则 SQ1 接通，系统上电后，会立刻右行。

解决办法：引入中间继电器 KA2，将 KA2 的常开触头 KA2 与 SQ1 常开触头串联后单独作为 KM1 的启动条件，而 SB1 的常开触头用来控制 KA2 的接通。

问题二：小车无法完成后半段的运行，反复运行前半段。

解决办法：因为 SQ2 的常闭触头是 KM1 的停止条件，所以，简单地将启动条件与停止条件串联会导致小车反复运行前半段，而无法执行后半段动作。考虑引入中间继电器 KA1，将 KA1 的常开触头同 SQ2 的常闭触头并联后与 SQ3 常闭触头串联作为 KM1 的停止条件，同时将 KA1 的常闭触头同 SQ2 的常开触头串联后与 SQ3 常开触头并联作为 KM2 的启动条件，可以避免 KM1、KM2 同时接通造成短路。KA1 的启动条件应为 SQ2 的常开触头，停止条件为 SQ3 的常闭触头，要求自锁。

问题三：经过上面的处理后，第一次可正常运行，但第二次循环时则始终运行在后半段。

解决办法：经分析发现小车二次返回时碰到 SQ2 导致 KA1 重新接通，形成设备反复运行在后半段，因此引入中间继电器 KA3，当二次返回时由于 KA3 的作用，KA1 将不再接通。

问题四：上述电路草图绘制出来后，发现 KM2、KA1 几乎同时动作，存在可靠性问题。

解决办法：引入时间继电器 KT1，在一个工作周期中，当小车第一次碰到 SQ2 时，延时 1 s 然后接通 KM2，电机开始左行，从而保证系统的可靠运行。另外，在 KT1 的停止电路中串入 KM1、KM2 和 SQ1 的常闭触头，是为了保证 KT1 只能在第一次碰到 SQ2 时接通 KM2，避免短路的可能。

(4) 按照上面所述分析过程绘制原理图，如图 3-12 所示。

(5) 列出元器件选型及明细表。这里略去这一步。

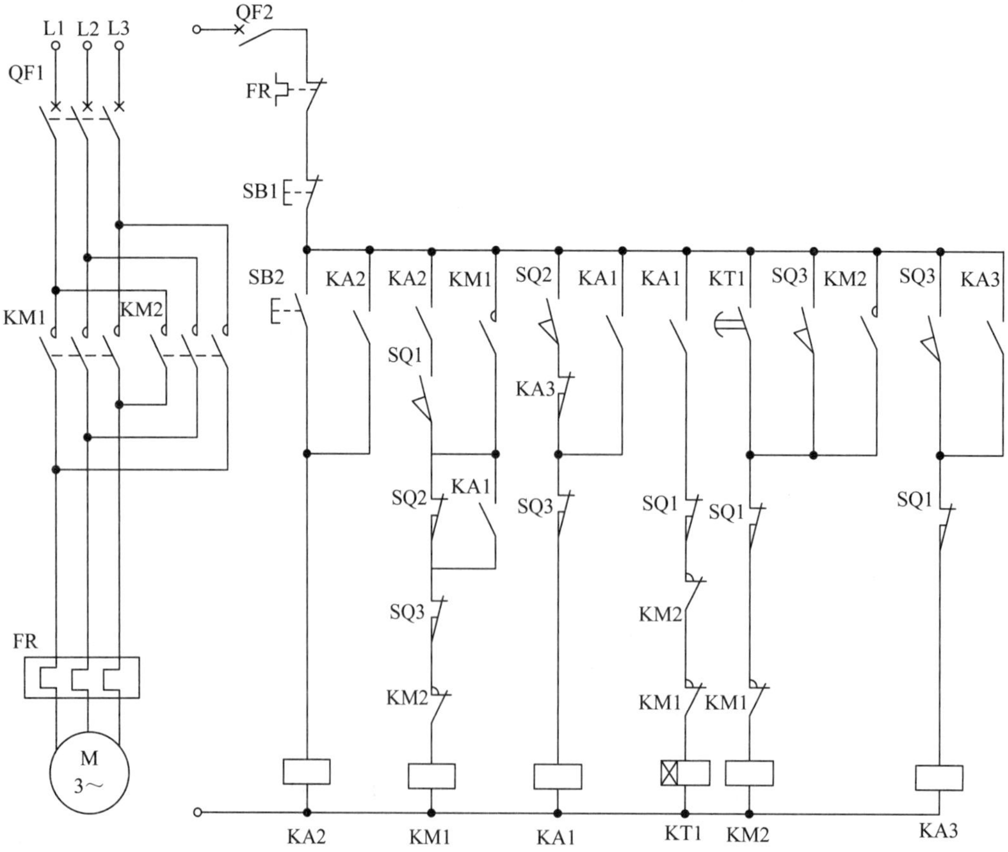

图 3-12　三地运行小车控制系统原理图

2. 逻辑设计法的基本步骤

(1) 充分研究加工工艺流程，作出工作循环图或工作示意图。

(2) 按工作循环图作执行元件节拍表及检测元件状态表，即转换表。

(3) 根据转换表，确定中间记忆元件的开关边界线，设置中间记忆元件。

(4) 列写中间记忆元件逻辑函数式及执行元件逻辑函数式。

(5) 根据逻辑函数式建立电路结构图。

(6) 进一步完善电路，增加必要的联锁、保护等辅助环节，检查电路是否符合原控制要求，有无寄生回路，是否存在竞争现象等。

(7) 选定元器件型号，制定明细表。

根据控制目的的不同，采用逻辑设计法形成的电路又分为组合开关电路和时序开关电路。组合开关电路中电路的状态只和触头的组合有关，而时序开关电路中电路的状态不仅与触头的组合有关，而且与组合过程的次序有关。下例为组合开关电路的设计方法。

例 3-3　某电机只有在继电器 KA1、KA2、KA3 中任何一个或两个动作时才能运转，而在其他条件下都不运转，试设计其控制线路。

(1) 列出控制元件与执行元件的动作状态表，如表 3-1 所示。

表 3-1　动作状态表

KA1	KA2	KA3	KM
0	0	0	0
0	0	1	1
0	1	0	1
0	1	1	1
1	0	0	1
1	0	1	1
1	1	0	1
1	1	1	0

(2) 根据状态表列写出接触器 KM 的逻辑代数式：

$$\begin{aligned} f(\mathrm{KM}) = {} & \mathrm{KA1}\cdot\overline{\mathrm{KA2}}\cdot\mathrm{KA3}+\overline{\mathrm{KA1}}\cdot\mathrm{KA2}\cdot\overline{\mathrm{KA3}}+\mathrm{KA1}\cdot\overline{\mathrm{KA2}}\cdot\overline{\mathrm{KA3}} \\ & +\overline{\mathrm{KA1}}\cdot\mathrm{KA2}\cdot\mathrm{KA3}+\mathrm{KA1}\cdot\overline{\mathrm{KA2}}\cdot\mathrm{KA3}+\mathrm{KA1}\cdot\mathrm{KA2}\cdot\overline{\mathrm{KA3}} \end{aligned}$$

(3) 化简：

$$\begin{aligned} f(\mathrm{KM}) = {} & \overline{\mathrm{KA1}}(\overline{\mathrm{KA2}}\cdot\mathrm{KA3}+\mathrm{KA2}\cdot\overline{\mathrm{KA3}}+\mathrm{KA2}\cdot\mathrm{KA3}) \\ & +\mathrm{KA1}(\overline{\mathrm{KA2}}\cdot\overline{\mathrm{KA3}}+\overline{\mathrm{KA2}}\cdot\mathrm{KA3}+\mathrm{KA2}\cdot\overline{\mathrm{KA3}}) \\ = {} & \overline{\mathrm{KA1}}\left[\mathrm{KA3}(\overline{\mathrm{KA2}}+\mathrm{KA2})+\mathrm{KA2}\cdot\overline{\mathrm{KA3}}\right] \\ & +\mathrm{KA1}\left[\overline{\mathrm{KA3}}(\overline{\mathrm{KA2}}+\mathrm{KA2})+\overline{\mathrm{KA2}}\cdot\mathrm{KA3}\right] \\ = {} & \overline{\mathrm{KA1}}(\mathrm{KA3}+\mathrm{KA2}\cdot\overline{\mathrm{KA3}})+\mathrm{KA1}(\overline{\mathrm{KA3}}+\overline{\mathrm{KA2}}\cdot\mathrm{KA3}) \\ = {} & \overline{\mathrm{KA1}}(\mathrm{KA3}+\mathrm{KA2})+\mathrm{KA1}(\overline{\mathrm{KA3}}+\overline{\mathrm{KA1}}) \end{aligned}$$

(4) 根据化简的逻辑表达式绘制原理图。图 3-13 为控制电路图，主回路及保护电路图略。

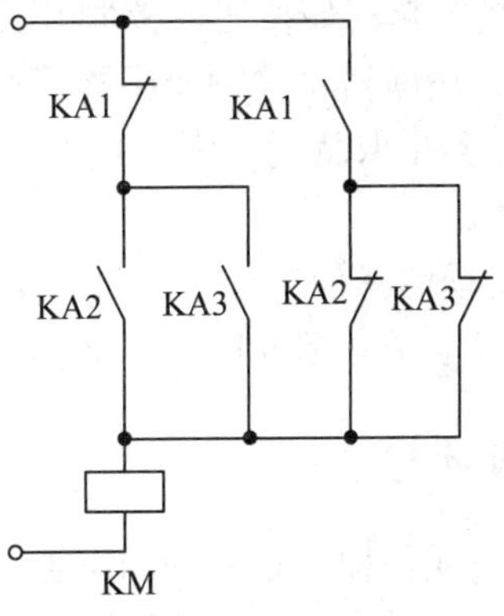

图 3-13　控制电路

(5) 元器件选型及明细表略。

3. PLC 控制系统的电气线路设计

随着 PLC 等新型自动化控制设备的成熟与完善，以及自动化生产设备在性能、规模上的不断增强，传统的继电接触器控制系统的设计思想已逐渐淡化，继电器、接触器等低压电器已经不再强调控制作用，而主要完成配电、输入信号匹配、输出电压匹配、电气保护等任务。因此这类控制系统的电气线路设计在方法和内容方面都与前面所介绍的两种方法的侧重点不同，主要的区别是辅助回路中没有直接用于实现控制逻辑的控制电路。

PLC 控制系统电气线路设计的基本步骤是：

(1) 根据确定的拖动方案和控制方式设计系统框图。

(2) 设计原理框图各组成部分的具体电路，包括主回路、辅助回路、控制器接线电路、硬件联锁和保护环节电路。

(3) 修改、完善各个电路。

(4) 绘制原理图。

(5) 选定元器件，制订元器件明细表。

3.3　控制工艺设计基础

完成了控制系统原理设计和器件选型后，还需要为设计的实施提供必要的施工工艺资料。这些资料包括图纸和技术文档。主要图纸有电气控制设备布局安装图、系统接线图、控制柜(箱)结构图、控制面板(操作台)图和非标准件零件图等；技术文档包括元器件清单、设计说明书、使用说明书等。

3.3.1　电气设备总体布局设计

总体布局设计是根据控制原理图，将控制系统按照一定要求划分为若干个部件，根据电气设备的复杂程度，将每一部件进一步划分成若干单元，最后根据接线关系整理出各部分的进线和出线号，调整它们之间的连接方式。

单元划分原则如下：

(1) 功能类似的元件组合在一起，如按钮、控制开关、指示灯、指示仪表表头可以作为操作单元；接触器、继电器、熔断器、控制变压器等控制电路可以作为控制柜单元。

(2) 接线关系密切的控制电器采取就近原则，减少连线，可作为一个单元。

(3) 强弱电分开，避免干扰。

(4) 需经常调节、维护和易损的器件组合在一起，安排在较易操作的位置，便于检修。

单元之间的接线方式有接线端子、标准接插件(座)。

3.3.2　电气元件布置图的设计与绘制

电气元件布置图是某些电气元件按一定原则的组合，表明了各个电器的相对位置，是元器件安装的依据。同一部件或单元中电气元件的布置应注意：

(1) 一般监视器件布置在仪表板上。

(2) 体积大和较重的电气元件应安装在电器板的下面，发热元件安装在电器板的上面。

(3) 强电、弱电应分开，并注意弱电信号的屏蔽，以防止干扰。

(4) 将经常需要调节、维护及容易损坏的器件组合在一起，并安排在较易操作的位置，以便于检修。

(5) 电气元件的布置应考虑整齐、美观、对称，尽量使外形和结构尺寸类似的电器安装在一起，便于加工、安装和配线。

(6) 电气元件不宜过密，应预留布线、接线、维护和调整操作的空间。

电气元件位置确定后，可根据器件的排列、外形尺寸及公差范围完成电气元件布置图的绘制，作为施工安装的依据。图 3-14 所示为某控制柜元器件的布置示意图。

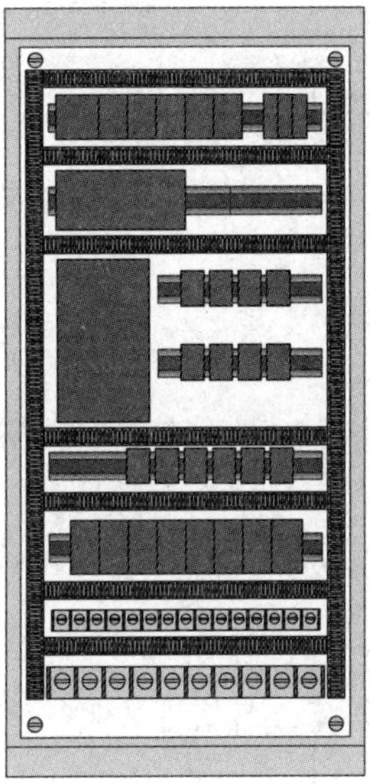

图 3-14　某控制柜元器件布置示意图

3.3.3　绘制电器部件接线图

电气控制装置的接线图是表示成套装置、设备的连接关系，用以进行接线和查线的依据。接线图根据电气原理图和电器元件布置图绘制，应符合以下原则：

(1) 接线图的绘制应符合 GB/T 6988.3《电气制图接线图和接线表》的规定。

(2) 在接线图中，电气元件的外型和相对位置要与位置图一致。

(3) 元器件及其接线端子(座)的标注、文字符号、接线号与电气原理图标注应一致。项目代号、端子号及导线号的编制应分别符合 GB/T 5904《工业系统、装置与设备结构原则与参照代码》、GB/T 4026《电气设备接线端子和特定导线线端的识别及应用字母数字》等规定。

(4) 接线图中同一电气元件的各个部分(如线圈、触头等)必须画在一起。

(5) 接线图采用细线条绘制，应清楚地表示出各元器件的接线关系和走线方式。接线关系可采用直接接线法和符号标注接线法，前者适合于简单电器部件，后者适用于复杂部件。走线方式有板前走线和板后走线两种。

(6) 接线图中应标出各种导线的型号、规格、截面积和颜色。

(7) 接线端子板上各接线点按线号顺序排列，按动力线、交流控制线、直流控制线等分类排开。部件的进出线除大截面导线外，都应经过接线板，不得直接进出。

根据上述原则，目前常见的编号方式有两类：导线线号标注法和二维标注法。

导线线号标注法又可视为统一编号法，编号时按所有元器件的引脚逐一分类排序。根据分类定义指定接线端子编号，不会发生一脚多号或无号情况。图 3-15 所示为该标注方法示意图。

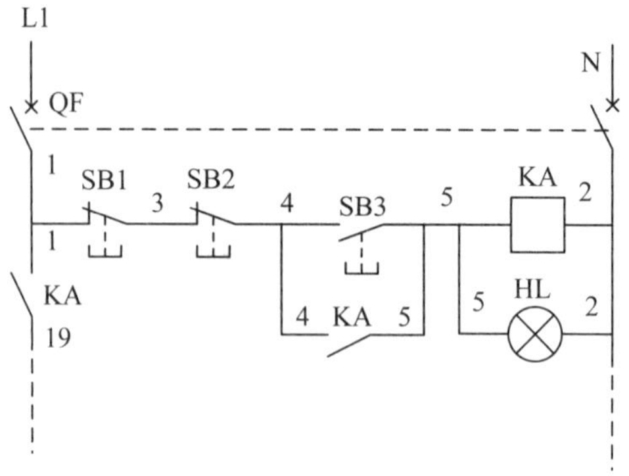

图 3-15　导线线号标注法示意图

二维标注法又可视为独立编号法，编号时既标明导线线号，又标明器件号，每个元器件按照明细表上的符号单独对其各个引脚编号，指明器件之间的连接关系，如图 3-16 所示。

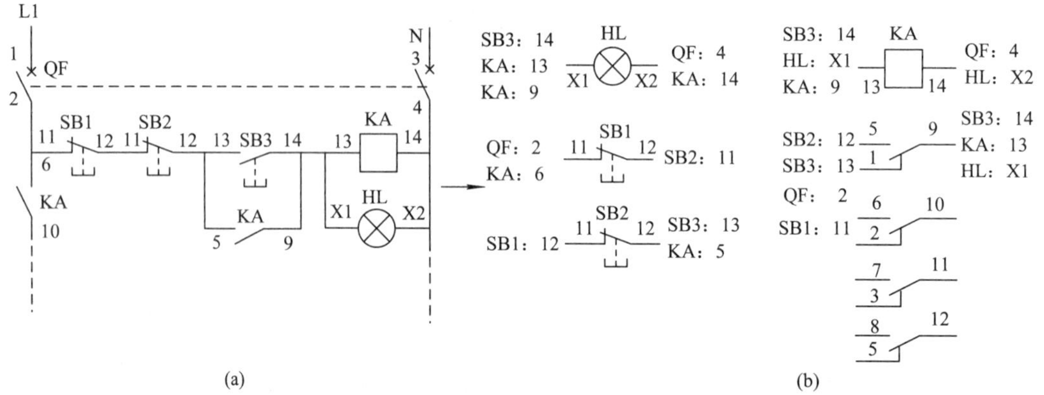

(a)　　(b)

图 3-16　二维标注法示意图

由于低压器件引脚上都有唯一的编号，如某指示灯器件引脚为 X1 和 X2，某 4 常开 4 常闭的中间继电器器件引脚为 1～14，如图 3-16(a)所示中的数字符号。在图 3-16(b)中，根据控制线路将每一个器件引脚的连接关系交代清楚，如指示灯 HL 的 X1 脚连接按钮 SB3 的 14 脚、中间继电器的 13 脚和 9 脚。

3.3.4　电气控制柜(箱)及非标准零件图的设计

当控制系统结构比较简单时，控制电器可以安装在生产机械内部；若控制系统结构比较复杂或操作需要，应有单独的电气控制柜。

电气控制柜设计时应注意以下几个方面：

(1) 总体尺寸应符合元器件布置图和操作面板的安装要求。

(2) 柜体结构要紧凑，便于安装、调整和维修，外形美观，并适合生产设备场地安装。

(3) 需考虑散热方式，并提供相应的通风孔或通风栅。

(4) 应考虑同设备的接线方式，预留进出线孔。

(5) 为了便于安装，应备有吊钩、滑轮等部件。

电气控制柜结构示意图如图 3-17 所示。

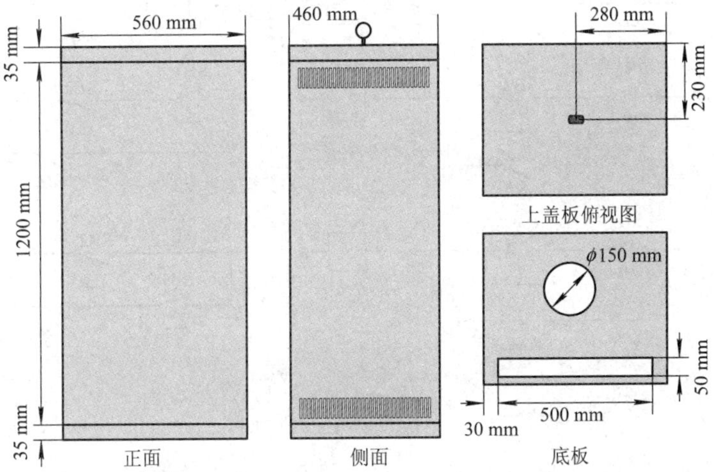

图 3-17　电气控制柜结构示意图

3.3.5　各类元器件、材料清单的汇总及技术文档的编写

在控制系统原理图设计及工艺设计结束后，应根据设计图样，对本设备需要的各种零件及材料进行综合统计，列出元件清单、标准件清单、材料消耗定额表等，以便做好生产准备工作。

技术文档主要指设计说明书和使用说明书。它们是设计审定、调试、使用和维护过程中必不可少的技术资料。设计说明书和使用说明书的内容应包括拖动方案的选择依据、系统工作的主要原理和特点、主要参数的选择依据、各项技术指标的实现情况、设备的调试要求和方法、设备的使用注意事项、维护要求和故障分析等内容。

思考与习题

3.1　设计一个两台异步电动机的控制电路，要求如下：

(1) 两台电动机互不影响、独立工作；

(2) 两台电动机能同时启动和停止；

(3) 当一台电动机发生过载时，两台电动机同时停止。

3.2　某机床主轴和润滑油泵分别由两台笼型电动机拖动，均采用直接启动，请设计主回路及控制电路，并满足如下工艺要求：

(1) 主轴必须在油泵开动后，才能启动；

(2) 主轴要求能正反转连续运行和点动运行；

(3) 主轴停止后，油泵才能停止；

(4) 要求有短路、过载和失压保护。

3.3　分析如图 3-18 所示的线路，哪些线路能实现正常连续运行和停止？哪些不能？为什么？

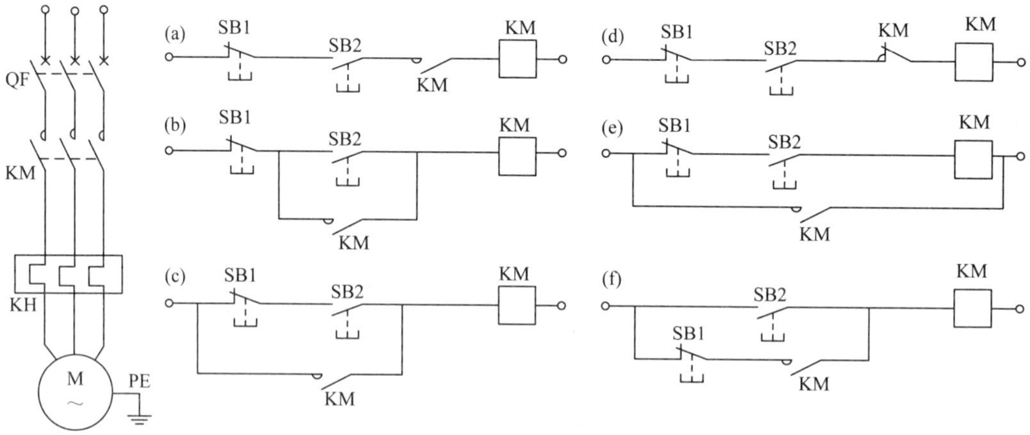

图 3-18　题 3-4 线路图

3.4　某水泵由笼型异步电动机拖动，要求降压启动，三地控制启、停，请设计主电路和控制电路。

3.5　继电接触器控制系统设计的一般原则是什么？设计内容主要包括哪些？

3.6　电气原理图设计方法有几种？常用什么方法？

3.7　设计说明书及使用说明书中应包含哪些主要内容？

第 4 章　智能低压电器与现场总线

随着经济的发展，对电能的需求不断增大，配电网安全性和用电质量要求也不断提高。国家把智能电网建设作为“十三五”期间电网建设的重点内容之一。这对在配电系统中承担用电设备的保护与控制的低压开关电器提出了新的要求，需要低压开关电器实现智能化、网络化。智能低压电器以高性能的微处理器为核心，集成了嵌入式技术、网络通信技术、监测与控制技术和软件技术等，能够实现在线监测、自动保护、自诊断、信息实时传输及远程监控等功能。

4.1　智能低压电器数据通信概述

4.1.1　低压电器通信的特点和功能

智能低压电器以微处理器为核心，结合了传统电器的工作原理，具有齐全的保护功能、内部故障自诊断功能、故障记录与显示功能等。智能低压电器能实时检测相关现场参数并进行处理，完成它自己的控制和保护功能。监控系统通过网络把现场参数传送给主控室的计算机(也称为上位机)。因此智能低压电器一定是可通信、网络化的。

可通信智能低压电器的应用范围和工作可靠性等因素都对通信网络提出了如下的要求。

(1) 通信网络必须有很强的开放性与兼容性，通信协议应能得到广大开发商和用户的认可，并考虑到工作环境、功能、控制对象以及通信的介质。

(2) 可通信智能低压电器作为配电系统的控制和保护元件，运行时应与主站快速交换信息并有确定的时间响应特性。因此，网络通信的速度应该比较高，并具有很强的实时性和很高的稳定性，才能保证一些智能的保护、控制算法的实现。特别是在配电支路发生故障的情况下，系统响应的时间应该是毫秒级的。有区域联锁功能的控制系统对响应时间的要求更高。

(3) 通信网络应有很强的抗干扰与纠错能力，保证系统在恶劣环境下正常传输信息。

(4) 支持多种通信介质。

(5) 通信协议应该简单可靠，易于实施与扩充。

(6) 由低压电器组成的网络，其主要通信功能应包括：

• 送信：通信子站向上位机报送电器现时的各项保护参数。

• 遥测：通信子站向上位机报送工作参数、故障参数，达到上位机对电力电网系统遥测的目的。

• 遥调：通信子站接收上位机的遥调参数来改变电器中智能型脱扣器的保护特性参数，以达到改变电力电网干路参数设定值的目的。

• 遥控：通信子站接收上位机的控制信号来实现电力网计算机控制系统的遥控功能。

智能配电系统网络采用分层结构，一般包括系统管理层、现场设备层。系统管理层采用工业以太网，而现场设备层兼容多种现场总线，如 Profibus、DeviceNet、Modbus 和 WiFi 等，可实现变配电系统信息交换和管理的无缝衔接。因此作为现场设备的低压开关电器通常是和一定的现场总线、通信规约、通信协议相联系的，通过现场总线连接到中央控制室上位机，实现实时数据采集、负载运行情况监控等。当然，目前已有不少智能低压电器是基于工业以太网通信的。

4.1.2 基于现场总线的低压电器数据通信

所谓通信规约，就是对通信方式、信息传送格式、参数类型、数据编码等要素的约定。我国国标低压电器数据通信规约规定了低压电器与低压电器之间、低压电器与上一级计算机监控装置乃至与中央控制系统之间的数据传输格式、数据编码及传输规则。该规约适用于点对点、一点对多点的数据通信网络。它还规定了参数类型、相应的参数代码和通信的格式。

由中国机械工业联合会提出，全国低压电器标准化技术委员会归口，上海电器科学研究所(集团)有限责任公司负责起草的 J/B/10542—2006.5《低压电器通信规约》于 2006 年 5 月 6 日发布，2006 年 10 月 1 日起实施。这个标准规定了应用现场总线通信的低压电器通信规约，采用该标准的低压电器可直接或通过通信适配器与 Modbus、DeviceNet、Profibus - DP 等现场总线系统通信。

低压电器通信规约中定义了低压电器数据通信的主要内容、通信格式、通信连接方式等。

1. 低压电器数据通信的主要内容

(1) 低压电器元件工作状态参数：

• 工作状态：通、断；
• 待命状态：准备好、未准备好；
• 报警；
• 故障：已动作还是未动作；
• 故障类型；
• 故障相代号。

(2) 低压电器元件及其工作电路的电参数：

• 电压、电流、有功功率、无功功率、功率因数、频率、电量等；
• 故障参数(故障值)。

(3) 控制网络工作参数：

• 遥调相关参数；
• 遥控信号。

2. 通信格式

通信格式规定了数据传输格式、传输规则、数据链路符号、字节格式、帧格式、功能编码、波特率、差错处理等。

3. 低压电器通信的连接方式

低压电器通信的连接方式有两种。一种是控制器本身具备通信接口，如表 4-1 列出了目前已有应用的可与各种现场总线连接的低压电器控制器通信接口。

表 4-1　低压电器控制器对外通信接口

接口形式	用　途
CAN 接口	芯片或微处理器直接带片上 CAN 接口，主要用于基于 CAN 规范的现场总线，如 DeviceNet 现场总线
USART	串口方式，加驱动电路，如 Modbus
双端口	用于电子控制器的微处理器与专用的协议芯片之间的数据交换，如 Profibus-DP 推荐方式
IC 芯片总线	I^2C、SPI 方式，与驱动电路配合可应用于某些系统的数据交换
双机并口通信方式	两个微处理器或 CPU 之间通过并口进行的通信

另一种方式是通过通信适配器来与其他现场总线系统通信。例如，图 4-1 所示的低压电器本身具备 Modbus 接口，当需连接到 DeviceNet 或 Profibus-DP 的总线网时，采用 Modbus/DeviceNet 或 Modbus/Profibus-DP 的通信适配器，其拓扑结构如图 4-1 所示。

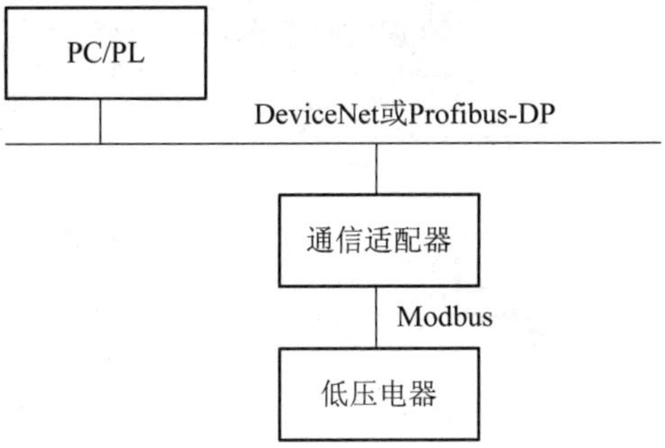

图 4-1　通信适配器的拓扑结构

4.2　现场总线(Fieldbus)基础

可通信智能开关电器是和一定的现场总线、通信规约、通信协议相联系的。目前，用于低压开关设备与控制设备的现场总线主要有以下几种：

(1) 德国西门子公司研制的 Profibus-DP 协议；

(2) 美国 Rockwell 公司研制的 DeviceNet 协议；

(3) 法国施耐德公司研制的 Modbus 协议；

(4) Asi 协议(主要传送开关量信号)。

本节简单介绍现场总线的概念和与低压电器相关的几个现场总线的基本内容。

4.2.1　现场总线概述

1．现场总线的特点

现场总线是应用在生产现场的底层控制网络。根据 IEC 标准和现场总线基金会的定义，现场总线是连接智能现场设备和自动化系统的数字式双向传输、多分支结构的通信网络。现场总线定义中包括了以下几个方面的内容：① 现场通信网络；② 现场设备交换；③ 互操作性；④ 分散功能块；⑤ 通信线路的供电；⑥ 开放式互联网络。

现场总线技术将专用微处理器置入测量控制仪表中，使它们各自都具有了数值计算和数字通信能力，并采用可进行简单连接的双绞线等作为总线，把多个测量控制仪表连接成网络系统，并按公开、规范的通信协议，在位于现场的多个微机化测量控制设备之间以及现场仪表与远程监控计算机之间，实现数据传输与信息交换，形成各种适应实际需要的自动控制系统。简而言之，现场总线技术把各个分散的测量控制设备变成网络节点，以现场总线为纽带，将它们连接成可以相互沟通信息、共同完成自控任务的网络系统与控制系统。

图 4-2 反映了企业网络的功能层次，现场总线位于生产控制和网络结构的底层。总线上的数据输入设备包括按钮、传感器、接触器、变送器、阀门等，用于传输其位置状态、参数值等数据；总线上的输出数据用于驱动信号灯、接触器、开关、阀门等。

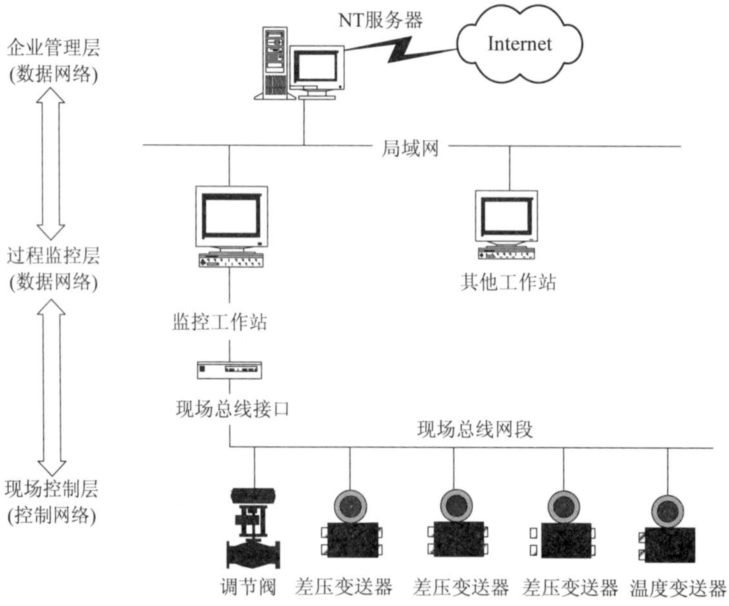

图 4-2　企业网络的功能层次

与传统的点对点的控制方法相比，现场总线控制系统有如下特点：

(1) 导线、连接附件大幅度减少，具有较高的性价比。由原来的几百根，甚至几千根控制电缆减少到一根总线，从而使接线端子、电缆桥架等附件大幅度减少。

(2) 具有可靠的数据传输、快速的数据响应及强大的抗干扰能力。总线在通信介质、信息检验、信息纠错、重复地址检测等方面都有严格的规定，从而确保总线通信快速、可靠地进行。

(3) 具有自动诊断、显示故障位置等功能。诊断包括总线节点的通信故障、电源故障，以及现场装置和连接件的断路、短路故障，从而迅速地发现系统的各种故障位置和状态。许多总线节点具有 IP67 的防护等级，具有防水、防尘、抗振动的特性，可以直接安装在子工业设备上。

2. 现场总线的访问方法

在总线和环形拓扑中，网上设备必须共享传输线路，而为了解决在同一时间有几个设备同时争用传输介质，需要某种介质访问控制方法。现场总线有三种访问方法：

(1) 主控(Master Control)：一个高级别的节点控制所有的信号传输、顺序和时间，除非主节点要求其他节点不能通信。Profibus-DP 在主站和从站之间采用这种访问方法。

(2) 令牌环/令牌总线(Token-Ring/Token-Passing Bus)：可应用在环形结构网络上，构成令牌环网，或应用在总线网络上，构成令牌总线网，网上各站按一定顺序形成逻辑环。在环形或逻辑环结构的网络上，某一瞬间允许发送报文的站点只有一个，一个令牌在网络环路上不断传送，只有拥有此令牌的站点在一段规定时间内被授予对介质的控制权，才可以向环路上发送报文，而其他站点只允许接收报文。

(3) 载波监听多路访问/冲突检测(CSMA/CD)：各工作站点发送信息是随机的，每一站点要发送时，首先需监听总线，以决定介质上是否存在其他站发送的信息。如果介质忙，则在一定间隔后重试，或继续监听，直到介质空闲，立即发送。

3. 现场总线网络拓扑结构

所谓拓扑，是指研究构成图形的线和面的特性，而不考虑这些线和面的形状与大小的一种方法。拓扑是由数学上的图论演变而来的。在网络中，计算机和智能仪表作为节点，用通信线路将其连接起来。拓扑学不考虑任意两点间的距离长短(距离影响通信线路的价格和信息的传输延迟)，而只研究各种连接图形共同的基本性质。从网络拓扑学的观点看，网络是由一组节点和连接节点的链路组成的。节点可分为两类：一类是转接节点，支持网络线路连续性作用，通过所连接的链路来转发信息，如电话交换机、集中器等；另一类是访问节点，它除了可连接链路外，还可以存储、处理并作为发信点和接收点，故访问节点也称为端节点。

常见的网络拓扑结构主要有以下几种方式：

(1) 星形结构。星形结构由一个功能较强的转接中心以及一些各自连到中心的节点组成。这种网络各从节点间不能直接通信，从节点间的通信必须经过转接节点。星形结构有两类，一类是转接中心仅起连通几个节点的作用；另一类是转接中心是一个功能很强的计算机，从节点是一般计算机或终端，这时转接中心有转接和数据处理的双重功能，其资源也可为各节点所共享。星形结构的优点是建网容易，控制相对简单，其缺点是通信效率低，可靠性差。

(2) 树形结构。树形结构的每个节点都为计算机。一般说来，愈靠近树根，节点的处理能力就愈强。低层计算机的功能和应用有关，一般都具有明确定义和专门任务。顶层计算机则有更通用的功能，以便控制协调整个系统的工作。低层的节点通常仅带有限数量的外围设备，相反，顶部的节点常为中型甚至大型计算机。树形结构适用于相邻层通信较多的情况。信息在不同层上垂直进行传输，这些信息可以是程序、数据、命令或以上三者的组合。典型的应用是，低层节点解决不了的问题，请求中层解决，中层解决不了的问题，请求顶部计算机来解决。

(3) 环形结构。环形网是局域网常用的拓扑结构，它由通信线路将各节点连接成一个闭合的环，数据在环上单向流动，每个节点按位转发所经过的信息，可用令牌来协调控制节点的发送，任意两节点都可通信。环形网的主要特点是：由于一次通信信息在网中传输的最大时间是固定的，因此实时性较高；由于每个网上节点只与相邻两个节点有物理链路直接互联，因此传输控制机制较为简单；由于一个节点出故障可能会终止全网运行，因此可靠性较差；由于网络扩充需对全网进行拓扑和访问控制机制的调整，因此较为复杂。

(4) 总线形结构。传输介质是一条总线，网络上的所有节点共享一条传输链路，一次只允许一个站发送信息。一个站发送数据，其他站都能接收。总线形结构的主要特点是：信道利用率较高，拓扑结构简单，易于扩充；可以直接对所有节点进行访问(无需星形网的集中器转接)；单个节点的故障不会导致网络的中断。总线网的一个特殊问题就是信道的访问控制权的分配，并由此产生一系列的处理机制，其中常用的处理机制为广播方式。总线网也是局域网最常用的拓扑结构。

总线上传送的低压电器数据有：① 模拟量测量值，如相电流、接地故障电流、功率因数；② 事件信息，如脱扣类型、欠负荷、相不平衡；③ 操作状态，如开或关、处于试验位置、合闸就绪；④ 组态数据，如额定工作电流、短路电流、故障保护参数；⑤ 诊断数据，如上次脱扣电流值、前 15 min 峰值电流；⑥ 遥控操作，如合闸或分闸、其他的接口。

4.2.2 Profibus 现场总线的拓扑结构及传输机制

Profibus 是德国国家标准 DIN 19245 和欧洲标准 EN 50170 的现场总线。Profibus 以 ISO 7498 为基础，以开放式系统互联网络 OSI(Open System Interconnection)作为参考模型，定义了物理传输特性、总线存取协议和应用功能。Profibus 家族包括 Profibus-DP、Profibus-PA、Profibus-FMS。ProfiBus-DP 用于自动控制系统和设备级分散的 I/O 之间进行通信。Profibus-PA 是专为过程自动化而设计的，它可使传感器和执行器接在一根共用的总线上。Profibus-FMS 用来解决车间级通用性通信任务。

Porfibus 支持主从系统、纯主站系统、多主多从混合系统等拓扑结构。主站具有对总线的控制权，可主动发送信息。对多主站系统来说，主站之间采用令牌方式传递信息，得到令牌的站点可在一个事先规定的时间内拥有总线控制权，可事先规定好令牌在各主站中循环一周的最长时间。按 Profibus 的通信规范，令牌在主站之间按地址编号顺序，沿上行方向进行传递。当主站得到控制权时，可以按主从方式，向从站发送或索取信息，实现点对点通信。主站可采取对所有站点广播 (不要求应答)，或有选择地向一组站点广播。

Profibus 的传输速率为 9.6 kb/s～12 Mb/s，最大传输距离在 12 Mb/s 时为 100 m、1.5 Mb/s 时为 400 m，可用中继器延长至 10 km。其传输介质可以是双绞线，也可以是光缆，最多可挂接 127 个站点。

图 4-3 为多主多从形式的 Profibus 网络结构。

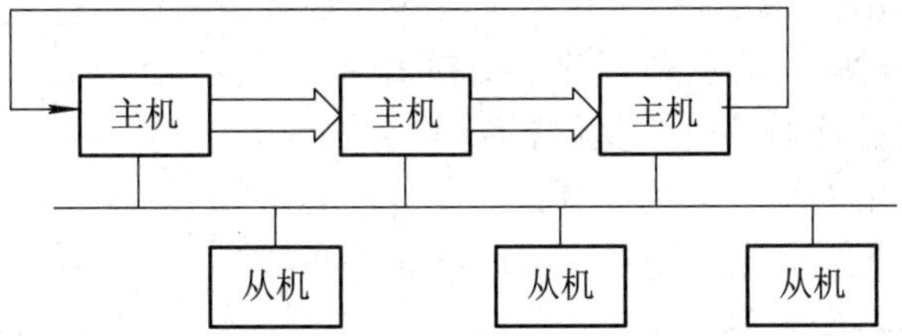

图 4-3　多主多从形式的 Profibus 网络结构

主站构成了令牌逻辑环，在运行参数初始化以后，每个主站确定了它的前者(上一个持有令牌的主站)和后继者(下一个持有令牌的站)，还知道它自己的地址(即本站)。当一个主站接收到令牌后，就获得了对系统的控制权，在规定的时间过后，它把令牌环传递到网络的下一个主站，如果该主站不希望发送信息，就立刻传递令牌环到相邻的主站模块。从站不接收令牌也就没有总线控制权，它们通过主站模块进行地址的设定。一个主站可以和任何其他主站或从站通信，但从站只能响应主站请求，或应答、回送给主站相应的信息。由于从站只需要协议的一小部分，因此实现起来特别方便。

Profibus 采用的是广播地址或多播地址的传输方式，其协议包括以下两部分：

(1) Profibus DP：分布 I/O 系统，是一种经过优化的模块，有较高的数据传输率，适用于系统和外部设备之间的通信，尤其是远程 I/O 系统。它允许高速度、周期性小的小批量数据通信，适用于对时间要求苛刻的场合，如加工自动化。

(2) Profibus FMS：现场总线信息规范，是为现场的通用通信功能所设计的协议。它提供大量的通信服务，用以完成中等传输速度进行的循环和非循环的通信任务，适用于一般的自动化行业。

RS-485 是 Profibus 最常用的传输技术，采用屏蔽双绞线电缆，传输距离不带中继器可达 1200 m，带 3 个中继器则可达 4800 m。

4.2.3　执行器/传感器接口——AS-i 网络

AS-i(Actuator-Sensor-Interface)是执行器–传感器–接口的英文缩写，它是一种用在控制器(主站)和传感器/执行器(从站)之间双向交换信息的总线网络，属于现场总线(Fieldbus)下面底层的监控网络系统。一个 AS-i 总线系统通过其主站中的网关可以和多种现场总线(如 FF、Profibus、CANbus)相连接。AS-i 主站可以作为上层现场总线的一个节点服务器，在它的下面又可以挂接一批 AS-i 从站。AS-i 总线主要应用于具有开关量特征的传感器和执行器系统。传感器可以是各种接近开关，以及温度、压力、流量、液位开关等。执行器可以是各种开关阀门、电气转换器，以及声、光报警器，也可以是继电器、接触器、按钮等低压开关电器。AS-i 总线的技术特点如下：

(1) AS-i 总线是在分析了传统的 I/O 并行和树形结构的优缺点，以及开关量技术特点后发展起来的。它省去了各种 I/O 卡、分配器的控制柜，节约了大量的连接电缆，采用了两芯扁平电缆和特殊的穿刺安装技术，能很方便地将传感器/执行器连接到 AS-i 网络上。

(2) AS-i 总线是一个主从系统，一个网络中只有一个主设备，如图 4-4 所示。只有当主设备下达指令后才能激活从站点。主站和所有的从站可双向交换信息。当主站与上层现场总线进行通信时，主站担当了 AS-i 和上层网络信息交换的出入口。因为 AS-i 主要传输的是开关量，所以它的数据结构比较简单，用户仅需关心数据格式、传输率和参数配置等。

在单主站系统中，AS-i 采用轮循的方式传送数据。也就是说，在接口网络系统中，只有一个控制模块(主站)，它在精确的时间间隔内向其他站点传送数据。

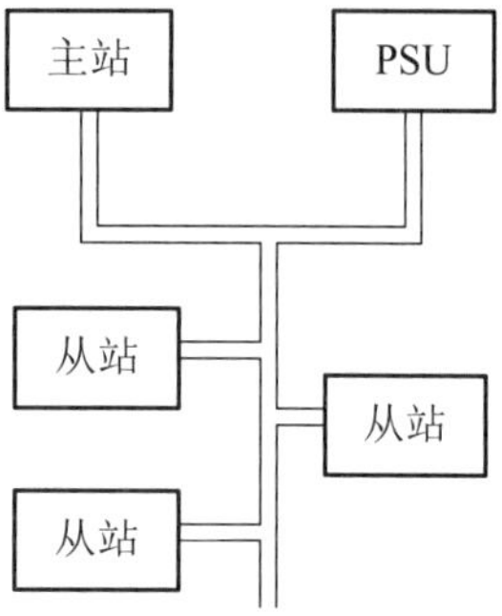

图 4-4　AS-i 网络的最小组态示例

(3) 在 AS-i 总线系统中，主站和从站之间采用了串行双向数字通信方式。因为报文较短，如在有一个主站和 31 个从站的系统中，AS-i 的通信周期大约为 5 ms，也就是说，主站在 5 ms 内就可以对 31 个从站轮流访问一遍。

(4) AS-i 总线功能可靠性方面的内容如下：首先，在通信数据的可靠性方面，AS-i 总线在许多方面采取了抗干扰措施。在接收数据时进行错误校验，此方法十分有效，出错误后信息可以重发。另外，如系统部件出现故障，主站会很快检测到故障信息，并自动与发生故障的从站切断通信联系，通知操作人员故障地址，以便及时进行维修。其次，主站还具备网络运行监视功能，在任何时刻用户都能得到系统中所有从站当前运行状态的完整资料。

(5) AS-i 总线系统在研制开发的初期就被确定为必须是一个开放系统，AS-i 不同的部件在规范和行规中均有详细的定义和技术要求，任何 AS-i 部件都必须遵守这些规范。例如，其中的两芯电缆、机电一体化接口与 I/O 标准接口等。所有厂商的产品均通过 AS-i 协会指定机构的标准测试和程序认证，以保证 AS-i 产品的兼容性和互操作性。

4.2.4　DeviceNet 现场总线

DeviceNet 是符合国际电工协会标准 IEC 62026-3、欧洲标准 EN 50325 和我国国家标准 GB/T 18858.3—2002 的总线标准，在国际国内都有广泛支持的一种开放总线。

DeviceNet 是基于 CAN 的总线，参照 ISO 七层通信模型，它包含物理层(层 1)、数据链路层(层 2)和应用层(层 7)三层。其中，CAN 接口实现层 1 和层 2 的功能，DeviceNet 协议写在第 7 层。CAN 总线具有很高的可靠性和抗干扰能力，已广泛用于汽车工业，得到了众多芯片制造商(如 MOTOROLA、Philips、Siemens、Hitachi、Microchip 和 Atmel 等)的支持。带 CAN 接口的芯片品种多，制造量大，价格也较低廉。

DeviceNet 规范定义了各类设备的设备描述(DeviceProfile)，以规范不同制造商的产品，使同类产品在网络上具有相似的特性。

DeviceNet 接口的设备接入系统时，不需要编写串口设备的驱动程序，只需将制造商为该设备提供的 EDS 文件(电子文件)装入主站即可实现接入。

DeviceNet 是一种适合于设备层的工业控制总线，用于直接连接现场设备，很适合低压电器元件。IEC 低压电器专委会(17B)已将它列为技术标准，国际上它则得到 Rockwell、

OMRON 和 Cutler-Hammer 等大电器制造商的支持。

1．DeviceNet 的设备描述

DeviceNet 要为每种接入网络的设备预先编制设备描述，在设备描述中定义要在网络上交换的数据和数据的格式。设备的每一项参数都要定义为一个属性，并按照对象－实例－属性分级索引。例如，对于断路器，我们要读出它的电流值，就要将它的 A 相电流、B 相电流和 C 相电流分别定义为某一个属性(属于断路器对象的某一个实例的一项属性)，每个对象、实例、属性都有唯一的编号，可以唯一地访问到。交流电流、电压值通常规定为无符号十六位二进制整数，单位为 1 A、1 V 或 0.1 A、0.1 V，根据要表示的数据的范围决定。开关的通/断、网络控制/本地控制等状态也定义为一个属性，通常用一个二进制位来表示，称为布尔数(BOOL)。开关的设定参数也必须定义，只有定义的参数才有路径，才能在网络中传送。一台断路器可能要定义几十至上百项属性。

除此以外还要定义 I/O 数据包的格式，将要实时更新的输入和输出数据分别组合成一个数据包，周期交换。I/O 组合数据传送是以最简单的方式传送有效的数据。由于 I/O 数据是周期实时传送的，数据量最大，简化数据的包装是很重要的。表 4-2 表示断路器的输入组合数据包(包含要周期传送的全部数据)格式，表中第 0、1 字节是“工作状态字”，每个位的含义如表中所示。第 2、3 字节是以字节表示的数据，第 4～19 字节是以字表示的数据。整个输入报文应由已定义的各项属性组合而成，其中不允许出现未定义的内容。

表 4-2 断路器的输入组合数据包格式

字节	Bit7	Bit6	Bit5	Bit4	Bit3	Bit2	Bit1	Bit0
0	分励脱扣器状态，动作=1	断路器准备好=1	抽屉式断路器连接好=1	断路器在实验位置=1	设定数据变化=1	CtrlFromNet 1=来自网络，0=本地	保护脱扣状态=1	断路器合闸=1
1	欠电压脱扣状态，动作=1	负载监控值1超过=1	负载监控 1 动作=1	负载监控值 2 超过=1	负载监控 2 动作=1	合闸特性热启动=1	储能=1	备用
2	故障代码/报警代码 (00—正常；01-7E—报警；80-FE—故障)							
3	功率因数							
4～5	电流 L1 实际值							
6～7	电流 L2 实际值							
8～9	电流 L3 实际值							
10～11	AB 相电压							
12～13	BC 相电压							
14～15	CA 相电压							
16～17	N 相电流							
18～19	接地电流							

2. 设备与通信控制器连接

DeviceNet 总线的通信可以是点对点、主从通信或多主站的通信，实际上为了降低从站的开销，简化从站的设计，目前绝大多数采用预定义主从通信方式。最常见的应用是一个主站管理一系列从站的主从通信。主站定时询问从站，从站应答，也可用选通方式或状态变化传送方式。当采用主从通信方式时，周期性的 I/O 报文与非周期的显式报文是同时传送的。

图 4-5 是采用串行通信连接方式的示意图。设备使用 Modbus 通信规约实现串口连接，可以通过 Modbus/DeviceNet 转换器接入 DeviceNet 网络。采用这种方案的好处，对设备来说是通过 Modbus 接口可以直接接入 Modbus 网络，在加接规约转换器(Modbus/DeviceNet 总线的结构 DeviceNet、Modbus/Profibus 或其他协议转换器)后可接入其他总线网络。

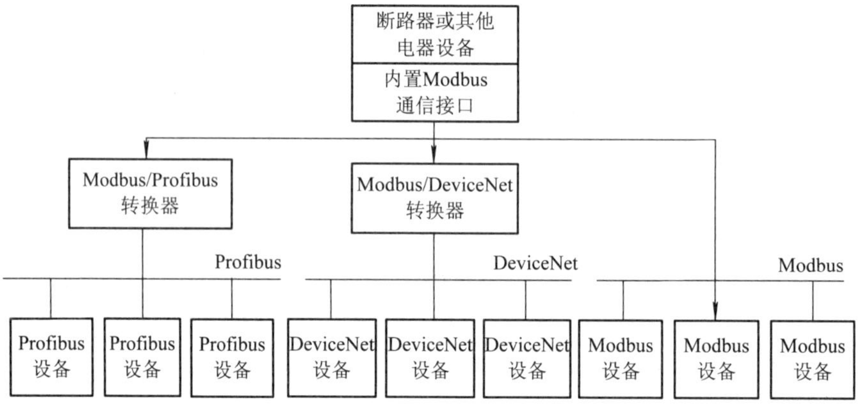

图 4-5　串行通信连接方式示意图

3. DeviceNet 的报文帧格式

DeviceNet 是基于 CAN 规范(11 位标识符)的相对低成本的网络通信链路设备，并具有附加应用层和物理层规范。

CAN 即控制器局域网，属于现场总线范畴，它是一种有效支持分布式控制或实时控制的串行通信网络。CAN 最初由德国 BOSCH 公司推出，应用于汽车工业，但因其良好的性能，亦被广泛应用于其他实时工业控制。CAN 采用短报文帧，并运用载波多点访问/非破坏性逐位仲裁介质访问方法(CSMA/NBA)。该协议面向报文，且每个报文具有一特殊权限，可在同时传输的情况下访问总线。传输的位流在起始位实现同步，后继的报文标识符则实现仲裁，此时逻辑 0 将覆盖逻辑 1(与逻辑)。任何欲发送报文的节点将等待直至总线空闲再开始按位发送其报文的标识符，总线访问冲突可在仲裁域的发送过程中用位级的仲裁加以解决，这也是每个帧的起始部分。如果两个节点欲在同一时刻发送报文，它们将首先发送报文标识符，然后收听网络；如果其中一个接收到的位不同于它发送的位，它将失去发送信息位的权利，而另一节点则获得该权利。利用该方法，不会破坏正在进行的传送。

DeviceNet 报文的帧格式如图 4-6 所示，其总引导位为 47 位，包括帧起始(SOF)、仲裁(11 位标识符)、控制、数据、循环冗余校验(CRC)、确认(ACK)、帧结束(EOF)及间隔域(INT)。数据域的长度在 0～8 字节之间。DeviceNet 协议使用仲裁域在提供报文优先权的同时又提供源和目标地址。

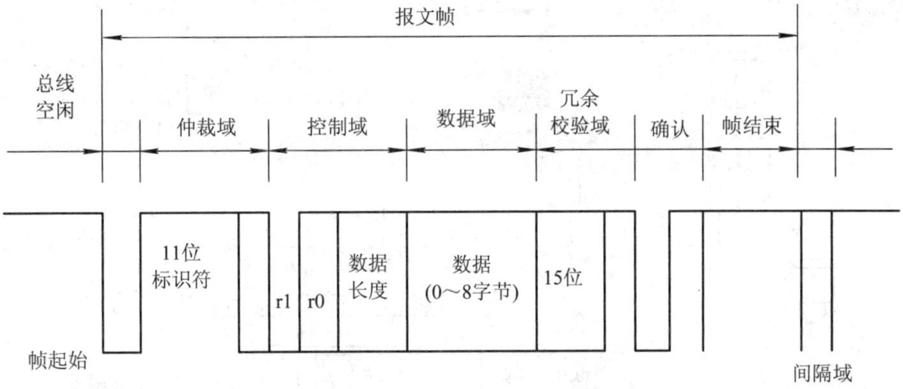

图 4-6　DeviceNet(标准 CAN 格式)报文帧格式

4.3　可通信的智能低压电器及应用系统结构示例

4.3.1　可通信智能低压断路器

低压断路器是配电系统中核心的控制保护设备。智能低压断路器除了普通断路器的基本保护功能外，还具备以下主要功能：

(1) 网络通信功能：应具有完善的通信接口，以构成控制器通信网络，实现断路器与上位机的数据和信息交互。

(2) 运行监控、存储查询及可视化功能：能对配电网上的各项电参量进行测量、存储、显示和查询，这些参量包括电流、电压、有功功率、无功功率和功率因数等；能对系统电能质量进行分析，对功率因数、谐波分量、电压波动等进行监控。

(3) 全电流选择性保护功能：即在配电系统发生故障(如短路、过载等)时，只有最接近故障点的上一级断路器动作跳闸，而其他的断路器则不受故障影响，继续保持供电，从而减小停电范围及断电损失。

(4) 参数设置和整定功能：通过智能断路器上的面板按键和拨码开关可对保护动作电流、动作时间进行设定和调整。

(5) 报警提示功能：根据测量的各种信息，可以对电网的状态进行分析判断，提示正常工作态、预报警态、严重过载报警状态；并且能够自行诊断内部的故障。

(6) 附加保护功能：如欠压、过压保护及自诊断等。

德国西门子公司生产的带通信技术的低压开关电器以 Profibus 为开放式现场总线，其最大数据传输率达 12 Mb/s，可把现场分布的从设备和中央控制室中的主设备相互联网。低压开关设备采用 Profibus-DP，这种形式具有高数据传输率，适用于自动化系统与分布的现场设备的通信。

图 4-7 为 3WN6 断路器与 Profibus 总线及主设备的连接图。

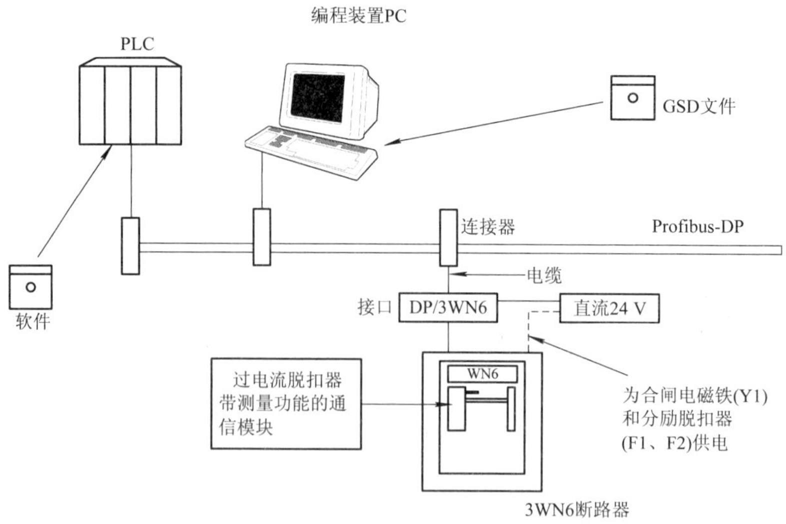

图 4-7 3WN6 断路器与 Profibus 总线及主设备的连接图

由图可见，3WN6 断路器通过 Profibus-DP 网关(DP/3WN6 接口单元)与 Profibus 总线接口及主设备连接，通过 Profibus-DP 通信。其微处理器控制的断路器的电子式过电流脱扣器装有内部通信模块。断路器运行数据通过一根电缆传送至接口 DP/3WN6，由该接口把数据转换成 Profibus-DP 的规范，以便与主设备进行通信。系统的主设备为 PLC 和 PC，各自带有必要的支持软件，其中 GSD 文件为总线设置文件。通信数据包括模拟量检测(如相电流、接地故障电流等)、事故信息(如上次脱扣类型、过载、温度报警、三相不平衡等)、运行状态(分闸/合闸状态、分励欠压脱扣器状态、合闸准备就绪信号等)、远距离参数设置、远程控制等。

4.3.2 智能化低压开关柜

所谓低压开关柜的智能化，也就是低压配电系统的无人值守化。ABB 公司的智能型 MNS 系列低压开关柜具有配电、控制、保护和可通信等功能，其核心为 INSUM 智能化电动机监控系统。

INSUM 由 LON(Lon-Works 现场总线)、MCU(电动机控制单元)、MMI(人机界面)、INSUM OS(INSUM 工作站)、PCS/DCS(过程控制系统)、GATEWAY(网关)和 ROUTER(路由器)组成，可用于交流电动机的控制、监视和计量，通过接口可与计算机控制的自动化配电系统组件通信，实现智能化控制。LON 构成了 INSUM 系统的内部通信网络。

除了先进的电动机保护、监控功能，INSUM 系统还提供了设备维护和运行的记录和参数。通过 INSUM，操作者可以清楚地掌握现场情况，并预先监控可能发生的故障。通过 INSUM 可将低压开关柜的监控集成到总的工业自动化系统中，一方面与上一级控制系统进行有效的信息交换；另一方面其本身的计算机界面具备极强的操作、检测、控制功能。INSUM 系统的主要功能如下：

(1) 保护功能。INSUM 系统具有过载保护、缺相保护、欠载保护、空载保护、堵转保护、接触器监测保护、漏电保护、相电流不平衡保护等功能，以及基于功率因数的欠载保护、转速保护、温升保护、欠电压保护、启动限制保护等功能。

(2) 监控功能。INSUM 可对以下状态和参数进行监控：试验位置、紧急停止、接触器监控、自监控(如果 MCU 内部出现故障，电动机将会停止，并出现相应的报警信号)、接触器分合次数、电动机运行时间。

(3) 通信及其他功能。

① 数据存储及传输，多种通信协议接口。

② 电动机联动设置，把预先按逻辑顺序确定的一组电动机与 PCS 连接起来，通过其中对单台电动机的一组启动与停止命令，使整组电动机的操作都能受到控制。

③ 系统时钟，系统同步性较好，保证通信精度。

④ 自动防故障保护功能。如果 INSUM 的通信受到干扰，每一个 INSUM 元件均可按照预先设定的状态动作。

⑤ 操作权限设备。通过 Field Unit 设置控制访问权限，并提供控制路径表，有权访问的工作站数目最大为 16。

4.3.3　可通信智能电器的 AS-i 网络应用

AS-i 是一种单主设备系统，即一个网络中只有一个主设备，周期性询问从站点并等待它们的反应。从站点是 AS-i 系统的输入和输出通道，一般为一接口模块。只有当主设备下达指令后才能激活从站点。一个 AS-i 网络系统最多可以有 31 个从站点，每个从站点有 4 位二进制数，即 4 个开关量输出装置与之连接，最多可控制 124 个开关量输出装置。AS-i 网络投入使用之前，每个从站点须予以编址(1～31)，以使主设备能与之通信。也正因为通过寻址方式使主设备与指定的从站点通信，因而仅需一根简单的双芯电缆即能同时传载电信号和传感器的电源(24 V DC)。AS-i 网络上用的专用电缆具有特殊的结构和外形，可防止反相接线。网络中的执行器和传感器是通过标准的从站模块与网络连接的。图 4-8 是一个 AS-i 网络示意图。

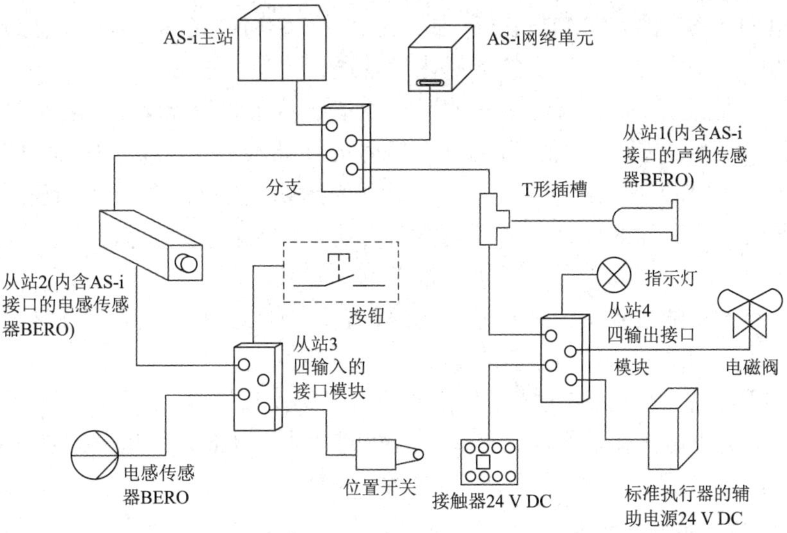

图 4-8　带有 4 个从站点的 AS-i 网络示意图

图 4-8 中顶部为主设备，下部为 AS-i 网络及其电气元件。电气元件作为执行器有接触器、电磁阀、按钮和位置开关等；作为传感器有 BERO 声纳传感器和电感传感器。图中除 BERO 声纳传感器和电感传感器因本身带有 AS-i 接口而可直接接到网络上外，其他元件都需通过从站模块作为接口与 AS-i 网络连接。从站模块上带有编址插座，通过该编址插座可以对安装好的模块进行编址。AS-i 网络可通过 DP/AS 接口与 Profibus-DP 总线相连接。

典型的 AS-i 和 Profibus 应用系统结构如图 4-9 所示。

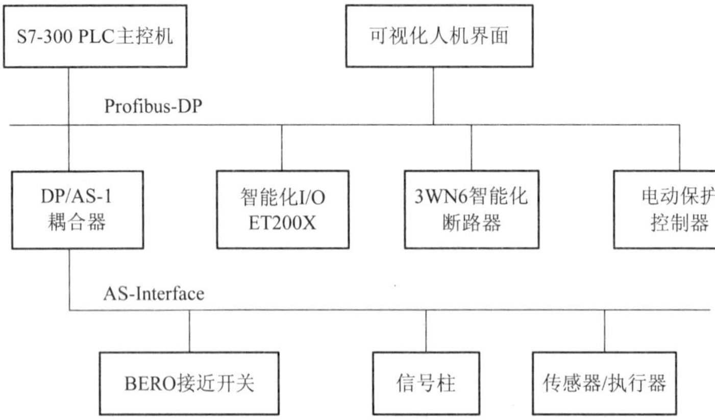

图 4-9　典型的 AS-i 和 Profibus 应用系统结构图

在图 4-9 中，Profibus-DP 为主干线，S7-300 PLC 为主控机，是总线网中的主站。智能化断路器 3WN6、智能化 I/O、电动保护控制器通过 Profibus-DP 网关(DP/3WN6 等的接口单元)与 Profibus-DP 总线相连接，从而与主控机 S7-300 PLC 通信，实现监控。

开关量信号的传感器和执行器通常连接在 AS-i 总线上。AS-i 总线通过 DP/AS-i 耦合器接入 Profibus-DP 系统。

在初次使用前，需要预置 Profibus-DP 的地址、位速率和其他总线参数的初始设置，这可以通过 SIMATIC SS 的 COM Profibus 参数化软件、SIMATIC S7 编程软件或其他主控机供应商提供的软件来实现对总线上的智能化设备进行组态、参数化等工作。

AS-i 网络通信过程如下：主设备先存有一个表，这个表存储网络中各从站点的地址和类别码，后者对不同站点取不同值，如对 4 个输入的标准从站模块取值 0，而对内含 AS-i 芯片的电感传感器 BERO 则取值 1。整个通信过程为周期性操作，每一周期包括一次从站点查询、一个参考查询和诊断查询，一个完整的周期需要 5 ms。当查询到某一从站点时，该站点立即给予回复。参考查询是对一个地址查询其参数，而诊断查询是针对尚未列入主设备中的新从站点的。通过查询，新从站点的地址自动列入表中。主设备发送一个接一个的地址信息对已接入网中的从站点进行查询。

应用 AS-i 网络的执行器和传感器与传统的电气元件有显著的不同，它们不但具有通信功能，并且一般为机电一体化产品，具有一些新的功能。以下介绍几个应用 AS-i 网络的典型电气元件。

1) 按钮和指示灯组合电器

SIGNUM 3SBS 是将按钮和指示灯装在一个封闭外壳内，经过 AS-i 应用模块 41/40 的印制电路板连接到 AS-i 接口。该器件有 2、3、4 或 6 个指令点(表示一个按钮和指示灯的组合)，只需一根 AS-i 电缆就可对包括指示灯在内的所有指令点进行控制和供电。

2) BERO 接近开关

BERO 接近开关是一种非接触式开关，由于没有机械磨损，因而寿命较长，并且对环境影响不敏感。这种接近开关按工作原理分为感应式、电容式和超声波式三种。BERO 接近开关是集成 AS 接口的传感器，它可直接连接到 AS-i 网络。

3) LOGO 逻辑模块

LOGO 逻辑模块是一种可编程的智能化继电器，集逻辑控制与各种继电器功能于一体，具有延时、闩锁、计数器、脉冲继电器等功能。其面板上有 LED 显示屏及操作键盘，通过按键，可简便地编制程序，修改控制功能；输入和输出接口可用作 AS-i 接口从站点。

思考与习题

4.1　现场总线有哪些优点？

4.2　试比较 Profibus-DP、DeviceNet 和 AS-i 三种现场总线，说明它们的特点。

第 5 章 可编程控制器概述

可编程控制器(Programmable Controller)是现代制造业为了适应市场需求和提高竞争力，在生产设备和自动化生产线对柔性、可靠性和产能方面提出更高要求的背景下应运而生的新型工业控制装置。它综合了计算机技术、自动控制技术和通信技术等，实现了控制装置的三电一体化，是当代工业生产水平的重要标志之一，在工业生产中的广泛应用使它得到了“蓝领计算机”的称号。为了与个人计算机(Personal Computer)区别，一般将可编程控制器简称为 PLC(Programmable Logic Controller)。

5.1 可编程控制器的产生及发展

5.1.1 可编程控制器的产生

早期的自动化生产设备基本上都采用的是继电接触器控制方式，系统复杂程度不高，自动化水平也很有限，这是由继电接触器控制方式自身特点决定的。继电接触器控制方式对于控制逻辑相对较为简单的设备显得得心应手，性价比高，而对于复杂的控制系统，虽然它也可以实现控制目的，但控制逻辑由硬连线构成，接线复杂，电器之间关系千丝万缕，生产设备功能单一，产品规格单一，生产任务不能快速适应市场变化，并因此导致系统在可靠性、故障排除、改造费用等方面存在问题。因此，研制既具有继电接触器控制系统的优点，又具有可靠性高、易于维护、开发周期短等特点，且能满足控制功能和产品多样化要求的控制器就显得极为迫切。

电子技术和计算机技术的发展为这种需求提供了可能。在美国通用汽车公司提出 10 项可编程控制器的基本指标后不久，1969 年，美国数字设备公司研制出了世界上第一台可编程控制器，并在生产中得到应用。这 10 项基本指标也成为 PLC 的基本特点：

(1) 编程容易，并可在现场修改程序；

(2) 维修方便，采用插件式结构；

(3) 可靠性高于继电器控制柜；

(4) 体积小于继电器控制柜；

(5) 成本可与继电器控制柜竞争；

(6) 具有通信功能，可将数据直接送入管理计算机；

(7) 可以使用 115 V 交流输入电压；

(8) 输出采用 115 V 交流电压，能直接驱动电磁阀；

(9) 通用性好，易于扩展；

(10) 用户程序存储器容量至少能扩展到 4 KB。

由于 PLC 的技术指标是由使用者提出的，因此它在工业生产中的应用具有其他工业控制设备难以兼具的独一无二的特性，是最贴近工业生产需求的控制装置。

随着微处理器的出现和发展，可编程控制器也经历了快速发展过程，从早期的单一逻辑控制功能，逐渐发展成为具有数学运算、数据处理、运动控制、PID 控制、网络通信功能的多功能处理器；从单台设备的控制扩展到多级分布控制，也为实现工业生产过程的全局调度计算机集成制造系统(CIMS)提供了技术平台。

国际电工委员会(IEC)对可编程控制器作了如下定义："可编程控制器是一种数字运算操作的电子系统，是专门为在工业环境下应用而设计的工业控制器。它采用可编程序的存储器，用来在其内部存储执行逻辑运算、顺序控制、定时、计数和算术运算等操作的指令，并通过数字式、模拟式的输入和输出，控制各种类型的机械设备和生产过程。可编程序及其相关设备都应按照易于与工业控制系统集成、易于扩展其功能的原则设计。"

目前 PLC 的主要品牌有德国的西门子(SIEMENS)、美国的 A-B(Allen & Bradly)、通用电气(GE-FANUC)、法国的施耐德电气(Schneider Electric)、日本的三菱(MITSUBISHI)、欧姆龙(OMRON)、松下电工(Matsushita Electric)、光洋电子(KOYO)、韩国的 LS 产电(LS Industrial Systems)、中国台湾的台达(DELTA)等。我国也有不少厂家引进生产和自主研发 PLC，由于起步较晚，目前市场份额还很有限。

5.1.2　可编程控制器与其他工业控制系统的比较

目前，工业控制系统主要有继电接触器控制系统、可编程控制器控制系统、集散控制系统、单片机控制系统、微机控制系统等几种形式。它们在工业应用中各有特点、各有专长，同时也存在功能融合、应用领域互相交叉的趋势。下面我们针对性地将 PLC 控制系统与其他类型的控制系统作一比较。

1. PLC 控制系统与继电接触器控制系统的比较

可编程控制器的产生同继电接触器控制系统有着很大的关系，二者均用于开关量逻辑控制。PLC 最常用的编程语言梯形图沿用了继电接触器控制系统的继电器元件符号和控制线路图风格，也是出于其在工业应用过程中能够更快地为工程设计人员掌握的目的，但 PLC 控制系统与继电接触器控制系统又有许多不同之处，使用过程中需加以重视。

(1) 工作原理不同。在继电接触器控制系统中，当电源接通后，继电器按一定控制逻辑依次动作，任一瞬间都处于相对稳定的动作状态(接通或断开)；当电源接通后，PLC 采用特有的扫描方式工作，从工作机理上增强了抗干扰能力，运行时其输入/输出的状态处于一种动态的刷新过程，在控制逻辑不发生变化时，这种刷新并不会导致元件状态的变化，所以从控制效果上看，也处于相对稳定的动作状态(接通或断开)。

(2) 可靠性和可维护性不同。继电接触器控制系统采用硬接线逻辑，控制功能由硬件电器元件构成，接线复杂，体积大、功耗大、改动工作量也大，且触头存在抖动问题。PLC

利用存储器的位元件替代了硬件继电器等元件，利用软件逻辑运算实现控制逻辑，这种由软元件、软接线构成的控制线路接线少、体积小，易于扩展，不会出现抖动问题，提高了抗干扰能力和可靠性。

(3) 控制功能不同。继电接触器控制系统以顺序控制为主，而 PLC 由于微处理器的使用，因而具有顺序控制、定时、计数、运动控制、数据处理、PID 控制、联网通信的功能，应用领域优势明显。

(4) 响应速度不同。继电接触器控制多利用电磁原理工作，触头动作存在机械延时，数量级在几十毫秒左右，响应速度和系统复杂程度关系明显。PLC 的控制逻辑采用软件实现，运算时间只与指令的执行速度有关，系统响应速度受机械延时影响不大。

(5) 定时与计数功能不同。继电接触器控制系统采用的定时器体积大、精度低、调整困难，一般不具备计数功能；PLC 则有大量的软定时器和计数器，精度高、范围宽、调整方便。

(6) 设计与调试方式不同。继电接触器系统设计方法有限，对于复杂继电接触器系统缺少通用的解决办法，设计完成的线路硬件元件和连线众多，施工工作量大，调试过程中发现问题所需修改周期长。

PLC 系统可以采用先进的顺序控制设计法，在解决复杂控制系统问题时，方法很多。由于采用了软件实现控制逻辑，因此接线施工工作量降低。调试时发现问题，通常只需修改软件指令即可，不需要调整硬件接线，周期缩短。此外，PLC 的软件设计和硬件施工可以同步实施，离线调试，设计风险小。

除了以上几个方面以外，PLC 系统在灵活性、故障率和设备使用寿命等方面也较继电接触器系统更好，不过初期投入价格较继电接触器系统要高。

2．PLC 控制系统与集散系统的比较

集散系统(Distributed Control System，DCS)是由回路仪表控制发展而来的，因此它在回路调节、PID 控制方面具有一定的优势，侧重于过程控制领域。可编程控制器是由继电接触器系统发展而来的，因此在开关量处理、顺序控制方面具有一定的优势，侧重于开关量顺序控制为主的电力拖动领域。

PLC 与集散系统都是在计算机技术的基础上发展起来的，随着 CPU 处理能力的提高，二者互为补充、相互渗透，差异越来越不明显。PLC 增强了数据运算、PID 调节功能、组网能力，支持组态功能，可以按照集中管理、分散控制的思想构成分级控制，实现集散系统的功能；DCS 也加强了顺序控制功能，支持梯形图语言编程。由此可见，从趋势上看，二者将会相互融合，构成新型的计算机控制系统。

3．PLC 控制系统与单片机控制系统的比较

单片机为自动控制提供了一种低成本的解决方案，应用领域广泛，功能强大，但是单片机的应用需要较扎实的专业知识和实践经验，硬件设计、制作和软件编程的工作量大，对设计者要求较高，在复杂的工业环境中，解决抗干扰问题尤为关键。采用单片机设计开发针对性强，可以根据系统需求优化控制系统结构，性价比高。PLC 则是针对工业现场应用环境设计的，突出的优点是可靠性高，易学易用，抗干扰能力强。

单片机与 PLC 系统二者各有特点，但也是相辅相成的关系，部分中小型 PLC 就是以

单片机为内核设计的，实际上就是一个单片机系统，底层大量的硬件设计、软件编程工作已经完成，用户只需在此基础上进行较为简单的二次开发，实现控制要求即可。

4. PLC 控制系统与微机控制系统的比较

微机是计算机技术向着高速度、大容量、高性能方向发展的结果，它在工业控制上的应用机型主要是工控机(Industrial Personal Computer)，抗干扰能力强，实时性强，易于维护，适合于具有快速要求、实时性强、功能复杂的控制系统，对设计人员要求较高。由于工控机也是专为工业环境设计的，因此价格较为昂贵，小规模系统不易采用。

在分级控制的思想下，工控机和 PLC 有机地结合起来，工控机通常作为上位机从事监控、管理、调度工作，PLC 则作为下位机执行具体的生产控制工作。

5.1.3 可编程控制器的发展趋势

不同的应用领域，不同的控制需求，决定了 PLC 发展的侧重点不同，其发展趋势主要体现在大型化、微型化、多功能化、标准化、模块智能化和网络化等几个方面。

1. 大型化、高速度、大存储容量趋势

为了拓宽 PLC 的应用领域，逐渐具备工业控制计算机、集散控制系统所具有的先进功能，尤其是在实时处理方面，同时为了提升自身 PLC 品牌的竞争力，PLC 朝着大型化、高速度、大容量的趋势发展是必然的。现阶段的大型 PLC 采用以下方法增强处理能力，提高响应速度：使用 16 位、32 位甚至 64 位高性能 CPU，多 CPU 并行处理，发展智能模块实现分级处理等方法。另外，在数字量 I/O 点数、模拟量 I/O 点数及各类模块的数量上都朝着大容量发展，如西门子 S7-400 可扩展到 32 KB DI/DO。由于控制系统规模上去了，用户程序量必然也会增加，所以 PLC 大型化也包含存储容量的增加。

2. 微型化、多功能化趋势

大型化是为了拓展 PLC 的应用领域，而在 PLC 的强项——小型设备的控制上，则需要在降低成本、提高速度、改善结构方面作出努力。微型化、多功能化可以使控制系统体积减小、成本下降、结构趋于模块化，配置灵活，易于改造。目前，超小型 PLC 的 I/O 点数少则几个，多则数百个，甚至个别的超小型 PLC 可以扩展到上千个。如此规模即便是复杂对象也能胜任。

3. 标准化趋势

PLC 的能力在不断增强，生产过程自动化要求(如生产调度、综合管理等)也在不断提高，过去那种封闭的、不开放的、自成一体的结构显然已不合适，现在越来越需要使不同品牌的 PLC 在通信协议、总线结构、编程语言等方面能够遵循一个统一的标准，提高兼容性。国际电工委员会(IEC)为此制定了国际标准 IEC 61131。该标准由总则、设备性能和测试、编程语言、用户手册、通信、模糊控制的编程、可编程控制器的应用和实施指导等八部分及两个技术报告组成，其中，IEC 61131-3 是 PLC 编程语言标准。

几乎所有的 PLC 生产厂家都表示支持 IEC 61131，并开始向该标准靠拢。我们也发现目前一些主流的 PLC 产品虽然在指令描述符上还存在一定差异，但在指令功能上差异不大，相互之间的程序转换已不困难，甚至有的时候可以做到指令数一样。

4. 模块智能化趋势

分级控制、分布控制思想是增强 PLC 控制功能、提高处理速度的一个有效办法，也是控制系统的一个发展方向。智能 I/O 模块是以微处理器和存储器为基础的功能部件，它们可以独立于主 CPU 工作，自成系统，分担主 CPU 的处理任务，这有利于提高 PLC 的处理速度，主 CPU 可以随时访问智能模块，修改控制参数。这样既可以提高控制效率，简化设计和编程工作量，也可以提高动作可靠性、实时性，满足复杂控制的要求。这也是分级控制思想在 PLC 应用中的体现。

目前，大、中、小型 PLC 都有自己相应的智能 I/O 模块，如模拟量调节(PID 控制)、运动控制(步进、伺服、凸轮控制)、高速计数、中断输入、热电偶输入、热电阻输入、模糊控制器、通信等智能模块。有了这些模块，复杂的控制任务(如运动控制)对 PLC 的 CPU 而言，处理起来如同继电器触头的通断操作一样方便。

5. 网络化趋势

加强 PLC 的联网能力是实现分布式控制、适应工厂自动化系统和计算机集成制造系统发展的需要，是实现网络级三电一体化的需要。从物理关系来看，联网包括 PLC 与 PLC 之间、PLC 与远程 I/O 之间、PLC 与计算机之间的信息交换。从技术层面来看，网络结构采用三级通信网络：底层为设备网络，用来实现 PLC 与现场设备之间的通信，又称为远程 I/O 网络，如 RS-232、RS-485、RS-422 等协议；中间层是控制网络，用来实现 PLC 与计算机之间的通信，如 Profibus、Modbus、CAN 等现场总线标准；上层为信息网络，负责传递生产管理信息，如 TCP/IP 协议。

5.1.4 PLC 的特点

PLC 具有如下几个特点：

(1) 可靠性高，抗干扰能力强。

工业现场环境恶劣，干扰源众多，而 PLC“是专门为在工业环境下应用而设计的工业控制器”，具有极强的环境适应性，能够长期可靠地工作。PLC 的平均无故障时间在 10～50 万小时，有些甚至更高，这一指标已远远超过了大多数设备的使用寿命。高可靠性是 PLC 得到广泛应用的重要原因之一，从 PLC 的设计理念到具体的软硬件措施都是高可靠性的保证。

首先，PLC 采用扫描机制的工作原理对许多干扰源具有一定的免疫性。干扰信号只有在扫描周期的输入处理阶段才可能被 CPU 采样到，改变控制逻辑。通常的干扰源都是窄脉冲形式，脉宽不能维持一个扫描周期的时间，即使干扰信号串入 PLC 并造成输出值错误，由于输出通道及执行器存在的动作时延往往大于 PLC 的扫描时间，这意味着干扰还未造成危害就被下一个扫描周期纠正过来了。

其次，PLC 采用软逻辑控制方式，用大量的软继电器取代传统继电接触器控制中的硬继电器，电路及连线都大量得到简化，故障率降低。

此外，PLC 还采取了一系列硬件和软件的抗干扰措施，来保证 PLC 超强的抗干扰能力。硬件方面主要是优选器件、设备冗余、多级滤波、隔离屏蔽及先进的电源电路；软件方面主要是采用数字滤波、求和检查、指令复执、掉电保护等抗干扰措施和故障诊断技术。即使在输入采样阶段有干扰信号串入，经过以上软硬件措施后也会得到有效抑制。

(2) 编程容易，简单易学。

PLC 的编程采用的是类似传统继电接触器控制线路的梯形图语言，充分考虑了电气技术人员的看图习惯和设计风格，因此很容易被企业技术人员掌握。这也是 PLC 能够迅速普及推广的原因之一，在国际电工委员会(IEC)制定的 IEC 61131-3 标准中对编程语言做了规定，其中包括梯形图语言。

(3) 功能完善，使用方便。

PLC 不仅具有逻辑运算、定时、计数等顺序控制功能，而且还具有数据处理、模拟量控制、运动控制、通信联网等功能，既能控制简单设备，也可以实现非常复杂的控制功能，并能进一步通过联网实现分布式控制。

同时，由于 PLC 产品都采用了系列化、标准化、模块化的设计理念，可以根据系统不同的控制要求和控制规模灵活方便地进行硬件配置。当系统的生产工艺或控制规模发生变化时，由此出现的设备改造、调整等硬件方面的工作量同样会变得非常轻松。完善的功能及模块化的结构也可以简化硬件的安装接线工作，减小系统的维护工作量。

(4) 设计、安装、调试工作量小。

电气控制系统设计与施工可以同步进行，设计周期缩短。应用 PLC 及组件可以减少系统元器件数量，控制逻辑则由软件实现，硬件采用积木式安装，从而简化了控制柜的设计、安装、接线的工作量。PLC 的程序设计一般采用顺序控制设计法，根据生产工艺很容易完成程序编写工作，适应复杂的控制系统。

调试过程通常经过离线调试和在线联调两个步骤，设计初期可以在实验室模拟调试，借助 PLC 的输入/输出信号指示或观察示波器波形等手段来检验程序执行情况。当硬件施工安装完毕后进行联调，由于程序的控制流程已基本无误，调试任务主要是工艺参数的优化调整，因此调试风险降低，安全快捷，调试周期短。

(5) 体积小，质量轻，能耗低。

随着工艺水平的提高和集成电路技术的发展，在性能越来越高的前提下，PLC 的体积越来越小，结构越来越紧凑，功耗越来越低。

综上所述，PLC 具有如此优越的特性，使它不仅在工业上得到迅速普及，也广泛应用到家庭、建筑、电力、交通、商业等许多领域。

5.2　PLC 的应用

5.2.1　PLC 的性能指标

PLC 的主要性能指标包括指令执行速度、硬件连接方式、输入/输出点数及最大扩展容量、用户程序存储器容量、输入/输出方式、编程方式、指令条数、常用的编程元件个数、掉电保护方式等。表 5-1 为三菱 FX_{3U} 系列 PLC 性能规格，表 5-2 为西门子 S7-200 系列性能规格。

表 5-1　三菱 FX_{3U} 系列 PLC 性能规格

项　目	性 能 指 标
I/O 点数	实际 I/O 最大 256 点(与 CC-Link 远程 I/O 并用时，最大可达 384 点)，远程 I/O 最大 256 点
内存容量	内置 64000 步 RAM，可安装闪存存储盒
运算处理速度	0.065 μs(基本指令)，0.642 μs～数百 μs(应用指令)
指令种类	顺序指令 29 个，步进梯形图指令 2 个，应用指令 218 种
编程语言	步进梯形图、指令表、SFC 步进顺控功能图
程序控制方式	循环运算方式、刷新模式处理
程序保护	最大 16 字关键字登录
通信端口	USB，RS-422
网络/通信	CC-Link(主站/从站)，Ethernet
支持的通信协议	RS-232、RS-485、Modbus
模拟量输入/输出	最大 64 通道(电压/电流)，最大 64 通道(温度传感器输入)
高速计数	最大 6 点/最高 100 kHz，最高 200 kHz 高速计数器特殊适配器模块
变频器控制其他功能	模拟量控制，脉宽调制，RS-485 通信
定位控制	最大 3 轴(100 kHz)的内置定位，最大 4 轴(200 kHz)高速输出适配器的扩展，最大 8 轴(1 MHz)特殊扩展模块

表 5-2　西门子 S7-200 系列性能规格

S7-200 PLC	CPU221	CPU222	CPU224	CPU224XP	CPU226
集成数字量输入/输出	6 入/4 出	8 入/6 出	14 入/10 出	14 入/10 出	24 入/16 出
可扩展模块数量(最大)	不可扩展	2	7	7	7
最大可扩展的 DI/DO 范围	不可扩展	78	168	168	248
最大可扩展的 AI/AO 范围	不可扩展	10	35	38	35
用户程序区(在线/非在线)	4K/4K	4K/4K	8K/12K	12K/16K	16K/24K
数据存储区	2K	2K	8K	10K	10K
数据后备时间(电容)	50 小时	50 小时	50 小时	100 小时	100 小时
后备电池(选件)	200 天	200 天	200 天	200 天	200 天
编程软件	STEP 7-Micro/WIN	STEP 7-Micro/WIN	STEP 7-Micro/WIN	STEP 7-Micro/WIN	STEP 7-Micro/WIN
每条二进制语句执行时间	0.22 μs	0.22 μs	0.22 μs	0.22 μs	0.22 μs

续表

S7-200 PLC	CPU221	CPU222	CPU224	CPU224XP	CPU226
标志寄存器/计数器/定时器	256/256/25	256/256/25	256/256/25	256/256/25	256/256/25
高速计数器	4 个 30 kHz	4 个 30 kHz	6 个 30 kHz	6 个 100 kHz	6 个 30 kHz
高速脉冲输出	2 个 20 kHz	2 个 20 kHz	2 个 20 kHz	2 个 100 kHz	2 个 20 kHz
通信接口	1 个 RS-485	1 个 RS-485	1 个 RS-485	2 个 RS-485	2 个 RS-485
外部硬件中断	4	4	4	4	4
支持的通信协议	PPI、MPI、自由口	PPI、MPI、自由口、Profibus-DP	PPI、MPI、自由口、Profibus-DP	PPI、MPI、自由口、Profibus-DP	PPI、MPI、自由口、Profibus-DP
模拟电位器	1 个 8 位分辨率	1 个 8 位分辨率	2 个 8 位分辨率	2 个 8 位分辨率	2 个 8 位分辨率
实时时钟	外置(选件)	外置(选件)	内置时钟卡	内置时钟卡	内置时钟卡

5.2.2　PLC 的标准 IEC 61131——开放的平台

IEC 61131-3 是第一个为工业自动化控制系统的软件设计提供标准化编程语言的国际标准，对当代工业控制器中种类繁多的概念及语言进行了标准化，在工业控制领域中产生了重要的影响，被全球越来越多的制造商和客户所接受，并且成为 DCS、PLC、FCS、IPC、CNC 及 SCADA 等编程系统的标准。

在 IEC 61131-3 标准中定义了 5 种 PLC 编程语言：

(1) 指令表 IL(Instruction List)；

(2) 结构文本 ST(Structured Text)；

(3) 顺序功能图 SFC(Sequential Function Chart)；

(4) 功能块图 FBD(Function Block Diagram)；

(5) 梯形图 LD(Ladder Diagram)。

国际上各大 PLC 厂商都宣布其产品符合该标准的规范，在推出其编程软件新产品时，都遵循该标准的各种规定。根据美国的《控制工程》杂志 2005 年一份调查报告中关于 PLC 编程语言使用的百分比统计，IEC 61131-3 中所规定的 5 种语言使用的比例很高。此外，DCS 厂商在控制策略的组态方面也都遵照 IEC 61131-3 的规范，提供以功能块图语言以及由 SFC 演变而来的 CFC(连续功能图)为主的 DCS 的编程语言。我国根据 IEC 标准制定的中华人民共和国可编程控制器(Programmable Controller)的国家标准，标准号为 GB/T 15969.1—15969.4，于 1995 年底发布，从 1996 年 10 月 1 日起开始实施。2007 年开始相继发布新的 GB/T 15969 标准替代 1995 年的相应标准。

因为 IEC 61131-3 标准的制定，才真正出现了一种开放式的可编程控制器的编程软件包，如加拿大 ICS Triplex 公司的 IsaGraf、德国 KW 的 MULTIPROG、德国 Infoteam 的 openPCS、德国 3S 公司的 CoDeSys。这些软件不依赖于特定的 PLC 硬件产品，为数众多的 PLC 和 DCS 生产厂商(包括西门子、横河电机、欧姆龙、三菱电机、ABB 等)都在这些商品化的基本编程软件系统的基础上，再进行工作量不大的二次开发，并据此再将其高附加值的诀窍和控制算法嵌入其中。例如，西门子的编程软件 STEP 7，就是在上述 openPCS 软件平台的基础上二次开发的；欧姆龙的 CX 编程软件是以 MULTIPROG 软件平台为基础二次开发的。同时，这种软件的开发方式也为 PLC 的程序在不同机型之间的移植提供了可能，推动了不同生产厂商、不同品牌 PLC 的技术融合。

IEC 61131-3 标准除了对工控编程语言的改造和发展产生直接的影响，起着指导规范的作用之外，它对 PLC 技术的发展也发挥了重要的指导作用。它主要是通过提出的软件模型，为 PLC 技术的发展开创了前所未有的新路。特别要强调的是，它为 PLC 的体系结构从单一的封闭系统提升为多 CPU 结构的开放式系统，奠定了理论基础。IEC 61131-3 的出现是传统 PLC 和现代 PLC 的分水岭。在 IEC 61131-3 正式发布的几年之后，PLC 的市场逐渐出现了结合多 CPU 技术、网络技术、微电子技术发展起来的 PLC，为 PLC 在工控市场上继续立于不败之地创造了技术条件。如表 5-3 所示为传统 PLC 与现代 PLC 的主要区别。随着标准的不断修正、发展和完善，PLC 的能力也将得到持续的发展和进步，并在工业控制领域发挥越来越大的作用。

表 5-3　传统 PLC 与现代 PLC 的主要区别

		传统 PLC	现代 PLC
硬件	CPU	单 CPU	多 CPU
	存储器	容量小	容量大，可灵活配置
	I/O	开关量为主	各种类型开关量、模拟量
	运算速度	几十毫秒到几百毫秒	毫秒级，甚至更快
	总线形式	低速系统总线	高速系统总线
软件	软件模型	经典扫描方式	符合 IEC 61131-3 软件模型
	编程语言	梯形图(LD)、指令表(IL)、功能块图(FBD)	文本类语言：IL、ST； 图形类语言：LD、FBD、SFC
	操作系统	时间驱动的扫描方式	时间驱动和事件驱动的扫描方式，可按程序功能设置扫描周期

5.2.3　PLC 的应用领域

PLC 作为现代工业自动化的主要支柱，已在工业中得到越来越广泛的应用，并逐渐延伸到其他行业。根据控制类型的不同，应用领域大致划分如下：

1．开关量逻辑控制

PLC 采用逻辑控制取代传统的继电接触器控制，适用于单台设备或自动化生产线，如机床电气、冲压、铸造、传输、包装、电梯、泵体、电磁阀、各类家电和饮料生产线等，是 PLC 最基本的应用领域。

2．运动控制

越来越多的生产设备对定位机构提出了位置、速度和轨迹控制的要求，针对这一需求，

PLC 产品都有专门的运动控制模块，可以实现单轴/双轴/多轴的位置、速度控制和轨迹规划，将运动控制和顺序控制有机地结合起来，从而将 PLC 的应用领域拓展到许多精密机械加工、生产制造设备的控制中。

3．闭环过程控制

目前，PLC 都具有模拟量输入/输出功能及 PID 控制功能，可以对温度、压力、流量等模拟量实现闭环控制。解决方案也非常灵活，既可以采用软件 PID 指令实现控制功能，也可以采用硬件 PID 模块，后者通过增加硬件成本减轻了软件设计工作量，实时性好，更适合对象比较复杂的生产设备。

4．数据处理

微处理器性能不断提高，PLC 具备了数学运算、数据比较、传送、位处理等功能，利用这些功能可以完成数据采集和处理，既可以直接用于控制，改变控制逻辑，也可以将监控参数上传至监控系统。如一些没有 PID 指令的 PLC 可以用软件编写 PID 算法，同样可以实现过程控制。

5．分布控制系统

PLC 的三级通信网络可以将 PLC 与智能模块、智能仪器、远程 I/O、多台 PLC、上位机紧密联系在一起，构成“集中管理、分散控制”的分布式控制系统，将集散系统的优点引入 PLC 控制系统中。

5.3　PLC 的系统构成

PLC 的结构同计算机类似，由中央处理器(CPU)、存储器(RAM/ROM)、输入/输出单元、电源和编程器等几部分组成。本节将主要介绍 PLC 的基本组成和结构形式。

5.3.1　PLC 系统的基本组成

PLC 的结构如图 5-1 所示。

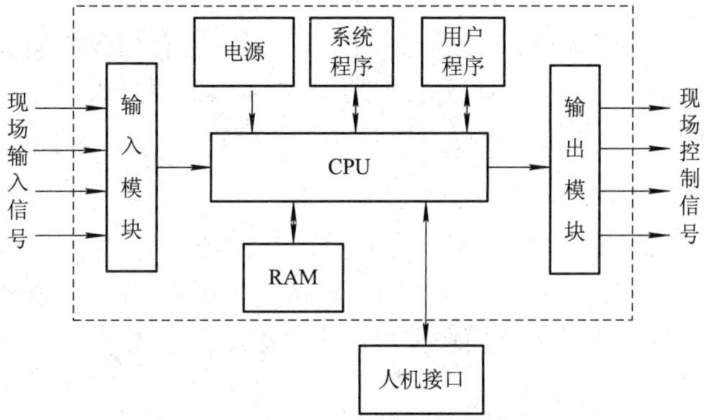

图 5-1　可编程控制器系统的基本组成

1. 中央处理单元 CPU

CPU 是 PLC 的核心，根据机型不同，通常分为通用微处理器、单片机、嵌入式微处理器等。

CPU 的主要任务是接受现场输入信号、执行用户程序、刷新系统输出、完成自诊断和通信处理等操作。

2. 存储器、存储空间的分配

PLC 的存储器从功能上分为两种：系统程序存储器和用户程序存储器。系统程序存储器存放系统的监控程序，包括系统管理、程序解释、功能子程序和系统参数等内容，由生产厂家编写并固化在非易失存储器中，用户不能直接读取。用户程序存储器用来存放用户编写的程序(用户存储区)和 I/O 及内部编程元件的状态(数据存储区)，一般容量固定，用户应根据控制规模选用合适的型号。用户程序存储器类型通常是 RAM 或 EEPROM，前者需要后备电池或电容进行数据保护。

存储器的容量一般以 K 为单位，随着目前集成电路制造技术的发展，PLC 的存储容量也在不断增加，发展较快。

3. 输入/输出模块

输入模块接收、采集被控对象或被控生产过程的各种变量，一类是来自按钮、转换开关、限位开关、接近开关、光电开关等开关量的信号；另一类是由温度、流量、液位、压力传感器等各类传感器或变送器反馈的模拟量信号。

输出模块是将运算处理产生的控制信号输出，控制执行机构动作，如输出控制指示灯、报警器、继电器、接触器、调节阀、伺服电机等负载。针对不同负载的控制特性，输出模块也分为开关量输出和模拟量输出两类。

4. 网络通信模块

网络通信模块用于实现 PLC 与 PLC、其他智能设备和上位机之间的通信，可以构成三级控制网络。

设备网络层由 PLC 的 CPU 模块提供通信手段，如西门子的 RS-485 通信端口、三菱的 RS-422 通信端口，也提供 RS-232 的扩展模板；控制网络层采用专门的通信模块实现，如西门子 S7-200 的 EM277 模块是基于 Profibus 协议的通信模块，可用作与其他设备通信的通信口。CP 343-5 通信处理器也是基于 Profibus 总线协议的 S7-300 的通信处理器，它分担 CPU 的通信任务，并支持其他的通信连接；信息网络层也有相应的模块实现信息交互，如 S7-300 通信处理器 CP 343-1，具有微处理器，可分担 CPU 的通信任务并允许其他连接，PLC 通过 100 Mb/s 工业以太网，直接集成到复杂系统中。

5. 智能模块

模块智能化是 PLC 的一个发展趋势，它们可以独立于主 CPU 而工作，自成系统，分担主 CPU 的处理任务，有利于提高 PLC 的处理速度，而主 CPU 可以随时访问智能模块，修改控制参数。从结构上讲，智能模块都可以直接集成到 PLC 系统中，内部总线兼容，安装方便。其主要类型有：

(1) 高速计数模块：不受 CPU 的扫描时间限制，独立工作，能够对几十 kHz 甚至上 MHz 频率的脉冲进行计数，如西门子 S7-300 系列的 FM350 最高计数频率为 500 kHz。

(2) 快速响应模块：可以独立于 CPU 工作，能够对输入信号作出实时响应，如 S7-300 系列的 FM 352-5 高速布尔处理器，循环扫描时间为 1 μs。

(3) 运动控制模块：控制对象为电机、凸轮机构等，用于实现定位控制，如西门子 S7-300 系列的 FM 351 为双轴定位控制模块，FM 352 为电子凸轮定位器。

(4) 闭环控制模块：用于实现温度、压力、流量、液位等过程变量的闭环控制。如西门子 S7-300 系列的 FM 355 为 4 通道闭环控制模块，其在 CPU 停机或故障后仍能执行控制任务。

此外，还有许多新的智能模块不断推出，如超声波位置编码器、称重仪等，这些模块对于增强 PLC 的功能、扩大 PLC 的应用范围都是非常重要的。

6. 电源模块

关于 PLC 的工作电源，由于不同国家工业用电标准不同，一般提供 110 V 和 220 V 两种类型，也有个别采用直流 24 V 供电。电源模块的选用应根据系统的控制规模决定。对于超小型整体式 PLC 系统，规模通常不大，电源集成在 CPU 模块上，对扩展模块的数量有要求。而模块式 PLC 通常都有专门的电源模块供电，在控制规模过大时，可能需要多个电源模块分别供电，甚至有的系统还需要电源冗余模块，如三菱的 Q 系列等。

PLC 的电源模块往往还提供 24 V 直流电源，供直流输入电路使用，但要注意容量。

需要说明的是，输出端子上接的负载所需的工作电源必须由用户提供。

7. 扩展模块

扩展模块主要是指输入/输出(包括 DI/DO、AI/AO)接口的扩展。根据 PLC 机型不同，扩展模块的作用略有区别。若 CPU 模块中集成有 I/O 接口的 PLC，对于一些控制对象点数已经足够使用的 PLC，那就不需要扩展了，CPU 模块自己就可以构成控制系统；对于复杂的控制，对象点数若不够使用，那就需要外接扩展模块来增加 I/O 点数。而模块式 PLC 的 CPU 模块中没有集成 I/O 接口，因此，此类 PLC 必须外接扩展模块才能构成控制系统。

扩展模块的形式一般有数字量输入模块、数字量输出模块、数字量输入/输出模块、模拟量输入模块、模拟量输出模块、模拟量输入/输出模块等几类。根据使用场合的不同将其分为一般环境、特殊介质(如含氯、硫等介质)和防爆输入/输出模块。

8. 编程器

编程器的作用是完成用户程序的输入、编辑、调试和监控系统程序的运行，既可以离线编程，也可以在线联机调试。根据系统开发方式的不同，编程器通常分为专用编程器和计算机开发系统。

专用编程器由可编程控制器生产厂家提供，有简易编程器和图形编程器两类。

(1) 简易编程器。简易编程器由键盘、LED 显示器或液晶显示器组成，只能输入和编辑指令表程序，不支持梯形图语言编程。它体积小、价格便宜，可以直接插在 PLC 的编程器插座上或使用通信电缆与 PLC 连接，一般用于 PLC 控制系统的现场调试和维护。

(2) 图形编程器。图形编程器可以生成和编辑梯形图程序，使用液晶显示屏或 CRT 显示器显示。图形编程器使用直观、方便，但成本较高。随着移动 PC 或笔记本电脑的普及，图形编程器逐渐为计算机开发系统所替代。

计算机开发系统是现在从事 PLC 控制系统设计开发的主要手段，只要在个人计算机或工控机上安装生产厂家提供的编程软件即可。这种方法的优点是开发功能强、价格便宜、重复性投资少，对于不同品牌的 PLC，只需要安装相应厂家提供的编程软件，而不需要再次投入资金购买编程器，同时计算机还可用作他途。

计算机开发系统的主要功能包括：编写、修改 PLC 的控制程序；程序的上传、下载；监视系统运行；采集和分析实时数据；打印各类文件；对工业现场和系统仿真，强制输入、输出；作为网络管理器或分布式系统的工作站。

9．PLC 的外部设备

PLC 的外部设备很多，这里主要介绍一下人机接口装置(HMI)中的文本显示器和触摸屏。为了改善 PLC 控制系统的操控性，生产厂家通常都提供配套的文本显示器和触摸屏，许多外围厂家也有很多兼容主流 PLC 的 HMI 产品作为操作面板。

(1) 文本显示器：通过密封键盘提供操控功能和过程监视，支持文本显示(包含掌上设备)和图形显示(同样支持彩色显示)，如西门子的 TD200、TD400C，三菱的 F920GOT、F930GOT-K 等。

(2) 触摸屏：无需物理按钮，利用触摸感应操控和显示，能使操作者直观地通过图形控制监视系统。根据系统规模可以选择屏幕的大小和显示颜色数，如西门子的 TP170、TP270，三菱的 GOT-A900 系列。

5.3.2　PLC 的结构形式

按硬件结构形式不同，PLC 可分为整体式和模块式两种。

1．整体式可编程控制器

整体式 PLC 是将 CPU、存储器、I/O 部件及电源等单元封装在一个箱体内，形成一个可独立工作的整体，其结构紧凑、体积小、价格低。小型 PLC 通常采用这种结构，如图 5-2 所示为 S7-200 的 CPU 模块结构示意图，其内部集成了 CPU、电源、I/O、存储器。当 CPU 模块内部硬件资源不足以完成控制任务时，可选择扩展模块扩充，如 I/O 扩展、特殊模块扩展。此时系统由 CPU 模块和一些高度、深度相同但宽度不同的扩展模块组成，这类结构又称为叠装式结构，它是对整体式 PLC 功能上的扩展，可提升 PLC 的应用范围。

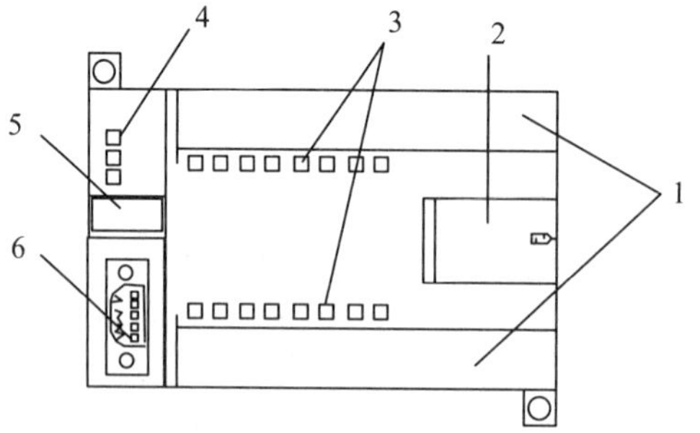

1—I/O端子连接区；2—前盖区(模式选择、扩展端口、模拟电位器)；
3—I/O LED指示灯；4—运行状态指示灯；5—可选卡插槽；6—通信口

图 5-2　整体式 PLC 结构示意图

2．模块式可编程控制器

模块式 PLC 是将 CPU(含存储器)、I/O、电源等单元做成独立的模块，利用基板(或基座)，采用搭积木的方式把各个模块组合在一起构成控制系统，如图 5-3 所示。模块式 PLC 主要适用于大、中型 PLC。此类结构硬件组态灵活，可以根据用户需求配置，选择余地大，且有利于故障维修。

由于采用分离模块，因此模块式 PLC 系统成本较高，常用于大规模复杂控制系统。

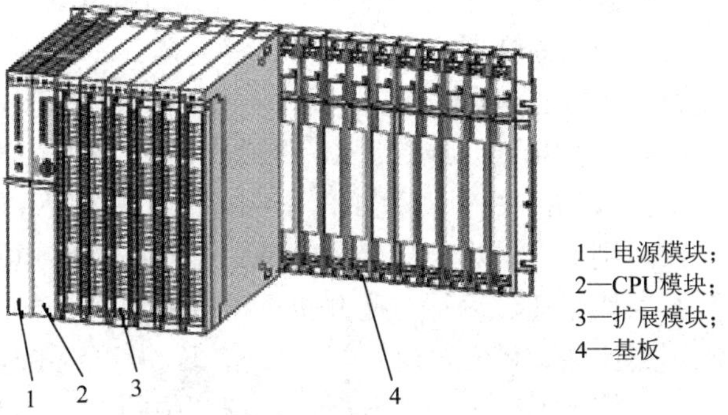

图 5-3　模块式 PLC 结构示意图

5.4　PLC 的工作原理

虽然可编程控制器的基本组成与一般微型计算机相同，但它从顺序控制器发展而来，既继承了顺序控制的设计风格，设计简洁易学，便于使用，同时为了适应工业现场的复杂情况，也特别采取了许多抗干扰方面的措施，其特有的扫描工作方式和使用软继电器替代硬件物理继电器，在提高系统可靠性和抗干扰能力方面起着非常重要的作用。

5.4.1　可编程控制器的工作方式

可编程控制器采用周期扫描的工作方式，即 PLC 在工作过程中，总是处在不断循环的顺序扫描过程中。

1．输入/输出编址和 I/O 映像寄存器

可编程控制器的编程元件仍然沿用了继电器的称谓，但同硬件继电器有本质区别，如图 5-4 所示。图 5-4(a)为继电接触器系统控制线路，其中 SB1、SB2、KA 均为物理按钮和继电器，工作流程如下：当按钮 SB2 按下后，继电器 KA 通电，其常开触头接通自锁；当按钮 SB1 按下后，继电器 KA 断电，常开触头同时断开。

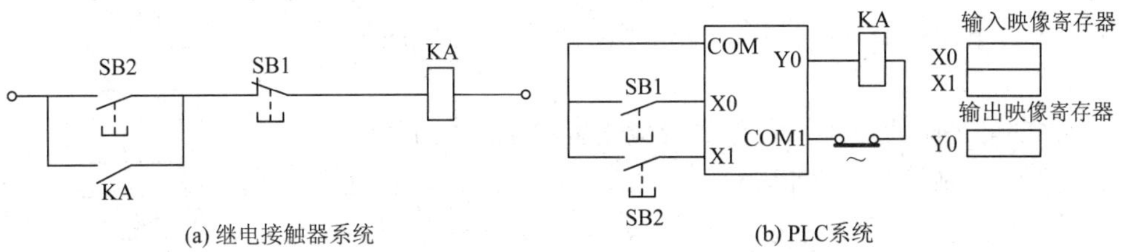

图 5-4　继电接触器系统与 PLC 系统接线比较

上述控制要求若采用 PLC 实现，控制电路如图 5-4(b)所示，按钮 SB1、SB2 分别对应于 PLC 内部编程元件 X0、X1，继电器 KA 对应于 PLC 内部编程元件 Y0。

PLC 输入地址：外部输入信号与 PLC 内部元件唯一对应，该编程元件号即为输入地址，其状态同输入信号状态逻辑值一致，又称为输入继电器。

PLC 输出地址：被控负载与 PLC 内部元件唯一对应，该编程元件号即为输出地址，其状态逻辑值决定了被控负载的通断情况，又称为输出继电器。

存放 PLC 输入继电器和输出继电器状态的内部存储器称为输入映像寄存器和输出映像寄存器。如图 5-4(b)中，若按钮 SB1 接通，则 X0 逻辑值为 1，对应的输入映像寄存器内容为“1”；若按钮 SB2 接通，则 X1 逻辑值为 1，对应的输入映像寄存器内容为“1”；若输出映像寄存器内容为“1”，则对应的继电器线圈接通。那么输入继电器的逻辑如何影响输出继电器的逻辑呢？答案当然是通过编写程序并执行得以实现。程序梯形图如图 5-5 所示。与继电接触器系统控制线路比较，我们发现它们非常相似，所以说 PLC 的梯形图语言继承了继电接触器系统的设计传统。通过上面的分析，该程序中的 X0、X1、Y0 的逻辑状态分别对应于物理开关 SB1、SB2 和物理继电器 KA 的通断状态，即控制逻辑由软件编程取代了硬件连线，控制元件由存储器的位元件替代了物理继电器。

此外，为了保持控制逻辑的一致性，PLC 的输入触头信号通常采用常开触头，也就是说继电接触器系统中使用的是按钮 SB1 的常闭触头，而 PLC 系统中使用的是按钮 SB1 的常开触头，利用软件实现逻辑非的功能。如果 PLC 输入端接入的是 SB1 的常闭触头，那么梯形图程序应如图 5-6 所示，和继电接触器控制线路相比较，一致性不好，编程时容易产生混淆。

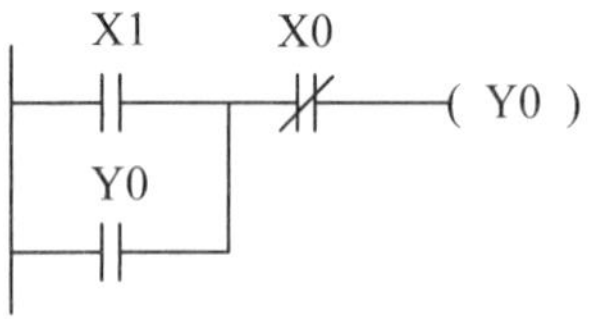

图 5-5　启-保-停程序示例

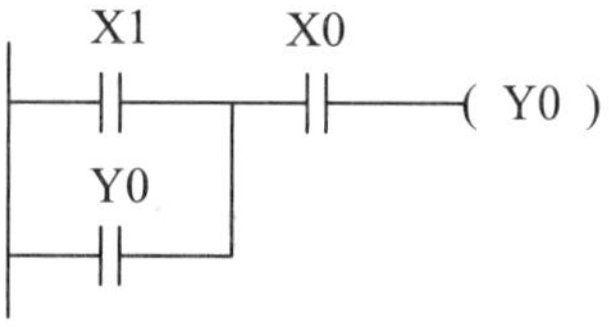

图 5-6　使用常闭触头的启-保-停梯形图程序

2. 循环扫描工作原理

可编程控制器有两种基本工作状态，即运行(RUN)状态和停止(STOP)状态。PLC 上电后，即开始周而复始地循环扫描，如图 5-7 所示。当 PLC 工作在 STOP 状态下，扫描过程只包括内部处理和通信处理两个阶段；当 PLC 工作在 RUN 状态下，扫描过程还包括输入处理、程序执行、输出处理阶段，共五个阶段。下面我们详细分析一下每个阶段 PLC 所完成的工作。

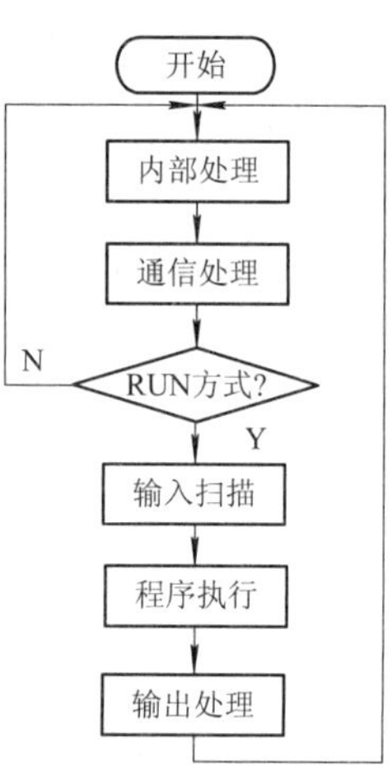

图 5-7　PLC 的扫描过程

(1) 内部处理阶段：可编程控制器检查 CPU 模块内部硬件是否正常，完成监控定时器复位等内部事务，如后备电池电压情况、存储器或存储卡的工作情况、用户程序检查、系统软件校验等工作。

(2) 通信处理阶段：可编程控制器自动检测各通信接口的状态，处理通信请求，如响应编程器的键入、更新编程器的显示内容、与微机通信或与网络交换数据等工作。

(3) 输入处理阶段：PLC 把所有外部输入电路的通/断状态读入并保存在输入映像寄存器中。在每个扫描周期里输入映像寄存器的内容保持不变。现场信号状态若发生变化，并不会被 CPU 立即采样，只有在输入处理阶段才能通过输入端口被 PLC 读取并保存，这种方式使 PLC 从工作机制上对短脉冲干扰具有较强的“免疫力”，但也使其实时性变差，使用时应予以注意。对于实时性要求高的输入信号，应考虑采用快速响应模块。

(4) 程序执行阶段：CPU 从用户程序的第一条指令开始，逐条顺序执行(按“从上到下、从左到右”的原则)，直至“结束”指令，若用户程序未写入“结束”指令，将执行到用户存储区的最后一个字节。如果用户程序中有程序流控制指令，如跳转指令、子程序调用指令、中断指令等，那么程序执行期间执行顺序也按照指令功能做相应调整，具体情况视指令而定。

程序执行期间，根据用户程序进行逻辑运算，并将结果写入对应的编程元件映像寄存器，该结果可以马上被后面的程序解算使用，因此各编程元件的映像寄存器(输入映像寄存器除外)的内容随着程序的执行而变化。

(5) 输出处理阶段：PLC 将输出映像寄存器中的内容送到输出锁存器中，经隔离和功率放大后驱动外部负载，其状态一直保留到下一个扫描周期输出处理阶段。例如，输出映像寄存器为“1” 状态，信号经输出模块隔离和功率放大后，输出通道接通，外部负载(如继电器、灯泡等)通电，反之断电。PLC 的输出操作具有批处理的特点，编程时应注意。

周期扫描的工作过程如图 5-8 所示。

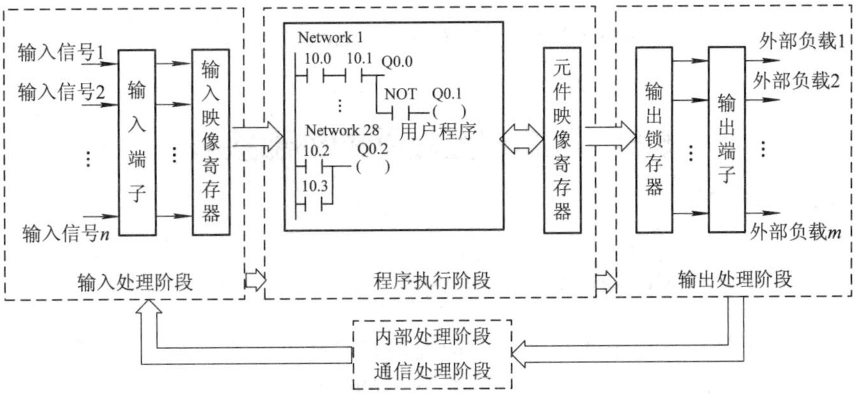

图 5-8　PLC 扫描过程示意图

3. 扫描工作方式产生的特点

(1) 由于采用周期性的扫描方式工作，因此扫描周期决定了对外部信号的实时响应能力。扫描周期是指完成整个扫描过程所需要的时间，通常 PLC 的扫描周期为几毫秒到几十毫秒。它是五个阶段处理时间的总和，可以通过提高 CPU 处理速度等方法得到改善，但不可能无限制地缩短。

(2) PLC 的输出操作是周期的动态刷新过程。

(3) 设计程序时对编程元件应尽量避免多次执行输出操作，对输出编程元件的赋值操作更应保证在一个扫描周期内只执行一次。因为输出处理是在程序执行结束后的集中处理，只有最后一次赋值是有效的。

只有准确地理解 PLC 的工作方式，才能更好地完成程序设计，尤其是初学者，在程序设计过程中应时刻牢记扫描的工作机制，才会少犯错误，发挥 PLC 在工业控制中的优势。

5.4.2 输入/输出滞后时间

输入/输出滞后时间又称为系统响应时间，是指可编程控制器的外部输入信号发生变化的时刻至被控的有关外部输出信号发生变化的时刻之间的时间间隔。它由输入电路滤波时延、扫描方式产生的时延和输出电路的滞后时间三部分组成。

输入电路滤波时延和输出电路的滞后时间都是由硬件造成的，前者是为了提高抗干扰能力引入了滤波电路，后者是由于不同的输出模块存在一定的通断时间。扫描方式产生的时延也是无法避免的，但需要注意的是，由于程序结构不合理可能会导致不必要的时延，如图 5-9 所示，从输入信号产生到输出映像寄存器内容变化，最长滞后可达两个多扫描周期。

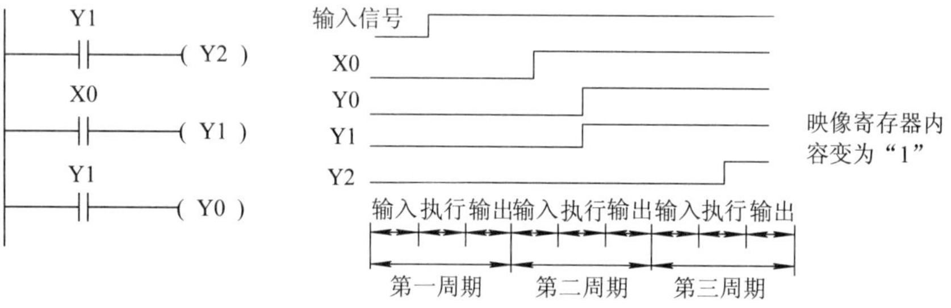

图 5-9 程序结构不合理造成的时间滞后

5.5 可编程控制器的外部接线

5.5.1 开关量输入/输出的外部接线方式

外部输入/输出信号是通过接线端子或前连接器直接或间接地接入 PLC 的输入/输出模块的，因此在设计、施工时应严格参照 PLC 型号的硬件手册。

开关量 I/O 模块的点数一般是 2 的 n 次方，如 4、8、16、32、64、128 点，用户还可以通过扩展模块灵活配置系统 I/O 点数。电压等级有直流 5 V、12 V、24 V、48 V、110 V 和交流 110 V、220 V 等。

I/O 模块的外部接线方式有汇点式、分组式和分隔式三种。不同的接线方式带载能力不同，以三菱 FX 为例，其外部接线方式如图 5-10 所示。

(1) 汇点式模块的各 I/O 点有一个公共端，所有 I/O 点共用一个电源。

(2) 分组式模块的各 I/O 点分为若干组，每组 I/O 点有一个公共端，共用一个电源，各组之间是分隔开的，可分别使用不同的电源。

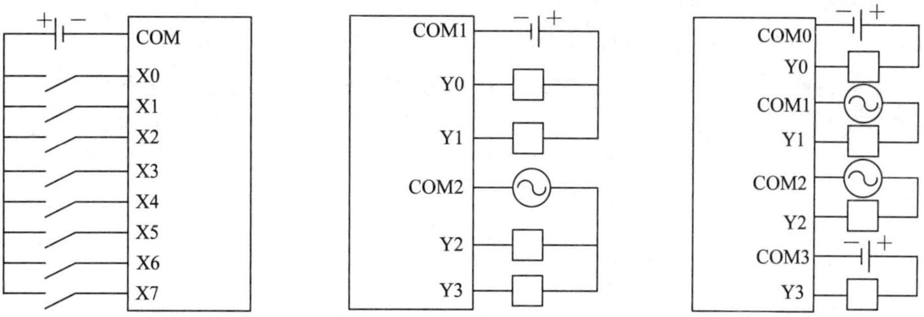

(a) 汇点式　(b) 分组式　(c) 分隔式

图 5-10　I/O 模块的外部接线方式示意图

(3) 分隔式模块的各 I/O 点彼此互相隔离，每个 I/O 点都可以使用独立电源。若几个 I/O 点使用同一个电源，它们的公共端应该连接起来。

对于直流输入/输出，应特别注意公共端的电源极性，不同厂家的 PLC 公共端极性不一定相同。

5.5.2　开关量输入模块电路结构

不同类型的 PLC 开关量输入模块电路工作原理基本相同，都是由外部输入开关和输入工作电源串联后通过输入端子与 PLC 连接。为了提高抗干扰能力，电路中采用了滤波电路，会导致约 10 ms 的响应延时。

1．使用 PLC 内部电源的直流输入电路

输入电路工作电源使用 PLC 内部电源，隔离电路采用光电耦合器，再经 RC 滤波电路送入 CPU，可以防止外部干扰源和触头抖动等情况，如图 5-11 所示，电路中的 VD1 是 I/O 指示灯，用以表明 I/O 的通断状态。有的 PLC 提供的 COM 端是+24 V，工作原理基本相同。

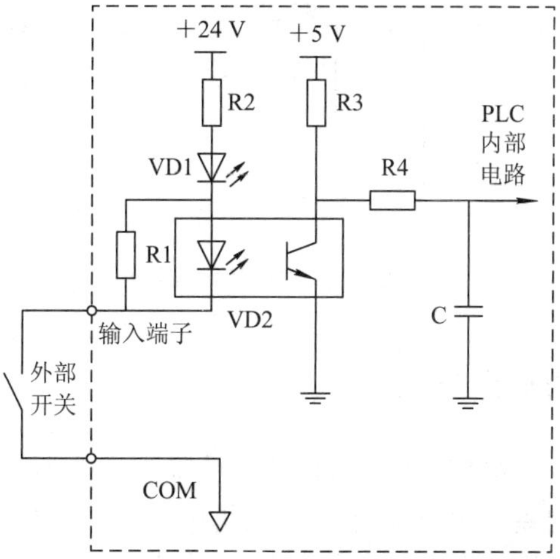

图 5-11　使用内部电源的直流输入电路

2．使用外部电源的直流输入电路

图 5-12 为使用外部电源的直流输入电路，对比图 5-11，只是外部开关工作电源不同。这类输入模块主要是在考虑当内部电源驱动能力有限或电压等级不匹配的情况下，为有效读取外部开关信号而准备的。

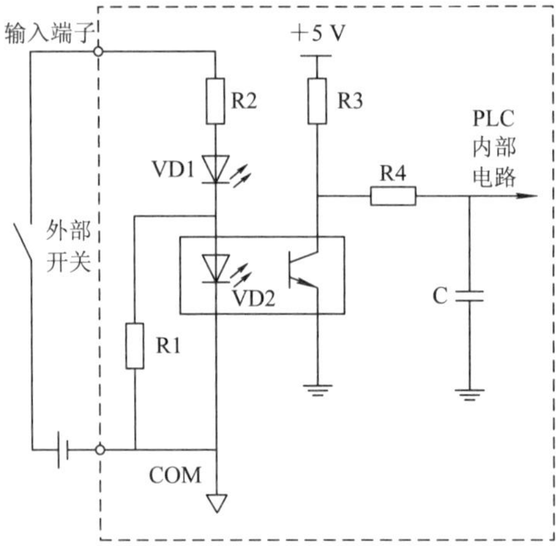

图 5-12 使用外部电源的直流输入电路

3．交流输入模块

图 5-13 是交流输入模块的工作原理示意图，发光二极管和光耦均采用反并联结构，在交流输入的正负半波分别导通，C1 起隔直作用，其他结构与直流输入模块基本相同。

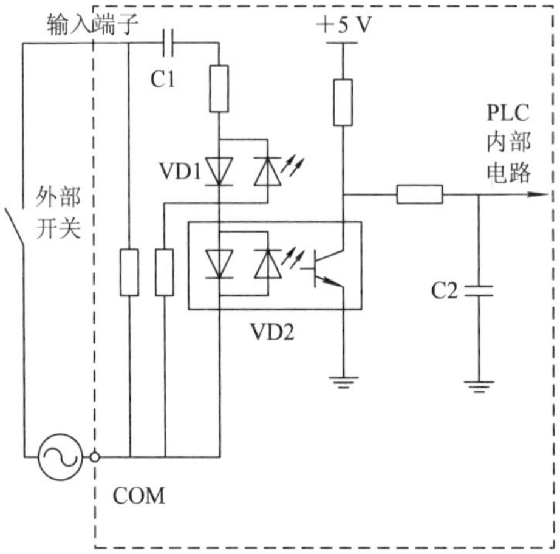

图 5-13 交流输入模块的工作原理示意图

5.5.3 开关量输出模块电路结构

与输入模块类似，开关量输出模块是将外部负载和输出工作电源串联后通过输出端子同 PLC 相连。不同的输出模块由于采用了不同的隔离和放大措施，响应时间上有所差异，应根据负载特点选用，使用不当会造成输出模块的损坏。

1. 继电器输出模块

继电器输出模块既可驱动交流负载，又可驱动直流负载，使用继电器隔离，兼有放大作用，响应速度小于 10 ms，主要是由于机械触头动作延时造成的。继电器输出模块的结构如图 5-14 所示，负载电源由外部提供，与触头并联的 RC 电路和压敏电阻用来消除触头断开时产生的电弧。

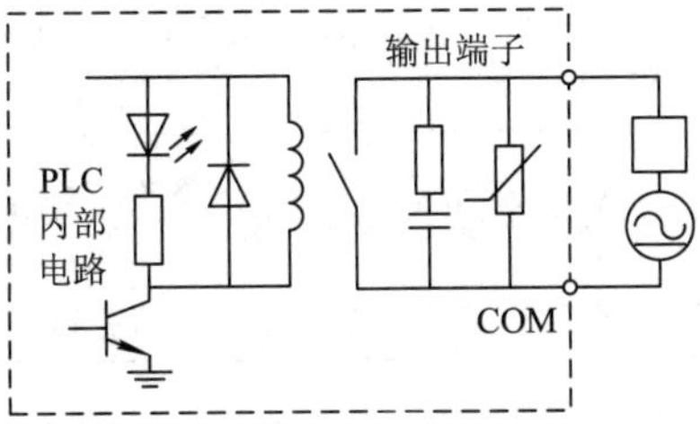

图 5-14　继电器输出模块

2. 晶体管输出模块

晶体管输出模块适用于直流负载，隔离采用光电耦合器，放大采用大功率晶体管或场效应管，响应速度小于 1 ms，结构如图 5-15 所示，晶体管工作在饱和导通状态和截止状态，其中稳压二极管用来抑制关断过电压和浪涌电压。

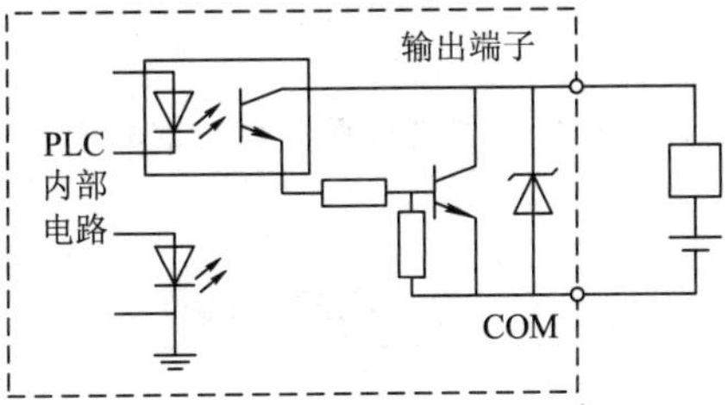

图 5-15　晶体管输出模块

3. 晶闸管(可控硅)输出模块

晶闸管输出模块用以驱动交流负载，隔离采用光电可控硅，放大采用双向可控硅，响应时间有两种情况：一种是可控硅由关断变为导通的延迟时间小于 1 ms；另一种是由导通变为关断的延迟时间小于 10 ms，使用时应注意。晶闸管输出模块的结构如图 5-16 所示，图中的 RC 电路和压敏电阻用以抑制可控硅的关断过电压和外部的浪涌电压。

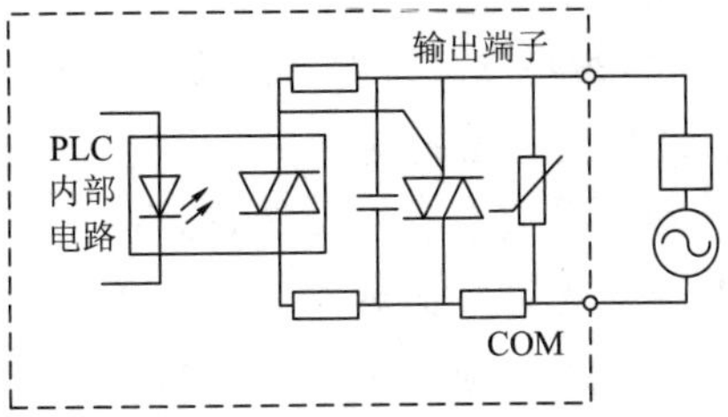

图 5-16　晶闸管输出模块

在输入、输出模块结构中，除了上面介绍的几种典型电路以外，还有一些其他形式的电路结构，如将整流电路、双绕组变压器电路等结构用于输入、输出电路，但基本工作原理都不难理解，外部接线也基本相同，这里就不再展开讨论。图 5-17 为西门子 S7-200 系列 CPU224 模块的接线示意图。

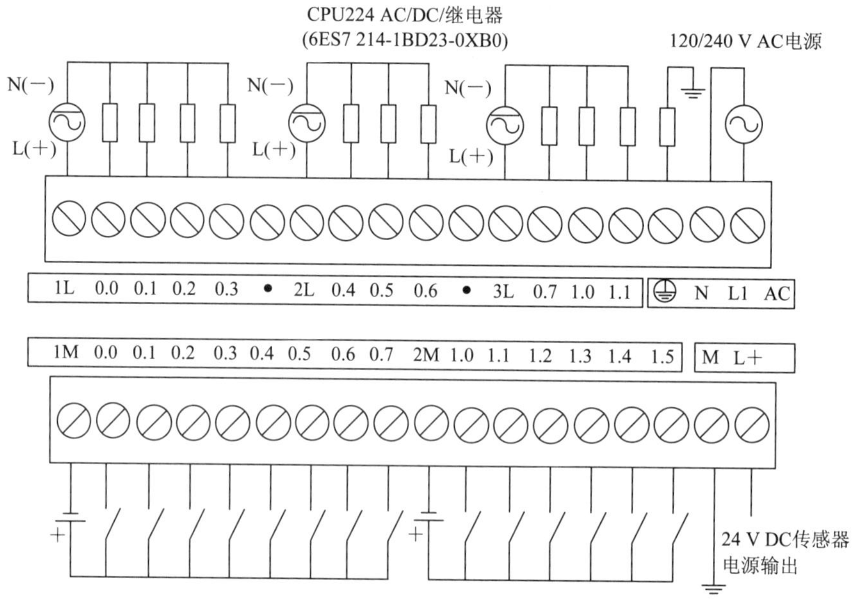

图 5-17　西门子 S7-200 系列 CPU224 I/O 接线图

思考与习题

5.1　PLC 有哪些主要特点？

5.2　比较说明 PLC 系统与继电接触器控制系统的差异。

5.3　比较说明 PLC 系统与单片机控制系统的差异。

5.4　构成 PLC 的主要部件有哪些？各部分的主要作用是什么？

5.5　简述 PLC 的扫描工作原理。

5.6　请综合分析 PLC 为什么有很强的抗干扰能力。

5.7　I/O 模块的外部接线形式有哪几种？

5.8　PLC 对输入信号的脉冲频率及宽度是否有要求？为什么？

5.9　为什么 PLC 的触头使用次数无限制？

5.10　PLC 的开关量输出有哪几类？各有什么特点？

5.11　PLC 扫描过程中输入映像寄存器和元件映像寄存器各起什么作用？

5.12　S7 系列 PLC 中 CPU 存储区有哪些?各部分功用是什么？

5.13　STEP7 指令系统中的编址方法有几种？

5.14　一个由 S7 系列 PLC 组成的应用系统，其绝对地址与机架、模块的位置有关系吗？它们是如何规定的？

第 6 章

PLC 程序设计基础

6.1　PLC 编程语言

PLC 的软件包括系统软件和应用软件。

系统软件包括系统诊断程序、输入/输出处理程序、用户指令解释程序、监控程序、供系统调用的专用标准程序块等。应用软件也称用户软件，是用户为实现某一控制目标，采用 PLC 厂家提供的程序设计语言编制的实用程序。IEC 国际电工委员会于 1994 年 5 月公布了可编程控制器标准(IEC 1131)，其中的第三部分(IEC 1131-3)是 PLC 的编程语言标准。IEC 1131-3 详细地说明了句法、语义和下述 5 种 PLC 编程语言的表达方式：

(1) 梯形图(Ladder Diagram)；

(2) 指令表(Instruction List)；

(3) 功能块图(Function Block Diagram)；

(4) 顺序功能图(Sequential Function Chart)；

(5) 结构文本(Structured Text)。

下面将介绍 PLC 的各种编程语言形式，梯形图语言是着重点。

6.1.1　梯形图

在 PLC 系统应用中，梯形图是一种使用最多的 PLC 图形编程语言。梯形图沿用了继电接触器控制系统控制图中继电器的触头、线圈、串并联等术语和图形符号，并增加了继电接触器控制系统中没有的指令符号。与继电接触器控制梯形图不同的是，PLC 的梯形图中编程元件使用的内部继电器、定时/计数器等都是由软件实现的，不仅可实现逻辑运算，还具有算术运算、数据处理、联网通信等功能。梯形图形象、直观，适用于顺序逻辑控制、离散量控制、定时/计数控制等操作。图 6-1 为梯形图程序的表示形式。

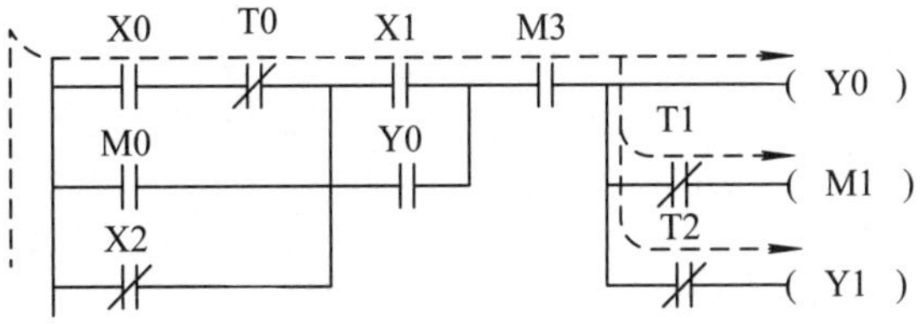

图 6-1　梯形图程序

PLC 梯形图编程的格式和特点可归纳如下：

(1) 梯形图自上而下按行绘制，最左边的竖线称为起始母线，也称左母线，每一行从左至右按一定的控制要求和规则连接各个触头，最后以继电器线圈结束，称为一逻辑行或一梯级。每个梯形图由多个梯级组成。当 PLC 处于运行状态时，PLC 对梯形图是按扫描方式顺序执行程序。

(2) 梯形图中的继电器触头有常开和常闭两种，它可以是 PLC 输入点连接的外部开关(如启动按钮、行程开关等)触头，也可以是 PLC 内部继电器触头或内部寄存器、计数器、定时器以及各种算术运算结果等的状态。梯形图中的继电器触头可在编制用户程序时无限引用，因为它是计算机中对存储器位元件的访问不受限制的体现。

(3) 由于输入继电器供 PLC 接收外部输入信号，因此梯形图中只出现输入继电器的触头，而不出现输入继电器的线圈。输出继电器供 PLC 作输出控制用。

(4) 梯形图中的继电器线圈包括输出继电器、辅助继电器、定时器等，其逻辑动作只有线圈接通之后，才能使对应的常开或常闭触头动作。梯形图中的触头可以任意串联或并联，但继电器线圈只能并联而不能串联。由于程序执行过程是由上而下进行的，前面的逻辑解算结果可以在当前扫描周期内被后面的程序解算时使用，因此原则上不允许对线圈执行多次输出操作，而对输出继电器更应避免在一个扫描周期内的程序执行期间出现两次以上的输出操作。

(5) 在编程时，首先应对所使用的编程元件进行编号。PLC 是按编号来区别编程元件的，编号在使用时一定要明确。同一个继电器的线圈(输出点)和它的触头要使用同一编号。每个元件的触头使用没有数量限制。

6.1.2 指令表

指令表编程也可称做语句表语言编程，是一种符号编程。它是用表示 PLC 各种功能的缩写符号和相应的器件编号组成的程序表达方式。每个生产厂家使用的指令表是各不相同的，因此同一个梯形图写成对应的程序(指令表)也不尽相同。下面是完成相同功能的三菱公司 FX 系列和西门子公司 S7-200 系列 PLC 的指令表程序。

三菱：		西门子：	
LD	X0	LD	I0.00
OUT	Y0	=	Q0.0
LDI	X1	LDN	I0.1
OUT	Y1	=	Q0.1
LDI	X2	LDN	I0.2
OR	X3	O	I0.3
AND	X4	=	Q0.2
OUT	Y2		

6.1.3 功能块图

功能块图是基于数字电子电路设计演变的一种编程语言。这种编程语言用类似于与门、或门的方框图来表示逻辑运算关系。在这种语言形式中，功能块的左侧为操作变量，右侧为操作结果输出，信号也是由左到右流向的，方框图内的符号表达了该框内的运算功能。控制逻辑常用“与”、“或”、“非”三种逻辑功能来表达，图 6-2 为功能块图语言程序及相应的梯形图。

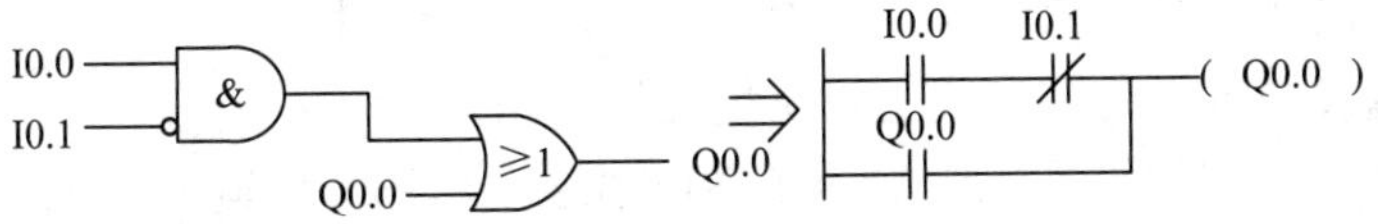

图 6-2　功能块图语言程序及相应的梯形图

6.1.4　顺序功能图

顺序功能图是一种描述控制系统的控制过程、功能和特性的图形，由步、有向连线、转换、转换条件和动作组成，如图 6-3 所示，适合编制顺序控制程序。编程人员需要对被控过程的工艺流程非常熟悉。

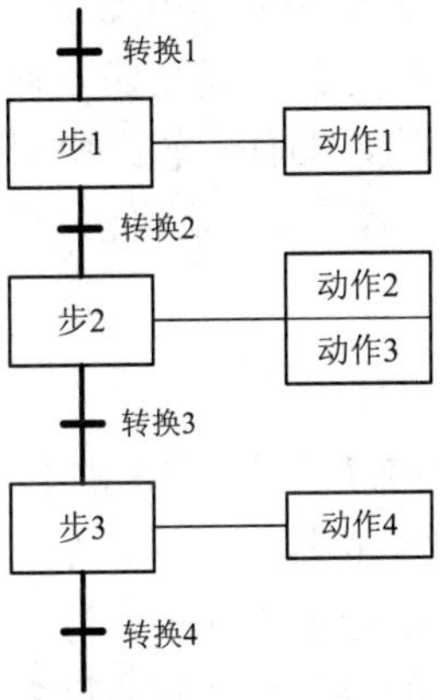

图 6-3　顺序功能图

在顺序功能图中可以用别的语言嵌套编程。步、转换和动作是顺序功能图中的三种主要元件。顺序功能图可以用来描述开关量控制系统的功能，根据它可以很容易地设计出顺序控制梯形图程序。

6.1.5　结构文本

结构文本(ST)是为 IEC 611331-3 标准创建的一种专用的高级编程语言。

高级编程语言适合于熟悉计算机高级语言的编程人员使用，当遇到复杂运算和处理大量数据时，使用它可以大大节省编程时间，而且使源程序清晰易读，降低出错率。

大多数制造厂商采用的结构文本语言与 BASIC 语言、Pascal 语言或 C 语言等高级语言相似，但为了应用方便，在语句的表达方法及语句的种类等方面都进行了简化。它是一个专门为工业控制应用开发的编程语言，具有很强的编程能力。

本章结合日本三菱公司 FX 系列的 PLC 和德国西门子公司的 ST-200 PLC，介绍使用梯形图编程语言和指令表编程语言的程序设计方法。

6.2 PLC 编程元件

PLC 最突出的优点之一就是采用“软”继电器(编程元件)代替“硬”继电器(物理元件)，用软件编程逻辑代替传统的硬布线逻辑实现控制作用。

PLC 的软件中所用的编程元件沿用了继电器这一名称，如输入继电器、输出继电器、内部辅助继电器等，但它们不是物理继电器(即硬件继电器)，而是软件中使用的编程元件，每个“软”继电器和 PLC 存储器中元件映像寄存器的一个存储单元相对应，因此称为“软”继电器。当某一软继电器线圈通电时，元件映像寄存器中相应存储单元的状态置“1”，其常开触头闭合，常闭触头断开；当该继电器线圈失电时，相应位的状态置“0”，其常开触头断开，常闭触头闭合。

相对于继电器控制系统中的物理继电器，PLC 软继电器有下列特点：

(1) 对于用继电器控制的系统，影响系统可靠性的主要因素是中间继电器的记忆网络，大量的触头和接线很容易出故障。由于 PLC 采用软元件，系统性能大大提高。

(2) 由于采用存储单元表示软继电器，因此任一软继电器都有一个线圈和无数个常开触头或常闭触头来供用户编程时使用，即任一软继电器的触头在程序中可以无数次使用。

(3) PLC 每个编程元件都有一个编号(或称地址)，不同厂家对编程元件编号的形式不同。

6.2.1 输入/输出器件

输入继电器是 PLC 接收来自外部开关信号的窗口。每一个输入继电器线圈都与相应的 PLC 输入端相连，并有若干常开触头和常闭触头供编程时使用。输入继电器线圈只能由外部信号来驱动，不能在程序内部用指令来驱动。在每次扫描周期开始时，PLC 采样输入点的状态、采样结果以“1”或“0”的方式写入输入映像寄存器，作为程序处理时输入点状态“通”或“断”的根据。

输出继电器是 PLC 用来传送信号到执行机构的元件。每一个输出继电器有一个外部输出的常开触头(物理触头)，并与相应的 PLC 输出端相连，有若干常开触头和常闭触头供编程时使用。输出继电器的触头的通断状态由程序执行的结果决定。在每次扫描周期的最后，CPU 才以批处理方式将输出映像寄存器的内容传送到输出点。

6.2.2 内部器件

PLC 的内部器件(也称内部软元件)一般包括辅助继电器、定时器、计数器、数据存储器(寄存器)、特殊辅助继电器、特殊数据存储器等，与输出器件一样，都有一个线圈和无数个常开及常闭触头供用户编程使用。但内部器件不能由任何外部设备来驱动，也不能直接驱动外部负载，它只能通过运行程序来驱动。

1. 辅助继电器

PLC 中备有若干辅助继电器，在逻辑运算中起到中间状态的暂存作用，所以辅助继电器有时也叫做中间继电器。辅助继电器的线圈通断状态由 PLC 中间运算结果决定。辅助继电器带有若干常开触头和常闭触头供编程时使用，但这些触头不能直接驱动外部负载，而必须通过输出继电器来驱动。大多数 PLC 的辅助继电器分为通用型和保持型，保持型在停电时仍保持动作。

2. 定时器

PLC 定时器类似于继电器电路用的时间继电器，用于延时控制。每个定时器有一个设定值寄存器(字)、一个当前值寄存器(字)、一个状态位以及无数个常开触头和常闭触头。设定值寄存器用作存储定时时间的设定值，当前值寄存器用作存储当前时间，状态位反映定时器的触头状态，而无数个常开触头、常闭触头供程序中定时和限时选用。定时器是根据 PLC 内的时钟脉冲累积计时的，时钟脉冲周期有 1 ms、10 ms、100 ms，即定时器的单位分为 0.001 s、0.01 s、0.1 s，当所计时间到达设定值时，其输出触头动作，对于通电延时型定时器，常开触头接通、常闭触头断开。定时器分为通用和积算(也称记忆型)两种类型。

3. 计数器

计数器用来计数输入端子或内部元件送来的脉冲数。每个计数器有一个当前值寄存器、一个设定值寄存器和一个状态位，以及无数个常开触头和常闭触头。通过程序设定计数值，当实际计数值与所设定的计数值相等时，其常开触头接通、常闭触头断开。计数器有减 1 计数器和加 1 计数器，且有内部信号计数器和外部高速计数器。

4. 状态元件

状态元件主要用在顺控程序的编程中。它与顺控指令组合使用，而不采用顺控指令时，也可代替普通型辅助继电器和保持型辅助继电器。

5. 数据寄存器

当 PLC 用于模拟量控制、位置量控制、通信、数据处理以及特殊用途时，需要许多数据寄存器存储参数及工作数据。这类寄存器数量随机型的不同而不同，较简单的只能进行逻辑控制的机型没有此类寄存器，而高档机中可达数千个。数据寄存器可用 16 bit 和 32 bit (最高位为符号位)，或用两个 16 bit 数据寄存器合并起来存放 32 bit 数据。

6. 特殊辅助继电器

特殊辅助继电器有时也称为专用辅助继电器，为用户提供一些特殊的控制功能及系统信息。一般 PLC 都有以下功能的特殊辅助继电器。

(1) 运行监视继电器：自动随 PLC 的运行、停止而呈通、断状态。当 PLC 的程序在运行时，该继电器一直接通，利用此接点经输出继电器在外部显示程序是否在运行。

(2) 初始化脉冲继电器：在程序运行开始后，接通一个扫描周期。初始化脉冲继电器的常开触头可供用户程序初始化使用。

(3) 各种周期的脉冲发生器：如产生周期为 0.1 s 的时钟脉冲。

(4) 电池电压下降继电器：在向 PLC 供电的情况下，如果电池电压下降，则接通，可以利用它的触头把信号传输给外部指示单元来指示电池电压下降的状况。

(5) 禁止全部输出继电器：当该继电器接通时，全部输出继电器的输出自动断开，但此时其他继电器、定时器、计数器仍工作。若发生异常状态，可用其紧急停机，切断全部输出。

根据不同 PLC，还有各种其他功能的特殊辅助继电器。

以上介绍的内部器件并不是 PLC 内部器件的全部。各厂家、各型号 PLC 的内部器件也不完全相同。

编程元件的编号和在程序中的使用方法，将在西门子和三菱 PLC 的指令系统及编程方法中作具体介绍。

6.3　西门子 S7-200 系列 PLC 指令系统及编程方法

6.3.1　西门子 S7-200 系列 PLC 编程元件

在 S7-200 的编程语言中，操作数的数据类型可以是位元件、字节型、字型、双字型、整型、双整型和实数型，其地址包括区域标志符、数据大小及起始地址，具体如表 6-1 所示。

表 6-1　基本数据类型及取值范围

数据类型	位数	数据取值范围
位元件	1	0、1
字节型	8	$0\sim(2^{8}-1)$
字型	16	$0\sim(2^{16}-1)$
双字型	32	$0\sim(2^{32}-1)$
整型	16	$-2^{15}\sim(2^{15}-1)$
双整型	32	$-2^{31}\sim(2^{31}-1)$
实数型*	32	正数：+1.175 495e−38～+3.402 823e−38 负数：−1.175 495e−38～−3.402 823e−38

*：按照 IEEE 754—1985 标准格式，以双字长度存取。

1. 编程元件的表示方法

PLC 中的输入继电器(I)、输出继电器(Q)、辅助继电器(M)、变量寄存器(V)、特殊存储器(SM)、局部寄存器(L)等编程元件的地址根据不同的数据类型包含不同位数，但核心都是以位(bit)为基本单元。定时器(T)、计数器(C)的地址由标识符和编号组成。

(1) 位元件的表示形式包括元件标识符、字节地址及位号。存储器标识符指明编程元件类型，字节地址和位号表明具体的元件号，用“.”隔开，如图 6-4 所示为输入继电器的表示方法。

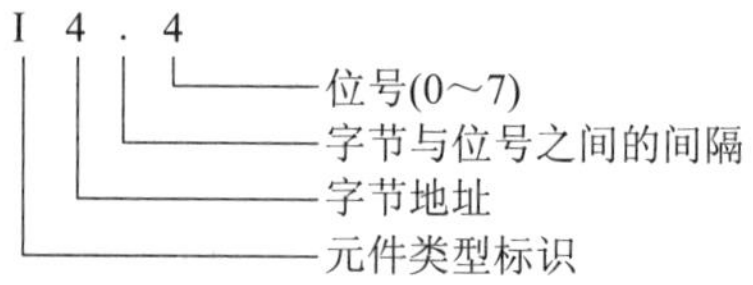

图 6-4　输入继电器的表示方法

(2) 定时器/计数器的表示形式由元件标识符、定时器/计数器号组成，如图 6-5 所示。

图 6-5　定时器/计数器的表示方法

(3) 字节型、字型或双字型元件的表示形式由元件标识符、数据大小及该字节、字或双字的起始字节地址组成，如图 6-6 是操作数分别为字节、字和双字的变量寄存器。

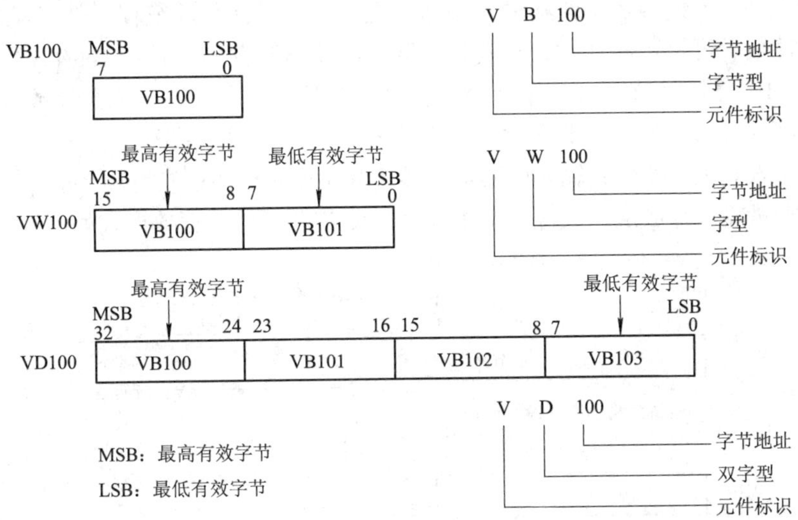

图 6-6　变量寄存器的表示方法

2. 编程元件的寻址方式

在 S7-200 中根据不同的编程元件，分别采取不同的寻址方式，主要有直接寻址和间接寻址两大类。

(1) 直接寻址：直接使用上面介绍的编程元件地址来存取数据，根据编程元件不同又可细分为以下形式。

• 输入继电器寻址：每个扫描周期 CPU 对输入点进行采样并将采样值存放于输入映像寄存器中，可以按位、字节、字或双字读取。

• 输出继电器寻址：每个扫描周期 CPU 将输出映像寄存器中的状态复制到物理输出点上，可以按位、字节、字或双字存取。

• 变量寄存器寻址：程序执行过程中控制逻辑运算的中间结果或数据，可以按位、字节、字或双字存取。

• 辅助继电器寻址：作为控制继电器存储中间操作状态或控制信息，可以按位、字节、字或双字存取。

• 顺序控制继电器寻址：在顺序控制功能图编程方式下与顺控指令配合使用的编程元件，可以按位、字节、字或双字存取。

• 特殊存储器寻址：用于 CPU 与用户程序之间的信息传递，如上电复位脉冲、时钟脉冲、始终为 ON 位(PLC 运行时该位一直接通)等，可以按位、字节、字或双字存取。

• 局部寄存器寻址：该存储器与特定的程序相关联，S7-200 给主程序分配 64 个字节局部存储器，给每一级子程序嵌套分配 64 个字节局部存储器，给中断程序分配 64 个字节局部存储器，彼此之间不能互相寻址访问，可以按位、字节、字或双字存取。

• 定时器寻址：定时器是累计时间增量的元件，其定时精度分为 1 ms、10 ms、100 ms 三种，与其相关联的变量有当前值和定时器位(定时器常开触头)。当前值为 16 位符号整型，存储定时器所累计的时间；定时器位在定时器当前值大于预设值时被置“1”，预设值属于定时器指令的一部分，由程序设定。

• 计数器寻址：计数器是累计其输入端脉冲电平上升沿次数的编程元件，有三种类型，即增计数、减计数、可增可减计数，与其相关联的变量有当前值和计数器位(计数器常开触头)。当前值为 16 位符号整型，存储计数器所累计的脉冲数；计数器位在计数器当前值大于或等于预设值时被置“1”，预设值属于计数器指令的一部分，由程序设定。

• 模拟量输入寻址：PLC 将输入的模拟量转换为 1 个字长(16 位)的数字量并保存为只读数据。规定模拟量输入存放从偶数位字节(如 0、2 或 4 等)开始，存放形式如图 6-7 所示。

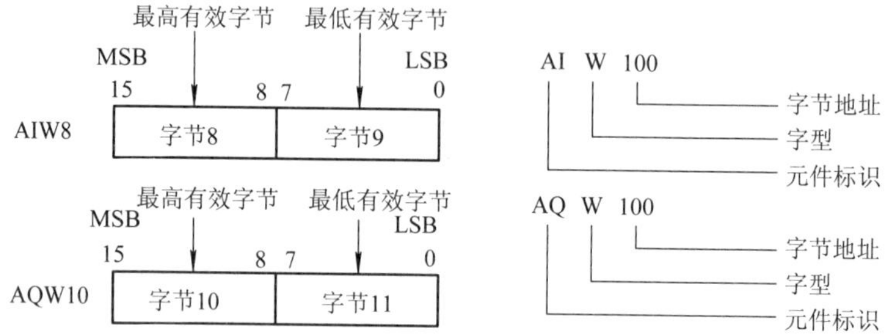

图 6-7 模拟量输入、输出寻址

• 模拟量输出寻址：将 1 个字长的数值按比例转换为相应的模拟量并保存为输出数据，用户程序无法读取该值。规定模拟量输出存放从偶数位字节(如 0、2 或 4 等)开始，存放形式如图 6-7 所示。

• 累加器寻址：累加器是可以进行读/写操作的编程元件，用来存储计算的中间值，或用于在不同程序之间传递参数，CPU 提供了 4 个 32 位累加器 AC0、AC1、AC2、AC3，可以按字节、字或双字存取。按字节或字存取时累加器只使用存储器的低 8 位或低 16 位，按双字存取时要使用全部 32 位，长度由所使用指令决定。

• 高速计数器寻址：用来累计比 CPU 扫描速率高的事件。存取高速计数器的计数值必须指明高速计数器的地址，并采用 HC 类型和计数器号(如 HCS0)，按双字来寻址。预设值和当前值分别保存在指定的特殊存储器(SM)中，其中当前值保存在只读存储器。

(2) 间接寻址：利用指针来存取数据，允许对 I、Q、V、M、S、T(当前值)和 C(当前值)进行间接寻址，不能对位元件和模拟量进行间接寻址，下面结合程序予以说明中。

① 建立指针：指针为双字型，只能使用变量存储器(V)、局部存储器(L)或累加器(AC1、AC2、AC3)作为指针。编程时，利用双字传送指令(MOVD)将存储器某个位置的地址赋值给指针存储器，操作数必须使用“&”符号表示，如图 6-8 所示。

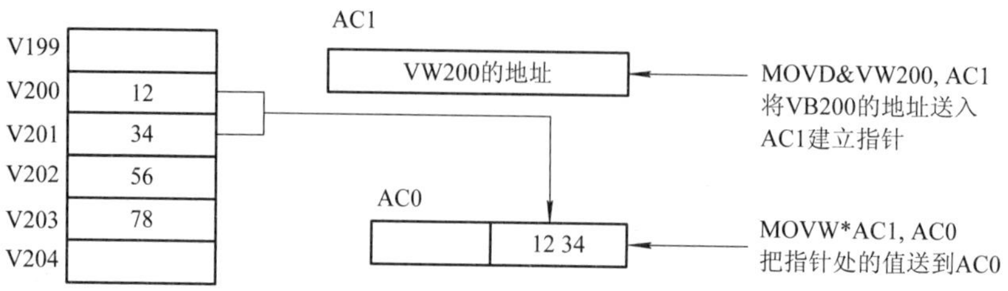

图 6-8 间接寻址方法

② 使用指针寻址：在操作数前面加“*”号表示该操作数为一个指针，如图 6-8 中将存于 V200 和 V201 中的数值赋值给累加器 AC0。

③ 指针修改：改变指针的值可以使用双字指令(如简单的数学运算指令或自增指令)实现，但需注意应根据存取数据类型决定调整长度。当存取字节时，指针值加 1；当存取一个字、定时器或计数器的当前值时，指针值加 2；当存取双字时，指针值加 4。

(3) 编程元件及操作数的寻址范围。

编程元件的寻址范围见表 6-2。

表 6-2　编程元件的寻址范围

中断描述	CPU221	CPU222	CPU224	CPU224XP	CPU226
用户程序大小： 带运行模式下编辑 不带运行模式下编辑	4096 字节 4096 字节		8192 字节 12 288 字节	12288 字节 16 384 字节	16384 字节 24 576 字节
用户数据大小	2048 字节		8192 字节	10240 字节	
输入映像寄存器	I0.0～I15.7				
输出映像寄存器	Q0.0～Q15.7				
模拟量输入(只读)	AIW0～AIW30		AIW0～AIW62		
模拟量输出(只写)	AQW0～AQW30		AQW0～AQW62		
变量存储器(V)	VB0～VB2047		VB0～VB8191	VB0～VB10239	
局部存储器(L)*	LB0～LB63				
位存储器(M)	M0.0～M31.7				
特殊存储器(SM) 只读	SM0.0～SM179.7 SM0.0～SM29.7	SM0.0～SM299.7 SM0.0～SM29.7	SM0.0～SM549.7 SM0.0～SM29.7		
定时器 有记忆接通延迟：1 ms 10 ms 100 ms 接通/关断延迟：1 ms 10 ms 100 ms	256(T0～T255) T0、T64 T1～T4、T65～T68 T5～T31、T69～T95 T32、T96 T33～T36、T97～T100 T37～T63、T101～T255				
计数器	C0～C255				
高速计数器	HC0～HC5				
顺序控制继电器(S)	S0.0～S31.7				
累加寄存器	AC0～AC3				
跳转/标号	0～255				
调用/子程序	0～63				0～127
中断程序	0～127				
正/负跳变	256				
PID 回路	0～7				
端口	端口 0			端口 0、1	

*：LB60～LB63 为 STEP 7-Micro/WIN32 的 3.0 版本或以后的版本软件保留。

CPU 的指令操作数的寻址范围见表 6-3。

表 6-3　指令操作数的寻址范围

存取方式		CPU221	CPU222	CPU224	CPU224XP	CPU226
位存取(字节、位)	I	0.0～15.7	0.0～15.7	0.0～15.7	0.0～15.7	0.0～15.7
	Q	0.0～15.7	0.0～15.7	0.0～15.7	0.0～15.7	0.0～15.7
	V	0.0～2047.7	0.0～2047.7	0.0～8191.7	0.0～10 239.7	0.0～10 239.7
	M	0.0～31.7	0.0～31.7	0.0～31.7	0.0～31.7	0.0～31.7
	SM	0.0～165.7	0.0～299.7	0.0～549.7	0.0～549.7	0.0～549.7
	S	0.0～31.7	0.0～31.7	0.0～31.7	0.0～31.7	0.0～31.7
	T	0～255	0～255	0～255	0～255	0～255
	C	0～255	0～255	0～255	0～255	0～255
	L	0.0～63.7	0.0～63.7	0.0～63.7	0.0～63.7	0.0～63.7
字节存取	IB	0～15	0～15	0～15	0～15	0～15
	QB	0～15	0～15	0～15	0～15	0～15
	VB	0～2047	0～2047	0～8191	0～10 239	0～10 239
	MB	0～31	0～31	0～31	0～31	0～31
	SMB	0～165	0～299	0～549	0～549	0～549
	SB	0～31	0～31	0～31	0～31	0～31
	LB	0～63	0～63	0～63	0～63	0～63
	AC	0～3	0～3	0～3	0～3	0～3
	KB(常数)	KB(常数)	KB(常数)	KB(常数)	KB(常数)	KB(常数)
字存取	IW	0～14	0～14	0～14	0～14	0～14
	QW	0～14	0～14	0～14	0～14	0～14
	VW	0～2046	0～2046	0～8190	0～10 238	0～10 238
	MW	0～30	0～30	0～30	0～30	0～30
	SMW	0～164	0～298	0～548	0～548	0～548
	SW	0～30	0～30	0～30	0～30	0～30
	T	0～255	0～255	0～255	0～255	0～255
	C	0～255	0～255	0～255	0～255	0～255
	LW	0～62	0～62	0～62	0～62	0～62
	AC	0～3	0～3	0～3	0～3	0～3
	AIW	0～30	0～30	0～30	0～30	0～30
	AQW	0～30	0～30	0～30	0～30	0～30
	KB(常数)	KB(常数)	KB(常数)	KB(常数)	KB(常数)	KB(常数)
双字存取	ID	0～12	0～12	0～12	0～12	0～12
	QD	0～12	0～12	0～12	0～12	0～12
	VD	0～2044	0～2044	0～8188	0～10 236	0～10 236
	MD	0～28	0～28	0～28	0～28	0～28
	SMD	0～162	0～296	0～546	0～546	0～546
	SD	0～28	0～28	0～28	0～28	0～28
	LD	0～60	0～60	0～60	0～60	0～60
	AC	0～3	0～3	0～3	0～3	0～3
	HC	0～5	0～5	0～5	0～5	0～5
	KB(常数)	KB(常数)	KB(常数)	KB(常数)	KB(常数)	KB(常数)

6.3.2　西门子 S7-200 系列 PLC 基本逻辑指令及其应用

S7-200 PLC 的指令系统非常丰富，功能很强，共包括十九大类：位逻辑指令、时钟指令、通信指令、比较指令、转换指令、计数器指令、高速计数器指令、脉冲输出指令、数学运算指令、PID 回路控制指令、中断指令、逻辑操作指令、传送指令、程序控制指令、移位和循环指令、字符串指令、表指令、定时器指令、子程序指令等。本节将围绕基本逻辑指令与应用指令中较为常用的指令予以介绍，重点介绍基本逻辑指令的使用方法。

1．位逻辑指令

1) 装载指令(LD、LDN)与线圈驱动指令(=)

LD 指令的常开触头与母线相连；LDN 指令的常闭触头与母线相连；=指令以线圈输出。

(1) LD、LDN 指令与母线相连，包括分支的起点。

(2) =指令可以连续使用，并联输出，但不能用于输入继电器，使用中应避免双线圈输出。

(3) LD、LDN 指令的操作数为 I、Q、M、SM、T、C、V、S。

(4) =指令的操作数为 Q、M、SM、V、S。

LD、LDN、=指令的编程实例参见图 6-9。

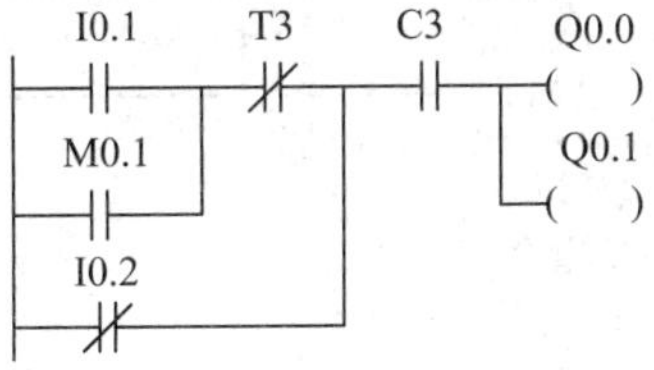

LD	I0.1	A	C3
O	M0.1	=	Q0.0
AN	T3	=	Q0.1
ON	I0.2		

图 6-9　装载指令和线圈驱动指令

2) 触头串联指令(A、AN)

A 指令为常开触头串联指令(与指令)；AN 指令为常闭触头串联指令(与反指令)。

(1) A、AN 指令用于单个触头与左边触头的串联，可连续使用，串联触头的个数没有限制。

(2) A、AN 指令的操作数为 I、Q、M、SM、T、C、V、S。

(3) 若是两个并联电路块(两个或两个以上触头并联连接的电路)相串联，则用后面将学到的 ALD 指令。

A、AN 指令的编程实例参见图 6-10。

3) 触头并联指令(O、ON)

O 即或指令，用于单个常开触头的并联；ON 即或反指令，用于单个常闭触头的并联。

(1) O、ON 指令仅用于单个触头与前面触头的并联，可连续使用。

(2) O、ON 指令的操作数为 I、Q、M、SM、T、C、V、S。

(3) 若是两个串联电路块(两个或两个以上触头串联连接的电路)相并联，则用后面将学到的 OLD 指令。

O、ON 指令的编程实例参见图 6-10。

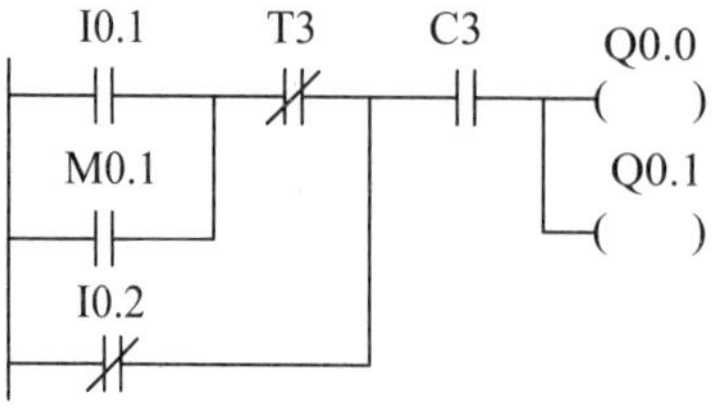


```
LD   I0.1      A   C3
O    M0.1      =   Q0.0
AN   T3        =   Q0.1
ON   I0.2
```

图 6-10　触头串/并联指令

4) 边沿触发指令(EU、ED)

EU 即上升沿触发指令，在检测到触头每次正跳变(OFF→ON)后，产生一个扫描周期宽度的脉冲；ED 即下降沿触发指令，在检测到触头每次负跳变(ON→OFF)后，产生一个扫描周期宽度的脉冲。

EU、ED 指令不带目标编程元件，是一个独立指令。

EU、ED 指令的编程实例参见图 6-11。

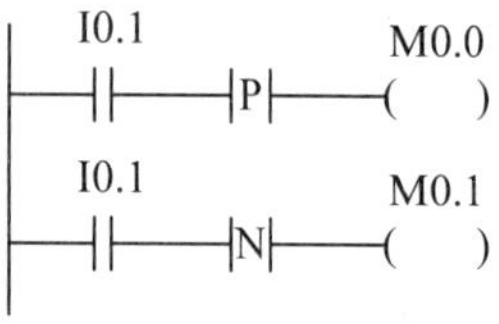


```
LD   I0.1
EU
=    M0.0
LD   I0.1
ED
=    M0.1
```

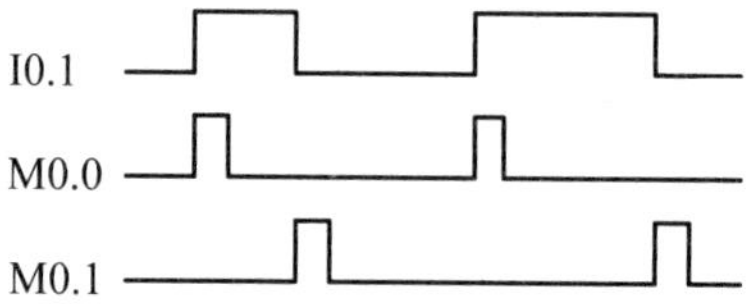

图 6-11　边沿触发指令

5) 置位指令(S)/复位指令(R)

S 指令将输出指定的地址参数开始的 N 个点置位并保持，N 可以是 1～255；R 指令将输出指定的地址参数开始的 N 个点复位并保持，N 可以是 1～255。

(1) 如果输出指定的是定时器或计数器，那么定时器、计数器将被复位，同时当前值被清零。

(2) 使用 S/R 指令时需指定开始位(bit)和位数(N)，位(bit)可以是 Q、M、SM、T、C、V、S，位数(N)可以是 VB、IB、QB、MB、SMB、LB、SB、AC、常数等。

(3) S/R 指令可以对同一个编程元件重复操作，最后一条指令具有优先权。

(4) 编程元件通过 S 指令置位后，必须通过 R 指令复位。

S/R 指令的编程实例参见图 6-12。

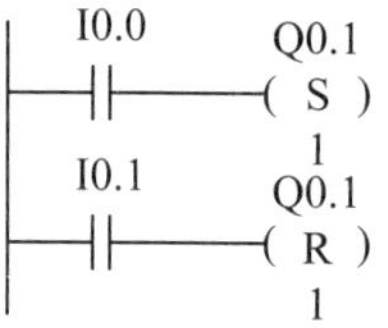


```
LD   I0.0
S    Q0.1, 1
LD   I0.1
R    Q0.1, 1
```

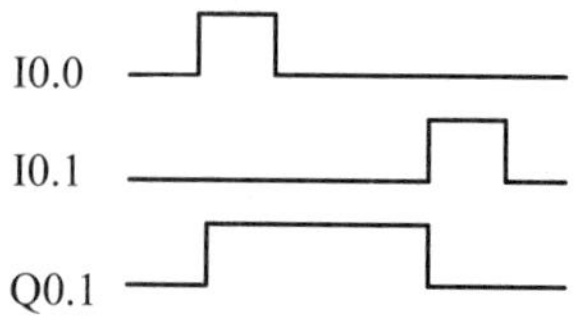

图 6-12　置位/复位指令

6) 非指令(NOT)

NOT 指令用于将指令左端的解算结果(能流状态)取非，可以作为反向器使用。该指令无操作数。

NOT 指令的编程实例参见图 6-13。

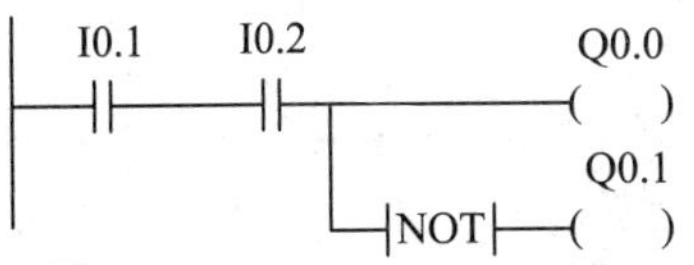


```
LD   I0.1
A    I0.2
=    Q0.0
NOT
=    Q0.1
```

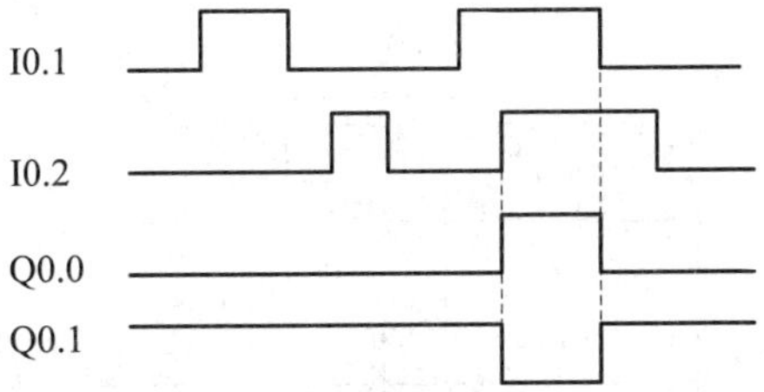

图 6-13　非指令

7) 立即存取指令 I(LDI、LDNI、AI、ANI、OI、ONI、 = I、SI、RI)

I 表示立即，当指令执行时，允许系统读取物理输入点的状态，而执行结果同时会被写到物理输出和相应的映像寄存器中，编程元件只能是输入继电器(I)和输出继电器(Q)。该指令可加快系统的响应速度，共有三种形式：

(1) 立即触头指令(LDI、LDNI、AI、ANI、OI、ONI)。立即触头指令并不依赖于 CPU 的扫描周期刷新，当该指令执行时立即刷新，得到物理输入值，但输入映像寄存器并不刷新。立即触头指令分为常开立即触头指令(LDI、AI、OI)和常闭立即触头指令(LDNI、ANI、ONI)两大类，操作数为输入继电器。

(2) 立即输出指令(=I)。立即输出指令执行时，执行结果会同时写到物理输出点和相应的输出映像寄存器中，不同于非立即指令，操作数为输出继电器。

(3) 立即置位指令(SI)和立即复位指令(RI)。当执行立即置位和立即复位指令时，将从指定地址开始的 N 个点立即置位或立即复位，N 的取值范围为 1～128，操作数只能是输出继电器。

2. 逻辑堆栈指令

在 S7-200 中有一个九层堆栈用于处理逻辑操作，在处理触头的复杂连接关系时，要利用该堆栈。

1) 栈装载或指令(OLD)

OLD 即块或指令，用于串联电路块的并联连接。该指令是利用堆栈操作实现的。

(1) 当串联电路块与前面的电路并联时，分支的开始用 LD、LDN 指令，结束用 OLD 指令。

(2) 串联支路并联的次数不受限制，但每并联一次就要用一次 OLD 指令。

(3) OLD 指令不带目标编程元件，是一个独立的指令。

2) 栈装载与指令(ALD)

ALD 即块与指令，用于并联电路块的串联连接。该指令是利用堆栈操作实现的。

(1) 当并联电路块与前面的电路串联时，分支的开始用 LD、LDN 指令，结束用 ALD 指令。

(2) 多个并联电路块连续串联连接，按顺序用 ALD 指令进行连接。ALD 指令的使用次数不受限制。

(3) ALD 指令不带目标编程元件，是一个独立的指令。

ALD 指令和 OLD 指令编程实例参见图 6-14。

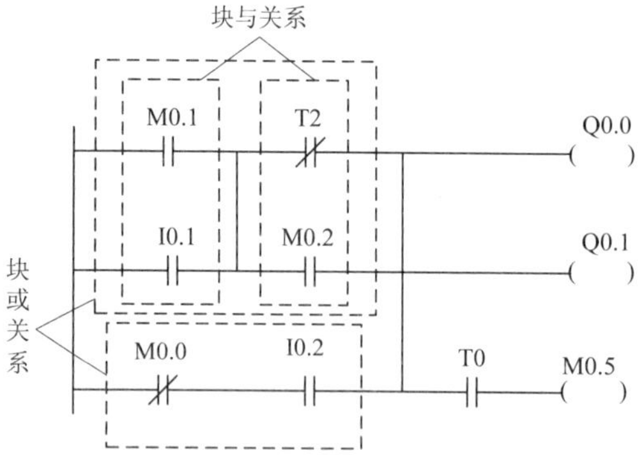

指令表程序：

LD	M0.1	A	I0.2
O	I0.1	OLD	
LDN	T2	=	Q0.0
O	M0.2	=	Q0.1
ALD		A	T0
LDN	M0.0	=	M0.5

图 6-14　块与和块或指令

3) 逻辑进栈指令(LPS)

LPS 指令复制栈顶的值并将其压进堆栈，栈底的值被推出并丢失，用于处理梯形图中的分支开始。该指令无操作数。

4) 逻辑出栈指令(LPP)

LPP 指令弹出栈顶的值，堆栈的第二个值成为新的栈顶值，用于处理梯形图中的分支结束。该指令无操作数。

5) 逻辑读栈指令(LRD)

LRD 指令复制堆栈中的第二个值到栈顶，没有进栈和弹栈操作，但旧的栈顶值被新的复制值取代。该指令无操作数。

LPS、LPP、LRD 指令的编程实例参见图 6-15。

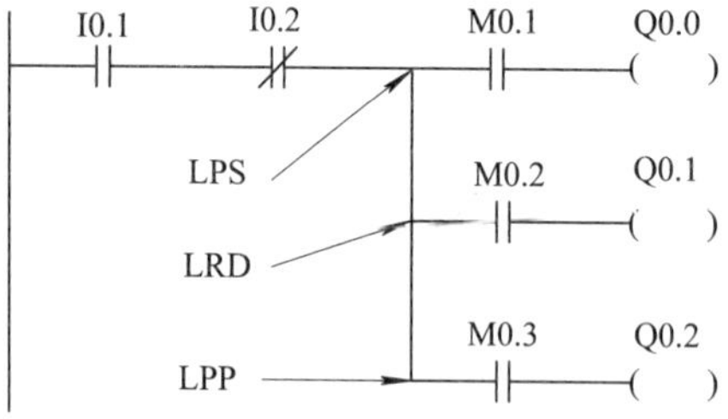

LD	I0.1	A	M0.2
AN	I0.2	=	Q0.1
LPS		LPP	
A	M0.1	A	M0.3
=	Q0.0	=	Q0.2
LRD			

图 6-15　逻辑进栈、逻辑出栈、逻辑读栈指令

3. 定时器指令

S7-200 中有三种类型的定时器，即接通延时定时器 TON、记忆型接通延时定时器 TONR 和断开延时定时器 TOF，共 256 个定时器(T0～T255)，分辨率分为 1 ms、10 ms 和 100 ms 三个等级，最大预设值为 32 767，如表 6-4 所示。

表 6-4 定时器类型和分辨率

定时器类型	分辨率	最大定时值	定时器号
TONR	1 ms	32.767 s	T0、T64
	10 ms	327.67 s	T1～T4、T65～T68
	100 ms	3276.7 s	T5～T31、T69～T95
TON/TOF	1 ms	32.767 s	T32、T96
	10 ms	327.67 s	T33～T36、T97～T100
	100 ms	3276.7 s	T37～T63、T101～T255

1) 接通延时定时器(TON)

TON 指令用于单一时间间隔的定时。使能输入接通时，定时器开始计时，当定时器的当前值大于或等于预设值时，定时器位被置位；当使能输入断开时，清除定时器的当前值，定时器位被复位；当达到预设值后，定时器继续计时，一直计时到最大值。

接通延时定时器的定时器位和当前值的复位操作也可以使用复位指令(R)完成。

指令格式：

TON(助记符) T×××(定时器号)，PT(预设值)

TON 指令的编程实例参见图 6-16。定时器输入使能为 I0.2，定时精度为 100 ms，定时时间为 1 s。

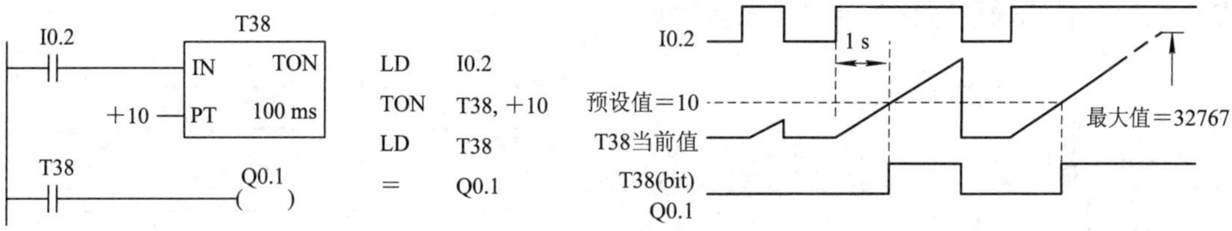

图 6-16 接通延时定时器指令

2) 记忆型接通延时定时器(TONR)

TONR 指令用于累计多个时间间隔的定时。使能输入接通时，定时器开始计时，当定时器的当前值大于或等于预设值时，定时器位被置位；当使能输入断开时，当前值不变，定时器位保持；当达到预设值后，定时器继续计时，一直计时到最大值。

定时器位和当前值的复位只能通过复位指令(R)实现，复位指令执行后：定时器位 = OFF；定时器当前值 = 0。

指令格式：

TONR(助记符) T×××(定时器号)，PT(预设值)

TONR 指令的编程实例参见图 6-17。定时器输入使能为 I0.2，定时精度为 10 ms，定时时间为 1 s，定时器的复位输入为 I0.1。当 I0.2 的累计接通时间达到预设值 100×10 ms=1 s 后，定时器位置位，并驱动 Q0.1 接通；当 I0.1 接通后，定时器当前值清零。

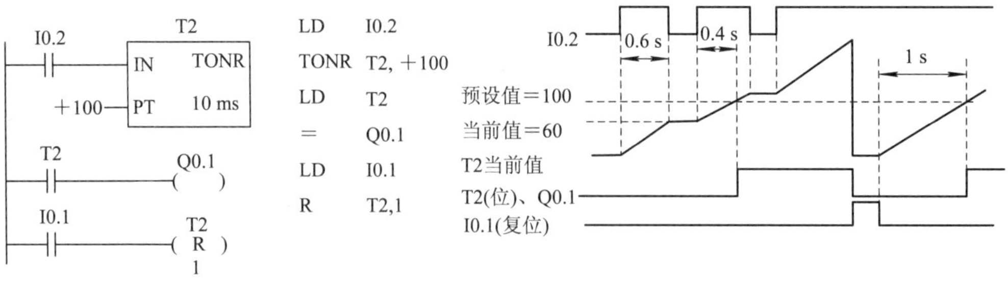

图 6-17　记忆型接通延时定时器指令

3) 断开延时定时器(TOF)

TOF 指令用于故障事件后(输入条件断开)的单一时间间隔的定时。当使能输入接通时，定时器位接通，当前值为 0；当使能输入出现接通到断开的负跳变时，定时器开始定时，直到达到预设的时间，定时器位断开，停止计时。若输入断开的时间小于预设时间，则定时器位保持接通。如果 TOF 定时器在顺控(SCR)区中，且顺控区没有启动，则 TOF 定时器的当前值设置为 0，定时器位设置为断开，定时器不计时。

指令格式：

TOF(助记符)　T×××(定时器号)，PT(预设值)

断开延时定时器的定时器位和当前值的复位操作也可以使用复位指令(R)完成。

TOF 指令的编程实例参见图 6-18。定时器输入使能为 I0.2，定时精度为 10 ms，定时时间为 1 s。上电后，定时器位处于接通状态，当 I0.2 的断开时间达到预设值 100×10 ms＝1 s 后，定时器位复位，输出继电器 Q0.1 断开；如果断开时间不足 1 s，定时器位状态不会发生变化，且当前值在输入使能重新接通后自动清零。

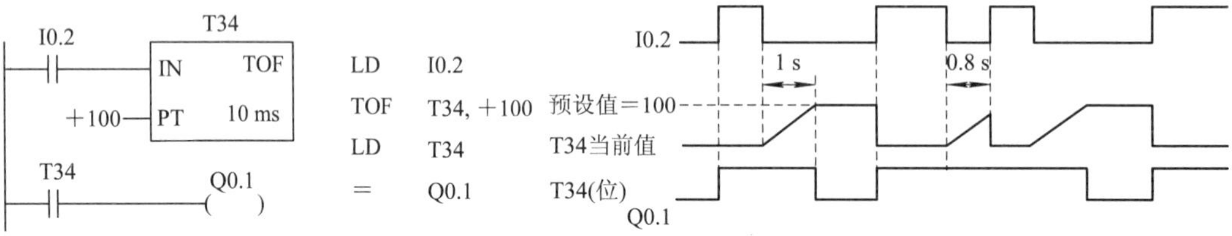

图 6-18　断开延时定时器指令

4) 定时器分辨率

定时器的分辨率(时钟)决定了定时器计时时间间隔的长短，S7-200 提供了三种分辨率，即 1 ms、10 ms 和 100 ms，同定时器号相对应，如表 6-4 所示。

(1) 为确保满足最小时间间隔，预设值必须比该时间间隔大 1，如最小时间间隔为 2100 ms，要将 100 ms 定时器的预设值 PT 设为 22。

(2) 对于 1 ms 分辨率的定时器，定时器位和当前值的更新不与扫描周期同步，对于大于 1 ms 的程序扫描周期，定时器位和当前值在一个扫描周期内刷新多次。

(3) 对于 10 ms 分辨率的定时器，定时器位和当前值在每个扫描周期开始时刷新，在扫描周期期间，保持为常数不变。由于在程序执行期间，该类定时器刷新已经结束，因此编程时应注意，定时器位的状态不会在定时器指令处发生变化。

(4) 对于 100 ms 分辨率的定时器，定时器位和当前值在指令执行时刷新，因此，若要确保定时的准确性，在一个扫描周期中，只能执行一次 100 ms 定时器指令。使用中应注意每个扫描周期中定时器的执行情况，以避免多计时或少计时情况出现。

4. 计数器指令

计数器是累计其输入端脉冲个数的编程元件。S7-200 提供了三种类型的计数器：增计数器 CTU、减计数器 CTD、增/减计数器 CTUD。计数器编号为 C0～C255，共 256 个。由于每个计数器只有一个当前值，因此使用时不要把一个计数器号分配给几个类型的计数器。计数器当前值是否需要掉电保护，可通过系统模块中的保持范围进行设置。

1) 增计数器(CTU)

CTU 指令用于从当前计数值开始，在 CU 端每一个输入脉冲的上升沿，计数器增计数一次，计数值加 1。当计数器的当前值大于或等于预设值 PV 时，计数器状态位被置位为 ON，当前值继续计数，最大可达到 32 767，计数器停止计数。

当复位端(R)接通或者执行复位指令后，计数器复位，计数器状态位被复位为 OFF，当前值清零。

CTU 指令的编程实例参见图 6-19。输入脉冲源为外部输入信号 I0.1，计数器预设值为 3，当计数脉冲达到 3 个后，计数器位置位，输出继电器 Q0.1 接通。当复位输入 I0.2 接通后，计数器当前值清零。在启动计数器前，应该考虑是否需要进行计数器当前值清零操作。

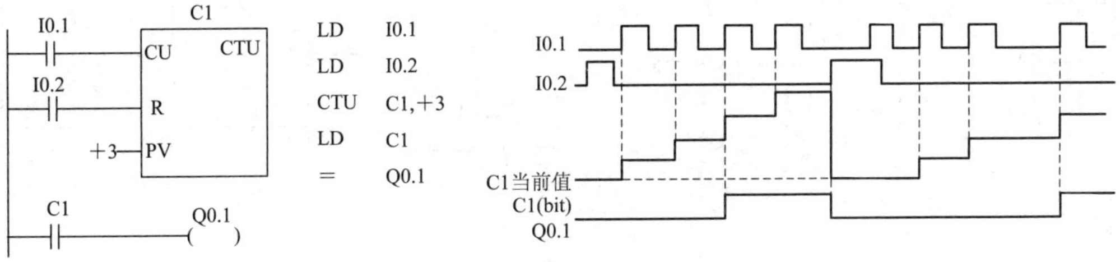

图 6-19　增计数器指令

2) 减计数器(CTD)

CTD 指令用于从当前计数值开始，在 CD 端每一个输入脉冲的上升沿，计数器减计数一次，计数值减 1。当计数器的当前值等于 0 时，计数器状态位被置位为 ON，计数器停止计数。

当输入端(LD)接通时计数器复位，计数器状态位被复位为 OFF，当前值设为预设值 PV。

CTD 指令的编程实例参见图 6-20。上电后，当前值自动装载预设值 3，计数器位复位(若已设置为掉电保护计数器自动装载掉电前的计数值，计数器位保持掉电前的状态)，输入脉冲源为外部输入信号 I0.1。当计数脉冲达到 3 个后，当前值为 0，计数器位置位，输出继电器 Q0.1 接通。当装载输入 I0.2 接通后，计数器当前值自动装载预设值 3，计数器位复位。

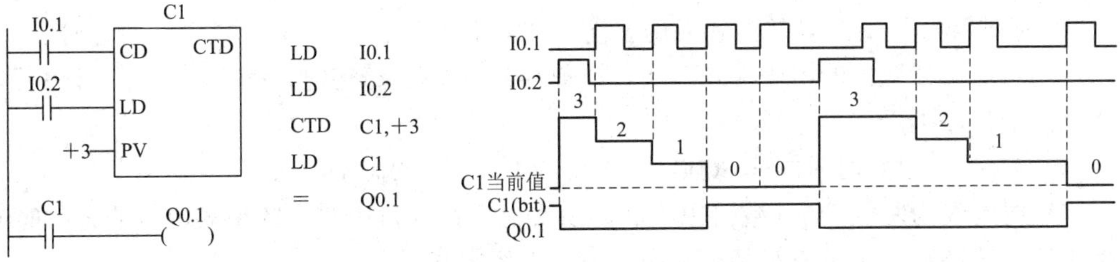

图 6-20　减计数器指令

3) 增/减计数器(CTUD)

CTUD 指令用于从当前计数值开始，在 CD 端每一个输入脉冲的上升沿，计数器减计数一次，计数值减 1；在 CU 端每一个输入脉冲的上升沿，计数器增计数一次，计数值加 1。在每一次执行计数器指令时，将当前值与预设值 PV 比较，当前值大于等于预设值时，计数器状态位被置位。

当复位端(R)接通或者执行复位指令后，计数器复位，计数器状态位被复位为 OFF，当前值清零。

在没有复位信号的情况下，当前值持续递增或递减，当达到最大值 32 767 时，在 CU 端的下一个脉冲将导致计数值变为最小值－32 768；当达到最小值－32 768 时，在 CD 端的下一个脉冲将导致计数值变为最大值 32 767。

CTUD 指令的编程实例参见图 6-21。复位后，当前值清零，计数器位复位，输入脉冲源分别为增计数 I0.1 和减计数 I0.2，预设值为 4，当增计数脉冲达到 4 个后，计数器位置位接通，当前值继续增/减计数，若减计数器计数脉冲使当前值小于 4，则计数器位复位断开。当复位输入 I0.0 接通后，计数器当前值清零，计数器位复位。

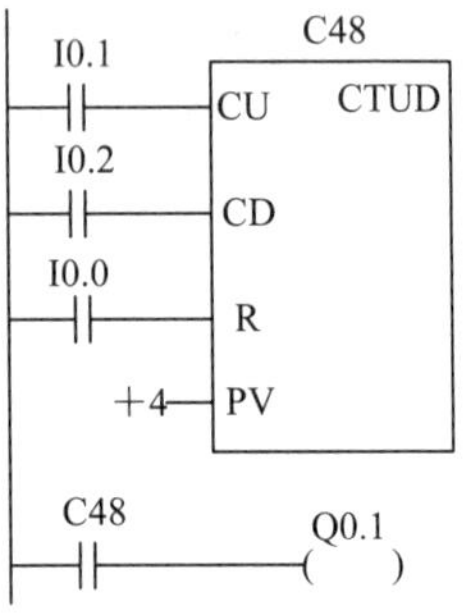


```
LD      I0.1
LD      I0.2
LD      I0.0
CTUD    C48,+4
LD      C48
=       Q0.1
```

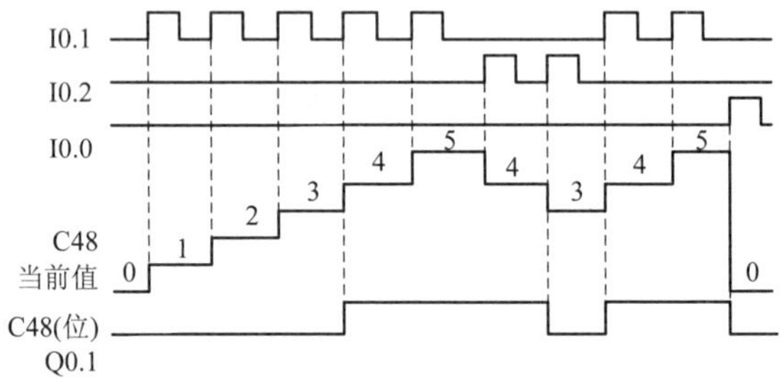

图 6-21　增/减计数器指令

4) 定时器和计数器应用举例

S7-200 的定时器和计数器的最大定时时间和最大计数次数分别为 3276.7 s(不到 1 小时)和 32 767 次，这对于许多工程实际应用是远远不够的，下面举例说明如何实现定时时间和计数次数的扩展。

(1) 定时器串联扩展应用。如图 6-22 所示，T37 定时时间为 200 s，T38 定时时间为 300 s，因此

$$总定时时间 = T37\ 定时时间 + T38\ 定时时间 = 500\ s$$

通过 2 级、3 级甚至多级的串联扩展是可以增加定时时间的，但这种扩展形式的效率比较低，对于几天、几月的定时要求是不可想象的。

(2) 定时器与计数器串联扩展应用。简单的定时器串联无法实现的长范围定时扩展可以通过定时器与计数器的串联形式解决，如图 6-23 所示。将定时器的定时位作为计数器的计数脉冲输入，则

$$总定时时间 = 3000 \times 2000 \times 0.1\ s = 600\ 000\ s \approx 7\ 天$$

以定时时间为基数，与计数器串联后可以实现工程项目中需要的更大范围的定时时间，如果一级串联不够，可以二级甚至多级串联，效率很高。

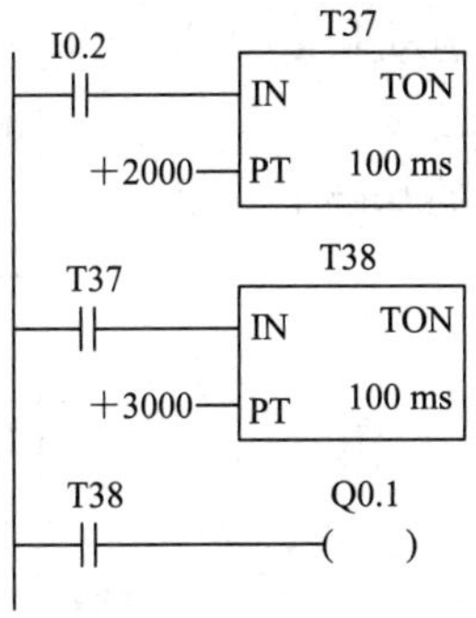

图 6-22　定时器串联扩展

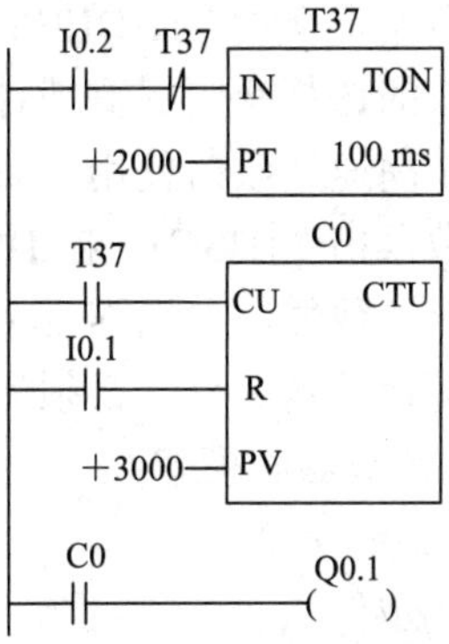

图 6-23　定时器与计数器的串联扩展

(3) 计数器的串联扩展应用。假设一生产设备要求每天生产的工件数量为 40 000 件，那么对于计数器的计数要求已经超出了其最大值，这时需要采用 2 个计数器串联来实现该计数功能。如图 6-24 所示为一种计数器串联扩展方式，总计数次数 = 计数器 1 的计数值 × 计数器 2 的计数值，扩展后的计数次数为 90 000 次。

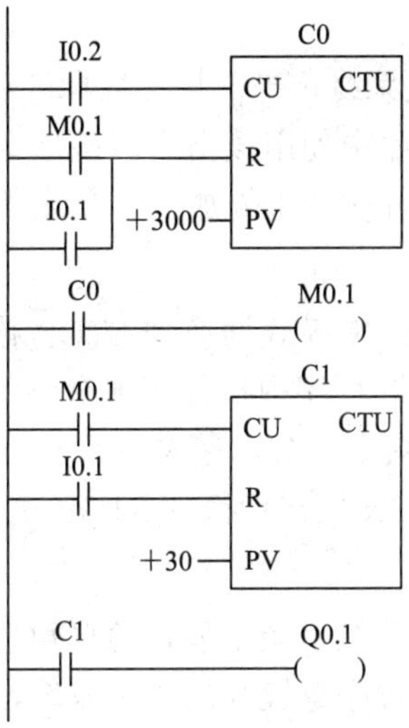

图 6-24　计数器串联扩展

读者可以思考一下如何实现另一种串联形式，即：总计数次数 = 计数器 1 的计数值 + 计数器 2 的计数值，这种形式对于精度要求较高的应用场合也是很有用的。

5．高速计数器指令

S7-200 的高速计数器可以配置为 12 种模式，每一个计数器都有时钟、方向控制、复位、启动的特定输入，对于双相计数器，两个时钟都可以运行在最高频率。在正交模式下，可以选择一倍数或四倍数计数频率，所有计数器都可以运行在最高频率下而互不影响。

高速计数可用作旋转编码器等外设的脉冲计数，其计数频率与 PLC 整个扫描周期关系不大，可以实现精确控制。在使用高速计数器之前，应该用高速计数器定义指令(HDEF)为计数器选择计数模式，如使用上电初始化脉冲位 SM0.1 来调用一个包含 HDEF 指令的子程序。

高速计数器定义指令(HDEF)：为指定的高速计数器(HSC×)选择操作模式，模块的选择决定了高速计数器的时钟、方向、启动和复位功能，对每一个高速计数器使用一条高速计数器定义指令。

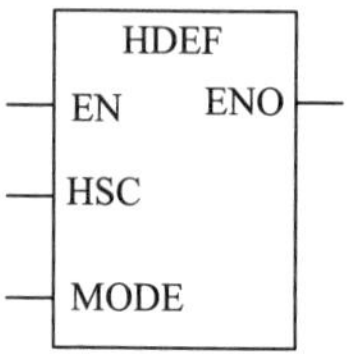

高速计数器指令(HSC)：在 HSC 特殊存储器位状态的基础上，配置和控制高速计数器，参数 N 指定高速计数器的标号。

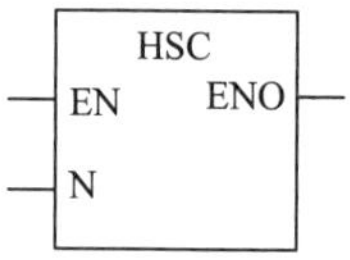

对于高速计数器编程，必须完成以下基本操作：

(1) 定义计数器和模式；

(2) 设置控制字节；

(3) 设置初始值；

(4) 设置预置值；

(5) 指定并使能中断服务程序；

(6) 激活高速计数器。

具体使用方法请参照编程手册，这里不做详细讨论。

6. 程序控制指令

1) 条件结束指令(END)

END 指令根据前面的逻辑关系终止当前扫描周期的程序执行过程，只能在主程序中使用，不能在子程序或中断服务程序中使用该指令。该指令无操作数。

注：Micro/WIN32 自动在主程序结束处加上一个无条件结束指令。

2) 停止指令(STOP)

STOP 指令可以使 CPU 从 RUN 模式切换到 STOP 模式，立即终止程序的运行。需要注意的是，如果 STOP 指令在中断程序中执行，那么该中断立即终止，并且忽略所有挂起的中断，继续扫描并完成程序的剩余部分，完成当前周期的剩余动作，包括主程序的执行，并在当前扫描周期的最后，从 RUN 模式切换到 STOP 模式。该指令无操作数。

3) 看门狗复位指令(WDR)

WDR 指令允许 CPU 的看门狗被重新触发，这样可以在不引起看门狗错误的情况下增加扫描所允许的时间。对于某些程序量较大的复杂系统，程序执行时间可能会超过看门狗的设定复位时间，为了避免系统复位，可以使用该指令增加程序执行时间，即在程序中执行一次“喂狗”操作。

使用 WDR 指令时，若因使用循环指令而导致扫描时间过长，那么在当前扫描周期结束前，以下操作将被终止：

① 通信(自由口方式除外)。

② I/O 更新(立即 I/O 除外)。

③ 强制更新。

④ SM 位更新(SM0、SM5～SM29 不能更新)。

⑤ 运行时间诊断。

⑥ 若扫描时间超过 25 s，则 10 ms 和 100 ms 定时器不能正确工作。

⑦ 中断程序中的 STOP 指令。

⑧ 带数字量输出的扩展模块中的看门狗定时器如果没有被 CPU 执行写操作(“喂狗”

操作)，扩展模块输出将被关断；每次使用看门狗复位指令，应该对每个扩展模块的相应字节(参见使用手册相关说明)使用一个立即写指令来复位该扩展模块的看门狗。

4) 循环指令(FOR 指令和 NEXT 指令)

FOR 和 NEXT 指令可以描述需要重复执行一定次数的循环体，二者必须成对出现，如果发生循环嵌套，允许嵌套深度为 8 层。

FOR-NEXT 指令执行 FOR 指令和 NEXT 指令之间的程序，FOR 指令使用时必须指定循环次数 INDX、初始值 INIT 和终止值 FINAL；NEXT 指令标志着 FOR 循环的结束，无操作数。

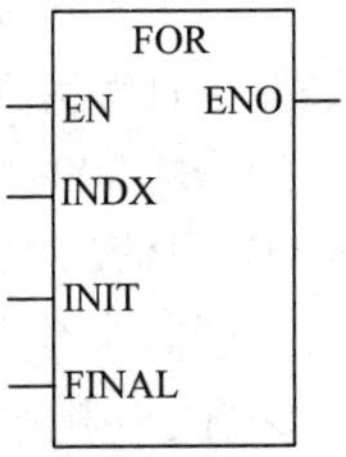

当使能有效，且初始值 INIT < 终止值 FINAL 时，则执行循环体，系统先将初始值 INIT 赋值给循环次数 INDX，每执行一次循环体，循环次数 INDX 加 1，并且与终止值 FINAL 进行比较，当 INDX > FINAL 时，循环结束；如果初始值 INIT > 终止值 FINAL，即使使能有效也不执行循环体。

执行 FOR-NEXT 循环指令，堆栈的栈顶值在进入循环体时与退出循环体时保持一致。

5) 跳转指令(JMP)和标号指令(LBL)

JMP 指令的作用是执行程序标号 N 指定的程序分支，N 为标号指令确定的目标位置。

LBL 指令用于标记跳转的目标位置 N。

跳转指令可以在主程序、子程序和中断程序中使用，但跳转指令和与之对应的标号指令必须位于同一段程序区，不能从主程序跳转到子程序或中断程序，反之亦然。在步进顺控程序段(SCR)中可以使用跳转指令，但相应的标号指令(目标位置)也必须在同一个 SCR 段中。JMP 指令和 LBL 指令的编程实例参见图 6-25。

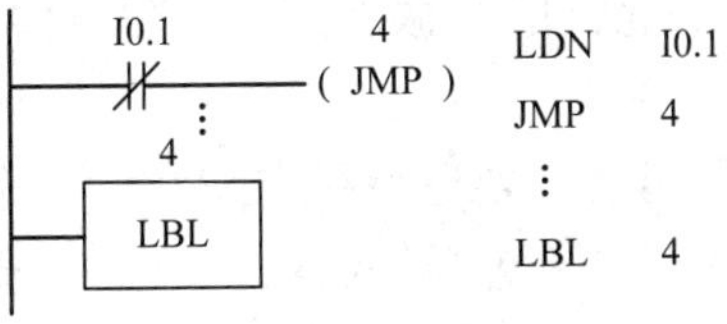

图 6-25　跳转指令和标号指令

6) 顺控继电器指令(SCR)

顺控继电器指令包括装载 SCR 指令(LSCR)、SCR 传输指令(SCRT)、SCR 条件结束指令(CSCRE)、SCR 结束指令(SCRE)，用以完成顺序功能设计法的程序编写，具体设计方法将在下章讨论，此处仅介绍一下指令含义。

LSCR 指令将 S 位的值装载到 SCR 和逻辑堆栈中，标志着顺控区(SCR 区)的开始。

SCRE 指令标志着顺控区(SCR 区)的结束，顺控区是否被执行取决于 S 堆栈的值。

SCRT 指令将程序控制权从一个活动的 SCR 区转换到下一个 SCR 区，从而实现动作的转换。执行该指令使当前活动 SCR 区的 S 位复位，使下一个将要执行的 SCR 区的 S 位置位。

CSCRE 指令可以使程序退出一个活动的 SCR 区而不执行 CSCRE 与 SCRE 之间的指令，CSCRE 指令不影响任何 S 位，也不影响堆栈。

使用顺控继电器指令需要注意以下几点：

(1) 顺控继电器 S 在程序中只能使用一次，不能重复使用。

(2) SCR 区之间不允许使用跳转指令，但 SCR 区内或者 SCR 区与非 SCR 区之间可以使用跳转指令。

(3) SCR 区中不允许使用 END 指令。

7. 中断指令

中断处理提供了 PLC 对特殊内部或外部事件的实时处理能力，用户通过中断程序对这些突发事件或异常信息进行有效的处理。

(1) S7-200 支持的中断服务程序类型。

① 通信口中断：在自由口模式下，用户通过程序定义波特率、字符位数、奇偶校验和通信协议等参数，利用接收和发送中断实现对通信的控制。

② I/O 中断：包括外部输入的上升沿或下降沿中断、高速计数器中断和脉冲串输出(PTO)中断，对 I/O 点状态变化做出响应。

③ 时基中断：包括定时中断和定时器 T32/T96 中断。

定时中断是指定一个以 1 ms 为增量单位，定时周期在 1～255 ms 之间的周期性活动，有定时中断 0 和定时中断 1 两种类型。定时中断 0，必须把周期时间写入 SMB34；定时中断 1，必须把周期时间写入 SMB35，如在模拟量输入的采样控制和 PID 回路控制中采样周期的控制。

定时器 T32/T96 中断允许及时响应一个给定的时间间隔，这类中断只支持分辨率为 1 ms 的延时接通定时器(TON)和延时断开定时器(TOF)T32、T96。一旦中断允许，当定时时间到时，执行指定的中断程序。

(2) 中断的相关指令。

① 中断允许指令(ENI)：全局允许所有被连接的中断事件，无操作数。在 RUN 模式下，可以通过该指令允许所有中断。

② 中断禁止指令(DISI)：全局禁止处理所有中断事件，无操作数。执行后不允许处理中断服务程序，但中断事件仍然会排队等候。

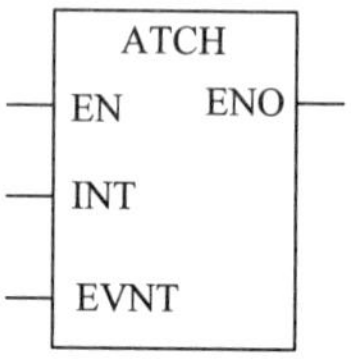

③ 中断条件返回指令(CRETI)：根据前面的逻辑操作的结果，从中断程序中返回。

④ 中断连接指令(ATCH)：将中断事件 EVNT 与中断服务程序号 INT 相关联，并使能该中断事件。

⑤ 中断分离指令(DTCH)：将中断事件 EVNT 与中断服务程序之间的关联切断，并禁止该中断事件。

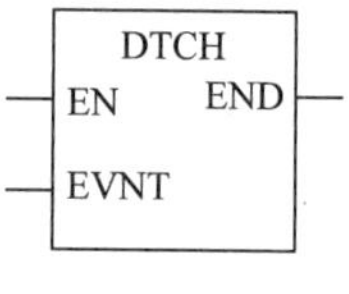

⑥ 清除中断事件指令(CLR_EVNT)：从中断队列中清除所有 EVNT 类型的中断事件，可以使用该指令从中断队列中清除不需要的中断事件。使用时应注意首先分离事件，否则，这类事件还会再次产生中断申请并进入中断队列中。

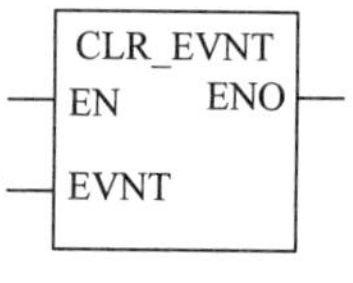

⑦ 无条件中断返回指令(RETI)：中断处理结束后返回到主程序。

(3) 中断优先级。根据中断性质和轻重缓急对中断事件安排了不同的优先级，表 6-5 列出了中断事件类型及优先级安排。

表 6-5　中断事件类型及中断优先级

事件号	中断描述	优先级	优先组中的优先级
8	端口 0：接收单字符完成	通信(最高)	0
9	端口 0：发送字符完成		0
23	端口 0：接收信息完成		0
24	端口 1：接收信息完成		1
25	端口 1：接收单字符完成		1
26	端口 1：发送字符完成		1
19	PTO 0 脉冲串完成中断	I/O(中等)	0
20	PTO 1 脉冲串完成中断		1
0	I0.0 上升沿中断		2
2	I0.1 上升沿中断		3
4	I0.2 上升沿中断		4
6	I0.3 上升沿中断		5
1	I0.0 下降沿中断		6
3	I0.1 下降沿中断		7
5	I0.2 下降沿中断		8
7	I0.3 下降沿中断		9
12	HSC0：CV=PV		10
27	HSC0 输入方向改变		11
28	HSC0 外部复位		12
13	HSC1：CV=PV		13
14	HSC1 输入方向改变		14
15	HSC1 外部复位		15
16	HSC2：CV=PV		16
17	HSC2 输入方向改变		17
18	HSC2 外部复位		18
32	HSC3：CV=PV		19
29	HSC4：CV=PV		20
30	HSC4 输入方向改变		21
31	HSC4 外部复位		22
33	HSC5：CV=PV		23
10	定时中断 0	定时(最低)	0
11	定时中断 1		1
21	定时器 T32：CT=PT		2
22	定时器 T96：CT=PT		3

8. 子程序指令

S7-200 允许主程序中调用子程序，并且子程序调用最多可以嵌套 8 层，但在中断程序中，只允许最多 1 级调用，不允许子程序嵌套调用(但允许递归调用)。当某子程序在同一个周期中被多次调用时，该子程序中不能使用上升沿、下降沿、定时器和计数器等指令，以免多次操作。

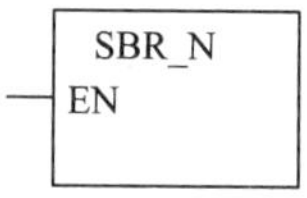

(1) 子程序调用指令(CALL)：将程序控制权交给子程序 SBR_N，子程序执行完成后，控制权返回到调用子程序指令的下一个指令。

(2) 子程序返回指令(RET)：子程序执行结束后返回到主程序，STEP 7-Micro/WIN 为每个子程序自动加入返回指令。

(3) 子程序条件返回指令(CRET)：子程序执行过程中根据该指令前面的逻辑解算结果决定是否需要终止子程序。

(4) 子程序调用的参数处理：子程序可以传递最多 16 个参数，由局部变量表定义，参数必须有变量名、变量类型和数据类型，如表 6-6 所示。变量类型可以是传入子程序(IN)、传入传出子程序(IN_OUT)、传出子程序(OUT)三种类型。

表 6-6　子程序调用参数类型

参　数	描　　述
IN	参数传入子程序，如果参数是直接寻址，指定位置的值被传入子程序；如果参数是间接寻址，指针指定位置的值被传入子程序；如果参数是常数或者是一个地址，常数或地址传入子程序
IN_OUT	指定参数位置的值被传到子程序，从子程序的执行结果返回到同样地址。常数和地址不允许作为 IN_OUT 参数
OUT	子程序返回结果到指定参数位置，常数和地址不允许作为 OUT 参数。由于 OUT 参数并不保留最后一次执行时的数值，因此每次子程序调用都要重新分配 OUT 参数
TEMP	用来在子程序内部暂存数据，不能用来传递参数

注：SET 和 RESET 指令只影响布尔量操作数的值。

如果用语句表编程，CALL 指令的格式是：

CALL 子程序号，参数 1，参数 2，…，参数 N

图 6-26 为带参数的子程序调用示例。

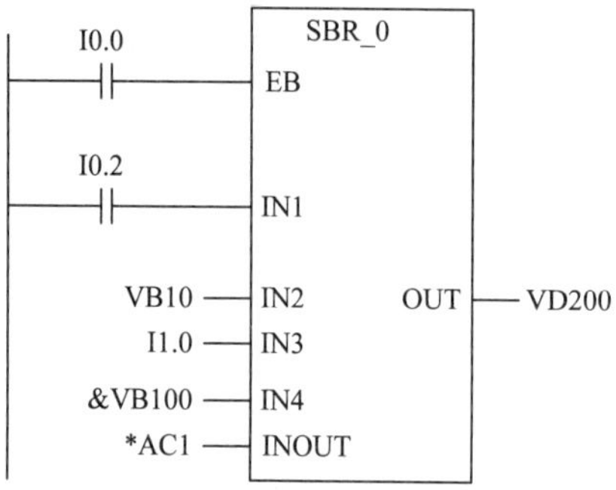


```
LDI0.0
CALL SBR_0, I0.2, VB10,I1.0,
&VB100, *AC1, VD200
```

图 6-26　带参数的子程序调用指令

9．逻辑操作指令

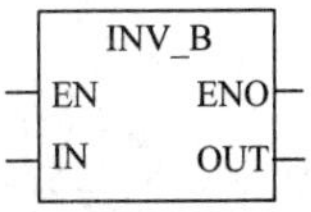

(1) 字节、字、双字取反指令(INVB、INVW、INVD)：将输入 IN 取反，结果存入 OUT 中，操作数分别是字节、字、双字。

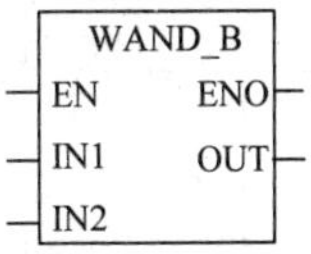

(2) 字节、字、双字与指令(ANDB、ANDW、ANDD)：将输入值 IN1 和 IN2 的相应位进行与操作，结果存入 OUT 中，操作数分别是字节、字、双字。

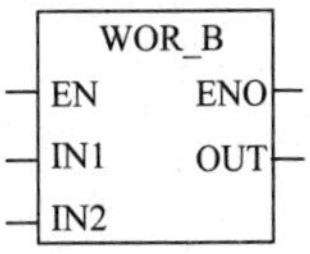

(3) 字节、字、双字或指令(ORB、ORW、ORD)：将输入值 IN1 和 IN2 的相应位进行或操作，结果存入 OUT 中，操作数分别是字节、字、双字。

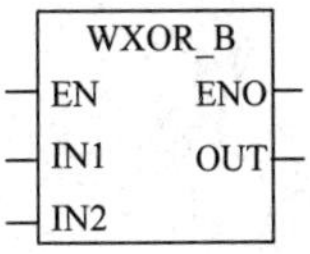

(4) 字节、字、双字、异或指令(XORB、XORW、XORD)：将输入值 IN1 和 IN2 的相应位进行异或操作，结果存入 OUT 中，操作数分别是字节、字、双字。

10．传送指令

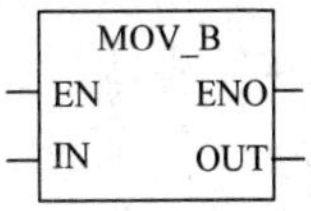

(1) 字节、字、双字或实数传送指令(MOVB、MOVW、MOVD)：在不改变原值的情况下将 IN 中的值传送到 OUT 中，相当于赋值功能，间接寻址中指针的建立就要用到双字传送指令。

(2) 字节立即传送指令：允许物理 I/O 与存储器之间立即传送一个字节数据。

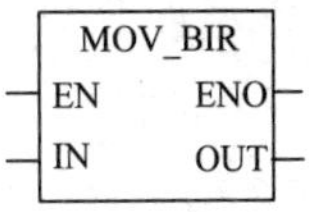

① 字节立即读指令(MOVBIR)：读物理输入(IN)，并将结果存入内部寄存器(OUT)中，但不刷新输入映像寄存器。

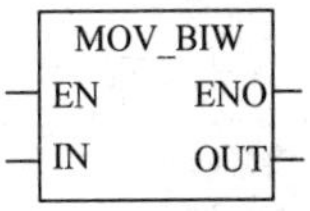

② 字节立即写指令(MOVBIW)：读取内部存储器数据(IN)，并写入物理输出(OUT)中，同时刷新相应的输出映像寄存器。

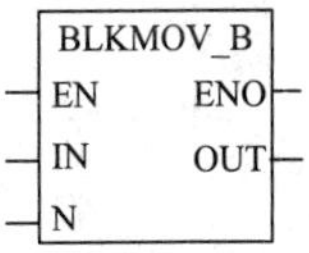

(3) 块传送指令(BLKMOVB)：将指定范围的数据传送到一个新的存储区，数据的起始地址为 IN，数据长度为 N(1～255)，目标存储器的起始地址为 OUT。操作数可以是字节、字或双字。

11．移位及循环移位指令

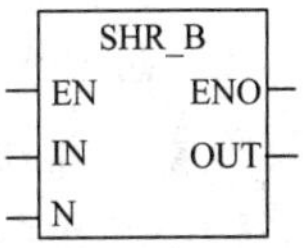

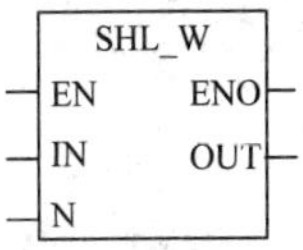

(1) 左移和右移指令(SRB、SRW、SRD、SLB、SRW、SRD)：将输入值 IN 右移或左移 N 位，并将结果装载到输出参数 OUT 中。操作数为无符号数，可以是字节、字、双字，对有符号数当无符号数处理。

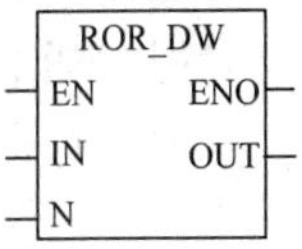

移位后空位自动补零，如果位数 N 大于或等于最大允许值，即操作数的实际位数(字节为 8，字为 16，双字为 32)，那么移位操作的次数为最大允许值。

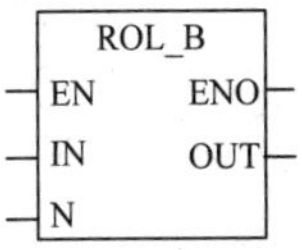

该指令影响标志位：特殊继电器 SM1.1 中存放最近移出的位值，移位操作结果为 0，SM1.0 自动置位。

移位指令的编程实例参见图 6-27。

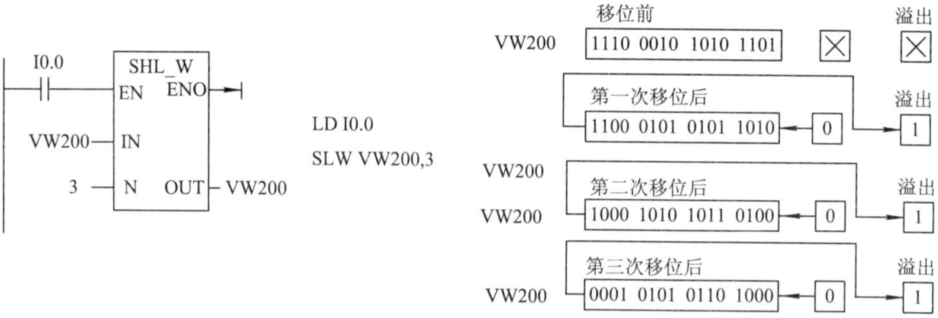

图 6-27 移位指令执行过程

(2) 循环右移和循环左移指令(RRB、RRW、RRD、RLB、RLW、RLD)：循环移位指令将输入值 IN 循环右移或循环左移 N 位，并将结果装载到 OUT 中，移出空位由移出值填入。循环次数不能超过最大允许值，否则系统自动修正循环次数。操作数为无符号数，可以是字节、字、双字，对有符号数当无符号数处理。

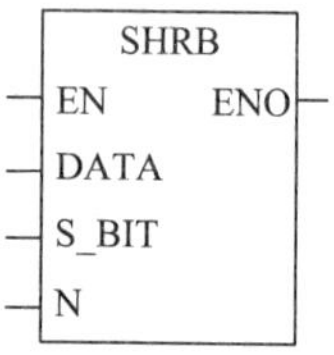

该指令影响标志位：SM1.1 为最后移位移出的位值。

循环移位指令的编程实例参见图 6-28。

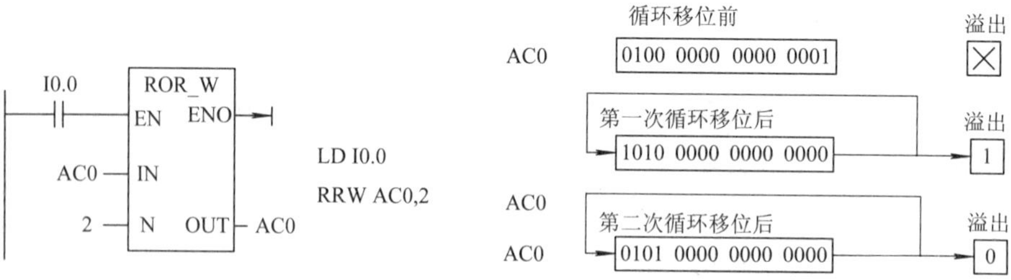

图 6-28 循环移位指令执行过程

(3) 移位寄存器指令：将一个数值移入移位寄存器中，使能接通时，每个扫描周期整个移位寄存器移动一位。

指令参数中，DATA 为每次进入移位寄存器的位值，S_BIT 指定移位寄存器的最低位，N 指定移位寄存器的长度和移位方向(正向移位=N，反向移位=−N)，移位寄存器最大长度为 64 位。

通过控制移位寄存器的使能输入和移位寄存器的内容，可以实现较简单的单序列顺序控制编程，即顺序控制设计法中的移位寄存器法。

移位寄存器的最高位(MSB.b)计算方法为

$$\mathrm{MSB.b}=\frac{(\mathrm{S\_BIT}\text{字节号})+(\mathrm{N}-1+\mathrm{S\_BIT}\text{位号})}{8}.[\text{除8的余数}]$$

例如：如果 S_BIT 是 V33.4，N 是 14，根据上式有

$$\mathrm{MSB.b}=\frac{\mathrm{V33}+(14-1+4)}{8}=\mathrm{V33}+2\,(\text{余数为}1)=\mathrm{V35.1}$$

当反向移动时，N 为负值，输入数据从最高位移入、最低位(S_BIT)移出，移出数据放入溢出标志位(SM1.1)中；当正向移动时，N 为正值，输入数据从最低位(S_BIT)移入，最高位移出，移出数据放入溢出标志位(SM1.1)中。

(4) 字节交换指令(SWAP)：用来交换输入字 IN 的高字节和低字节，操作数为字元件。

12．通信指令

通信指令包括网络读/写指令、发送与接收指令、获取口地址和设定口地址指令。

(1) 网络读指令(NETR)：通过指定端口(PORT)从远程设备上采集数据并形成表(TBL)，最多可以读取 16 个字节的信息。

网络写指令(NETW)：通过指定端口(PORT)向远程设备写表(TBL)中的数据，最多可以写 16 个字节数据。

(2) 发送指令(XMT)：在自由口模式下利用通信口发送数据。

接收指令(RCV)：启动或者终止接收信息功能，需要指定开始和结束条件，接收到的信息存放在数据缓冲区(TBL)中，其中第一个数据指明接收到的字节数。

(3) 获取口地址指令(GPA)：读取 PORT 指定的 CPU 口的站地址，并将数值存放在 ADDR 指定的地址中。

设定口地址指令(SPA)：将口的站地址(PORT)设置为 ADDR 指定的数值，新地址在重新上电后将被原来的地址值刷新(由系统块下载的地址)。

除了以上详细介绍的 12 类指令外，其他指令在程序设计过程中同样有着重要的作用，本书对于这些指令就不展开讨论了，具体使用方法可参考用户手册。

6.4　三菱 FX 系列 PLC 指令系统及编程方法

6.4.1　三菱 FX 系列 PLC 编程元件

三菱 FX 系列 PLC 的编程元件的编号规则：以英文字母开头，表示编程元件的功能，后跟三位数字为地址编号，输入/输出元件采用八进制编址，其他元件均采用十进制的地址编号，如 X6，Y10，M100。

三菱 FX 系列 PLC 的编程元件(软元件)有输入继电器(Xn)、输出继电器(Yn)、辅助继电器(Mn)、状态元件(Sn)、定时器(Tn)、计数器(Cn)；另外还有数据寄存器(Dn)、变址寄存器 Z/V、特殊辅助寄存器及指针(P/I)等。

输入继电器必须由外部信号驱动，不能用程序驱动，所以在程序中不可能出现其线圈。输出继电器是用来将 PLC 内部信号输出传送给外部负载(用户输出设备)的。输出继电器线圈由 PLC 内部程序的指令驱动，其线圈状态传送给输出单元，再由输出单元对应的硬触头来驱动外部负载。FX 系列 PLC 的输入/输出继电器以八进制进行编号，如 FX3U 输入继电器的编号范围为 X0～X367(248 点)，输出继电器的编号范围为 Y0～Y367(248 点)。注意，基本单元输入继电器的编号是固定的，扩展单元和扩展模块是按与基本单元最靠近开始，顺序进行编号的。例如：基本单元 FX3UC-64MT/D 的输入继电器编号为 X0～X367(248

点)，如果接有扩展单元或扩展模块，则扩展的输入继电器从 X040 开始编号。

表 6-7 为 FX3U PLC 编程元件和元件编号参考。

表 6-7 FX3U PLC 编程元件

名　称		编号和点数	
输入继电器 X (按八进制编号)输入输出合计为 256 点		X0～X367	248 点
输出继电器 Y (按八进制编号)输入输出合计为 256 点		Y0～Y367	248 点
辅助继电器 M	一般用[可变]	M0～M499	500 点
	保持用[可变]	M500～M1023	524 点
	保持用[固定]	M1024～M7679	6656 点
	特殊用	M8000～M8511	512 点
状态寄存器 S	初始化状态(一般用[可变])	S0～S9	10 点
	一般用[可变]	S10～S499	490 点
	保持用[可变]	S500～S899	400 点
	信号报警器用(保持用[可变])	S900～S999	100 点
	保持用[固定]	S1000～S4095	3096 点
定时器 T (ON 延时)	100 ms	T0～T191	192 点(0.1～3276.7s)
	100 ms [子程序、中断子程序]	T192～T199	8 点(0.1～3276.7s)
	10 ms	T200～T245	46 点(0.01～327.67s)
	1 ms 累计型	T246～T249	4 点(0.001～32.767s)
	100 ms 累计型	T250～T255	6 点(0.1～3276.7s)
	1 ms	T256～T511	256 点(0.001～32.767s)
计数器 C	16 位一般用增计数[可变]	C0～C99	100 点(0～32 767 计数器)
	16 位保持用增计数[可变]	C100～C199	100 点(0～32 767 计数器)
	32 位一般用双向[可变]	C200～C219	20 点 (－2 147 483 648～＋2 147 483 647 计数器)
	32 位保持用双向[可变]	C220～C234	15 点 (－2 147 483 648～＋2 147 483 647 计数器)
	高速 32 位双方向 单相单计数器的输入	C235～C245	C235～C255 最多可使用 8 点 (－2 147 483 648～＋2 147 483 647 计数器) 单相：100 kHz×6 点，10 kHz×2 点 双相：50 kHz(1 倍)，50 kHz(4 倍) 单相：40 kHz
	高速 32 位双方向 单相双计数器的输入	C246～C250 硬件计数器	
	高速 32 位双方向 双相双计数器的输入	C251～C255 软件计数器	
数据寄存器 (使用一对时 32 位) D	16 位一般用[可变]	D0～D199	200 点
	16 位保持用[可变]	D200～D511	312 点
	16 位保持用(文件寄存器)	D512～D7999	7488 点 (D1000 以后可以 500 点为单位设置文件寄存器)
	16 位保持用(特殊用)	D8000～D8511	512 点
	16 位保持用(变址用)	V0～V7，Z0～Z7	16 点

续表

文件寄存器(16 位)	R0～R32767	32768 点　通过电池进行停电保持	
扩展文件寄存器(16 位)	ER0～ER32767	32768 点　仅在安装存储器盒时可用	
指针	JAMP，CALL 分支用	P0～P4095	4096 点
	输入中断，输入延时中断	I0□□～I5□□	6 点
	定时器中断	I6□□～I8□□	3 点
	计数器中断	I010～I060	6 点　HSCS 指令用
嵌套	主控	N0～N7	8 点　MC 指令用
常数	十进制(K)	16 位：　−32 768～+32 767 32 位：−2 147 483 648～+2 147 483 647	
	十六进制(H)	16 位：0～FFFF 32 位：0～FFFFFFFF	

下面对 FX3U PLC 的特殊功能编程元件作基本介绍，其余编程元件的进一步理解，请结合后面指令及应用的介绍。

1．数据寄存器(D、V、Z)

(1) 停电保持数据寄存器 D200～D511(312 点)：不论电源接通与否，PLC 运行与否，停电保持数据寄存器内容不会变化，除非改写，在两台 PLC 进行点对点的通信时，D490～D509 被用作通信操作。

(2) 特殊数据寄存器 D8000～D8511(512 点)：这些数据寄存器用来监控 PLC 的运行状态，主要存放系统状态、错误信息、监视状态。

例如，D8000 用作存放监控定时器(Watchdog Timer)的时间，由系统 ROM 在初始化时设定。若要改变，可用传送指令将目标时间送入 D8000，该值在 PLC 运行(RUN)期间保持不变。

(3) 文件寄存器 D1000～D7999(7000 点)：实际上是一类专用数据寄存器，用于存储大量的数据，例如采集数据、统计计算数据、多组控制参数等。其数量由 CPU 的监控软件决定，它占用用户程序存储器(RAM、EEPROM、EPROM)内的一个存储区，以 500 点为一个单位，最多可在参数设置时设置 7000 点。用外部设备可进行写入操作。在 PLC 运行中，用 BMOV 指令可以将文件寄存器中的数据读到通用数据寄存器中，但不能用指令将数据写入文件寄存器。

(4) 变址寄存器 V0～V7 和 Z0～Z7：其内容用来改变编程元件的元件号，32 位操作时合并使用。如 V0=8，数据寄存器元件号 D5V0=D(5+8)=D13，只要改变 V0，即改变了 D5V0 的编号。

2．特殊辅助继电器

特殊辅助继电器各自具有特定的功能，可以分成以下两大类：

(1) 只能利用其触头的特殊辅助继电器。这类特殊辅助继电器的线圈由 PLC 自动驱动，用户只可以利用其触头。例如：

M8000：运行(RUN)监控，PLC 运行时接通，M8001 与 M8000 逻辑相反。

M8002：初始脉冲，仅在运行开始瞬间接通，M8003 与 M8002 逻辑相反。

M8011、M8012、M8013 和 M8014 分别产生 10 ms、100 ms、1 s 和 1 min 的时钟脉冲。

(2) 可驱动线圈型特殊辅助继电器，用户驱动线圈后，PLC 作特定动作。例如：

M8030：为 ON，BATT LED(锂电池欠压指示灯)熄灭。

M8033：为 ON，PLC 停止时输出保持，即保持输出映像存储器和数据寄存器的内容。

M8034：为 ON，禁止全部 PLC 输出。

M8039：为 ON，PLC 按 D8039 中指定的扫描时间工作。

3. 指针(P/I)

1) 分支指令用指针 Pn

CJ、CALL 等分支指令是功能指令，用来指定跳转目标，用指针 Pn(P0～P12)作为标号，如图 6-29 所示。在图 6-29(a)中，当 X0 接通时，程序就跳至标号 P0 处，继续执行。在图 6-29(b)中，当 X3 接通时，就执行 FEND 指令后标号为 P1 的子程序，并根据 SRET 指令返回。编程时注意编号不能重复使用。

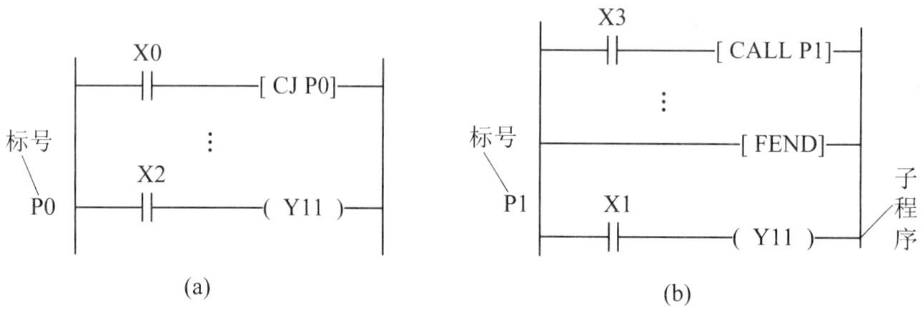

图 6-29　分支指针表达方式

2) 中断用指针 In

中断用指针指明某一中断源入口标号，遇 IRET 返回。FX 系列 PLC 的中断来源有三种：

(1) 指定 X0～X5 为输入端口的中断，中断用指针(I00□～I50□)，共 6 点。例如，I001 表示输入 X0 从 OFF→ON 变化时，执行由该指针作为标号后面的中断程序，并根据 IRET 指令返回。这类中断不受 PLC 扫描周期的影响，可以及时处理外界信息。

(2) 定时器中断，中断用指针(I6□□～I8□□)，共 3 点。这类中断的作用是 PLC 以指定的周期定时执行中断服务程序，定时循环处理某些任务。处理的时间也不受 PLC 扫描周期的限制。□□表示定时范围，可从 10～99 ms 中选取。例如：I610 即为每隔 10 ms 就执行标号 I610 后面的中断程序，并根据 IRET 指令返回。

输入中断用指针格式如图 6-30 所示。

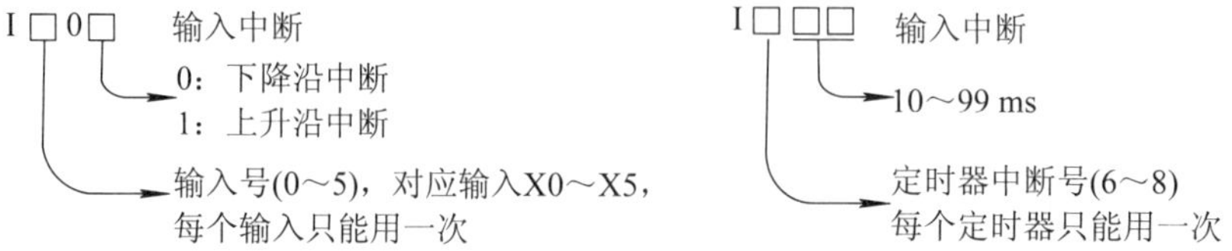

图 6-30　中断指针标号表示方式

(3) 计数器中断，计数器中断用指针(I010～I060)，共 6 点，用在 PLC 内置的高速计数器中。根据高速计数器的计数当前值与计数设定值之间的关系，确定是否执行中断服务程序。它常用于利用高速计数器优先处理计数结果的场合。

中断用指针在使用中应注意以下几点：

(1) 中断指针必须编在 FEND 指令后面作为标号。

(2) 中断指针中百位数上的数字不可重复使用，如用了 I100 就不能用 I101。

(3) 用于中断的输入端子，再也不能用于 SPD 指令或其他高速处理。

6.4.2　FX 系列 PLC 基本逻辑指令及其应用

1．逻辑取及输出线圈指令(LD、LDI、LDP、LDF、OUT)

LD 为取指令，用于常开触头与母线连接。LDI 为取反指令，用于常闭触头与母线连接。LDP 为取上升沿指令，是与左母线连接的常开触头的上升沿检测指令，仅在指定位元件的上升沿(由 OFF→ON)时接通一个扫描周期。LDF 为取下降沿指令，是与左母线连接的常闭触头的下降沿检测指令。OUT 为线圈驱动指令，用于将逻辑解算结果驱动一个指定线圈。

(1) LD、LDI、LDP、LDF 指令作为每一阶梯逻辑运算起始，可与后面讲到的块操作指令 ANB、ORB 相配合，用于分支电路的起点。

(2) LDP、LDF 指令仅在对应元件有效时维持一个扫描周期的接通。在图 6-31 中，当 M102 有一个下降沿时，Y3 只有一个扫描周期为 ON。

(3) LD、LDI、LDP、LDF 指令的目标元件为 X、Y、M、T、C、S。

(4) OUT 指令的目标元件为 Y、M、S、T、C 及 F(功能指令线圈)，不能用于 X 元件，并联输出 OUT 指令可连续使用任意次。

(5) OUT 指令用于元件 T 和 C，其后须跟常数 K。K 为延迟时间或计数次数。基本指令使用参见图 6-31。

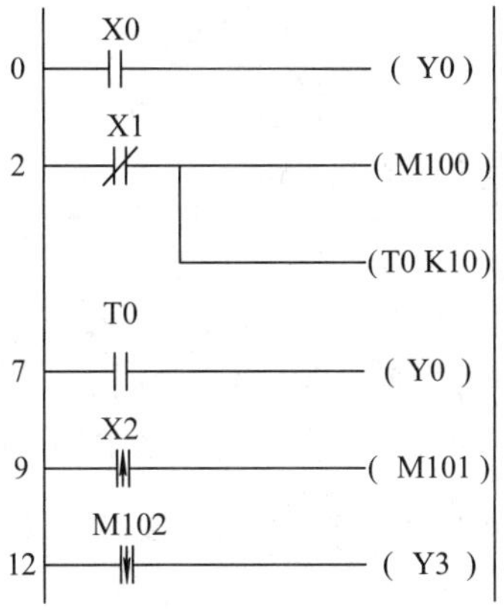

(a) 梯形图

0	LD	X0	
1	OUT	Y0	
2	LDI	X1	
3	OUT	M100	
4	OUT	T0	K10
7	LD	T0	
8	OUT	Y0	
9	LDP	X2	
11	OUT	M101	
12	LDF	M102	
14	OUT	Y3	

(b) 语句表

图 6-31　基本指令使用(一)

2. 触头串联指令(AND、ANI、ANDP、ANDF)

AND 为与指令，用于单个常开触头的串联。ANI 为与反指令，用于单个常闭触头的串联。ANDP 为上升沿检测串联连接指令。ANDF 为下降沿检测串联连接指令。

(1) AND、ANI、ANDP、ANDF 指令用于单个触头与左边触头的串联，可连续使用。

(2) AND、ANI、ANDP、ANDF 指令的目标元件为 X、Y、M、T、C 和 S。

(3) 若是两个并联电路块(两个或两个以上触头并联连接的电路)串联，则需用后面的 ANB 指令。

其编程实例参见图 6-32。

3. 触头并联指令(OR、ORI、ORP、ORF)

OR 为或指令，用于单个常开触头的并联。ORI 为或反指令，用于单个常闭触头的并联。ORP 为上升沿检测并联连接指令。ORF 为下降沿检测并联连接指令。

(1) OR、ORI、ORP、ORF 指令仅用于单个触头与前面触头的并联。

(2) OR、ORI、ORP、ORF 指令的目标元件为 X、Y、M、T、C、S。

(3) 若两个串联电路块(两个或两个以上触头串联连接的电路)并联，则用后面将学到的 ORB 指令。

其编程实例参见图 6-32。

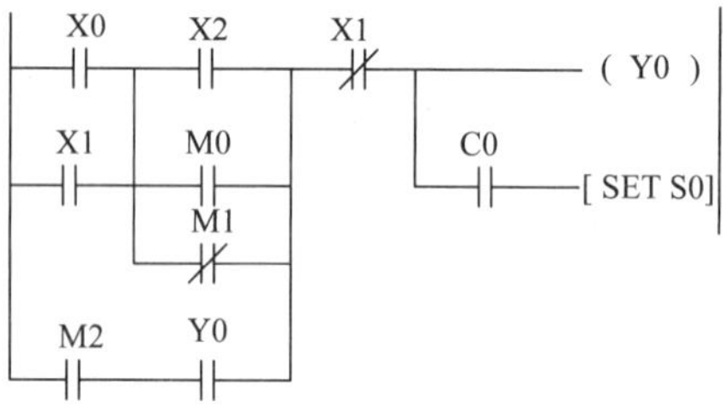

(a) 梯形图

0	LD	X0
1	OR	X1
2	LD	X2
3	OR	M0
4	ORI	M1
5	ANB	—— 串接
6	LD	M2
7	AND	Y0
8	ORB	—— 并接
9	ANI	X1
10	OUT	Y0
11	AND	C0
12	SET	S0

(b) 语句表

图 6-32　基本指令的使用(二)

4. 块或指令(ORB)

ORB指令用于串联电路块的并联连接。

(1) 当串联电路块与前面的电路并联时，分支的开始用 LD、LDI 指令，结束用 ORB 指令。

(2) 串联支路并联的次数不受限制，但每并联一次就要用一次 ORB 指令。

(3) ORB 指令不带目标编程元件，是一个独立的指令。

ORB 指令的编程实例参见图 6-32。

5. 块与指令(ANB)

ANB 指令用于并联电路块的串联连接。

(1) 当并联电路块与前面的电路串联连接时，分支的开始用 LD、LDI 指令，结束用 ANB 指令。

(2) 多个并联电路块连续串联连接，按顺序用 ANB 指令进行连接，ANB 使用次数不受限制。

(3) ANB 指令不带目标编程元件，是一个独立的指令。

其编程实例参见图 6-32。

6．脉冲输出指令(PLS、PLF)

PLS、PLF 指令仅在 ON/OFF 的上升沿或下降沿触发，接通一个扫描周期，如图 6-33 所示。特殊辅助继电器不能用作 PLS 或 PLF 的操作元件。

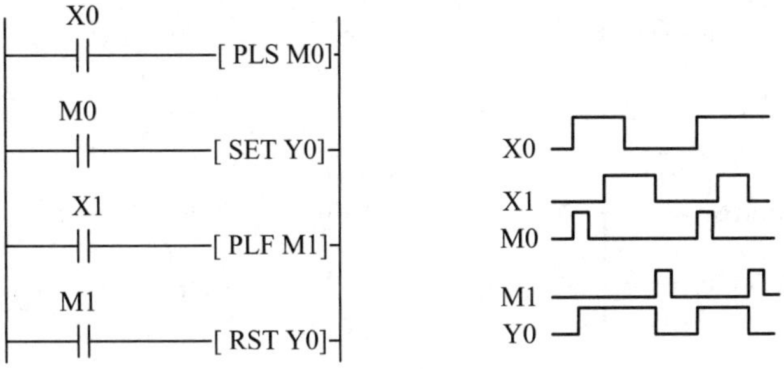

LD	X0
PLS	M0
LD	M0
SET	Y0
LD	X1
PLF	M1
LD	M1
RST	Y0

图 6-33　脉冲输出指令编程

7．R、S 指令

S(Set)为置位指令，是使操作保持的指令。R(Reset)是复位指令，是使操作保持复位的指令。

(1) S 指令用于将 Y、S、M200～M377 等元素置 1 并具有保持功能。

(2) R 指令用于取消 Y、S、M200～M377 等元素的自保持功能并置 0。

R 指令、S 指令的编程实例参见图 6-34。

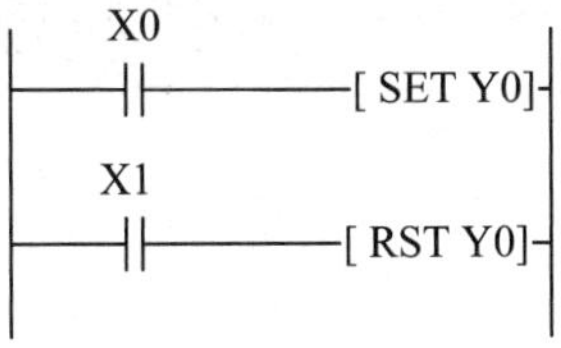

LD	X0
SET	Y0 (Y0动作保持)
LD	X1
RST	Y0 (Y0接点清除)

图 6-34　置位与复位指令

8．主控指令(MC、MCR)

MC(Master Control)为主控指令，用于公共逻辑条件控制多个线圈，使主母线移到主控触头之后。MCR(Master Control Reset)为主控复位指令，用于将母线复位。

(1) MC 和 MCR 指令只对 M100～M177 起作用，MC 指令与 MCR 指令必须成对使用。

(2) MC 主控触头(可同时控制许多电路的触头)后的电路由 LD 或 LDI 开始。

(3) 当 MC 指令前的驱动输入接通时，执行 MC 与 MCR 之间的指令；当输入断开时，积算定时器、计数器、用复位/置位指令驱动的元件保持当前状态，非积算定时器和用 OUT 驱动的元件断开。

(4) 当在 MC 指令内再使用 MC 指令时，嵌套级 N 的编号就顺序增大(按程序顺序由小到大)，嵌套范围为 N0～N7，N0 的使用次数没有限制。图 6-35 为主控双重嵌套的主控指令。

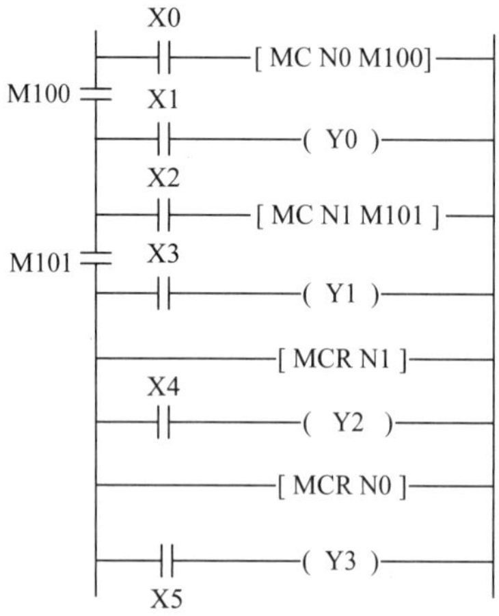

LD	X0
MC	N0
SP	M100
LD	X1
OUT	Y0
LD	X2
MC	N1
SP	M101
LD	X3
OUT	Y1
MCR	N1
LD	X4
OUT	Y2
MCR	N0

图 6-35　双重嵌套的主控指令

9. 栈存储器与多重输出指令(MPS、MRD、MPP)

MPS 为进栈指令。MRD 为读栈指令。MPP 为出栈指令。

在 FX 系列 PLC 中，有 11 个暂存运算中间结果的存储器，称为栈存储器。使用一次 MPS 指令，即将运算结果推入栈的第一段。再次使用 MPS 指令，当时的运算结果推入栈的第一段，先推入的数据依次向栈的后一段推移。利用 MRD 读出最上段所存的最新数据，栈内的数据不发生下压或上托。如图 6-36 所示，MRD 指令读出 X0 的状态，栈内仍保持 X0 的状态。MPP 指令使各数据依次向上段压移，最上段的数据在读出后就从栈内消失。图 6-37 为多重栈指令操作。

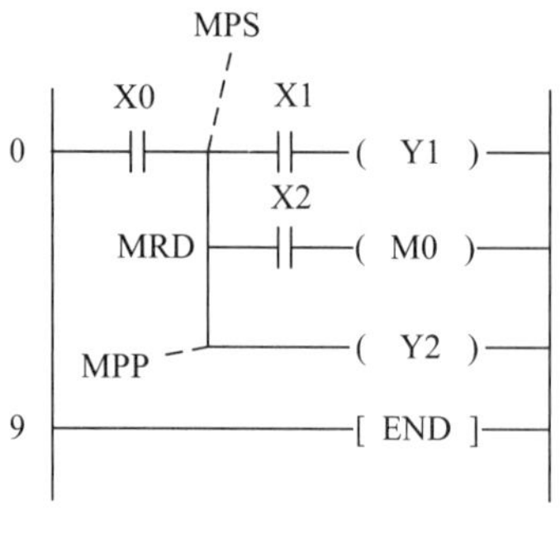

0	LD	X0
1	MPS	
2	AND	X1
3	OUT	Y1
4	MRD	
5	AND	X2
6	OUT	M0
7	MPP	
8	OUT	Y2
9	END	

图 6-36　栈存储器的使用

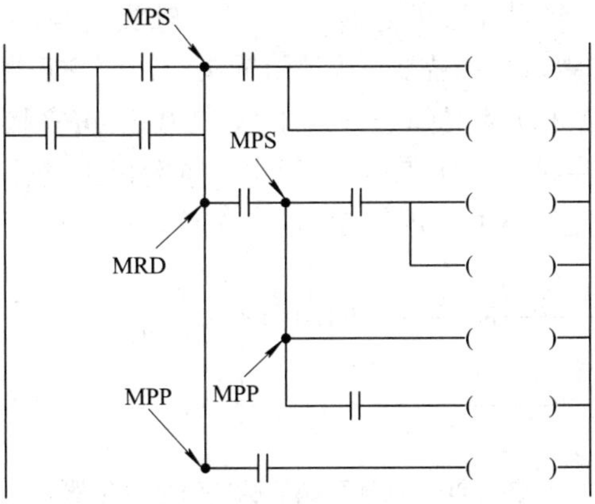

图 6-37　多重栈指令操作

10．定时器(T)

(1) 通用定时器(T0～T245)。通用定时器的特点是不具备断电的保持功能，即当输入电路断开或停电时定时器复位。

如图 6-38 所示，当定时器 T0 的驱动输入 X0 接通时，T0 的当前值计数器对 10 ms 的时钟脉冲进行累积计数，当该值与设定值 K100 相等时，定时器的输出触头就接通，即输出触头是在驱动输入后的 1.00 s 时动作。当驱动输入 X0 断开或发生停电时，计数器复位，输出触头也复位。

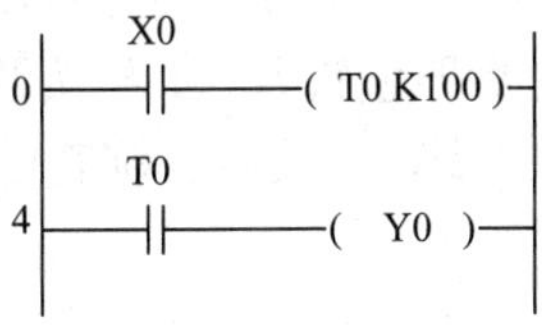


```
0   LD    X0
1   OUT   T0 K100
4   LD    T0
5   OUT   Y0
```

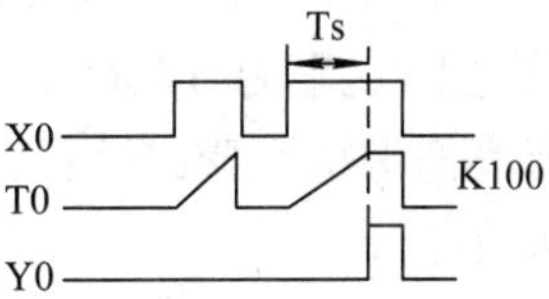

图 6-38　通用定时器用法

(2) 积算定时器(T246～T255)。如图 6-39 所示，与通用定时器不同的是，积算定时器在计数中途即使输入 X0 断开或发生停电，当前值也可保持，输入 X0 再接通或复电时，计数继续进行。当累积时间为 10 s 时，T250 触头动作。当复位输入 X1 接通时，计数器复位，定时器的输出触头也复位。

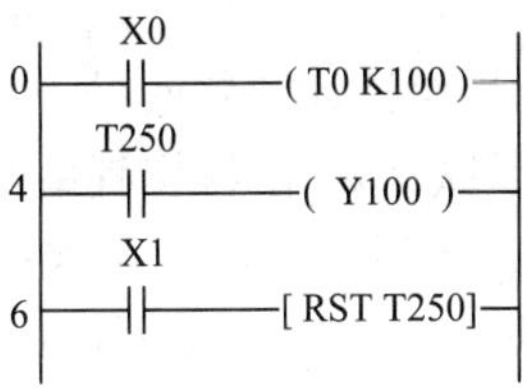


```
0   LD    X0
1   OUT   T250 K100
4   LD    T250
5   OUT   Y0
6   LD    X1
7   RST   T250
```

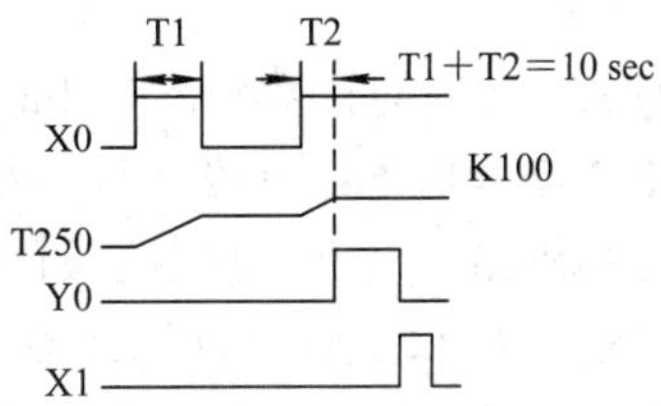

图 6-39　积算定时器

定时器经常使用的技巧是利用定时器在延迟设定时间后，产生一个短暂的脉冲信号。这可以借助 PLC 扫描程序的特性，启动定时器在时间到后，由定时器自行关闭。

图 6-40 为周期可调的脉冲信号发生器。当 X0 为 ON 时，如果 T0 为 OFF，则 T0 常闭

触头闭合，T0 线圈得电，经过 1 s 的延时，T0 常开触头闭合，常闭触头断开，Y0 为 ON 状态。在下一个扫描周期中，当扫描到 T0 常闭触头时，因它已断开，使 T0 线圈失电，T0 常开触头为 OFF 状态，常闭触头又随之恢复闭合，Y0 为 OFF 状态。这样，再在下一个扫描周期扫描到 T0 常闭触头时，又使 T0 线圈得电，重复以上动作就产生了脉宽为一个扫描周期、脉冲周期为 1 s 的连续脉冲。改变 T0 的设定值，就可改变脉冲周期。

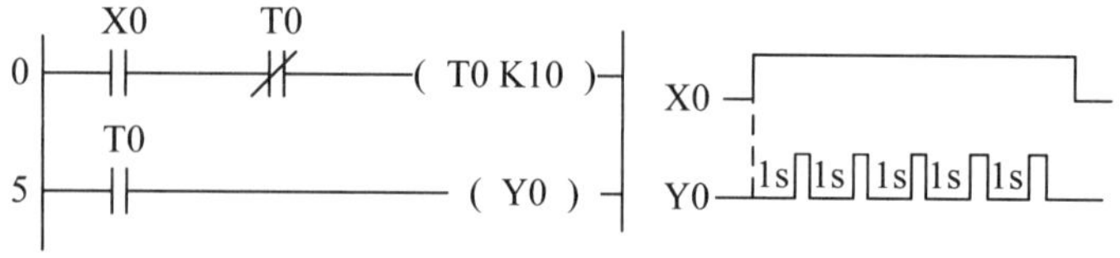

图 6-40　周期可调的脉冲信号发生器

11．计数器(C)

FX 系列 PLC 有低速、高速两种计数器，低速计数器以软计数方式执行，高速计数器以硬件方式执行，输入信号可达 2 kHz。

FX 系列 PLC 又分增、减计数器。计数器具有保持功能，除非使用 RST 指令，否则无法使计数器恢复原值和 OFF。

(1) 16 bit 增计数器。16 bit 二进制增计数器有两种类型：通用，C0～C99(100 点)；停电保持用，C100～C199(100 点)，其设定值都在 K1～K32767 之间。设定值 K0 与 K1 含义相同，即在第一次计数时，其输出触头动作。

在图 6-41 中，X1 为计数输入，每次 X1 接通时，计数器当前值增 1。当计数器的当前值等于设定值(这里为 5)时，计数器 C0 的输出触头接通。之后即使输入 X1 再接通，计数器的当前值都保持不变。当复位输入 X0 接通时，执行 RST 指令，计数器当前值复位为 0，输出触头也断开。

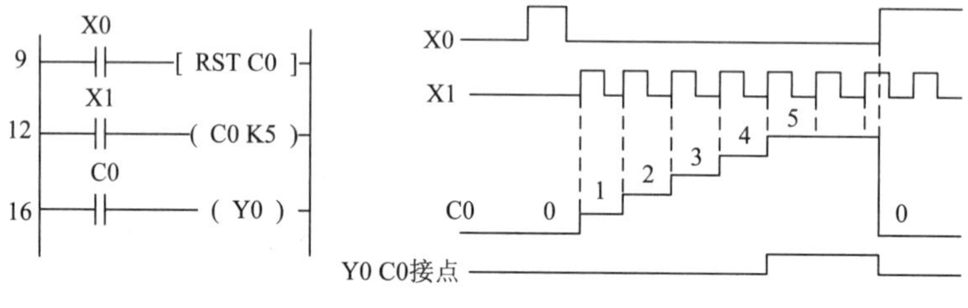

图 6-41　16 bit 增计数器用法

(2) 32 bit 双向计数器。32 bit 的增/减计数器有通用计数器和保持计数器两种。设定值都为−2 147 483 648～+2 147 483 647，计数的方向(增计数或减计数)由特殊辅助继电器 M8200～M8234 设定。其用法如图 6-42 所示，当 M8200 接通时为减法计数。用 X14 作为计数输入，驱动 C200 进行加计数或减计数，当计数器的当前值由−6 至−5 增加时，其触头接通(置 1)；由−5 至−6 减少时，其触头断开(置 0)。当前值的增/减虽与输出触头的动作无关，但从+2 147 483 647 起再进行加计数，当前值就成为−2 147 483 648。同样，从−2 147 483 648 起进行减计数，当前值就成了+2 147 483 647(这种动作称为循环计数)。当复位输入 X13 接通(ON)时，计数器的当前值就为 0，输出触头也复位。

使用停电保持的计数器，其当前值和输出触头状态均能停电保持。

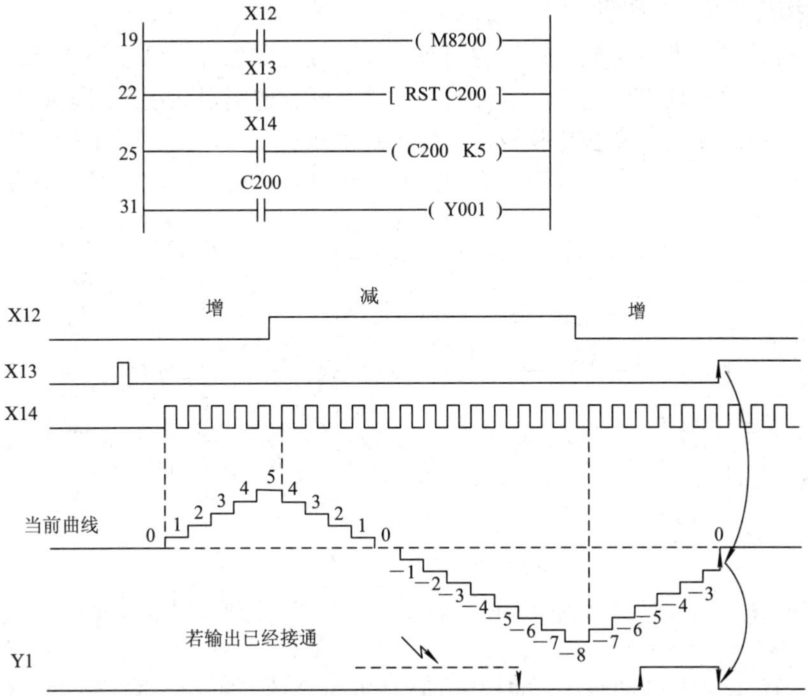

图 6-42　32 bit 双向计数器用法

(3) 高速计数器。虽然 C235～C255(共 21 点)都是高速计数器，但它们共享同一个 PLC 上的 6 个高速计数器输入端(X0～X5)，即如果输入已被某个计数器占用，它就不能再用于另一个高速计数器(或其他用途)。也就是说，由于只有 6 个高速计数的输入，因此最多同时用 6 个高速计数器。另外，它还可有比较和直接输出等高速应用功能。高速计数器的选择并不是任意的，它取决于所需计数器的类型及高速输入的端子，具体使用方法参照 FX 编程手册。高速计数器可用于外部脉冲计数，如旋转编码器。

12．复位指令(RST)

RST(ReSeT)指令用于计数器或移位寄存器的复位。

(1) 程序执行时优先执行 RST 指令，在复位状态时，计数器或移位寄存器不再接受其他输入数据。

(2) 复位电路、计数器的计数电路及移位寄存器的移位电路是相互独立的，编写时可任意安排它们的先后次序。

13．空操作指令(NOP)和结束指令(END)

NOP 指令不作任何处理。程序中若加入 NOP 指令改动或追加程序时，可以减少步序号的改变。NOP 指令用作少量延时，也可作程序功能界限。

END 指令以后的程序不再执行，PLC 跳过余下的 NOP 步序，直接进行输出处理。另外，在调试程序时，将 END 指令插入到各程序块之间，能检查各程序块的动作。此时，当前面的回路块调试完毕后，请注意取消相应的 END 指令。

在执行 END 指令时，也同时运行监控定时器(检查运算周期是否过长的定时器)和刷新。

14．步进指令(STL/RET)

步进指令是专为顺序控制而设计的指令。在工业控制领域，许多控制过程都可用顺序控制的方式来实现。使用步进指令实现顺序控制，既方便实现又便于阅读修改。

FX 系列 PLC 中有两条步进指令：STL(步进触头指令)和 RET(步进返回指令)。STL 指令出现在程序中，表示程序进入步进流程控制的步进阶梯图状态，如图 6-43 所示。

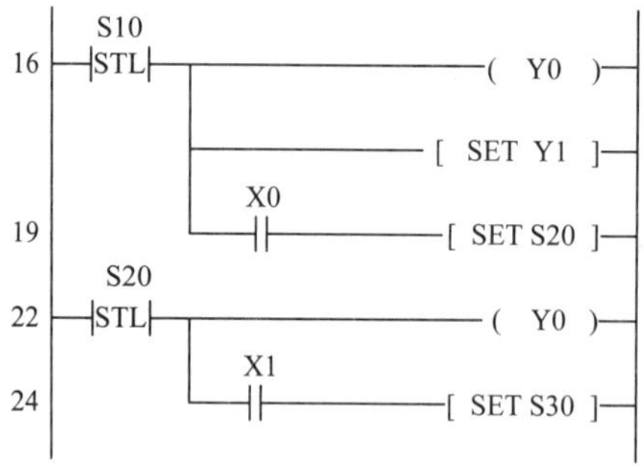

16	STL	S10
17	OUT	Y0
18	SET	Y1
19	LD	X0
20	SET	S20
22	STL	S20
23	OUT	Y0
24	LD	X1
25	SET	S30

图 6-43　步进指令程序示例

(1) STL 触头是与左侧母线相连的常开触头，当相应 STL 触头接通时，对应的状态为活动步。

(2) 与 STL 触头相连的触头，应使用 LD 或 LDI 指令，即 LD 点移到 STL 触头的右侧，直到出现下一条 STL 指令或 RET 指令，RET 指令使 LD 点返回到左侧母线。

(3) STL 触头可直接驱动或通过别的触头驱动 Y、M、S、T 等元件的线圈。

(4) STL 和 RET 指令只有与状态寄存器 S 配合才能具有步进功能。

(5) RET 指令是用来复位 STL 指令的，执行 RET 指令后母线回归到一般梯形图的指令。

(6) 由于 CPU 只执行活动步对应的电路块，因此使用 STL 指令时允许双线圈输出(顺控程序在不同的步可多次驱动同一线圈)。

(7) STL 指令只用于状态寄存器，在没有并行序列时，一个状态寄存器的 STL 指令在梯形图中只能出现一次。

(8) STL 触头驱动的电路块中不能使用 MC 和 MCR 指令，但可以用 CJ 指令，在中断程序和子程序内，不能使用 STL 指令。

(9) STL 指令的具体应用请参照第 7 章。

15．编程注意事项

(1) 程序应按自上而下、从左至右的方式编制。

(2) 避免双线圈输出。双线圈输出是指在同一个程序中，同一元件的线圈使用了两次或多次(如图 6-44(a)所示)，在这种情况下只有最后一次输出有效。

(3) 结构优化。

① 图 6-44(b)中的改进可以简化语句，省略 MPS、MPP 指令。

② 并联多的电路应尽量靠近母线(如图 6-44(c)所示)。

③ 串联多的电路应尽量放在上部(如图 6-44(d)所示)。

④ 图 6-44(e)的左边电路结构不合理。

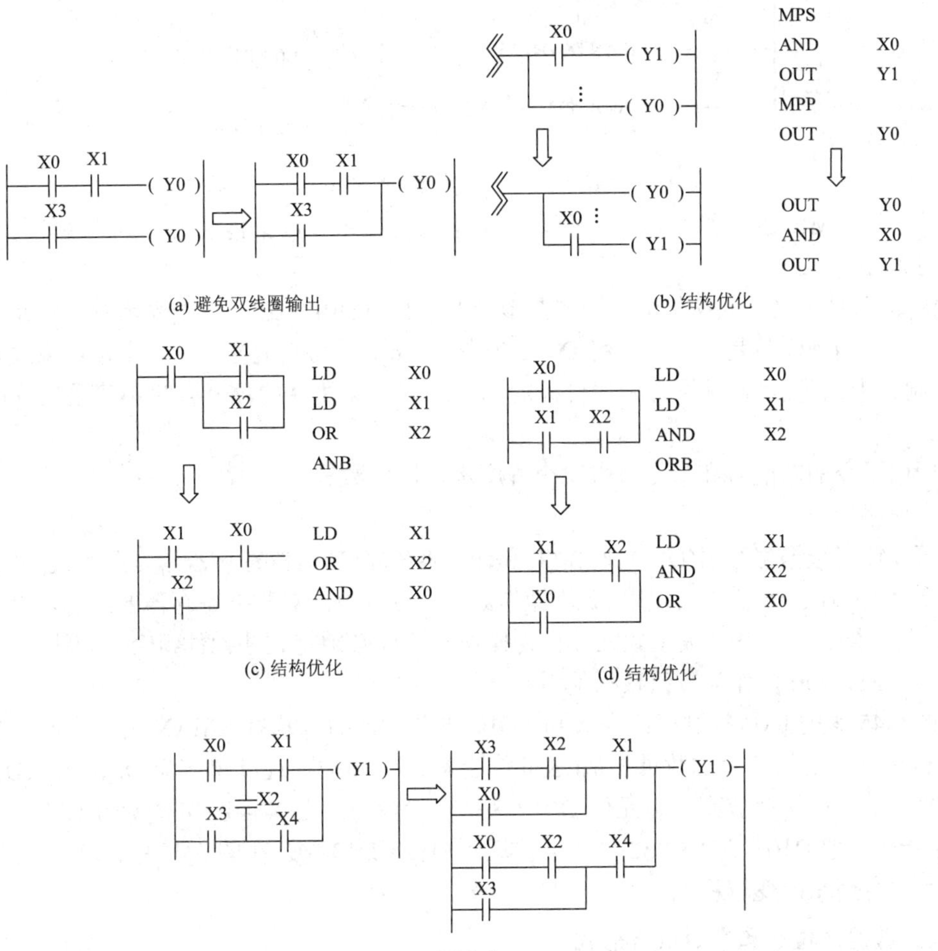

(a) 避免双线圈输出　(b) 结构优化

(c) 结构优化　(d) 结构优化

(e) 结构优化

图 6-44　编程注意事项

6.4.3　应用指令简介

应用指令(也称功能指令)的作用是提高 PLC 的性能，扩大应用领域。应用指令在使用中已经同基本指令密不可分，可读性强，越来越接近于国际通用的助记符。

FX3U PLC 的应用指令可以分为程序流控制、循环与移位、传递与比较、数据处理、外部输入/输出处理、算术与逻辑运算、高速处理、外部设备通信、定位指令等。这些指令的结构形式和使用方法基本相同。

1．应用指令的表达形式

应用指令的表示格式与基本指令不同。每条应用指令都有其唯一的指令助记符和特殊功能号(FNC00～FNC299)。例如：求平均值指令的指令助记符为 MEAN，功能号为 FNC45；译码指令的指令助记符为 DECO，功能号为 FNC41。编程时，有些应用指令只需指定功能号即可，但大多数应用指令在指定功能号的同时还必须指定操作数。这里通过图 6-45 的两条应用指令，介绍应用指令的编程方法。

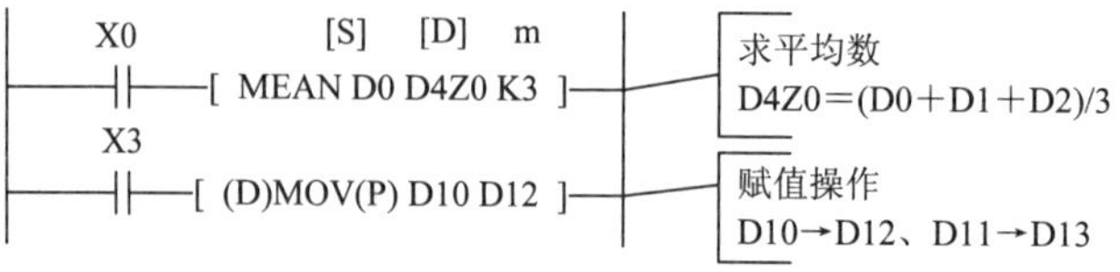

图 6-45　应用指令程序格式

助记符“MEAN”和“MOV”分别是求平均值指令和数据传送指令，其功能号分别为 FNC45 和 FNC12。

[S]表示对应位是源操作数，当源是多个时，用[S1][S2]表示。[D]表示对应位是目的操作数，当目的操作数是多个时，用[D1][D2]表示。m、n 为其他操作数，常常用来表示数制(十进制、十六进制等)或作为源和目标的补充注释，需注释的项目多时也可采用 m1、m2 等方式。

应用指令的功能号和指令表占一个程序步，操作数有的是 16 位，有的是 32 位，占 2 或 4 个程序步。

可以使用数据寄存器(D)、定时器(T)和计数器(C)的当前值寄存器作为操作数的软元件。数据寄存器(D)为 16 位，当使用 32 位操作数时，可以用一对数据寄存器的组合，也可以使用 X、Y、M、S 这些开关量软元件作为操作数，但必须将这些元件组合，表达为 KnX、KnY、KnM、KnS，作为数值数据使用。

图 6-45 程序的执行过程：当 X0 由 OFF 变为 ON 时，执行 MEAN 指令，把以 S 为首址的 m 或 n 个连续单元的数据相加(这里首址为 D0，m=3，连续单元为 D0、D1、D2)，并求其平均值，结果存放到目标元件 D 中(这里为 D4Z0)；当 X3 由 OFF 变为 ON 时，执行 MOV 指令，把 D10、D11 中 32 位数据传送到 D12、D13 中。在图 6-45 中，Z0 为变址寄存器，其内容用来改变编程元件 D4Z0 的元件号。

2．数据的位长和指令执行形式

(1) 16 位/32 位指令。根据数值数据的位长，处理数值的应用指令有 16 位和 32 位。图 6-46 为 MOV 指令，功能号为 FNC12，当处理数据为 32 位时，指令要加上符号[D]来表达，即(D)MOV 或 FNC(D)12(或者 FNC12(D))等。无此标志即为处理 16 位数据的指令。

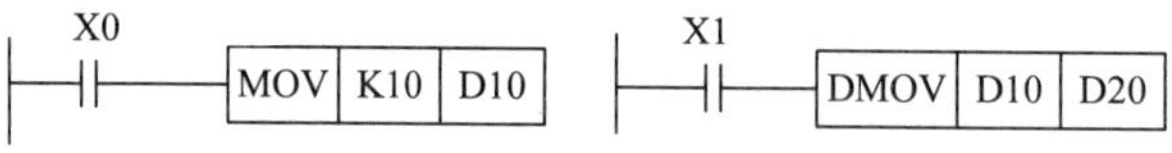

(a) 16位MOV指令　　(b) 32位MOV指令

图 6-46　16 位/32 位指令

32 位指令所指定的元件可以使用偶数或奇数，与之相连的编号的元件组合起来使用。采用 T、C、D 等字元件时，用 32 位指令的操作数指定的低位元件应使用偶数编号。

32 位计数器(C200～C255)因用一个元件就是 32 位，因此只能用作 32 位指令的操作数(不能用作 16 位指令的操作数)。

(2) 脉冲型/连续型执行指令。指令表后附 P 符号的指令，表示脉冲型指令。P 和 D 可同时使用，如(D)MOV(P)。

图 6-47 所示的脉冲型指令仅在 X0 由 OFF 变为 ON 时执行一次，在不需要每个扫描周

期都执行时，用脉冲型指令可缩短程序处理周期。对连续型执行方式，当 X1 为 ON 状态时，上述指令在每个扫描周期都被重复执行。

某些指令，如 INC、DEC 等指令，用连续执行方式时要特别留意。

任何时候，驱动输入 X0 或 X1 为 OFF 时，都不执行指令。除特别指令之外的指令，目标操作数都不变。

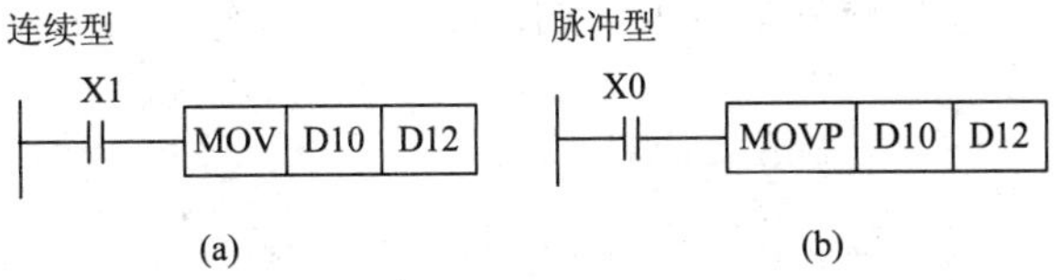

图 6-47　脉冲型/连续型执行指令

3．位元件的使用

X、Y、M、S 等的开关量元件称为位元件，而处理 T、C、D 等数值的元件称为字元件，1 个字由 16 位二进制数组成。

把位元件组合起来就能够处理数值，用位数 Kn 和首位元件编号组合来表达。位元件以每 4 位为一单位，K1～K4 是 16 位数据，K1～K8 是 32 位数据。例如，K2M0 是 M0～M7，K4M0 是 M0～M15。将 16 位数据传送给 K1M0、K2M0、K3M0 时，由于数据长度不足，因此高位位数不能进行传送。如图 6-48 从 D0 传送给 K2M0，再由 K2M0 传送给 D1，高 8 位数据成了 0。

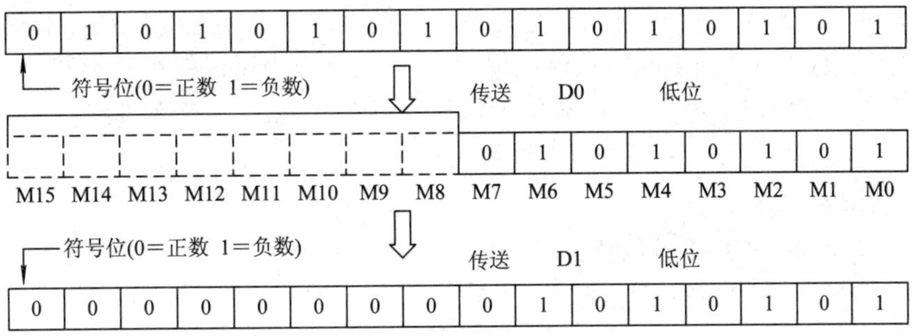

图 6-48　数据传送示例

指定的位元件的编号是任意的，但是应尽量使最低位设为 0，如 X0，X10，X20，…，Y0，Y10，Y20 等。为避免混乱，M、S 最好用数字，如 M0、M10、M20 等。

4．常用应用指令介绍

下面举例介绍几个常用的应用指令，以掌握应用指令的使用方法。详细内容请参考 FX 编程手册。

(1) 条件跳转指令。

CJ(FNC00)：条件跳转指令。

CJ(P)：脉冲执行方式，上升沿有效。

当执行 CJ 指令时，跳过 CJ 指令和指针标号之间的程序。该指令可用的有效标号为 P0～P63(P63 相当于 END)。

不同跳转指令可以使用相同的标号，但任一标号只能在程序中出现一次。标号可以出现在相应跳转指令之前，注意不要超过 WDT 的设定时间。

跳转期间，未被执行区间的 Y、M、S 的状态保持不变，T、C 停止工作(T63 和高速计数器除外)。如通过跳转进入主控触头内部，则无论主控触头是否接通，都按其接通执行主控区内的程序。

在图 6-49 中，当 X0 为 ON 状态时，执行 CJ P8，程序跳到标号 P8 处，继续执行；当 X0 为 OFF 状态时，程序按顺序执行 LD X10，并继续执行后面的指令。

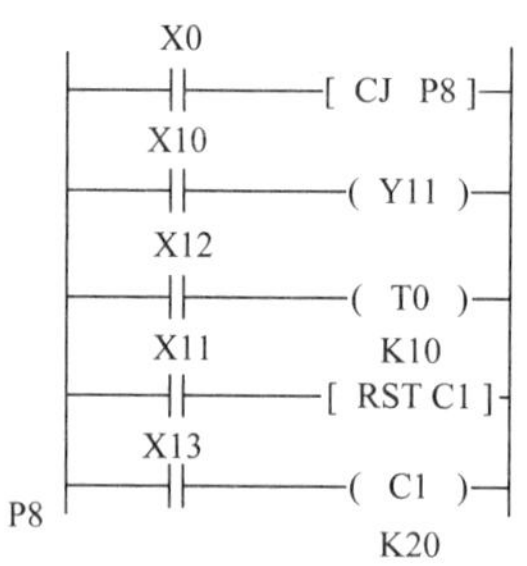

LD	X0	
CJ	P8	
LD	X10	
OUT	Y11	
LD	X12	
OUT	T0	K10
LD	X11	
RST	C1	
LD	X13	
OUT	C1	K20
	P8	

图 6-49　CJ 指令用法

(2) 子程序调用指令。

CALL(FNC01)：子程序调用指令。

CALL(P)：脉冲执行方式，上升沿有效。

SRET(FNC02)：子程序返回指令，无操作数。

参照图 6-50，CALL 指令的有效标号为 P0～P62。标号所指定的子程序，应编写在 FEND 指令(主程序结束)之后，同一标号只能出现一次，CJ 指令中用过的标号不能再用。但不同位置的 CALL 指令可以调用同一标号的子程序，子程序最多可以嵌套 5 级。

子程序结束，通过 SRET 指令，返回到主程序。

(3) 比较指令。

(D) CMP(P)(FNC10)：两数比较指令。

S1、S2 的操作元件：K、H、KnX、KnY、KnM、KnS、T、C、D、V、Z。

D 的操作元件：Y、M、S。

如图 6-51 所示，将比较值[S1]和比较源[S2]的内容进行比较，比较结果由 3 个连续目标位元件的开关状态表示(图中是 Y0 Y1 Y2)。[D]中存放目标位元件的首址。

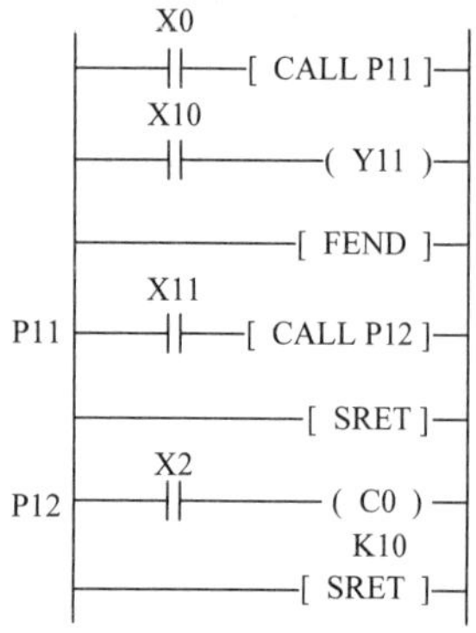

图 6-50　CALL 指令用法

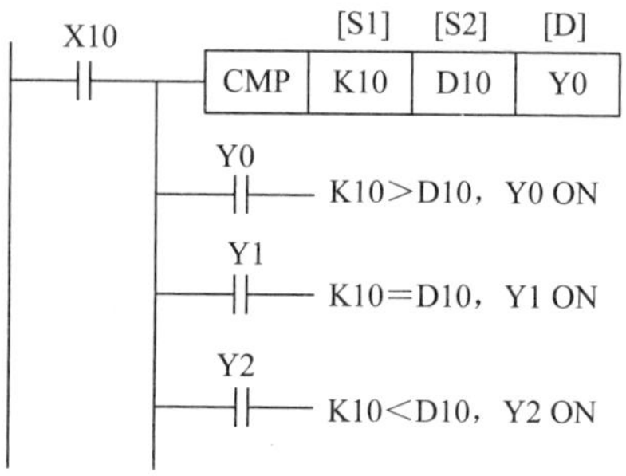

图 6-51　比较指令使用示例

(4) 区间比较指令。

(D) ZCP(P)(FNC11)：区间比较指令。

S1、S2、S3 的操作元件：K、H、KnX、KnY、KnM、KnS、T、C、D、V、Z。

D 的操作元件：Y、M、S。

如图 6-52 所示，将源数据[S3]与区间[S1]、[S2]比较，比较结果影响目的数据状态。

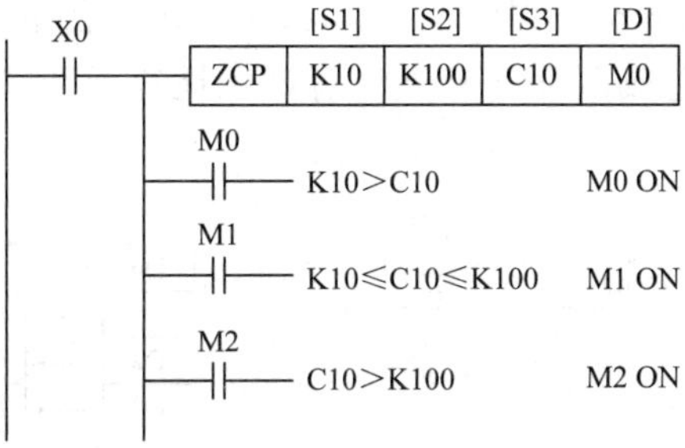

图 6-52 区间比较指令使用示例

使用比较指令 CMP/ZCP 时应注意：

① [S1]、[S2]可取任意数据格式，目标操作数[D]可取 Y、M 和 S。

② 使用 ZCP 时，[S2]的数值不能小于[S1]。

③ 所有的源数据都被看成二进制值处理。

若要清除其比较结果，可使用 RST 或 ZRST 指令。

(5) 传送指令。

(D)MOV(P)(FNC12)：传送指令。

源操作数：K、H、KnX、KnY、KnM、KnS、T、C、D、V、Z。

目的操作数：KnY、KnM、KnS、T、C、D、V、Z。

如果源操作数[S]内的数据是十进制的常数，则 CPU 自动地将其转换成二进制数，然后再传送到目的操作数[D]中。在图 6-53(a)中，当 X2 为 ON 状态时，将[S]中源数据传送到指定的目标单元，即 K100 自动转换成二进制数送入 D10。

在图 6-53(b)中，当 X1 为 OFF 状态时，D10 内容没有变化；当 X1 为 ON 状态时，T0 的当前值送至 D10 数据寄存器内。

32 位数据传送须使用 DMOVE 指令。当 X2 为 ON 状态时，D21、D20 的当前值传送至 D31、D30 的数据寄存器内。同时，将计数器 C235 当前值传送至 D41、D40 数据寄存器内。

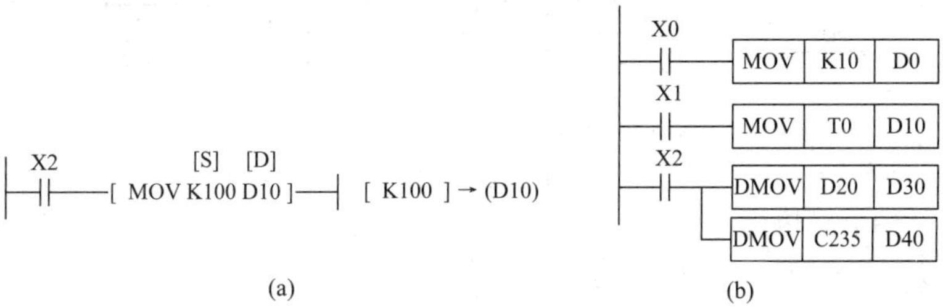

图 6-53 传送指令使用示例

(6) 块传送指令。

(D)BMOV(P)(FNC15)：块传送指令。

源操作数[S]：KnX、KnY、KnM、KnS、T、C、D、V、Z、[RAM]文件寄存器。

目的操作数[D]：KnY、KnM、KnS、T、C、D、V、Z、[RAM]文件寄存器。

把连续 n 个单元的 S 源内容传送到 D 目标元件中，n 为传送单元数量。利用 BMOV 指令可以读取文件寄存器(D1000～D2999)中的数据。

在图 6-54(a)中，当 X10 为 ON 状态时，D0～D3 数据寄存器的内容被传送到 D20～D23 数据寄存器内。如果指定位元件 KnX、KnY、KnM、KnS 作为操作数，则[S]和[D]的位数必须相同，即 n 相同。在图 6-54(b)中，K1M0 和 K1Y0 中的 n 都为 1。为防止两个运算元所指定的传送号码重叠时造成混乱，必须注意两个运算元所指定号码大小的安排，如图 6-54(c)所示。

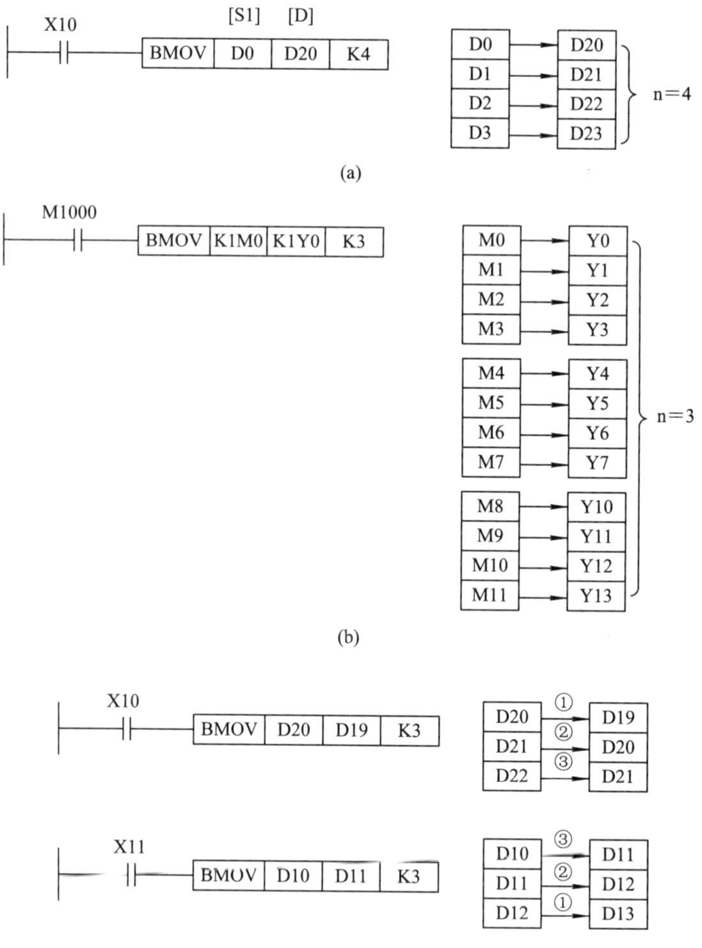

图 6-54　块传送指令范例

(7) 读特殊功能模块指令。

(D)FROM(P)(FNC78)：读特殊功能模块指令。

源操作数[m1][m2]：K、H。

目的操作数[D]：KnY、KnM、KnS、T、C、D、V、Z。

FROM 指令是将编号为 m1 的特殊功能模块内的缓冲存储器(BFM)中编号为 m2 开始的 n 个数据传送到 PLC 内，并存于从[D]开始的 n 个数据寄存器中。m1 是特殊功能模块的地址，依次为 0～7，其中最靠近基本单元的那个地址为 0。m2 是特殊功能模块内缓冲存储器，其值为 0～32 766。特殊功能模块有模拟量输入单元、模拟量输出单元、高速计数器等。

在图 6-55 中，当 X0 为 ON 状态时，把地址为 0 的特殊功能模块内的#29 缓冲存储器的内容读至 PLC 的 D0 中，#30 缓冲存储器的内容读至 D1 中。

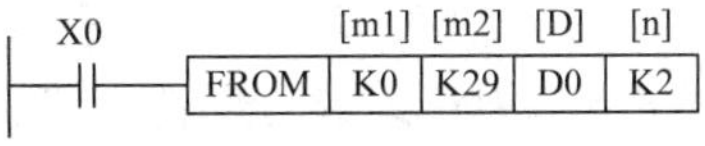

图 6-55　FROM 指令

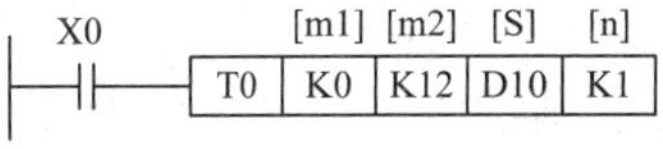

图 6-56　TO 指令

(8) 写特殊功能模块指令。

(D)TO(P)(FNC79)：写特殊功能模块指令。

源操作数[m1][m2]：K、H。

目的操作数[S]：KnY、KnM、KnS、T、C、D、V、Z。

TO 指令是将 PLC 中[S]起始的 n 个字的数据写到单元号为 m1 的特殊功能模块中编号为 m2 开始的缓冲存储器中。m1 是特殊功能模块号(范围为 0～7)，m2 是缓冲存储器单元号(范围为 0～32 765)，n 是待传送数据的字数(范围为 0～31)。在图 6-56 中，把数据寄存器 D10 的内容写入到编号为 0 的特殊功能模块内的#12 缓冲存储器中。

5. 特殊功能模块与应用指令

在 PLC 中，特殊功能模块一般为智能控制模块，如运动控制器模块、模拟量控制模块等。PLC 的 CPU 通过 FROM、TO 指令对这些模块进行读/写操作，实现控制。

如模拟量控制中的 A/D 模块(如 FX3U-4AD-ADP 模块)是特殊功能模块，该功能模块能自动定时采集现场实时数据，实时数据一般放在 A/D 模块的缓冲存储器中。PLC 的 CPU 可以应用 FROM 指令，读取 A/D 模块缓冲存储器中的数据，应用 MOVE 指令将采集的数据存放在 PLC 指定的特殊软元件中。

同样，模拟量控制中的 D/A 模块(如 FX3U-4DA 模块)能自动地定时把模块中缓冲存储器数据转化为模拟量信号输出给温度、压力、速度等控制对象，比如把温度给定值输出给加热器，PLC 的 CPU 可以通过 TO 指令把控制数据(如温度给定值)写到 D/A 模块的缓冲区中。

6.5　常用基本程序设计范例

1. 启-保-停电路

启-保-停电路是继电器控制系统线路设计中常用的基本电路之一。有些应用场合需要利用按钮的瞬间闭合或断开启动或停止设备。若要维持持续动作，必须设计自保电路。在图 6-57 电路中，SB2 为启动按钮，SB1 为停止按钮，负载为继电器 KA。

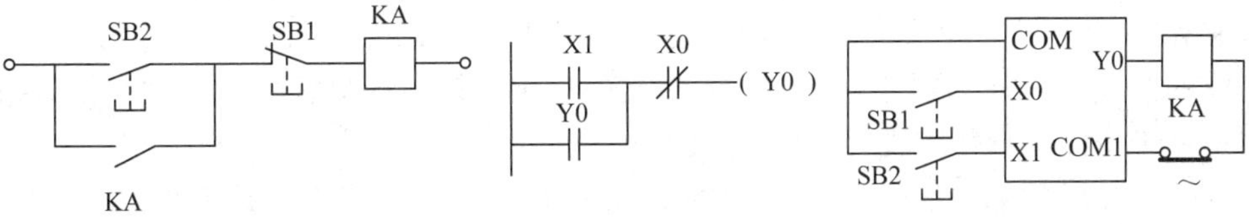

(a) 继电器系统控制线路　(b) PLC梯形图程序　(c) PLC外部接线

图 6-57　启-保-停电路

启动过程：若 SB2 常开触头接通为 ON，则 PLC 输入 X1 ON，此时 SB1 常开触头处于断开状态，X0 常开触头断开，根据常开常闭触头的反逻辑关系知道其常闭触头此时应为接通状态，所以梯形图中 Y0 接通，输出电路中 KA 通电。

保持过程：Y0 接通后，其常开触头逻辑为接通状态，由于 X1 和 Y0 的常开触头是并联(或)的关系，此时 X1 常开触头，即外部 SB2 的常开触头是否接通都不会改变 Y0 线圈的接通状态，即 SB2 可以是一个脉冲信号。通常，称这种结构为自锁或自保持电路。

停止过程：在 SB2 断开的情况下，按下 SB1，其常开触头接通，对应的 X0 常开触头接通，常闭触头断开，梯形图中 Y0 线圈被断开，经输出电路 KA 断电，此时 Y0 的常开触头也处于断开状态，保持电路同时失效。

从上面的分析可以发现，启-保-停电路具有“记忆”功能，Y0 接通表示启动电路接通，Y0 断开表示停止电路断开。启动电路和停止电路可以是多个触头的串、并联组合，通过设计合适的启动、停止电路可以实现更为复杂的控制逻辑。

2. 互锁控制和互控控制

对于不能同时处于接通状态的电气设备通常都采用互锁电路实现，设计时将驱动线圈对应的常闭触头串在被锁设备(或线圈)的停止电路中。该结构用于 PLC 的程序设计中，即为软件互锁控制。在图 6-58(a)中，启动接点 X0、X1 哪个先有效，对应的输出 Y0、Y1 将先动作，同时锁住对方，使两个输出不能同时作用。例如，为防止电机的正、反转同时有效，就必须互锁。图中，X2 为停止开关。

互控控制又称联锁控制，也是避免设备同时接通的保护措施，设计时将启动电路的反逻辑关系串入被锁设备(或线圈)的停止电路中。同样，也可以在 PLC 程序中用软件实现。如图 6-58 中的 X0、X1 的常闭触头。

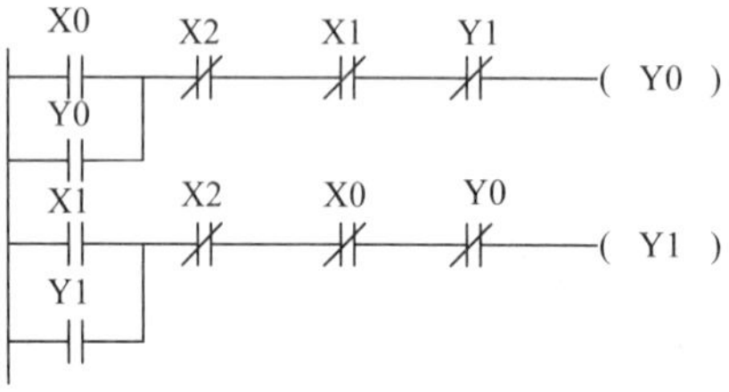

(a) PLC梯形图程序

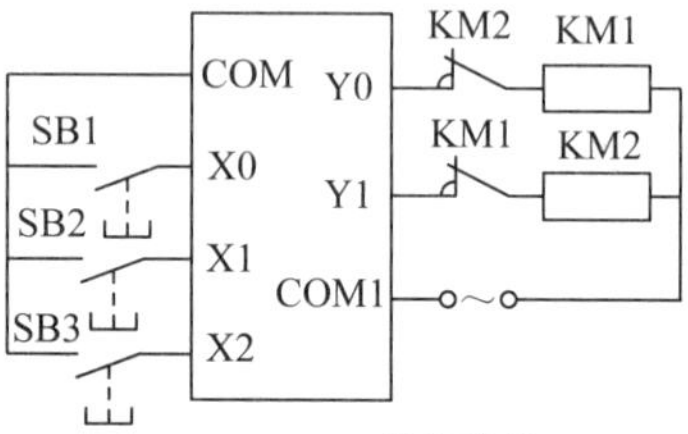

(b) PLC外部接线

图 6-58　互锁控制和互控控制电路

在 PLC 的控制系统中，互锁保护还可分为软件互锁和硬件互锁。软件互锁利用编程实现，从控制逻辑上能实现可靠的互锁保护。但当硬件发生故障，如 KM1 接触器触头发生熔焊而不能正常断开，在没有必要的检测手段时，PLC 是不能判断此类情况的。仍然根据程序将 KM2 线圈通电，就会出现 KM1、KM2 同时接通的情况而无法起到互锁的目的。在软件互锁的前提下，外部硬件也应该采取必要的保护措施，即硬件互锁。如图 6-58(b)中的 KM1、KM2 的常闭触头就起到硬件互锁的作用。

另外，PLC 的输出端子如果直接驱动接触器线圈，应注意容量是否合适，必要时可采用中间继电器进行功率放大，对接触器的驱动在二次回路中实现。

例 6-1　车库电动卷门控制。

电动门由电动机驱动而上下移动，设立上下按钮开关控制卷门，卷门遇到上或下限位开关时停止。应用 PLC 作为控制器，分析得出 PLC 外部连接器件有两个按钮开关、两个限位开关和两个电机启动接触器。梯形图和外部接线如图 6-59 所示。这个控制程序应用了前面所说的启-保-停和互锁控制、互控控制的基本电路。

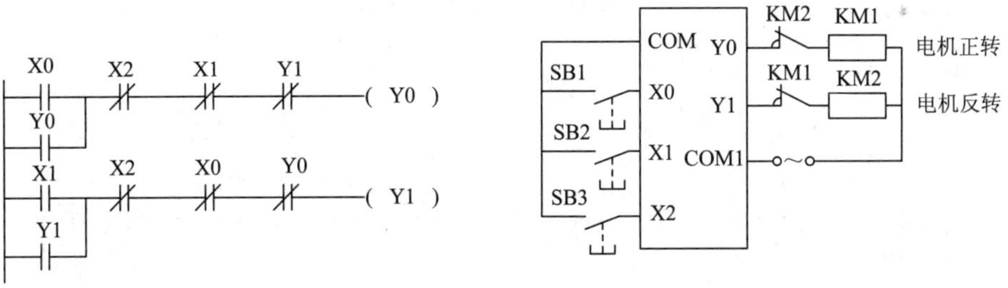

(a) PLC梯形图程序　　(b) PLC外部接线线

图 6-59　车库电动卷门控制电路

3. 时间控制

时间控制电路以时间为控制原则，典型电路有长延时电路、时序电路、延时接通/延时断开电路等。

(1) 长延时电路。现在许多控制系统，如智能楼宇系统中的火灾报警系统、消防供水系统等，都有自动巡检要求，时间间隔为数小时到数天甚至更长时间，而通常 PLC 能提供的定时器最大定时时间不到 1 小时，如三菱 FX 系列和西门子 S7-200 系列都为 3276.7 s，西门子 S7-300 系列为 9990 s。长延时电路的实现方法有两种：一种是采用多个定时器的串联实现，但结构可能会很冗长，仅适合于较短的延时要求，如图 6-60(a)所示，定时时间为 600 s；另一种是通过定时器和计数器合用实现，此种结构程序简洁，定时时间范围没有限制(可采用计数器串联)，如图 6-60(b)所示，定时时间为 1 天。

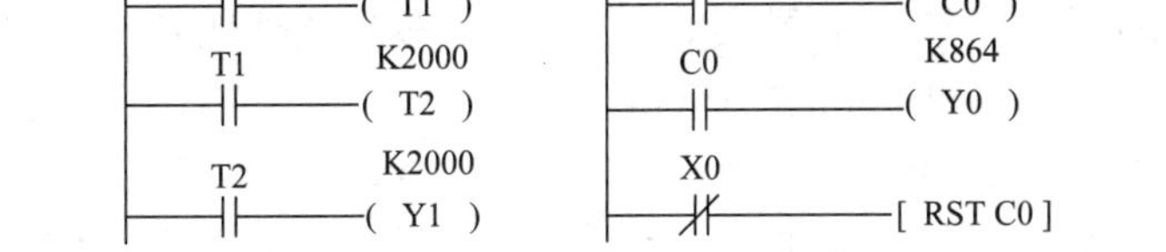

(a)　　(b)

图 6-60　长延时电路

(2) 周期可调的脉冲信号发生器。如图 6-61 所示，采用定时器 T0 产生一个周期可调节的连续脉冲。当 X0 为 ON 状态时，如果 T0 为 OFF，则 T0 常闭触头闭合，T0 线圈得电，经过 1 s 的延时，T0 常开触头闭合，常闭触头断开，Y0 为 ON 状态。在下一个扫描周期中，当扫描到 T0 常闭触头时，因它已断开，使 T0 线圈失电，T0 常开触头为 OFF 状态，常闭触头又随之恢复闭合，Y0 为 OFF 状态。这样，再在下一个扫描周期扫描到 T0 常闭触头时，又使 T0 线圈得电，重复以上动作，T0 的常开触头连续闭合、断开，就产生了脉宽为一个扫描周期、脉冲周期为 1 s 的连续脉冲。改变 T0 的设定值，就可改变脉冲周期。其中，图 6-61(a)为三菱机型梯形图，图(b)为西门子机型梯形图。

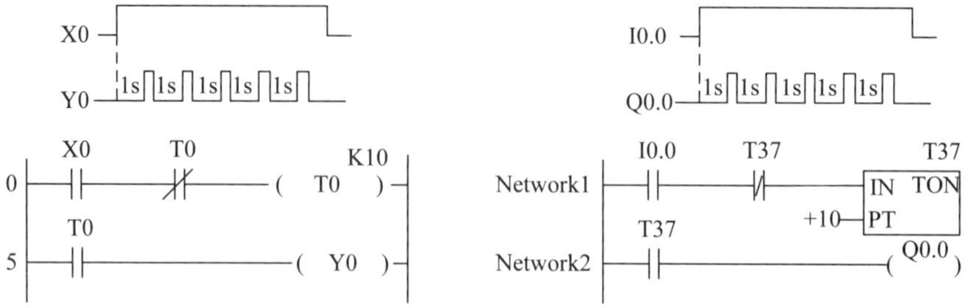

(a) 三菱机型梯形图　　(b) 西门子机型梯形图

图 6-61　周期可调的脉冲信号发生器

(3) 占空比可调的脉冲信号发生器。它又称闪烁电路、振荡电路，可生成振荡脉冲，如图 6-62 所示，但由于 PLC 的扫描机制，脉冲频率有限。其中，图 6-62(a)为三菱机型梯形图，图(b)为西门子机型梯形图。

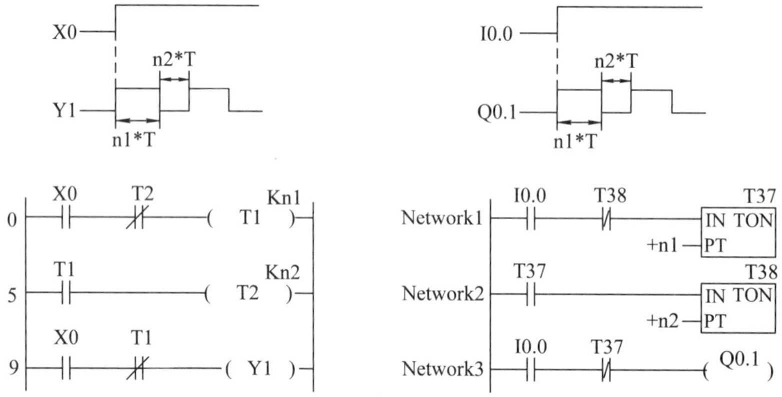

(a) 三菱机型梯形图　　(b) 西门子机型梯形图

图 6-62　闪烁电路

常用的指示灯闪烁或蜂鸣器报警用的振荡电路，使用软件生成 PWM 的调制波形等可以采用此种电路结构。用 T1、T2 分别控制 ON、OFF 时间，调整 T1、T2 就可以调整振荡频率。

(4) 延时接通/延时断开电路。当触发信号出现后经过延时使负载接通，称为延时接通电路。当触发信号消失后，经延时断开，称为延时断开电路，如图 6-63 所示。在图 6-63(a)的延时断开电路中，Y0 常开触头的作用只是为了提高电路的合理性，当 X0 未接通时，T0 不工作。在图 6-63(b)的延时接通电路中，当 X0 接通时，Y0 需经过 T 时间延时后接通。图 6-63(c)为同时实现延时和接通的电路，当开关 X0 为 ON 状态时，Y4 延时 5 s，为 ON 状态，X0 松开，Y4 延时 3 s，为 OFF 状态。

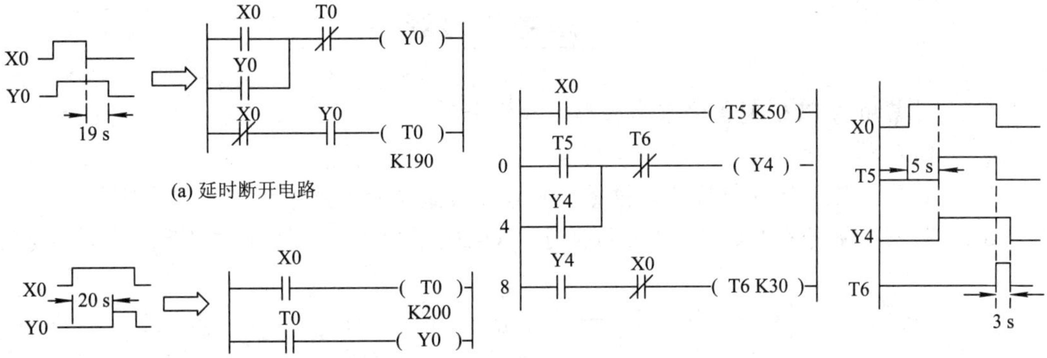

(a) 延时断开电路

(b) 延时接通电路

(c) 延时接通/延时断开电路

图 6-63　延时接通/延时断开电路

图 6-64 是 S7-200 PLC 的梯形图实现方法，其中图(a)为时序图，图(b)为梯形图。

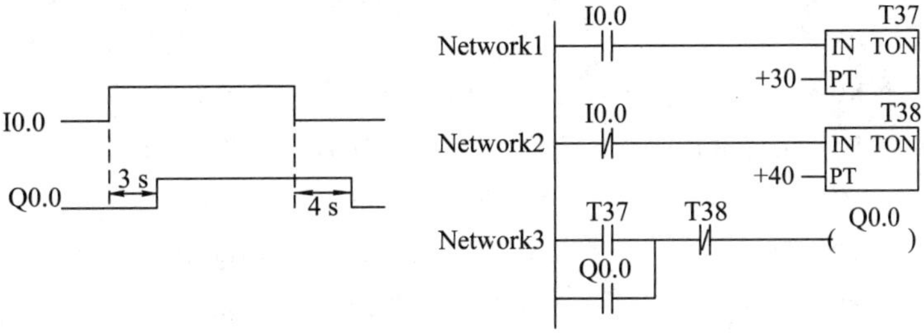

(a) 时序图

(b) 梯形图

图 6-64　延时接通/延时断开电路

4．触发和分频电路

参见图 6-65 的梯形图和时序图。X0 的上升沿微分指令使 M0 产生 ΔT(一个扫描周期)的单脉冲，与 Y1 常闭触头相与，使 Y1 为 ON 状态。下一个扫描周期线圈 M0 为 OFF 状态，其 M0 常闭触头与 Y1 常开触头都闭合，Y1 继续保持 ON 状态。直到输入 X0 又来了一个上升沿脉冲，再次使 M0 为 ON 状态，持续一个扫描周期，同时使 Y1 为 OFF 状态。当输入 X0 是一个周期为 T 的方波信号时，Y1 输出便是一个周期为 2T 的方波信号，程序起到分频作用。

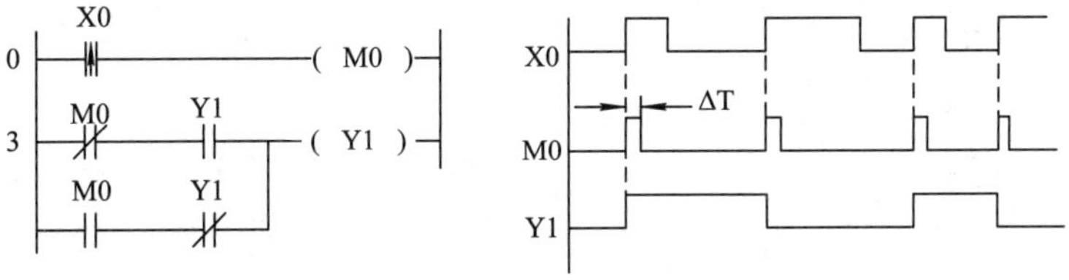

(a) 梯形图

(b) 时序图

图 6-65　触发和分频电路

思考与习题

6.1 最常用的 PLC 编程语言为梯形图和指令表语句，这两种语言各有什么特点？

6.2 PLC 程序设计包括哪些基本内容？

6.3 置位、复位指令与置位复位触发器和复位置位触发器指令的区别是什么？

6.4 将图 6-66 分别写成三菱 FX 和西门子 S7-200 指令表，并用相应的编程元件进行标注。

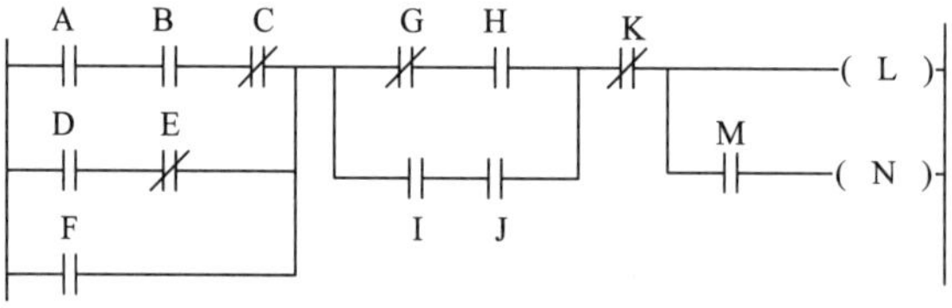

图 6-66 习题 6.4

6.5 画出与下面指令表程序对应的梯形图(左侧为三菱机型，右侧为西门子机型)。

(1) 程序一：

LD1	X0		LDN	I0.0
OUT	T0	K10	TON	T37, +10
LD	T0		LD	T37
OUT	Y0		=	Q0.0
LD1	X2		LDN	I0.2
AND	X3		A	I0.3
LD	X4		LD	I0.4
AND	X5		A	I0.5
ORB			OLD	
OUT	Y1		=	Q0.1
END			END	

(2) 程序二：

LD1	X0	LDN	I0.0
OR	X2	O	I0.2
AND	X1	A	I0.1
PLS	Y0	EU	
LD	X3	=	Q0.0
ORI	X4	LD	I0.3
LD	X5	ON	I0.4
OR	X6	LD	I0.5
ANB		O	I0.6
OUT	Y1	ALD	
END		=	Q0.1
		END	

6.6　已知控制电路的梯形图和输入波形如图 6-67 所示，根据输入波形画出输出波形(左侧为三菱机型，右侧为西门子机型)。

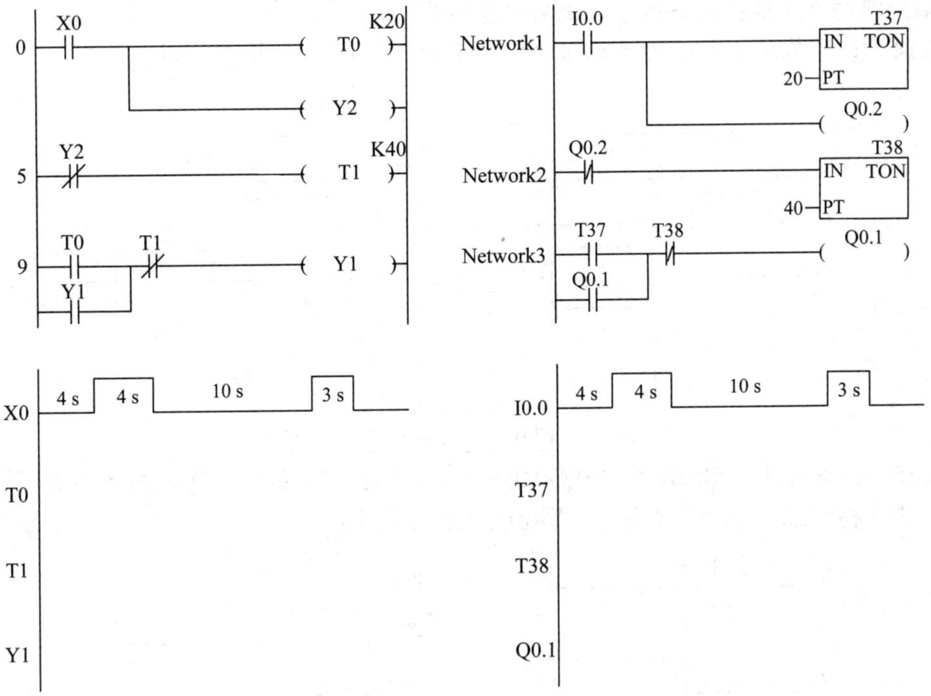

图 6-67　习题 6.6

6.7　为了扩大延时范围，现需采用两个定时器来完成这一任务，试设计这一定时电路，要求在输入接通以后，延时 1400 s，再将输出接通。

6.8　为了扩大计数范围，现需采用两个计数器来完成这一任务，试设计这一计数电路，要求输入计数脉冲信号，当达到预定值 10 000 时，输出接通，并将计数器复位。

6.9　用一个定时器加一个计数器设计一个定时电路，在输入接通 81 000 s 后将输出接通。

6.10　编程实现通电及断电均延时的时间继电器功能。若 X0(I0.0)由断变通，Y0(Q0.0)延时 10 s 才有输出；若 X0(I0.0)由通变断，Y0(Q0.0)延时 5 s 才无输出。

6.11　有三台电动机，要求启动时每隔 10 min 依次启动一台；每台运行 8 h 后自动停机；运行中还可以用停止按钮将三台电动机同时停机，试编写其程序。

6.12　小车在初始位置时，限位开关 X0 接通，按下启动按钮 X3，小车按图 6-68 所示的顺序运动，最后返回并停在初始位置，编写其梯形图。(西门子机型启动按钮为 I0.3)

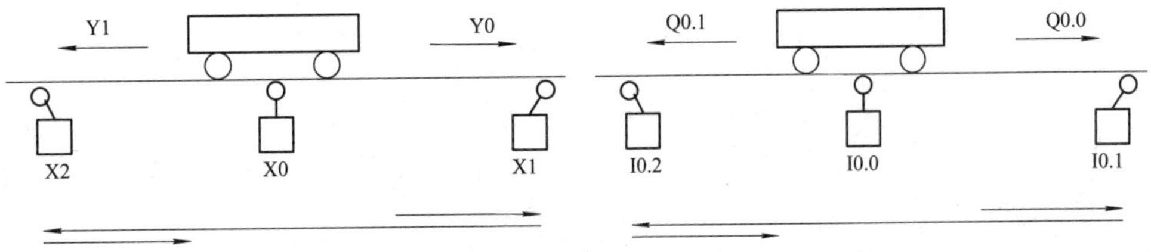

图 6-68　习题 6.12

6.13　用接在 X0(I0.0)输入端的光电开关检测传送带上通过的产品，有产品通过时 X0(I0.0)为 ON 状态，如果在 10 s 内没有产品通过，由 Y0(Q0.0)发出报警信号，用 X1(I0.1)输入端外接的开关解除报警信号，试画出梯形图。

6.14　设计满足如图 6-69 所示波形的梯形图(图(a)为三菱机型，图(b)为西门子机型)。

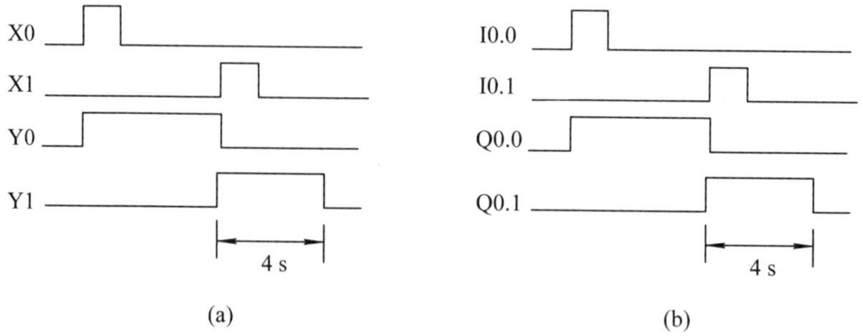

图 6-69　习题 6.14

6.15　按下按钮 X0(I0.0)后，Y0(Q0.0) ~ Y2(Q0.0)(红灯、绿灯、黄灯)按图 6-70 所示时序变化，设计梯形图(图(a)为三菱机型，图(b)为西门子机型)。

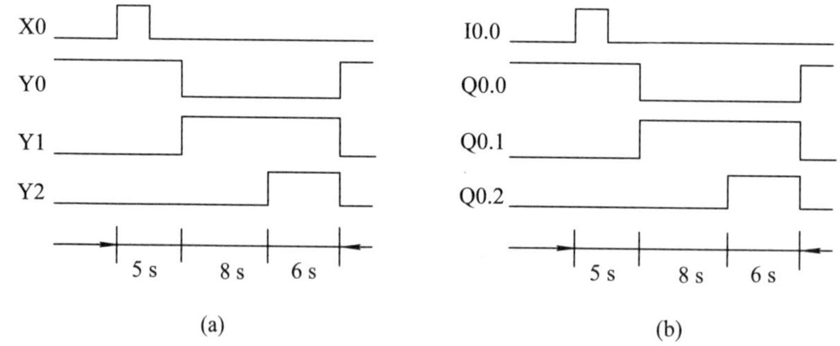

图 6-70　习题 6.15

6.16　试设计一自动售货机的控制程序，系统动作要求如下:

(1) 自动售货机可投入 1 元、5 元、10 元硬币。

(2) 当投入的硬币总值等于或超过 12 元时，汽水按钮指示灯亮，当投入的硬币总值超过 15 元时，汽水、咖啡按钮指示灯都亮。

(3) 当汽水按钮指示灯亮时，按汽水按钮，则汽水排出 7 s 后自动停止，汽水排出时，相应指示灯闪烁。

(4) 当咖啡按钮指示灯亮时，动作同上。

(5) 当投入的硬币总值超过所需钱数(汽水 12 元、咖啡 15 元)时，找钱指示灯亮。

第 7 章
可编程控制器程序设计方法

可编程控制器的控制逻辑是通过程序设计实现的，因此，熟练地掌握程序设计方法是学习并应用可编程控制器的关键所在。根据控制系统的复杂程度和生产工艺流程，程序设计方法主要分为经验设计法和顺序控制设计法。由于可编程控制器是在继电接触器控制系统基础上发展起来的，因此许多典型设计环节都可以应用到 PLC 的程序设计中。本章首先介绍程序设计的典型环节，然后进一步讨论设计方法。编程元件以三菱和西门子的为例。

7.1　梯形图的编程方法

可编程控制器使用的梯形图语言沿用了传统继电接触器控制系统中的电气术语和图形符号，并在编程元件数量、使用功能上得到了加强，在编制梯形图程序的过程中，可以直接借鉴许多经典的继电接触器控制系统电路设计原则和设计方法，如 6.4.3 节中介绍的常用基本程序设计范例，经过适当改造而形成 PLC 程序，习惯上也称此种方法为经验设计法。

对于控制功能和生产工艺较为复杂的控制对象，采用经验设计法往往很难下手，设计周期长，分析、修改和维护工作量很大，不利于充分发挥可编程控制器的特点，因此 PLC 在不断增强硬件功能的同时，也从编程方法上提出了更为先进的解决办法——顺序控制设计法。其中，顺序功能指令就是专门为顺序控制设计法提出的，如三菱 FX3U 和西门子 S7-200 PLC 都有类似指令。

经验设计法和顺序控制设计法往往需要结合起来，各自发挥其在程序设计方面的优点，如设备的手动控制要求通常都比较简单，功能单一，可以考虑使用经验设计法完成，而自动控制则相对比较复杂，可以使用顺序控制设计法编程实现。

7.1.1　经验设计法的编程思路

采用经验设计法设计梯形图程序通常是直接建立输入、输出关系，在一些典型电路的基础上，根据被控对象对控制系统的具体要求不断修改和完善梯形图，而有时需要反复调试和修改梯形图，增加很多辅助触头和中间编程元件，最后才能得到一个较为满意的结果。经验设计法的特点是试探性和随意性很强，解决问题的结果不唯一，设计步骤如下：

(1) 根据被控设备的工作原理和生产工艺，配置输入、输出的元件编号。

(2) 制定输入、输出的控制逻辑关系，理清输出负载的启动条件、停止条件的逻辑组合，利用启-保-停电路或 R/S 指令编写梯形图。

(3) 分析输出负载的相互关系，添加必要的互锁、联锁电路。

(4) 检查梯形图是否符合编程规则要求，是否存在多线圈输出等问题。

(5) 进行离线调试，利用 PLC 开发系统提供的编程环境，根据被控设备的生产工艺运行程序，检查是否满足要求并进行修改。

(6) 进行在线调试，对控制系统与被控设备联机调试，优化控制参数，如对定时时间、负载移动距离、过程控制参数等作出调整。

7.1.2　编程举例

本书在编程实例中以三菱 FX 系列和西门子 S7-200 系列指令为主，但学习过程中不应局限于这两种型号，重点在于掌握设计方法，而不应局限于助记符的些许区别。

例 7-1　使用一个开关控制某一点火装置，燃烧气体为氢气和氧气的混合气体，编写梯形图程序。

分析：根据工作原理和工艺要求，输入信号为一外部开关，带自锁功能；输出为氢气和氧气，由于氢氧混合气体的储存非常危险，因此采用两个电磁阀分别控制氢气和氧气气路。为避免氢气回流引起爆炸，燃烧工艺要求点燃时先开氢气阀门后开氧气阀门，时间间隔在 500 ms 左右，熄灭时先关氧气阀门再关氢气阀门。

输入/输出资源分配：输入 X0(点火开关)；输出 Y0(氢气阀门)、Y1(氧气阀门)。

梯形图程序如图 7-1 所示，根据启-保-停电路结构，点火和熄灭分别对应于启动电路和停止电路，但由于只使用了一个外部开关，启动电路和保持电路中都有外部开关触头出现，因此很难直接利用启-保-停电路完成。该程序使用了 SET、RST 指令，启动电路和停止电路分别作为 SET、RST 指令的执行条件，输出不需要自保持电路，程序更为简洁，但 SET 指令必须使用 RST 指令复位，所以通常成对出现。此例采用脉冲沿触发指令也不失为一个好办法，读者可以编程作一对比。

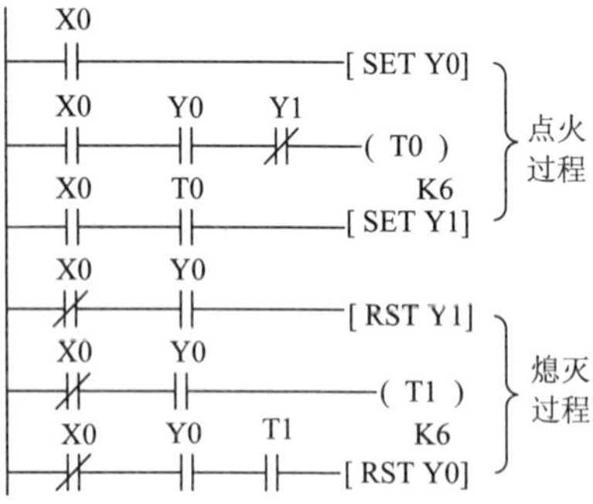

三菱指令表程序：

LD	X0	AND	Y0
SET	Y0	RST	Y1
LD	X0	LDI	X0
AND	Y0	AND	Y0
ANI	Y1	OUT	T1
OUT	T0		K6
	K6	LDI	X0
LD	X0	AND	Y0
AND	T0	AND	T1
SET	Y1	RST	Y0
LDI	X0		

西门子指令表程序：

LD	I0.0	A	Q0.0
S	Q0.0,1	R	Q0.1,1
LD	I0.0	LDN	I0.0
A	Q0.0	A	Q0.0
AN	Q0.1	TON	T1,+6
TON	T0,+6	LDN	I0.0
LD	I0.0	A	Q0.0
A	T0	A	T1
S	Q0.1,1	R	Q0.0,1
LDN	I0.0		

图 7-1　氢氧混合气体燃烧梯形图和指令表程序

图 7-1 中，我们给出了三菱指令表和西门子指令表，通过对比我们可以看出二者非常相近，说明了不同 PLC 品牌之间编程的区别已经越来越小(开发软件界面及程序格式还是存在许多差异)，学习和使用过程中不必拘泥于品牌或型号限制，重点在于掌握编程方法。这对于后面的顺序控制设计法尤为重要，以后的例子中若未分别给出程序，则以三菱 FX 系列为例说明。

例 7-2　某送料小车自动控制系统运行过程为(如图 7-2 所示)：X4 处装料，停 10 s 后右行，遇 X3 停止、卸料，15 s 后左行至 X4 处装料，如此反复；控制按钮有右行启动按钮 X0，左行启动按钮 X1，停止按钮 X2，编写梯形图程序。

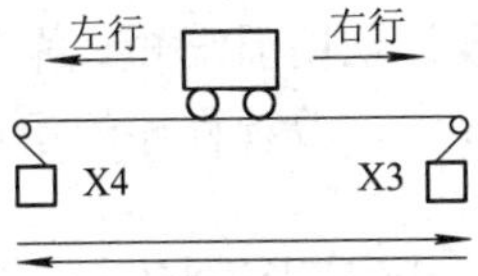

图 7-2　两地小车运行示意图

分析：根据生产工艺，确定系统输入信号为三个按钮和两个行程开关，分别为 X0、X1、X2、X3、X4；输出为左行、右行、装料、卸料四个动作，对应四个接触器线圈，分别为 Y0、Y1、Y2、Y3。

右行启动电路为右行启动按钮 X0 和装料时间定时器 T0 的常开触头的并联，后者使料车能够自动运行；停止电路为停止按钮 X2 和右限位开关 X3 的串联。左行启动电路为左行启动按钮 X1 和装料时间定时器 T1 的常开触头的并联，后者同样用于料车自动运行控制；停止电路为停止按钮 X2 和左限位开关 X4 的串联。当小车到达左、右限位开关处，启动装、卸料操作和定时器，时间到则反向运行，梯形图如图 7-3(a)所示。为了避免左行、右行输出同时接通，在停止电路中添加了互锁和按键联锁措施。图 7-3(b)为对应的西门子 S7-200 的编程代码，后面的程序实例也通常会采取这种形式，学习时可以根据实验设备的情况灵活调整。

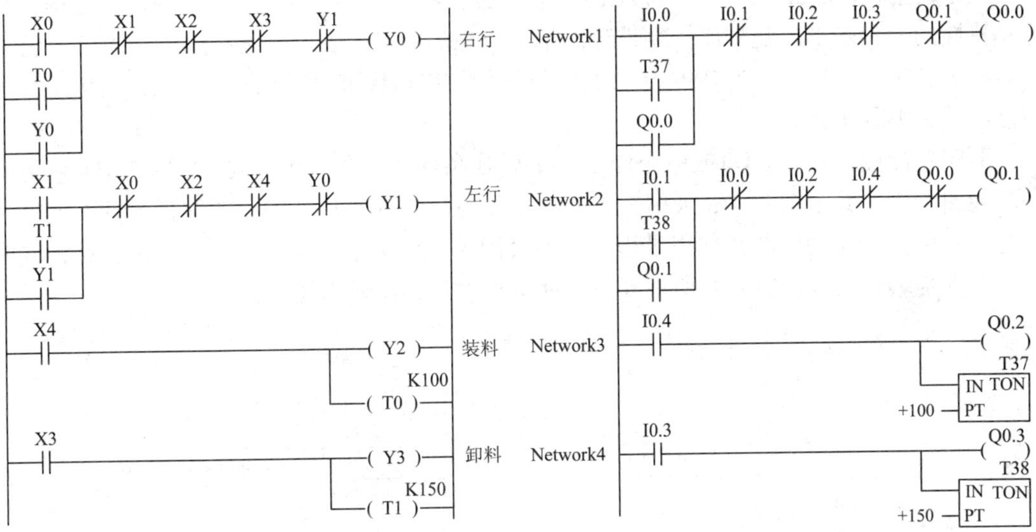

(a) 梯形图　　(b) 西门子S7-200的编程代码

图 7-3　两地小车运行控制梯形图

7.2　顺序控制设计法基础

顺序控制就是指生产过程可以根据生产工艺预先规定各部件的动作顺序，在外部信号、内部状态或时间、数量等条件的作用下，设备能够自动、有序地进行工作。

根据顺序控制的特点完成程序设计的方法就是顺序控制设计法，它具有编程效率高，设计思路清晰，易于掌握，调试、修改、维护方便等优点，从设计到使用及维护的周期较经验设计法明显缩短。采用顺序控制设计法可以将结构化、模块化编程的思想运用到梯形图设计中，改善程序的条理性和可读性。

7.2.1 顺序控制设计法概念

顺序控制设计法是按照特定设计规则设计 PLC 程序的。程序中使用的编程元件一般为状态寄存器 S 或辅助继电器 M。其实质是在输入信号与输出信号之间增加中间编程元件，用以代表生产工艺中的各个阶段。

顺序控制设计法的关键在于根据生产工艺制定动作序列，生成顺序功能图。其基本思路是，将系统的一个工作周期划分为若干个顺序相连的阶段，称为步；每步中总的输出状态(即动作)保持不变，而相邻步的输出状态是不同的。步用编程元件(如辅助继电器或专门用于步进顺控指令的状态元件 S)表示。相邻步之间状态的切换(动作的切换)是由转换条件触发的，转换条件可以是外部输入信号，如按钮、行程开关、光电开关等，也可以是 PLC 内部产生的信号，如定时器时间到信号、计数值到信号或扩展模块的反馈信号等，还可以是上述信号的与、或、非的逻辑组合。动作可以是简单的开关量输出，也可以是更为复杂的程序组合，即子程序(或称为子步)。

顺序功能图(Sequence Function Chart)也称功能表图，是描述控制系统的控制过程、功能和特性的一种图形，是顺序控制设计法基本思想的图形化表示。它起源于法国 TE 公司的 GRAFCET，并被 IEC 在 1994 年公布的可编程控制器标准 IEC 61131 中确定为可编程控制器的首选编程语言。

顺序功能图由步、动作(或命令)、转换、转换条件和有向连线组成。如图 7-4 所示为顺序功能图示例。其中图 7-4(a)采用三菱的编程元件，图(b)采用西门子的编程元件，通过对比可以发现，顺序功能图在使用过程中，不会因为目标机型间存在的差异而产生结构性变化，仅仅是编程元件的符号有所不同，因此这种设计方法通用性好。

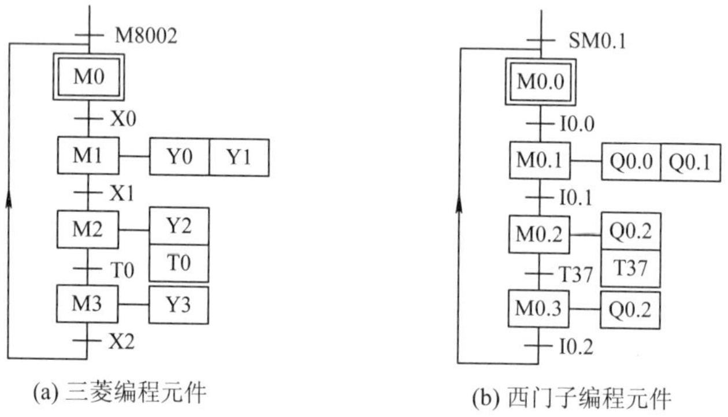

图 7-4 顺序功能图

7.2.2 步与动作

1. 步

生产流程划分为若干个阶段，每个阶段即为步，如图 7-4 中的矩形方框。步的编号可以用数字表示，也可以用可编程控制器的内部编程元件表示，如图 7-4(a)中的 M0～M3。

2．初始步

与系统初始状态对应的步称为初始步，用双线矩形方框表示，如图 7-4(a)中的 M0。初始步通常为 PLC 上电后或手动切换到自动状态后所处的阶段，一般没有动作或命令，也可以作为程序初始化工作步，执行相关的初始化操作。每一个顺序功能图至少有一个初始步。

3．与步对应的动作(或命令)

该步应执行的动作或命令，用矩形方框中的文字或符号表示，并与相应步相连。若步有多个动作，可以采用图 7-4(a)中的 M1 或 M2 右边的画法，彼此之间没有先后顺序的关系。

4．活动步

顺序功能图中处于运行阶段的步称为活动步。当步处于活动状态时，相应的动作被执行；当步处于不活动状态时，相应的非存储型动作被停止执行。如图 7-4(a)中，若 M1 为活动步，则 Y0、Y1 输出被接通。

7.2.3　转换条件和有向连线

步之间的切换称为转换，用短横线表示。如图 7-4 所示的步与步之间连线上的短横线就是转换。

转换条件指转换若要发生需要满足的条件，如图 7-4(a)中所有短横线边上的标注 X0、X1、T0、X2。当转换条件的逻辑值为 1 时，转换发生。转换条件也可以用文字语言、布尔代数表达式或图形符号标注在短横线的旁边，如图 7-5 所示。

有向连线在顺序功能图中表明步的进展方向。各步按生产的先后顺序排列，相邻步用有向连线连接，为了简化图形绘制且在不引起混淆的前提下，规定从上到下、从左到右的有向连线上的箭头可以省略，从下到上、从右到左的有向连线不能省略箭头，如图 7-4 所示。

双平行线用来表明当转换条件满足时，有两个或两个以上步同时进入活动状态，或由活动状态同时变为不活动状态的情况，如图 7-6 所示。

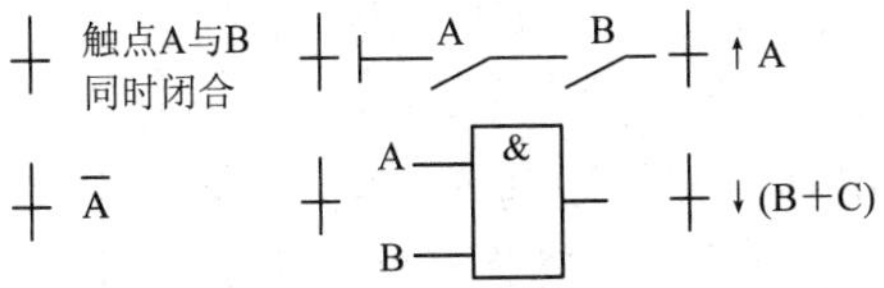

图 7-5　转换和转换条件的描述形式

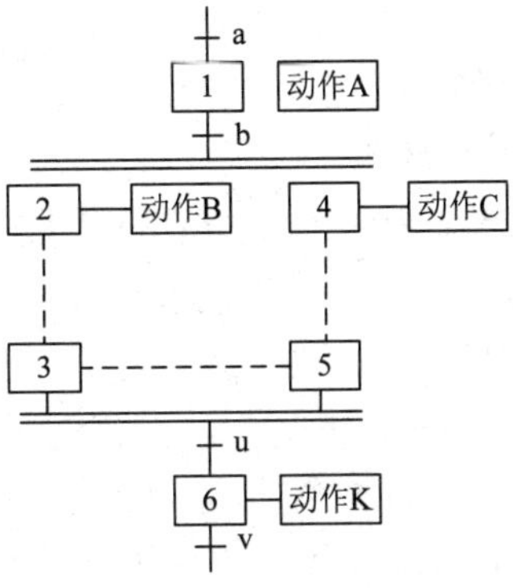

图 7-6　并行序列

7.2.4　顺序功能图的结构

1. 单序列

单序列由一系列相继激活的步组成，每一步后仅有一个转换，每个转换后仅有一步。图 7-7(a)是顺序功能图的基本结构。

2. 选择序列(条件转换序列)

在有些情况下，一个控制流(序列)可能转入多个序列中的某一个，由各序列最开始的转换条件决定，首先为真的被激活，这种情况称为选择序列的开始(或分支)，转换符号标在水平连线之下。在图 7-7(b)中，若步 1 为活动步，则根据转换条件 a、b 判断步 2 和步 3 谁首先被激活，若 a 先为真，则步 2 被激活；若 b 先为真，则步 3 被激活。选择序列分支处一般只允许选择一个序列，通常将条件 a、b 设置为互斥状态。

多个选择序列转入同一个公共序列的情况称为选择序列的结束(或合并)，转换符号标在水平连线之上。在图 7-7(b)中，若步 7 为活动步，且转换条件 u 为真，则步 9 被激活；同理，若步 8 为活动步，且转换条件 v 为真，则步 9 同样被激活，实现合并。

选择序列的分支数没有限制，由于每个周期只能沿着一个分支顺序执行，因此其实质还是单序列结构，只是在分支与合并处编程处理上有所区别。

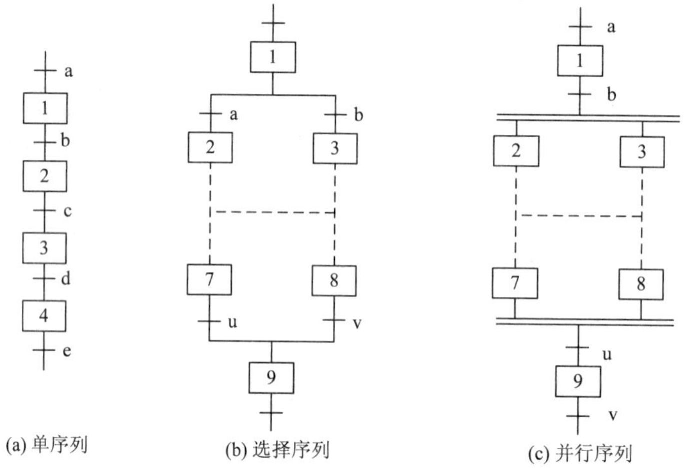

图 7-7　顺序功能图的基本结构

3. 并行序列

若当某转换条件成立，一个控制流(序列)需要同时转入多个序列时，所有的序列必须同时被激活，且每个序列活动步的进展是独立的，这种情况称为并行序列的开始(分支)，转换符号必须标在双平行线之上。在图 7-7(c)中，若步 1 为活动步，且转换条件 b 为真，则步 2、3 同时被激活。

多个并行序列转入同一个公共序列的情况称为并行序列的结束(或合并)，转换符号标在双平行线之下。图 7-7(c)中，若步 7、8 都为活动步，且转换条件 u 为真，则步 9 被激活，两个序列实现合并。

并行序列的分支数理论上不受限制，但在使用步进顺控指令编程方法时，考虑到可编程控制器的堆栈资源有限，一般不宜太多，每一状态下的分支电路总数与每一分支点分支数都可能有限制(参见 PLC 使用手册)，使用时需注意，而使用其他编程方式没有这个问题。

4．循环和子步

循环结构实质上就是选择序列的变形，如图 7-8(a)左图中，若步 4 为活动步，且转换条件 f 为真，则步 2 成为活动步，从而构成了步 2、3、4 的循环运行，在循环分支中也可以有步及相应的动作，如图 7-8(a)中右图的结构。

子步的概念类似于计算机高级语言编程中的子程序。如图7-8(b)所示，使用子步便于描述系统的总体结构，在制定软件方案时非常有意义，利于问题分解，逐一解决。

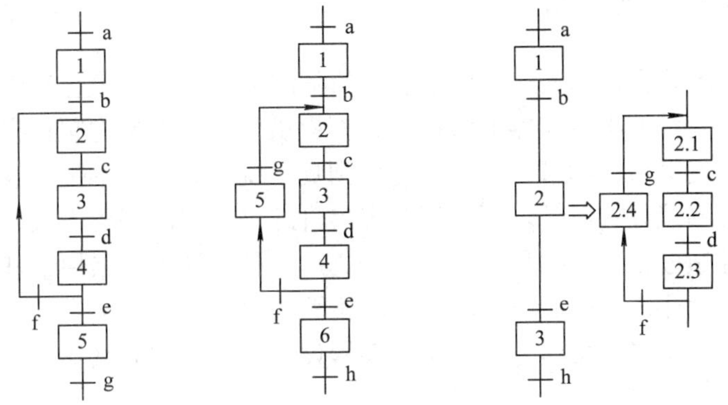

(a) 循环结构　　(b) 子步结构

图 7-8　循环结构与子步结构

在一些特殊模块或特殊功能的使用中也可以运用子步的概念。特殊模块有运动控制模块、过程控制模块、通信模块等；特殊功能有软件实现 PID 算法、软件生成 PWM 调制波等。对特殊模块的控制操作或特殊功能的程序体作为子步，子步中可以是顺序结构，也可以是非顺序结构(即采用经验设计法编写)，子步与主程序的关系是简单的开关量关系(即子程序的输入/输出关系)，如图 7-8(b)中，若转换条件 b 成立，则调用子步，子步返回值 e 为真时，说明子步运行结束，主程序继续顺序执行。经过这样的处理，使得那些较难采用顺序功能图描述的系统也可以应用顺序控制设计法进行程序设计。

7.2.5　顺序功能图中转换实现的基本规则

1．转换实现的条件

转换是指步的活动状态的进展，它必须满足两个条件：

(1) 该转换所有的前级步都是活动步。

(2) 相应的转换条件得到满足。

由于转换实现的两个条件是需要同时满足的，即“与”的关系，因此在编程时需要将代表前级步的编程元件常开触头同代表转换条件的编程元件常开或常闭触头串联(转换条件的逻辑组合)，作为启动条件之一，具体电路将在下一节中介绍。

并行序列中可以存在多个前级步或后续步，此种情况称为同步实现。

2. 转换实现应完成的操作

转换实现应完成以下操作：

(1) 使所有由有向连线及相应转换符号相连的后续步都变成活动步。

(2) 使所有由有向连线与相应转换符号相连的前级步都变为不活动步。

根据顺序功能图的不同结构，相应的前级步和后续步都有不同，执行的动作也有所不同，应予以注意。

7.3 顺序控制梯形图编程技术

顺序控制梯形图编程技术是在顺序功能图的基础上产生的。随着IEC 848、IEC 61131等标准的制定，许多可编程控制器的编程语言都提供了专门的步进顺控指令支持顺序控制梯形图设计，但在使用格式和符号上还没有做到真正统一。为了不失一般性，本节除了介绍步进顺控指令的编程方式以外，还介绍使用启-保-停电路的编程方式、以转换为中心的编程方式和仿步进顺控指令的编程方式等方法。后三种方法可以采用最基本的编程元件完成顺序控制梯形图设计，具有通用性，适于该编程技术的推广。

本节最后讨论具有多种工作方式的系统编程设计方法。如无具体说明，实例中的系统都以自动方式运行。

7.3.1 使用启-保-停电路的编程方式

启-保-停电路编程方式使用的编程元件是任意型号PLC都有的辅助继电器，设计思路主要是围绕代表步的编程线圈的启动电路、停止电路展开，是一种通用的编程方法。

任何复杂的顺序功能图都是由单序列、选择序列和并行序列组成的，因此分析这三种结构的编程设计方法，在处理复杂控制系统时可以将其分解为基本结构并转换为梯形图。

1. 单序列的编程方式

图7-9左边的单序列结构的基本单元由三步M_{i-1}、M_i、M_{i+1}组成，下面分析步M_i的启动电路和停止电路。

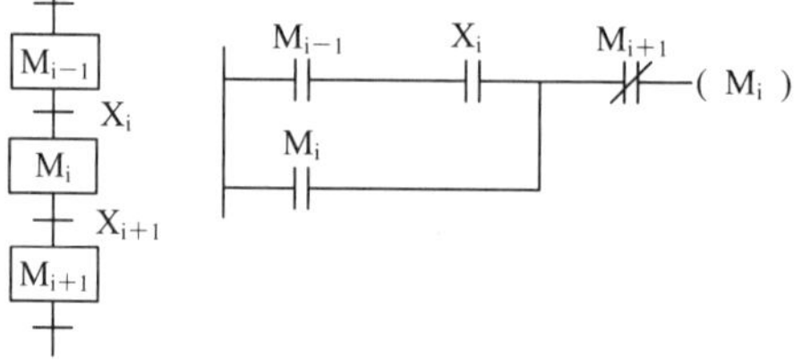

图7-9 启-保-停电路单序列编程结构

根据转换实现的基本条件，步M_i若要被激活(启动)，前级步M_{i-1}应为活动状态，且转换条件X_i应为真，所以启动电路应为代表步的编程元件M_{i-1}的常开触头和代表转换条件的

编程元件 X_i 的常开触头的串联电路组成；根据转换实现应完成的动作，易知当 M_{i+1} 成为活动步后要将前级步 M_i 变为不活动状态(停止)，所以停止电路可以是代表步的编程元件 M_{i+1} 的常闭触头，M_{i+1} 激活后常闭触头断开，从而切断 M_i 的线圈电路；保持电路不难理解，为该编程元件的常开触头。步 M_i 完成的被控程序如图 7-9 所示的右边梯形图。

对于图 7-10(a)所描述的顺序功能图，采用启-保-停电路的编程方式编写的梯形图程序如图 7-10(b)所示。M8002 是 PLC 上电的初始化脉冲(不同 PLC 型号初始化脉冲形式和元件号不同)，可以通过它将初始步 M0 激活，否则系统无法自动运行，也可以采用专门的外部开关将 M0 激活，在多种工作方式设计内容中会遇到此种情况。图 7-10(c)为西门子机型相应的程序，与图 7-10(b)比较，编程元件作了相应调整。

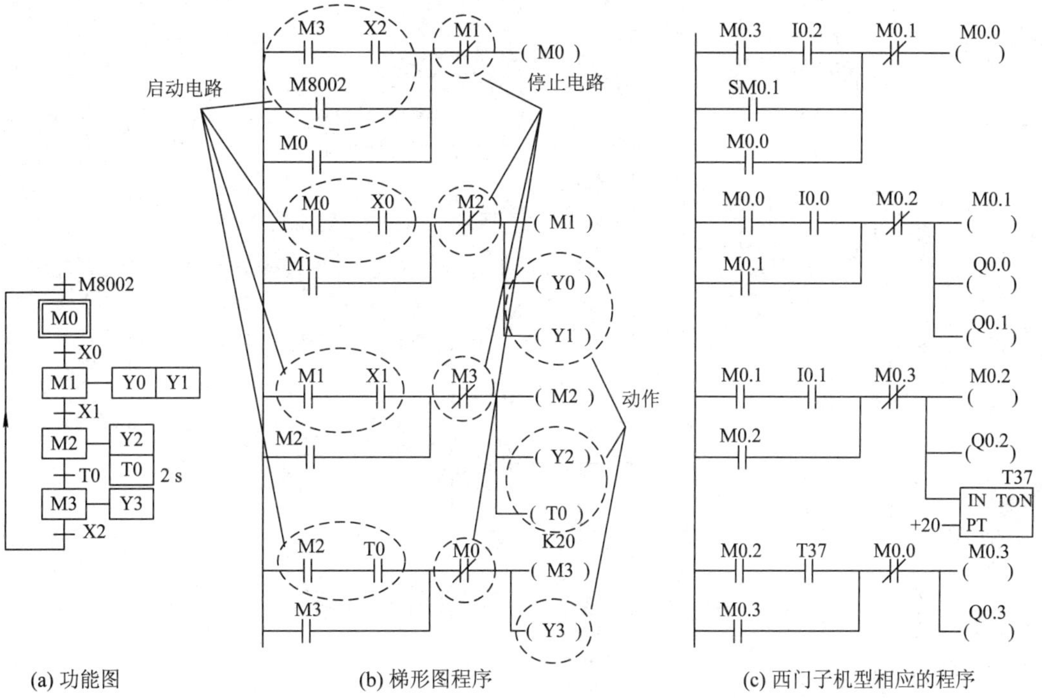

图 7-10　启-保-停电路单序列编程示例

顺序功能图中的动作通常针对输出电路，它的设计方法分为两种情况：第一种情况，当某一输出量仅在整个顺序功能图中的某一步有效时，可以直接将该输出继电器线圈同代表该步的辅助继电器线圈并联；第二种情况，当某一输出量在整个顺序功能图中多步内有效时，应将代表各步的辅助继电器常开触头并联后驱动该输出继电器的线圈。按情况一处理会造成多线圈输出问题。

从优化程序结构的角度出发，输出处理应集中在程序的某一位置，如前端或结尾位置，有利于阅读和修改。

2. 选择序列的编程方式

选择序列编程的重点是根据转换规则处理好分支与合并。

(1) 选择序列的分支：如某一步 M_i 的后面有 N 条分支组成的选择序列，则该步 M_i 的停止电路为将 N 个后续步对应的辅助继电器的常闭触头串联。

在图 7-11 中，步 M_{i-1} 的启动电路同单序列结构一样，停止电路由代表后续步 M_i、M_{i+1}、M_{i+2} 的编程元件的常闭触头的串联电路组成，即任何一个分支被激活，M_{i-1} 都变为不活动步。

(2) 选择序列的合并：如某步之前有 N 个转换(即分支合并)，则代表该步的辅助继电器的启动电路由 N 条分支并联而成，各支路由前级步的辅助继电器的常开触头与相应转换条件串联而成。

在图 7-11 中，步 M_{i+6} 的停止电路同单序列结构一样，而启动电路由所有分支转换实现的基本条件的并联组成。图中有三个分支，代表前级步 M_{i+3}、M_{i+4}、M_{i+5} 的辅助继电器的常开触头与相应的转换条件的常开触头串联后再并联组成，即任何一个分支都能够将 M_{i+6} 激活。

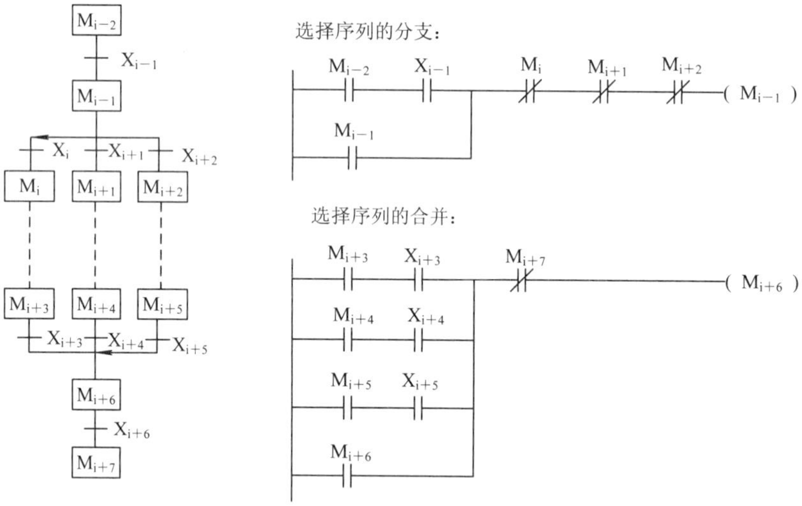

图 7-11　启-保-停电路选择序列编程结构

3. 并行序列的编程方式

并行序列编程的重点同样也是处理好分支与合并。

(1) 并行序列的分支：若当前活动步为 M_i，且转换条件为真，则各分支的启动电路由代表活动步的辅助继电器的常开触头和代表转换条件的编程元件的常开触头串联而成；由于并行序列的特点是所有分支同时被激活，因此当前步 M_i 的停止电路由分支中任一步的常闭触头完成。

在图 7-12 中，步 M_{i-1} 的启动电路同单序列结构一样，停止电路由代表后续步 M_i、M_{i+1}、M_{i+2} 的任意一个编程元件的常闭触头组成，即任意一个分支的活动状态都能使 M_{i-1} 变为不活动步。而步 M_i、M_{i+1}、M_{i+2} 的启动电路都由步 M_{i-1} 和转换条件 X_{i-1} 的常开触头串联而成，停止电路为后续步的常闭触头。

(2) 并行序列的合并：各并行序列的结束步与转换条件串联作为合并步的启动电路，停止电路由后续步的常闭触头完成。

在图 7-12 中，步 M_{i+9} 的停止电路同单序列结构一样，为后续步的常闭触头；启动电路由三个分支的结束步 M_{i+6}、M_{i+7}、M_{i+8} 的常开触头与转换条件 X_{i+3} 的常开触头串联组成。

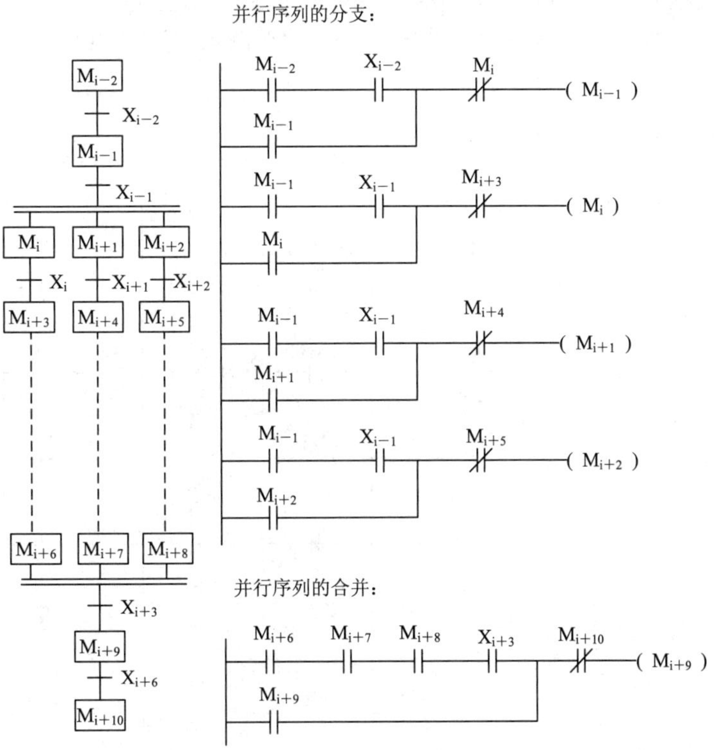

图 7-12　启-保-停电路并行序列编程结构

4．小闭环问题及解决方法

在启-保-停电路的编程方法中，当遇到循环体内只有两步时，会出现某一编程元件的常开触头与常闭触头串联的不合理情况，如图 7-13(a)所示，这是由于步 M_i 既是步 M_{i+1} 的前级步又是其后续步的原因造成的。解决方法是在循环体中增加一个延时步即可，如图 7-13(b)所示。

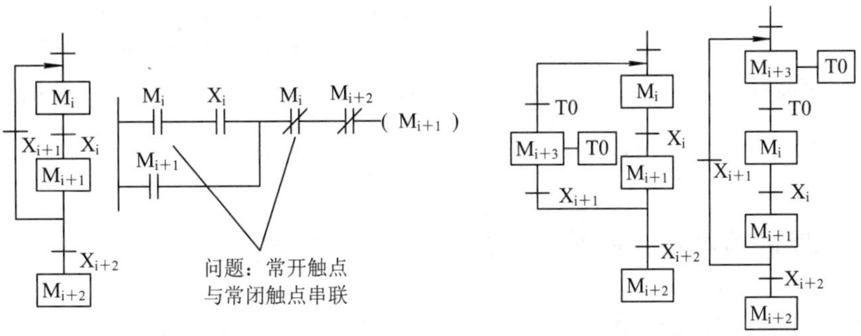

(a) 小闭环功能图　　(b) 解决方法

图 7-13　小闭环问题特点及解决方法

例 7-3　使用启-保-停电路的编程方式编写如图 7-14(a)所示顺序功能图的梯形图程序。

分析：该顺序功能图中包括单序列、选择序列和并行序列结构，应用前面所介绍的三种典型结构的编程方法可以得到如图 7-14(b)所示的梯形图。注意初始步的激活条件 M8002 可以作为初始条件并入启动电路中。这里同样也给出了西门子 S7-200 的程序，如图 7-10(c)所示。

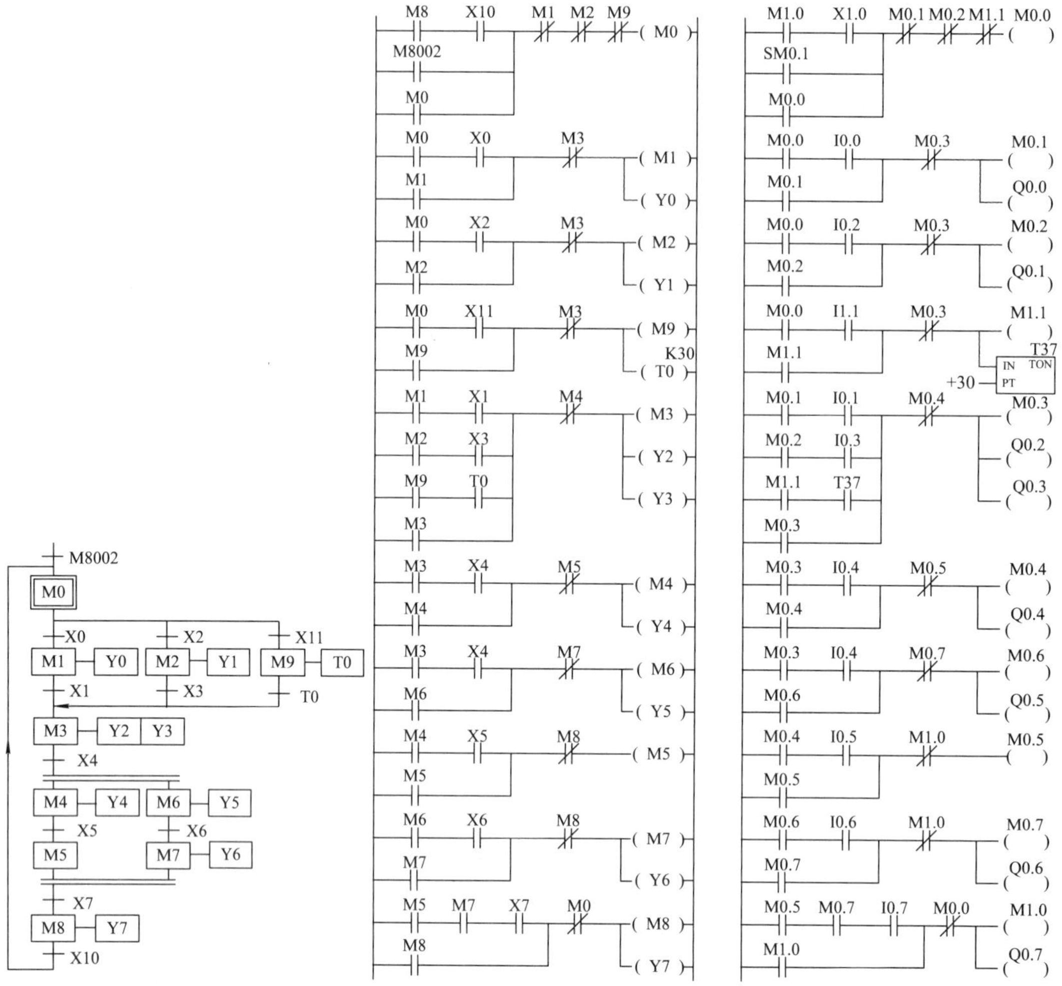

(a) 复杂功能图　　　　(b) 三菱梯形图程序　　　　(c) 西门子梯形图程序

图 7-14　启-保-停电路复杂功能图编程示例

7.3.2　使用步进顺控指令的编程方式

步进顺控指令的编程方式是使用专门的步进梯形指令(三菱 FX 系列)或顺控指令(西门子 S7-200 系列)将顺序功能图转换为梯形图。为了避免可能出现大量重复的文字描述，本节以三菱指令为主介绍该方法，并给出西门子 S7-200 系列的对比梯形图程序。

1. 基本步结构

步进顺控指令的助记符、编程元件等说明参见表 7-1。

表 7-1　步进顺控指令的基本概念

	三菱 FX 系列	西门子 S7-200 系列
指令助记符	STL：步进梯形指令	LSCR：装载 SCR 指令，顺控区开始
		SCRT：置位下一个顺控继电器，当前顺控继电器复位
	RET：复位 STL 指令	SCRE：当前顺控区结束
		CSCRE：条件退出指令，不执行顺控区中后面的指令
编程元件	S0～S9：初始步	S0.0～S31.7
	S10～S19：返回原点(零点)	
	S20～S499：通用	
	S500～S899：断电保持	
	S900～S999：报警	
触头	STL 触头：与 STL 指令一起使用的状态元件常开触头	顺控继电器

三菱 FX 系列的步进顺控指令 STL 的状态继电器的常开触头(称 STL 触头)的顺控区包括负载驱动、指定转换条件和指定转换目标等三个功能，梯形图描述形式如图 7-15 所示。当步 S_i 处于活动步时，输出 Y_i 接通，当转换条件 X_i 为真时，后续步 S_{i+1} 被 SET 指令置位并成为活动步，同时原活动步 S_i 被系统程序复位，对应的 STL 触头断开。

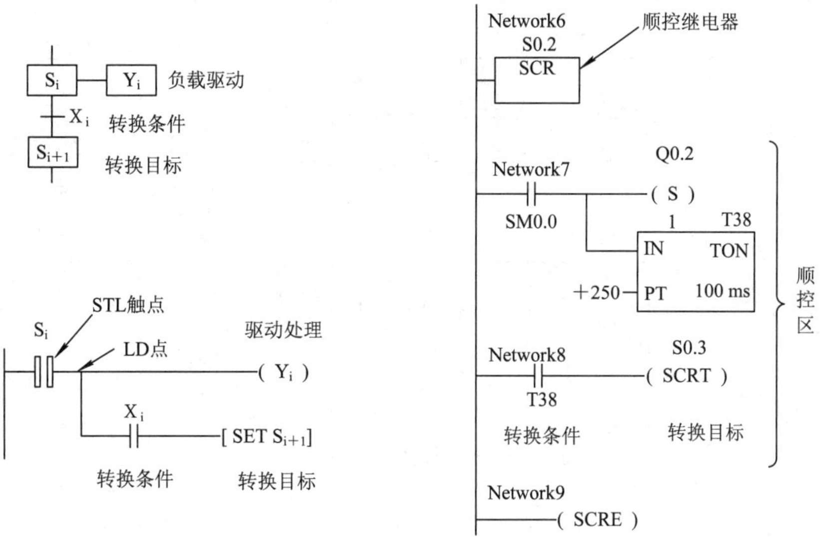

图 7-15　三菱和西门子步进顺控指令功能描述

2．步进顺控指令的特点

(1) 使用步进指令后 LD 点移到 STL 触头右侧，直到出现下一条 STL 指令或 RET 指令。与 STL 触头相连的触头应使用 LD/LDI 指令，RET 指令使 LD 点返回到左侧母线。STL 触头与 RET 指令之间的区域是 STL 区。

(2) STL 触头可直接驱动或通过别的触头驱动 Y、M、S、T 等元件的线圈，STL 也可使 Y、M、S 等元件置位或复位。

(3) CPU 只执行活动步对应的程序，因此扫描周期缩短，也允许双线圈输出，因为在一个扫描周期内，同一元件的几条输出指令只可能有一条被执行。而相邻步的输出有一个扫描周期同时接通，输出应采取必要的软、硬件保护措施。

(4) STL 触头只能用于状态元件，在没有并行序列时，一个状态元件的 STL 触头在梯形图中只能出现一次。对状态元件置位的指令如果不在 STL 触头驱动的电路块内，系统程序不会自动将前级步对应的状态元件复位，而是像普通的辅助继电器一样操作状态元件，此时状态元件触头的画法与普通触头画法相同。

(5) 在 STL 触头后，禁用 MC 和 MCR 指令，可以使用条件跳转指令(CJ)，当使用 CJ 指令跳入某一 STL 触头驱动的电路块时，不管该 STL 触头是否接通，均执行相应的电路。部分 PLC 则禁止使用跳转指令跳进、跳出顺控区。为避免混淆最好不要使用跳转指令。

中断和子程序中不能使用 STL 指令。

(6) OUT 指令与 SET 指令有同样的功能，即都能使转移源自动复位，但 OUT 指令只用于向分离的状态转移，而不是向相邻的状态转移。当需要从某一步返回到初始步时，用 OUT 指令。

3. 单序列的编程方式

单序列顺序功能图如图 7-16(a)所示，步用状态元件用 S 表示，使用基本步结构完成的梯形图如图 7-16(b)所示。编程时需要注意初始步的激活问题，示例中采用上电初始化脉冲将初始步接通；RET 指令不能忘记，STL 区必须用 RET 指令结束，否则系统将由于堆栈问题而导致出错。图 7-16(c)是相应的西门子 S7-200 的梯形图程序。

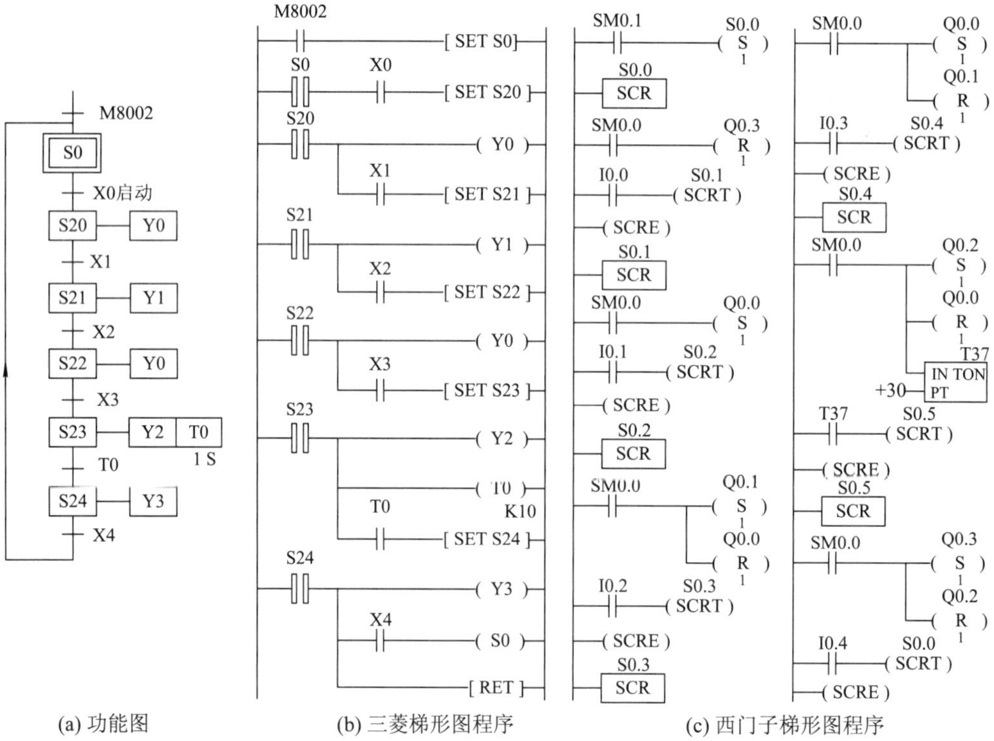

(a) 功能图　(b) 三菱梯形图程序　(c) 西门子梯形图程序

图 7-16　步进顺控指令单序列编程结构

4. 选择序列的编程方式

(1) 选择序列的分支：如果某一步的后面有 N 条选择序列分支，则该步的 STL 触头开始的电路块中应有 N 条分别指明各转换条件和转换目标的电路并联。

如图 7-17(a)所示，步 S_{i-1} 后有三条分支，那么在梯形图中 S_{i-1} 的顺控区中有三个分别指向 S_i、S_{i+1}、S_{i+2} 支路的电路并联，具体见图 7-17(b)、(c)。

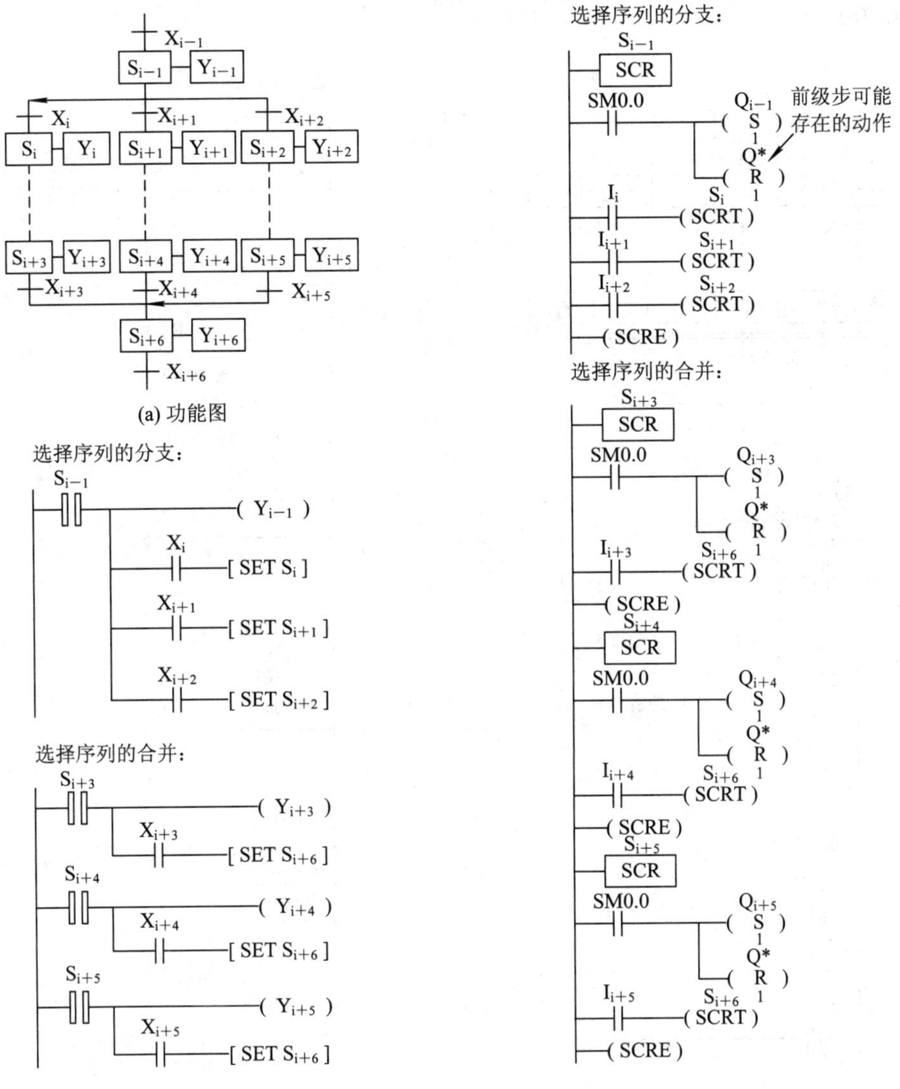

图 7-17　步进顺控指令选择序列编程结构

(2) 选择序列的合并：各序列的合并是在正确确定每一步的转换条件和转换目标后“自然”完成的。

图 7-17(a)中任何一个分支满足转换条件都可以将 S_{i+6} 置为活动步，而前级步的复位操作(由活动步变为不活动步)由系统程序自动完成。由于 S_{i+3}、S_{i+4}、S_{i+5} 触头分别具有各自独立的顺控区，因此不能像启-保-停电路中那样将转换条件并联。

5. 并行序列的编程方式

(1) 并行序列的分支：若某步为一并行分支的开始，当该步变为活动步，且转换条件满足时，用 SET 指令连续置位对应的并行序列各步。

如图 7-18(a)所示的分支处，若当前活动步为 S_{i-1}，且转换条件为真，则在指明转换目标的同时对代表步 S_i、S_{i+1}、S_{i+2} 的状态元件置位即可。分支编程时处理方法见图 7-18(b)、(c)。

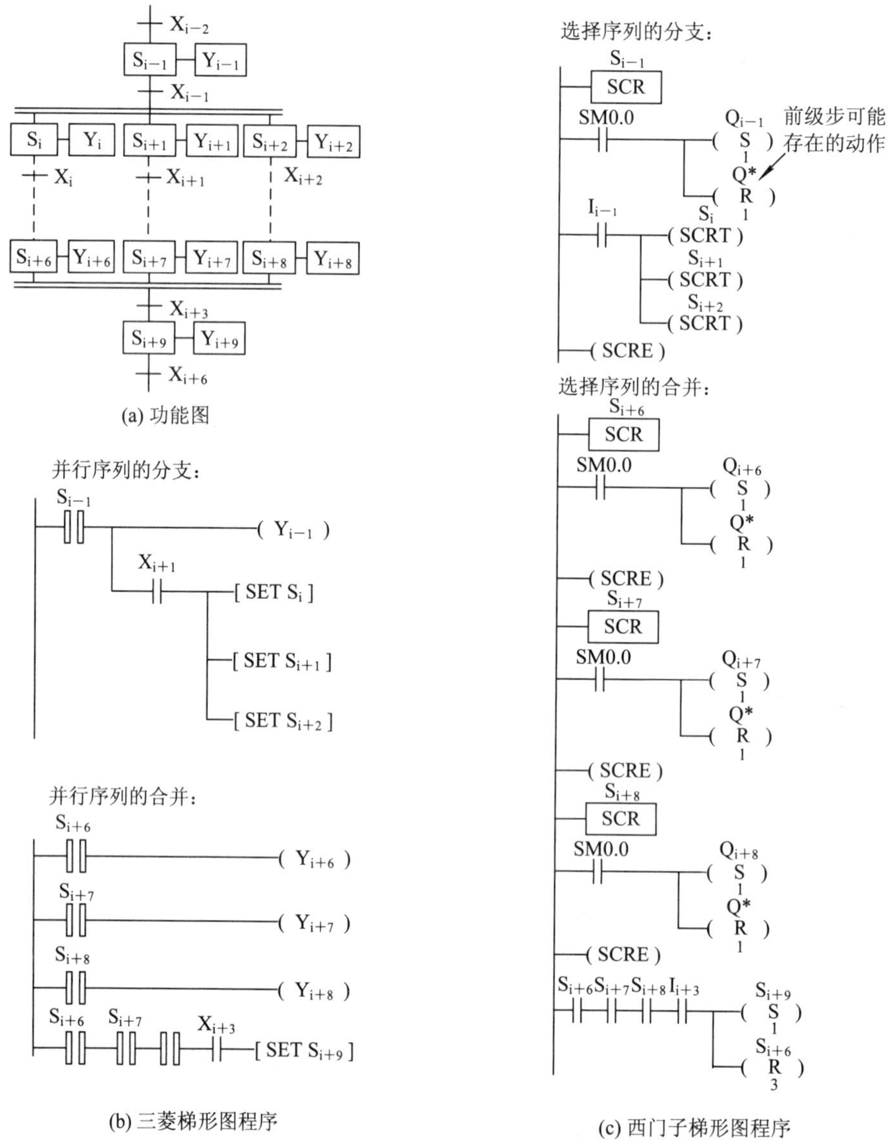

图 7-18　步进顺控指令并行序列编程结构

(2) 并行序列的合并：各序列合并前应满足为确保各序列同步(可设置等待步)，将各序列转换前的步元件 STL 触头与转换条件常开触头“与”作为合并的条件，同步时应注意各序列结束时将输出线圈切断(可将转换条件的常闭触头串入输出线圈)。

图 7-18 合并处电路将步 S_{i+6}、S_{i+7}、S_{i+8} 的 STL 触头和转换条件 X_{i+3} 的常开触头串联后作为合并条件，当 S_{i+6}、S_{i+7}、S_{i+8} 为活动步，且转换条件 X_{i+3} 为真时，步 S_{i+9} 被激活，前级步的复位由系统程序完成。

6. 关于嵌套数或分支数

由于步进顺控指令在使用过程中，系统程序要对堆栈进行操作，而堆栈深度有限，所以多数 PLC 对与堆栈有关的操作指令，如步进顺控、子程序调用、中断、跳转等指令的嵌套数或分支数都有一定要求。

例 7-4　使用步进顺控指令的编程方式编写如图 7-19 所示顺序功能图的梯形图程序。

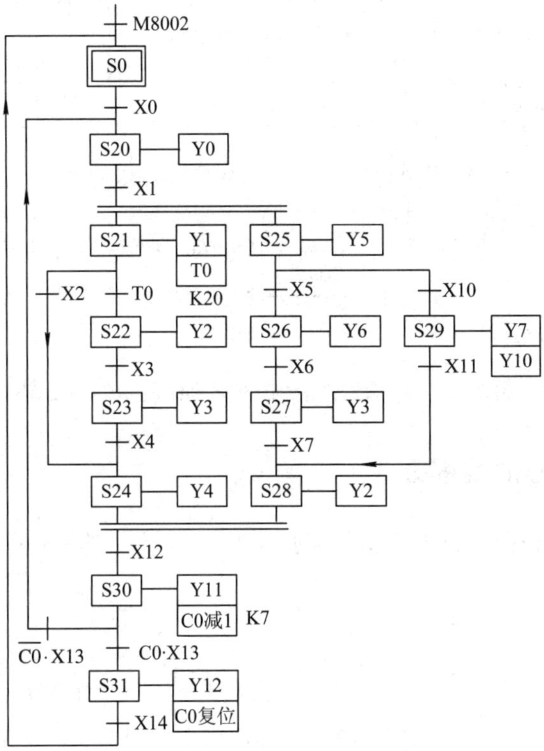

图 7-19　步进顺控方式复杂功能图编程

分析：该顺序功能图结构较为复杂，除了有选择序列、并行序列之外，转换条件中还出现了计数器的常开、常闭触头。

这是一个传送带上产品通过检测系统的例子，计数器的作用是对循环次数即加工产品进行计数，每次加工 7 个工件，完成后回到初始位置等待命令。对计数器的使用要注意它与定时器的区别。普通定时器其使能电路断开后，定时器常开触头会复位并自动装载定时常数准备重新定时，而计数器的输入操作不具有使能作用，当计数值到其常开触头接通后不能自动复位，且计数常数不能自动重新装载，必须通过复位电路完成，因此设计顺序功能图时必须加以考虑。一般是在循环体外增加计数器的复位操作，如图 7-19 中步 S31 中的动作。此外，还应该考虑在 PLC 上电后对具有掉电保护功能的计数器执行复位操作，可以利用上电初始化脉冲或初始化子程序完成。

因此，在连续运行方式下如遇有循环次数的要求，可利用计数器实现，在循环程序执行之前或执行之后，应将控制循环的次数复位，复位操作应放在循环体之外。

梯形图程序如图 7-20 所示，读者也可尝试采用西门子的指令系统编写程序，这里不再提供具体的程序代码。

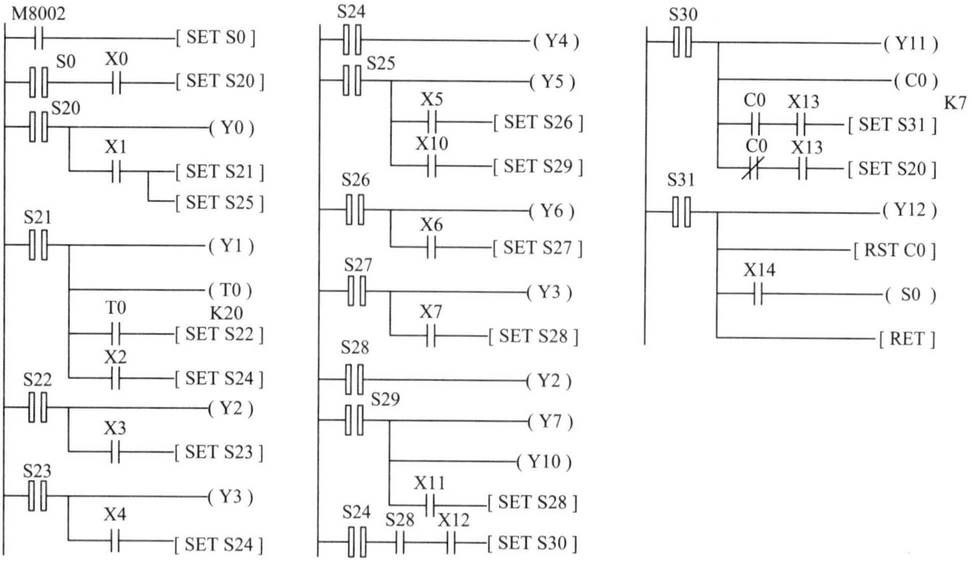

图 7-20　步进顺控指令选择序列编程示例梯形图

7.3.3　以转换为中心的编程方式

以转换为中心的编程方式的基本结构如图 7-21 所示，它是根据转换实现的基本规则来设计梯形图程序的。

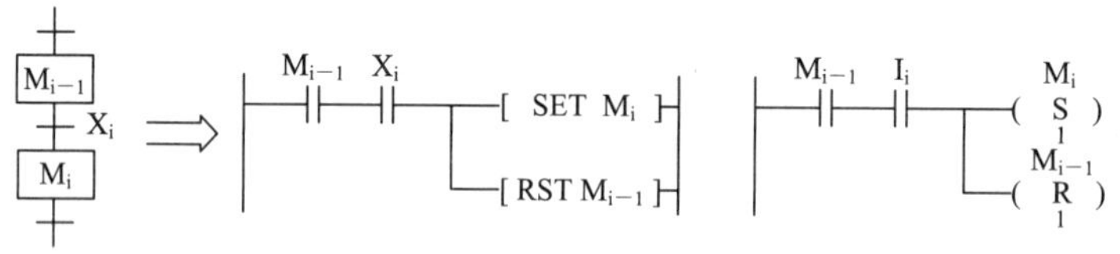

(a) 功能图　　(b) 三菱梯形图程序　　(c) 西门子梯形图程序

图 7-21　以转换为中心的编程方式的基本结构

转换实现的条件：该转换所有的前级步为活动步且相应的转换条件得到满足。

转换应完成的动作：将后续步激活为活动步并将前级步复位。

设计时，转换实现的条件由步 M_{i-1} 和转换条件 X_i 的常开触头串联组成，动作则由 SET 指令激活后续步，RST 指令复位前级步。

由于 SET、RST 指令执行时间极短，使能电路只能维持一个扫描周期，故不能将输出继电器的线圈与 SET、RST 指令并联，应另外用代表步的辅助继电器的常开触头驱动，也可以采用存储型指令处理输出继电器。

1．单序列的编程方式

图 7-22 所示为一单序列例子，小车按照箭头指示方向顺序运行两次往返操作，然后停止，启动信号为 X0。

首先，根据运行流程将顺序功能图分为四步；其次，按照以转换为中心编程方式的基本结构完成梯形图，如图 7-22 中所示的功能图与梯形图，注意输出必须单独处理。

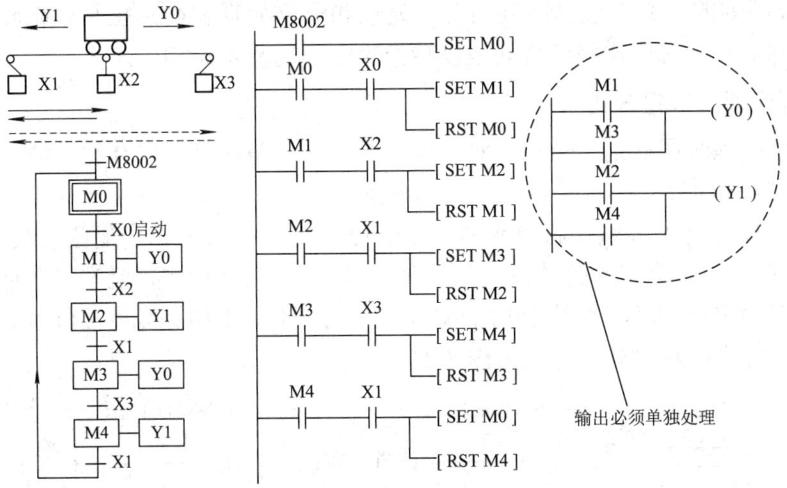

图 7-22　三地小车运行顺序功能图与梯形图

以转换为中心的编程方式由于是围绕转换进行的，因此功能图中有多少个转换，对应的梯形图就应该有多少个梯级，而两者如果数量不一致，则说明梯形图有误。如上例中共有六个转换(含上电初始化脉冲对应的转换)，则对应的梯形图也应该有六个以 SET、RST 指令为基本结构组成的梯级。掌握这一特点便于梯形图程序的检查。

2．选择序列的编程方式

(1) 选择序列的分支：由于选择序列的实质就是单序列结构，因此以转换为中心的编程方式在选择序列的处理上同单序列相同，如图 7-23(a)所示。在分支处有多少个转换，对应的梯形图就有多少个以基本结构构成的梯级。分支编程时处理方法见图 7-23(b)、(c)。

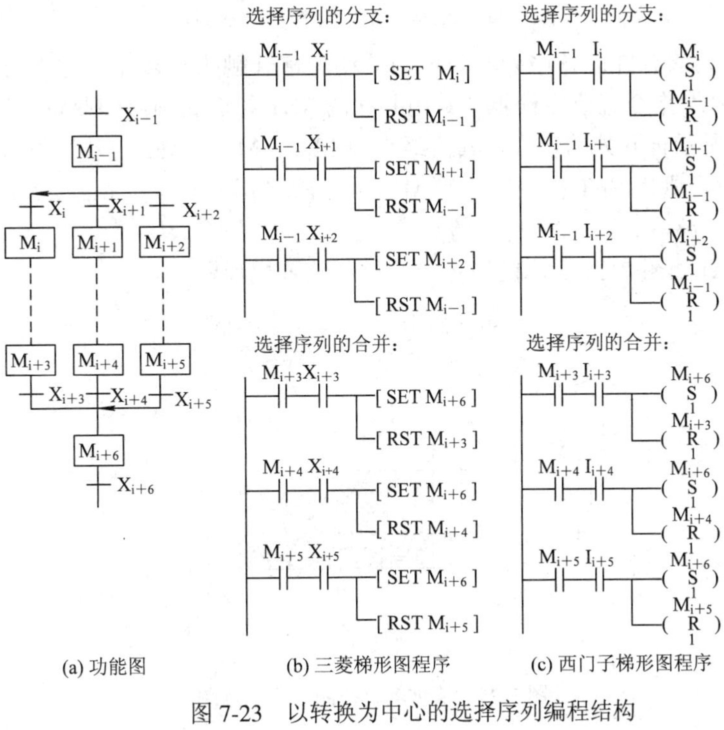

(a) 功能图　　(b) 三菱梯形图程序　　(c) 西门子梯形图程序

图 7-23　以转换为中心的选择序列编程结构

(2) 选择序列的合并：选择序列的合并处理和分支处理相同，也是根据转换的个数确定梯形图的梯级数，每个梯级结构均是以转换为中心的基本结构。

3. 并行序列的编程方式

并行序列编程时同样是一个转换对应一个梯级，只是在分支与合并处稍有不同。

(1) 并行序列的分支：若某步为一并行分支的开始，当该步变为活动步，且转换条件满足时，用 SET 指令并联输出将对应的并行序列激活，用 RST 指令复位前级步。

如图 7-24(a)所示分支处的转换，若其前级步 M_{i-1} 为活动步，且转换条件为真，则用 SET 指令并联输出分别激活后续步 M_i、M_{i+1}、M_{i+2}，用 RST 指令复位前级步。一个转换对应一个梯级。分支编程时处理方法见图 7-24(b)、(c)。

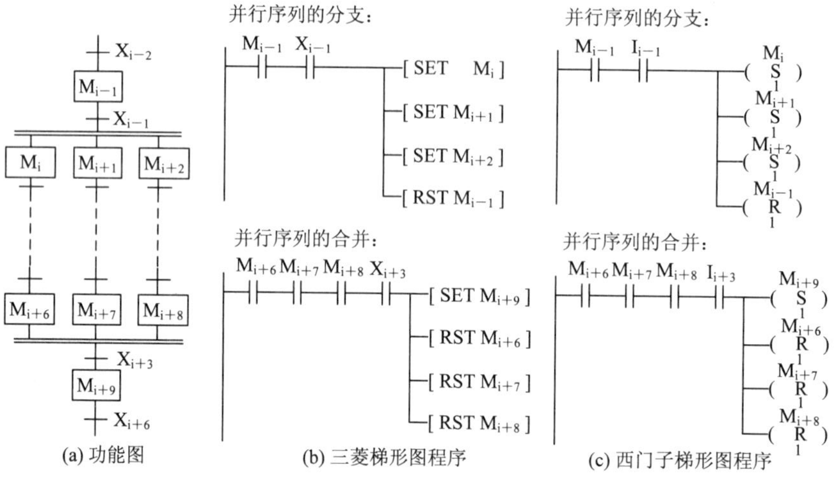

图 7-24　以转换为中心并行序列编程

(2) 并行序列的合并：各序列转换前的活动步常开触头与转换条件“与”作为执行转换的条件，用 SET 指令置位后续步，并用并联的 RST 指令将前级步复位。

如图 7-24 所示合并处的转换，其前级步为 M_{i+6}、M_{i+7}、M_{i+8}，若均为活动状态，且转换条件 X_{i+3} 为真，则用 SET 指令置位步 M_{i+9}，用 RST 指令复位步 M_{i+6}、M_{i+7}、M_{i+8}，梯形图见图 7-24(b)、(c)。

例 7-5　设计如图 7-25 所示的液体混合控制装置梯形图。

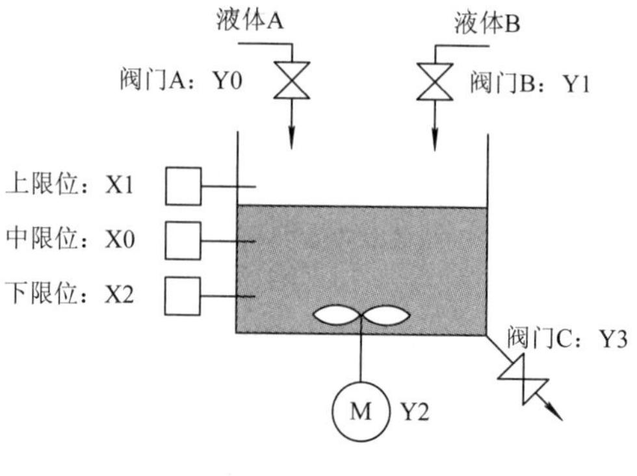

图 7-25　液体混合控制装置示意图

控制要求如下：初始状态，液体 A、B 阀门关闭；按下启动按钮 X3，液体 A 阀门打开，液体 A 流入容器；当液面到达中限位 X0 时关闭阀门 A，打开液体 B 阀门；当液面到达上限位 X1 时关闭阀门 B，搅拌电机启动；工作 30 s 后停止搅拌，阀门 C 打开放出混合液体；当液面下降到下限位 X2 后，再过 2 s 关闭阀门 C，开始下一循环。按下停止按钮 X4，系统完成当前工作周期后停止。

分析：该控制装置工艺流程很清晰，单周期顺序功能图很容易给出，而在处理循环操作时可以使用常见的启-保-停电路驱动一个辅助继电器，如 M100，利用该电路的记忆特点来实现启动按钮和停止按钮的动作信息，即 M100=0 时表示停止，M100=1 时表示启动，该电路在梯形图中单独处理。以后对于有类似控制要求的系统都可以采用这个办法。

此外，还需要注意液位开关 X2 的信号特性，如果 3 个液位开关选用的型号相同，那么阀门 C 放出液体的临界信号应该是 X2 的由 1 到 0 的跳变，即下降沿信号，也可以取低电平为有效信号。顺序功能图和梯形图程序如图 7-26 所示。

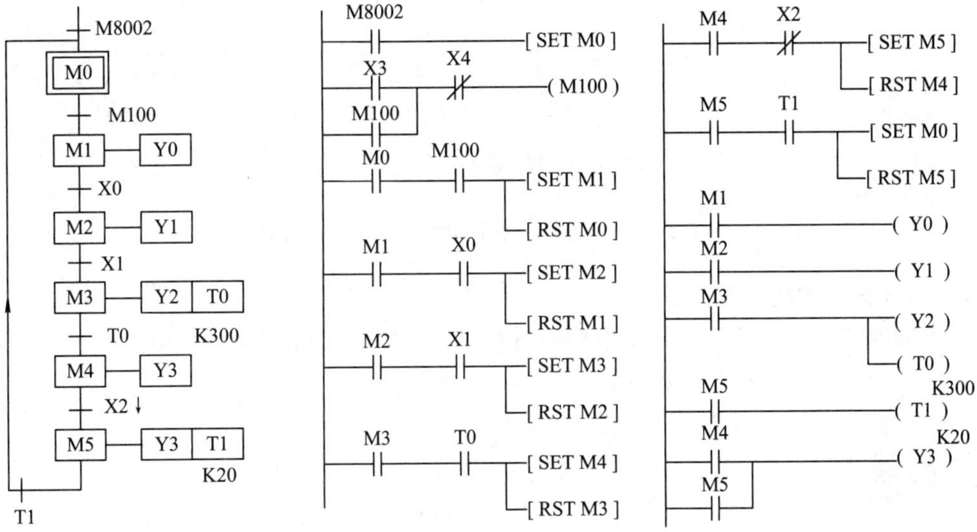

(a) 功能图　　(b) 梯形图

图 7-26　液体混合控制装置顺序功能图与梯形图

7.3.4　仿步进顺控指令的编程方式

对于一些没有专门的顺控指令的可编程控制器，熟悉顺控指令编程方式的设计者可以采用仿步进顺控指令的编程方式进行编程。

首先分析一下步进顺控指令有哪些功能是由系统完成的，然后有针对性地利用用户程序来实现这些功能，模仿步进顺控指令的目的也就实现了。

1. 仿步进顺控指令的编程方式与步进顺控指令编程方式的主要区别

(1) 步进顺控指令的编程元件是状态元件，操作后成为步进顺控触头(STL 触头)；仿步进顺控指令的编程方式采用辅助继电器的触头代替。

(2) 步进顺控指令可以将 LD 点移到 STL 触头右侧，编程时直接使用 LD 指令即可；仿步进顺控指令的编程方式对辅助继电器(仿 STL 触头)右侧的元件使用 AND(ANI)指令即可。

(3) 步进顺控指令执行时可以跳开非活动步，因此允许双线圈输出；仿步进顺控指令的编程方式则应避免双线圈输出情况的发生，处理方法与启-保-停电路编程方式和以转换为中心的编程方式相同。

(4) 步进顺控指令对前级步的复位是通过 OUT 指令和 SET 指令经系统程序自动实现的；仿步进顺控指令的编程方式只能通过 RST 指令复位前级步。

根据上面的分析，仿步进顺控指令的编程方式的基本结构如图 7-27 所示。下面分析针对单序列、选择序列、并行序列的解决方案。

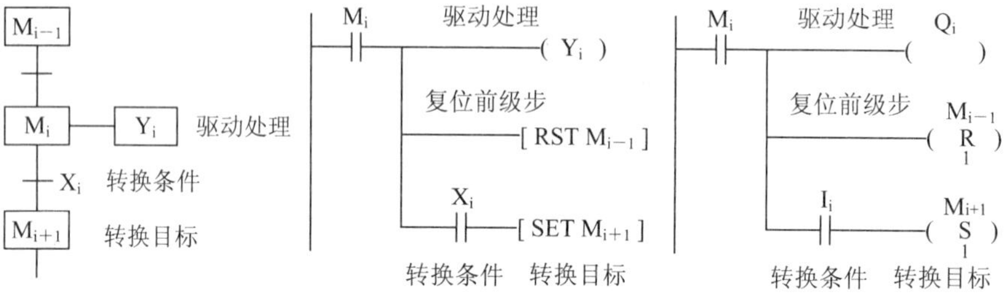

(a) 功能图　(b) 三菱梯形图程序　(c) 西门子梯形图程序

图 7-27　仿步进顺控指令编程方式的基本结构

2. 单序列的编程方式

单序列的编程方式就是其基本结构的组合，图 7-28 为液体混合控制装置采用仿步进顺控指令编程方式设计的梯形图程序。

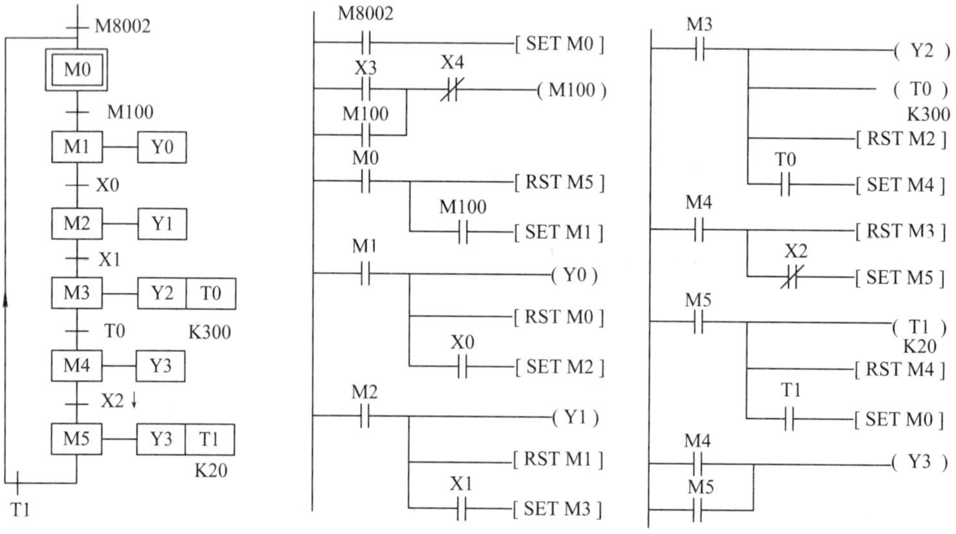

(a) 功能图　(b) 梯形图

图 7-28　仿步进顺控指令编程方式编写的液体混合控制装置顺序功能图与梯形图

3. 选择序列的编程方式

选择序列的分支与合并编程方法同步进顺控指令的编程方式基本类似，只要处理好两者的四点区别即可，如图 7-29 所示。

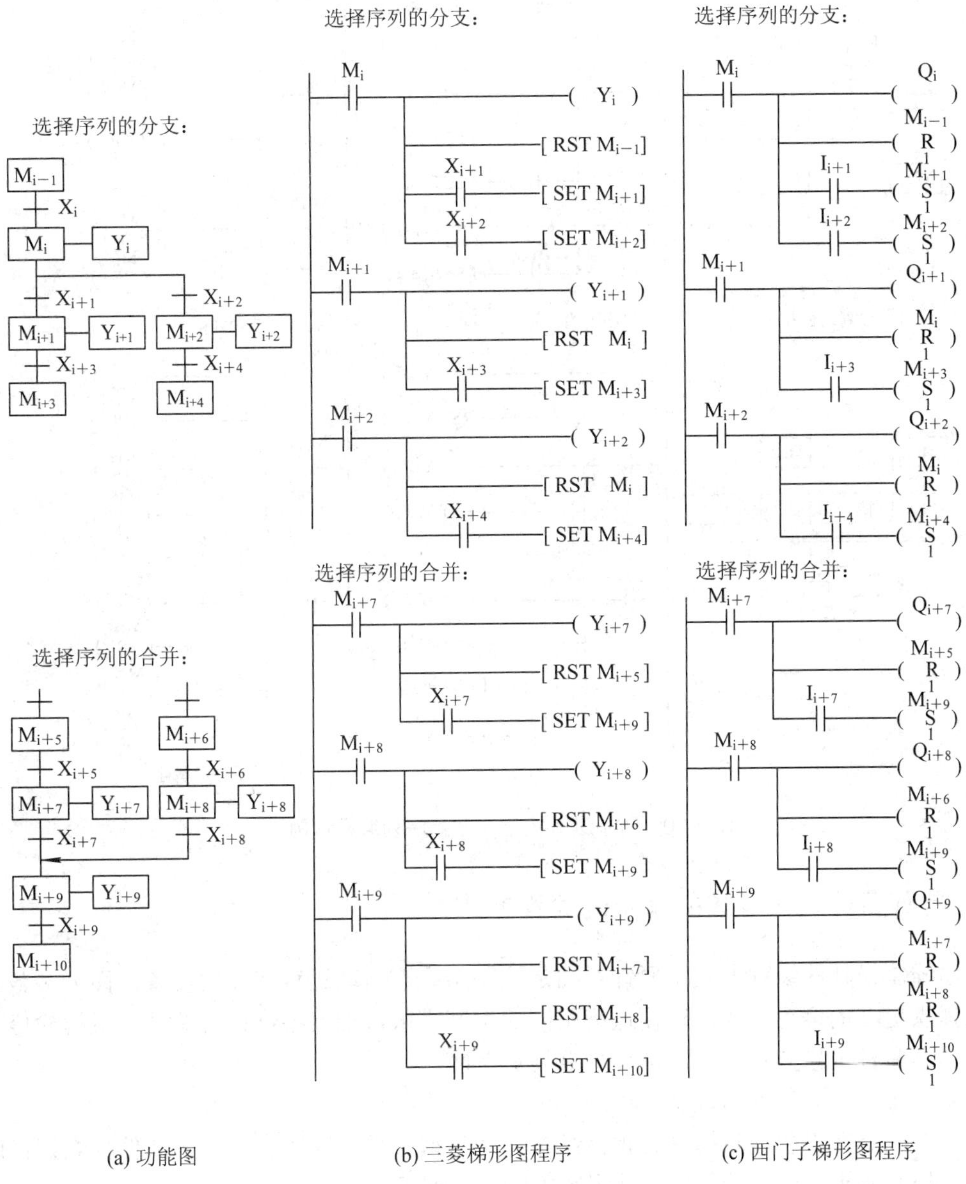

图 7-29　仿步进顺控指令选择序列编程示例

4. 并行序列的编程方式

并行序列的分支处理，对于前级步的复位操作只要一个分支处理即可，没有必要重复操作。合并时，对后续步的置位操作不需要另起一个梯级，可以直接串在仿顺控触头 M_{i-1} 的后面，如图 7-30 所示。

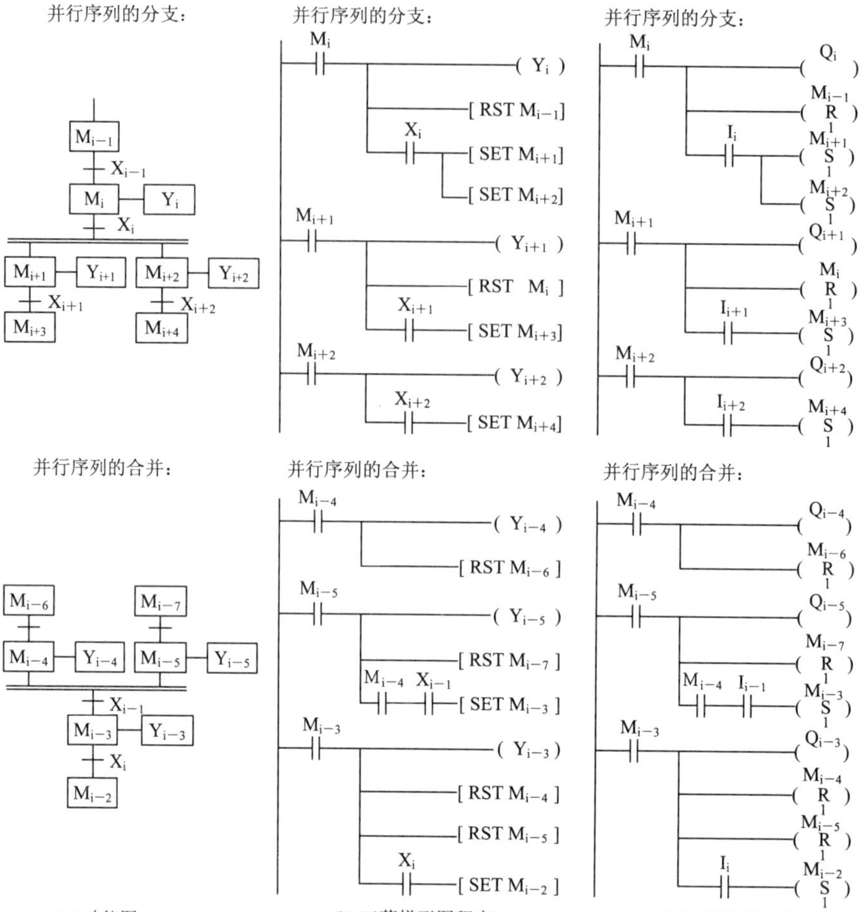

(a) 功能图　　(b) 三菱梯形图程序　　(c) 西门子梯形图程序

图 7-30　仿步进顺控指令并行序列编程示例

7.3.5　具有多种工作方式的系统的编程方式

顺序控制设计法编程方式主要针对的是控制系统有自动运行特点的设备，而大多数设备要求提供更多的运行方式，以便适应不同的生产需求，如设备维护、调试、机构检修等情况，具有多种工作方式的控制系统才更具实用性。

工作方式主要有手动和自动两种。

手动方式是在设备故障检修、正常维护、产品型号更换等场合下对各部件独立调试时使用的，控制要求一般比较单一，使用经验法设计即可。

自动方式又分为单步、单周期、连续、回初始态、回原点(HOME)等运行方式，也有些设备要求有半自动运行模式。单步、单周期运行方式也以检修、调试为主要目的，用于检查生产工艺流程是否正确，参数是否合理，生产产品各项指标是否符合要求；连续运行方式是设备处于正常生产时的工作方式；回初始态、回原点运行方式通常用于机构校零或为连续运行作准备。半自动运行方式是当某些控制器件失灵或故障时设备能够维持的某种运行方式，通常是短时运行，器件更换或故障排除后能够迅速恢复到自动运行方式下，是设备的一种补救措施。自动方式的设计都适合采用顺序控制设计法完成的梯形图设计。

多种工作方式的控制系统梯形图结构如图 7-31 所示，使用跳步指令将程序体分割成若干个子模块，每个模块对应某一工作方式，通过操作面板确认系统的工作方式。图 7-31(a)的结构相对比较简单，得到的梯形图程序也较为简单，但在自动工作方式下多种模式的判断具有经验设计法的特点；图 7-31(b)结构的各模块之间接口关系清楚，不同工作方式之间没有相互牵连，便于开展设计调试工作，符合模块化结构，但程序长度较前者有所增加，适合用户程序容量大的可编程控制器。需要说明的是，图 7-31(b)结构在工作方式的增减上更为灵活，对某些有特殊工作方式需求的系统，很难采用经验设计法在自动运行方式的顺序功能图中添加，我们将在以后的例子中给予说明。

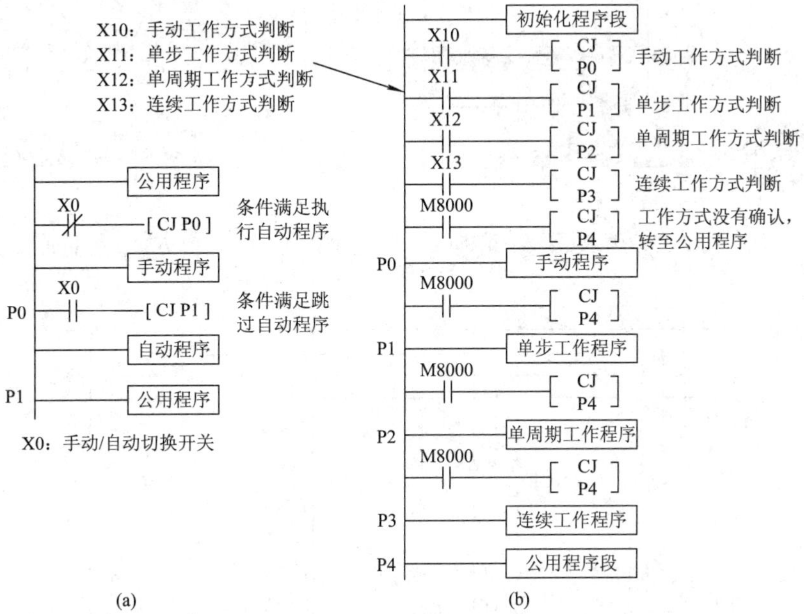

图 7-31　多种工作方式的控制系统梯形图结构

在图 7-31(a)中，X0 信号为外部手动/自动选择开关，公用程序包括初始化和输入/输出操作、报警操作等。其中，输入/输出操作可以不在公用程序中处理，而直接编写在手动或自动程序中，因为使用了条件跳转指令，在不同的跳步区中允许双线圈输出，程序在每个扫描周期中只会对同一个输出继电器执行一次输出操作，但一方面为了提高程序的功能化、模块化和可读性，另一方面也便于今后的调试、修改和维护工作，建议在程序中集中处理输入/输出继电器，具体做法如图 7-32 所示，在步与输入/输出的关系之间多建立一级映射，在手动、自动程序中只修改辅助继电器的内容，最终的输入/输出操作放在公用程序段中。在程序设计中养成一个良好的编程习惯，对于系统设计的许多环节都会带来极大的便利。

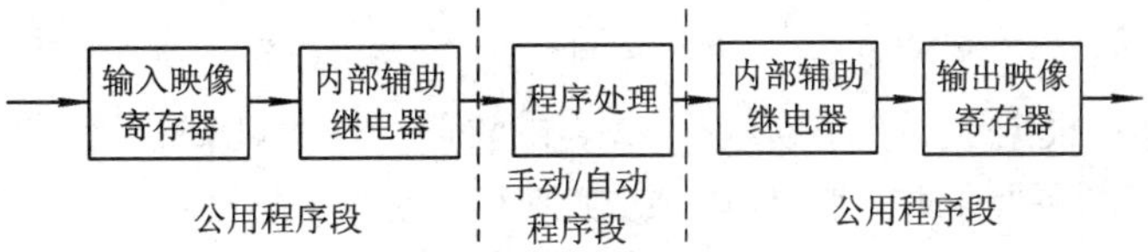

图 7-32　梯形图设计中的输入/输出处理

例 7-6　某变频供水控制系统采用一个变频器控制三个水泵(1 拖 3)，其系统结构如图 7-33 所示，操作面板及主回路结构示意图如图 7-34、图 7-35 所示，压力反馈接至变频器，变频器内置 PID 控制器调整水泵运行时的转速，当前池水位报警信号出现时，系统应停止运行。系统控制过程如下。

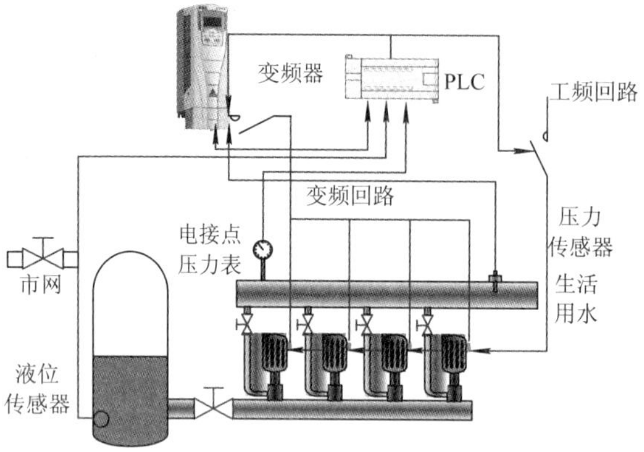

图 7-33　供水系统结构图

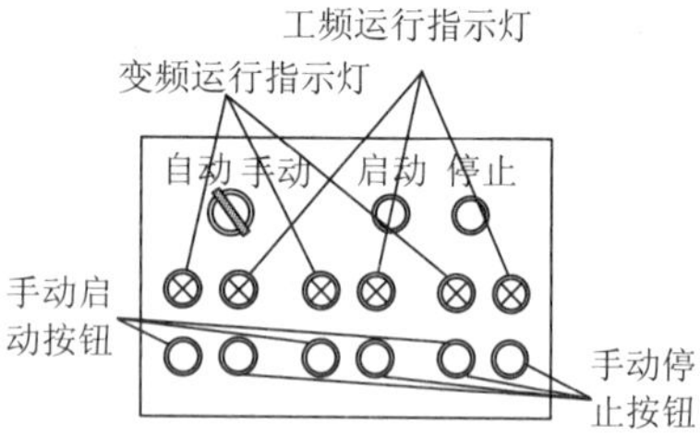

图 7-34　控制面板示意图

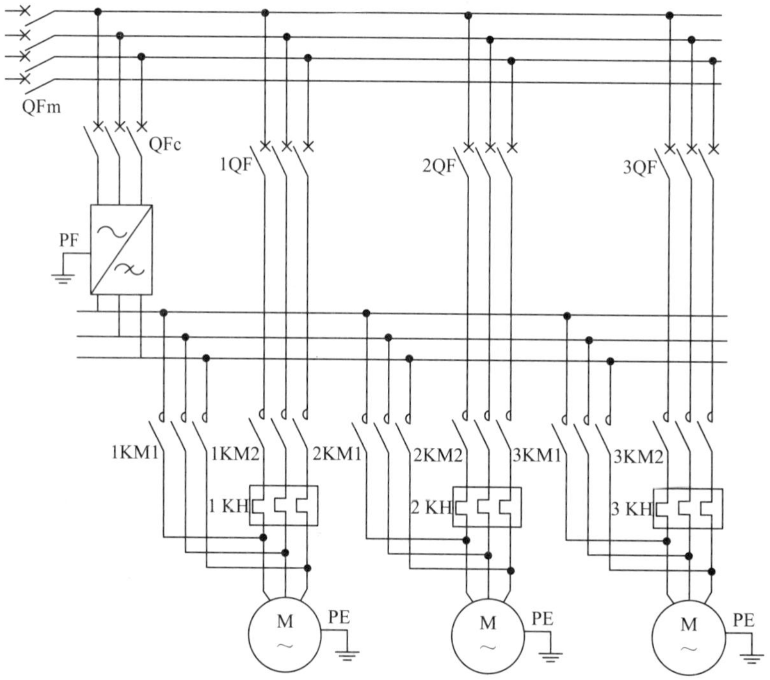

图 7-35　供水控制系统主回路示意图

(1) 自动运行：根据水压要求自动投入水泵运行数量，当出现用水需求时，先投入一台水泵变频运行，有增泵要求时，将变频泵切换到工频运行，再投入第二台水泵变频运行，最多三台水泵全部投入运行；当用水量下降时，将投入的水泵按先启先停原则退出，至最后一台水泵变频运行，维持水压；当无用水需求时，变频泵也退出运行。用水量判断依据为变频器的运行频率高、低限信号。高限表明用水量大，需要增泵；低限表明用水量小，需要退泵。

(2) 半自动运行：当变频器出现故障时，能够根据水压无源触头信号(电接点压力表)控制变频器的投入，此时水泵均工作在工频模式下。

(3) 手动运行：利用手动按钮启动或停止相应水泵运行，水泵均为工频模式。

分析：根据控制要求配置输入/输出口，输入为各类外部主令信号和各类检测信号，输出控制 6 个接触器，如表 7-2 所示。

表 7-2　I/O 资源分配

输　入		输　出	
X0	启动	Y0	1KM1
X1	停止	Y1	2KM1
X2	变频器故障	Y2	3KM1
X3	自动/手动切换	Y3	变频使能
X4	前池水位报警	Y4	1KM2
X5	高水压信号	Y5	2KM2
X6	低水压信号	Y6	3KM2
X7	变频器上限信号		
X10	变频器下限信号		
X11	1 号泵手动启动		
X12	1 号泵手动停止		
X13	2 号泵手动启动		
X14	2 号泵手动停止		
X15	3 号泵手动启动		
X16	3 号泵手动停止		

在本系统中，若电机功率较小，PLC 的输出可直接驱动交流接触器；若功率较大，应采用中间继电器放大之后驱动交流接触器，以保护 PLC 输出触头。资源配置完成后设计 PLC 的外部接线示意图，如图 7-36 所示。本例实际系统不需要采用这么多的 I/O 资源，手动控制由二次回路实现则性价比更好，这里主要是为便于阐述多种工作方式而做的适当调整。

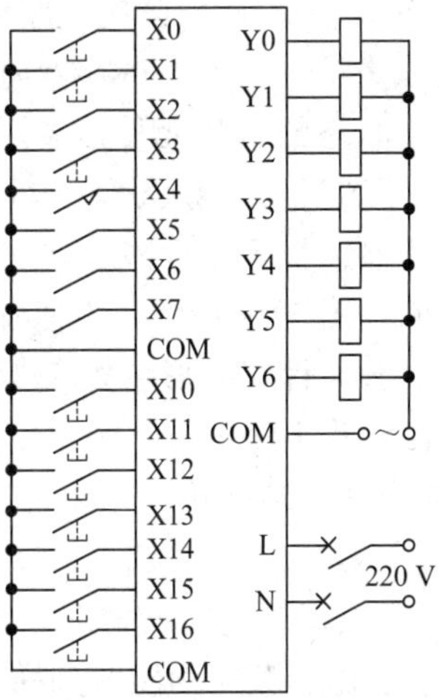

图 7-36　PLC 外部接线示意图

制定梯形图结构：程序应包括手动运行、自动运行和半自动运行三种方式，梯形图结构如图 7-37 所示。当手动/自动控制开关 X3=0 时，为手动控制；当 X3=1 且变频器故障信号 X2=0(无故障)时，为自动控制；当 X3=1 且变频器故障信号 X2=1(有故障)时，为半自动运行；当前池水位低时，说明管网无水/停水，系统停止工作。

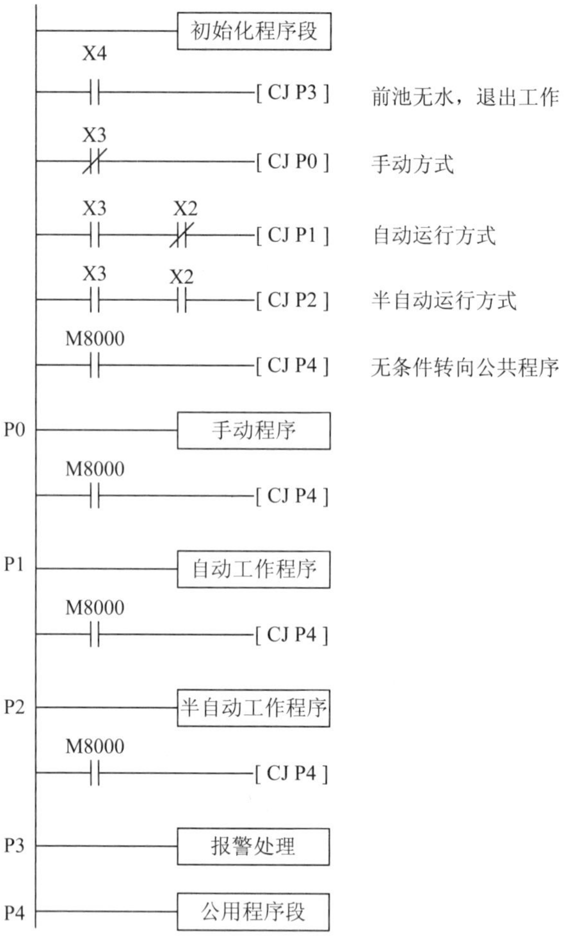

图 7-37　供水控制系统梯形图结构

梯形图设计如下：

(1) 公用程序。公用程序包括输入/输出处理、初始化程序段和条件跳转判断。输入/输出处理是将输入映像寄存器内容读入相应的内部编程元件(常使用内部辅助继电器)，将代表输出状态的编程元件信息送入输出映像寄存器，即集中处理输入/输出信息，本例中以 M40～M56 作为输入状态中间寄存器，M60～M65 为输出状态中间寄存器，为便于记忆都取八进制；初始化程序通常是利用上电脉冲复位各种标志位和代表步的编程元件；条件跳转判断如图 7-37 所示，为使跳转分支结构更加严密，程序中加入了一个无条件跳转功能的梯级。公共程序梯形图如图 7-38 所示。

(2) 手动程序。此例手动程序由于负载没有互锁、联锁等要求，较为简单，使用启-保-停电路实现即可。需要说明的是，程序中的输入/输出关系已经改为中间寄存器，如图 7-39 所示。

(3) 自动程序。自动程序设计首先应建立顺序功能图，然后使用顺序控制设计法编写梯形图，由于顺序功能图到梯形图的转换有具体的编程方法套用，不再是一件困难的事情，而设计的关键就在于顺序功能图的建立。

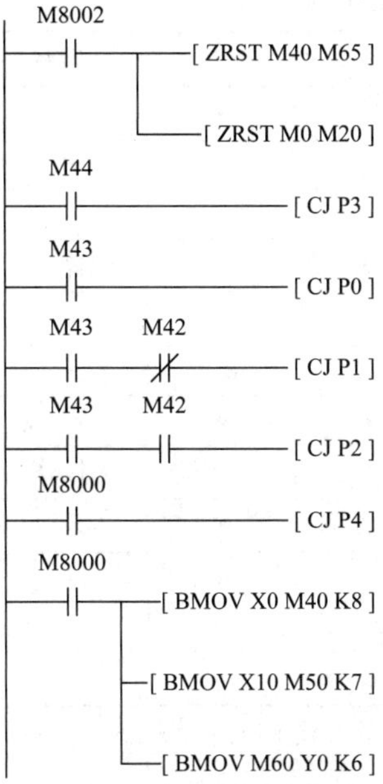

图 7-38　公用程序梯形图

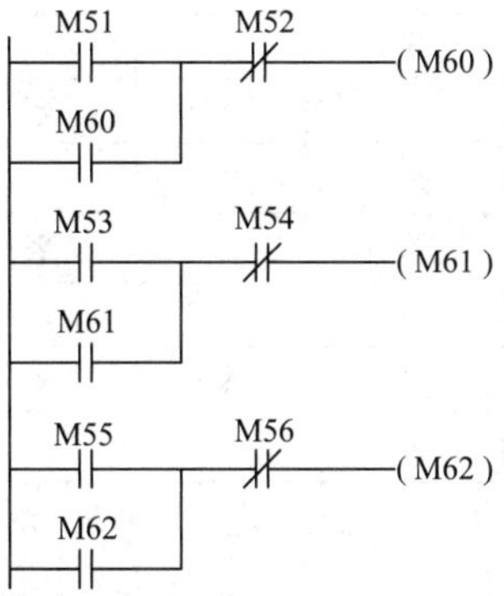

图 7-39　手动程序梯形图

有些系统的生产过程各工步之间关系明确，很容易建立顺序功能图，有些系统则很难建立，此系统即属于后者。认真分析系统工艺流程，我们可以发现，每次泵的增泵或退泵都可以用同一个过程描述，就是泵由变频到工频的切换过程，如图 7-40 所示，将很难用顺序过程描述的增泵和退泵判断作为子步单独处理。对于顺序功能图中的时间参数，不同变频器动作值有所差异，应在联机调试过程中优化。步 M3、M5 的动作——变频接触器控制输出和工频接触器控制输出是将增泵、退泵的判断结果送相应中间寄存器，最后在公用程序段中集中输出。子步中引入经验设计法编写梯形图，结果直接被顺序功能图调用，其判断依据为表 7-3 所示逻辑。辅助继电器 M100 的作用是作为启动、停止按钮的记忆元件。程序中需要使用的辅助继电器标志位作用见表 7-4。

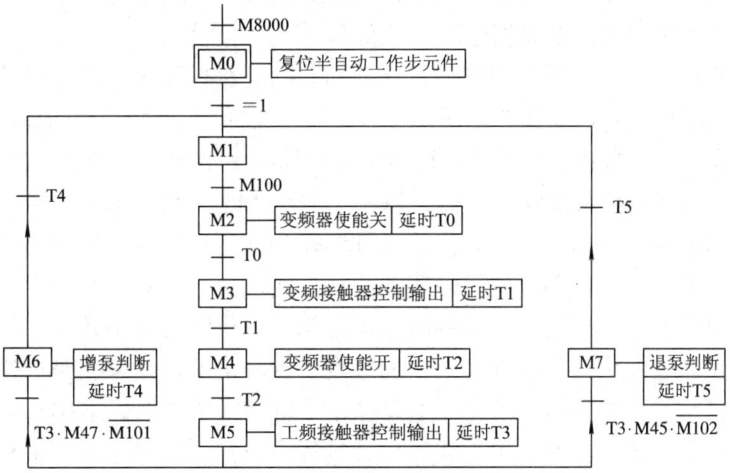

图 7-40　自动运行顺序功能图

表 7-3　增泵和退泵判断依据

退泵后状态			原始工作状态			增泵后状态		
无操作			※	※	※	●	※	※
※	※	※	●	※	※	○	●	※
※	●	※	○	●	※	○	○	●
※	○	●	○	○	●	无操作		
无操作			※	※	※	※	●	※
※	※	※	※	●	※	※	○	●
※	※	●	※	○	●	●	○	○
●	※	○	●	○	○	无操作		
无操作			※	※	※	※	※	●
※	※	※	※	※	●	●	※	○
●	※	※	●	※	○	○	●	○
○	●	※	○	●	○	无操作		

注：※ 表示水泵没有运行，● 表示水泵变频运行，○ 表示水泵工频运行。

表 7-4　系统使用标志位——辅助继电器

标志位	说　　明	标志位	说　　明
M70	1 号泵变频工作标志	M101	全部投入运行标志(不能增泵)
M71	2 号泵变频工作标志	M102	单泵变频运行标志(不能退泵)
M72	3 号泵变频工作标志	M103	增泵执行标志
M80	1 号泵工频工作标志	M104	退泵执行标志
M81	2 号泵工频工作标志		
M82	3 号泵工频工作标志		

增泵操作还需要说明的是：最后一台变频泵的退出，可以利用变频器的睡眠功能实现，也可以将变频器完全关闭；但后者由于变频器停止工作，因此不能给 PLC 有效的控制信号，需要利用电接点压力表信号唤醒；顺序功能图中要增加一个判断分支，并且要增加相应的唤醒逻辑判断，本例中采用变频器睡眠方式处理。

根据上面的阐述，利用顺序控制设计法编写自动运行梯形图，这里只给出子步——增泵操作的梯形图编程参考，如图 7-41 所示。该程序由简单的三个互斥的梯级组成，即一个扫描周期中只允许一个梯级被执行，这种结构是在梯级中增加了一个辅助继电器 M103，其作用就是在程序里限制增泵的操作次数，该标志在步 M6 之前应该被复位，故将常闭触头串在电路中，每个梯级中都有一个置位该元件的操作，所以当某一梯级接通，相应输出执行完之后，另外两个梯级就不可能再被接通执行，实质也是起到互锁功能。如果没有该互锁机制，假定第一个梯级接通，其结果刚好满足第二个梯级的逻辑条件，该扫描周期中第二个梯级输出操作也被执行，同样第三个梯级也是这种情况，结果就是一次增泵操作使所有泵都运行，显然不符合控制要求。在退泵操作中也使用了类似标志 M104。

通过这个子步的编程，反映出在程序设计过程中一定要准确把握可编程控制器的扫描工作机制。

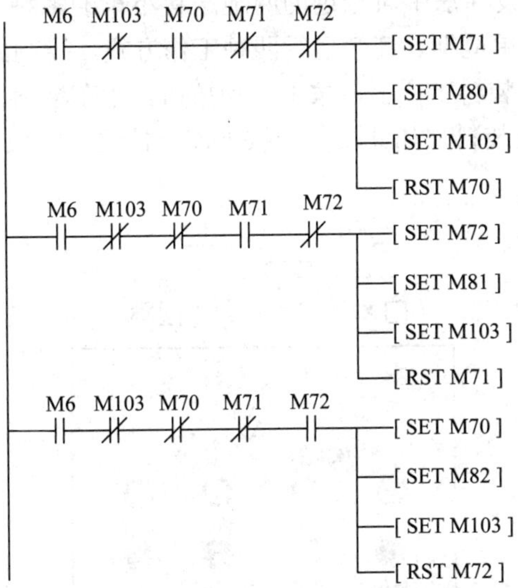

图 7-41　增泵判断梯形图

(4) 半自动程序。根据系统要求，当变频器出现故障时，系统应能利用电接点压力表提供的高压力、低信号控制水泵的工频增泵、退泵的切换操作。其思路与自动运行方式基本相同，不需要对变频器进行控制，增泵、退泵判断也更为简单，顺序功能图如图 7-42 所示。中间增加了一个等待步，便于程序修改。

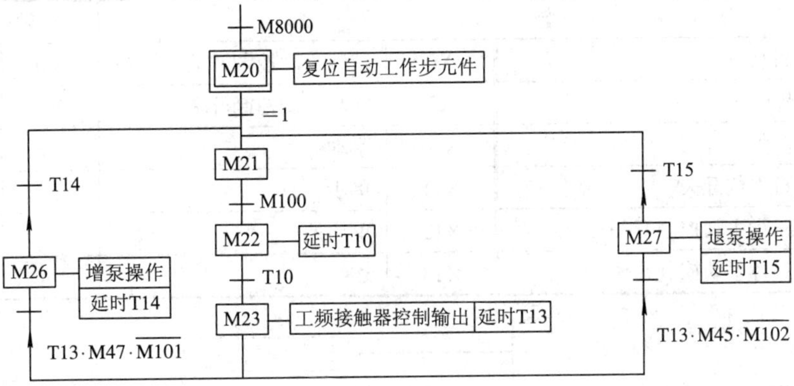

图 7-42　半自动运行顺序功能图

(5) 报警处理。当出现前池水位低报警信号时，关闭所有输出，复位自动运行和半自动运行的步元件，直到故障解除。在跳转结构中，该信号优先级最高，因此只有当报警信号解除后才能执行手动方式、自动方式或半自动方式。

目前，供水控制系统应用非常广泛，种类很多，控制功能比较复杂，为了结合教学，这里对系统工作流程、工艺要求、控制方式等都作了一些调整，工程应用时还应结合实际控制要求。

下面我们结合一个简单的例子讨论一下具有单步、单周期、连续运行等多种工作方式系统的设计方法。

例 7-7　设计在经验设计法中讨论过的两地送料小车的多种工作方式控制梯形图，要求小车具有手动、单步、单周期、连续运行四种工作方式。控制面板如图 7-43 所示，要求自动运行过程：小车停在装料工位上，按下启动按钮，小车装料，15 s 后右行至卸料处卸料，20 s 后左行至装料处装料，如此反复，按下停止按钮后完成当前周期工作，回到装料处停止。

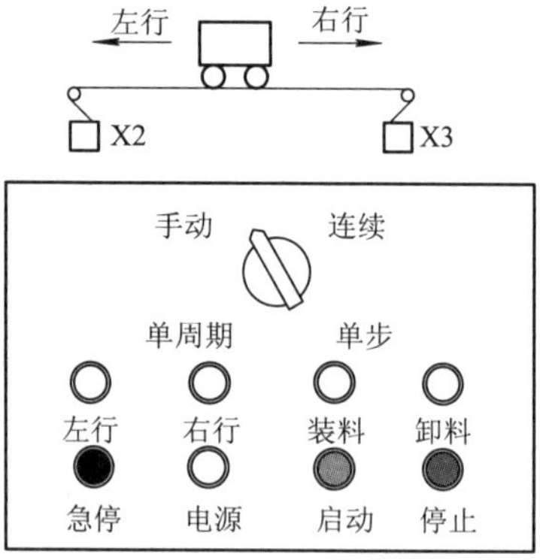

图 7-43　两地小车工作过程和控制面板示意图

分析：

(1) I/O 资源分配如表 7-5 所示，梯形图结构如图 7-44 所示，程序结构采用图 7-31(a)所示的结构。

表 7-5　I/O 资源分配

输入				输出	
X0	启动	X6	装料手动控制开关	Y0	右行
X1	停止	X7	卸料手动控制开关	Y1	左行
X2	左限位开关	X10	手动	Y2	装料
X3	右限位开关	X11	单步	Y3	卸料
X4	左行手动控制开关	X12	单周期		
X5	右行手动控制开关	X13	连续		

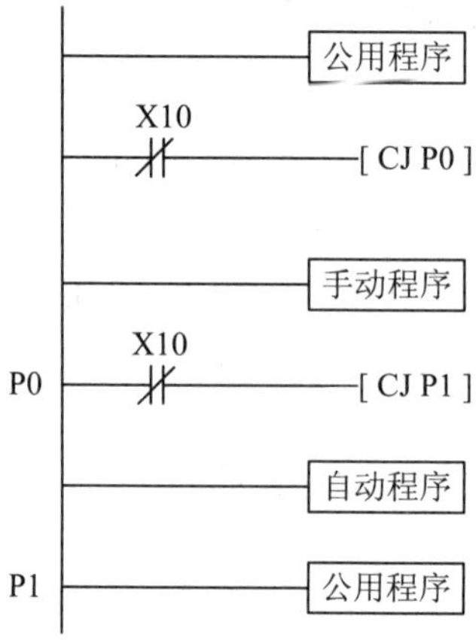

图 7-44　梯形图总体结构

(2) 公用程序设计：包括完成“自动”和“手动”方式之间的切换处理及各类标志步元件初始化，其中 M0 为初始步，如图 7-45 所示。

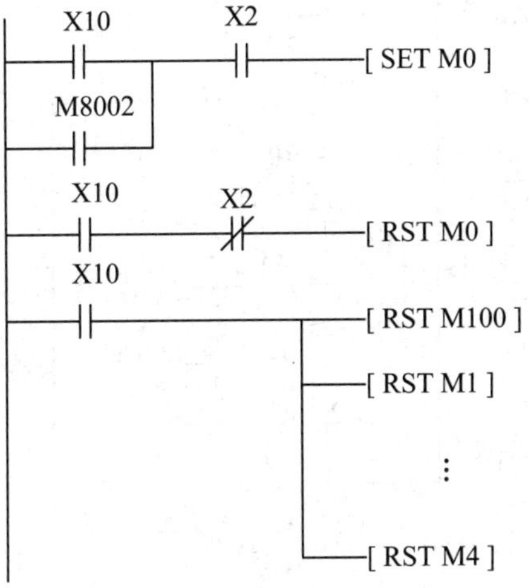

图 7-45 公用程序梯形图

当“自动”方式切换为“手动”方式时：当前活动步及“连续”工作状态需要清零，也可将所有自动状态下的功能步集中作清零处理(使用 ZRST 指令)；尤其在使用步进顺控指令进行编程时，应该对所有顺控触头复位，否则进入自动运行程序时可能会出现两个以上的活动步。

当“手动”方式切换为“自动”方式时：小车应停在 X4 处，否则初始步 M0=0，系统自动状态不会工作，可以手动控制小车返回；若希望自动回到起点，可增加回初始状态的工作步实现，也可在 M0 处增加一个左行动作，转换条件改为 X4·M200。

(3) 手动程序设计：由于电机属于正反转工作类型，为了保证系统的安全运行，需要设置必要的联锁、互锁，如图 7-46 所示。

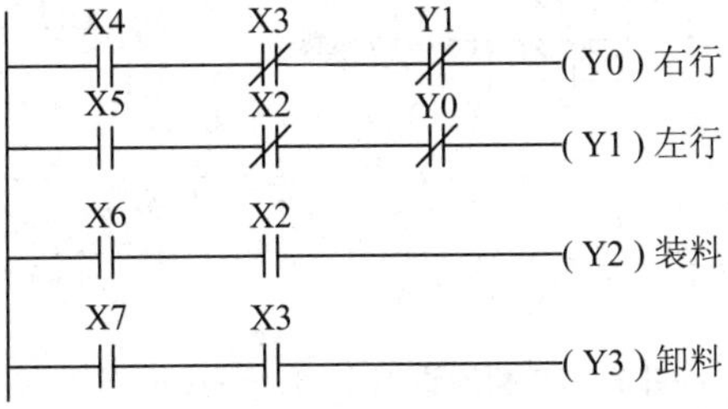

图 7-46 手动程序梯形图

(4) 自动程序设计：先制定系统顺序功能图，由于自动程序包含了单步、单周期、连续运行三个方式，通过图 7-47 比较这三种方式在顺序功能图中的区别，结合经验设计法的成分，单周期和连续运行方式的区别在启动信号，一个采用记忆电路能保持，一个不能记忆保持；而单步和连续方式的区别是在每步的启动信号都串有启动信号，每一步都需要启动信号激励。

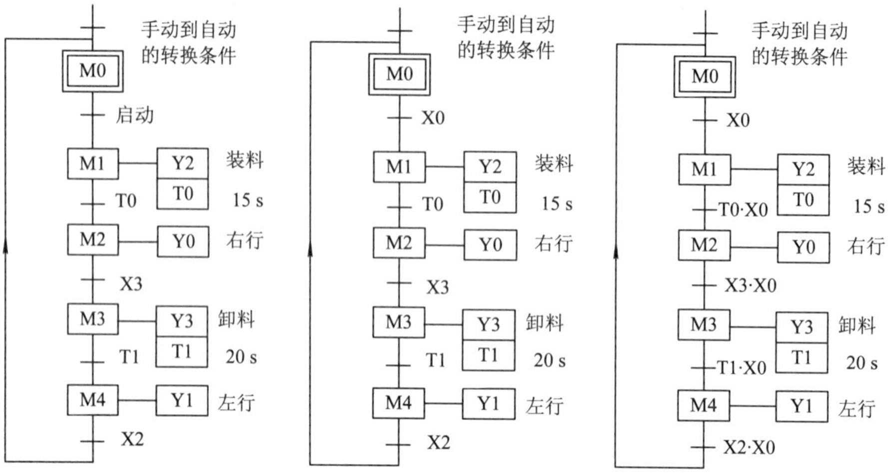

(a) 连续运行方式　　(b) 单周期运行方式　　(c) 单步运行方式

图 7-47　两地送料车顺序功能图

经过分析，我们把连续运行方式的启动条件及各工步的转换条件稍作调整，如图 7-48 所示为多种工作方式下的自动程序梯形图。

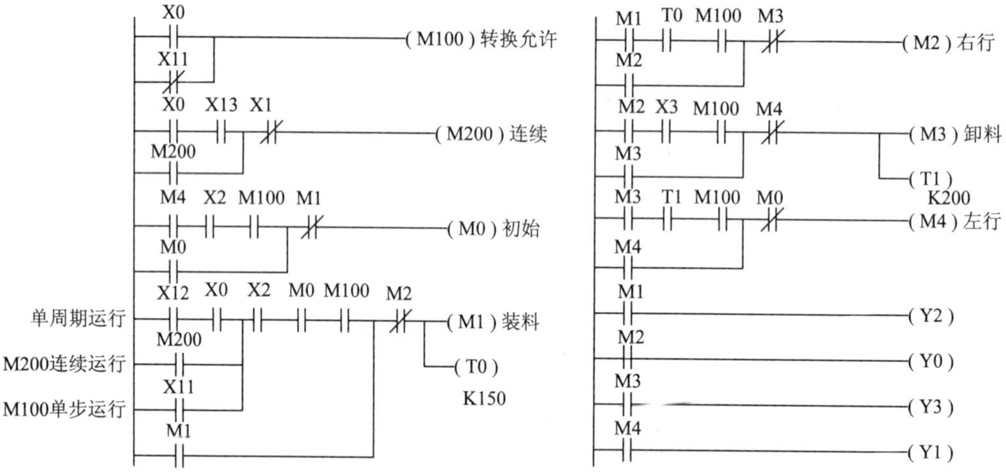

图 7-48　两地送料车自动程序梯形图

连续运行的启动记忆元件是 M200，单周期的启动电路是 X0，单步运行时将 X0 信号串入每个转换条件中，M100 的作用是在非单步运行方式时处于接通状态，不会对连续和单周期运行方式产生影响。

对于两地小车的自动运行程序，如果采用图 7-32(b)所示的结构，单步、单循环、连续运行方式将不再纠缠在一起，可以分别根据图 7-47 的顺序功能图独立编写程序，结构更为合理，如图 7-49 所示。

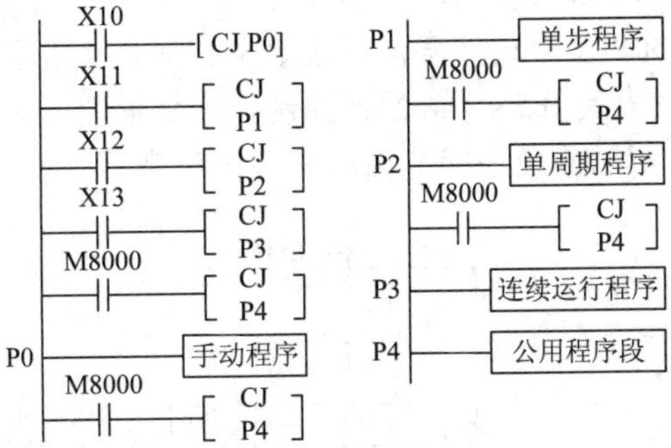

图 7-49　模块化编程结构

思考与习题

7.1　若传送带产品检测器(I0.0)在 30 s 内没有检测到产品通过，则蜂鸣报警(Q0.0)，开关 I0.0 为报警停止键，其中产品通过时，I0.0 接通，报警输出要求通 500 ms、断 1 s。

7.2　试设计电机 1 和电机 2 的联锁控制程序，要求：只有在电机 1 启动后，电机 2 才能动作；电机 1 停止后，电机 2 同时停止；当电机 1 运行后，电机 2 可以自行启动和停止。请分配 I/O 资源，并设计梯形图。

7.3　设计一个单按钮电机启/停控制程序，电机的启动和停止采用同一个按钮，按一下，电机启动，再按一下，电机停止。

7.4　设计满足图 7-50 所示波形的梯形图。

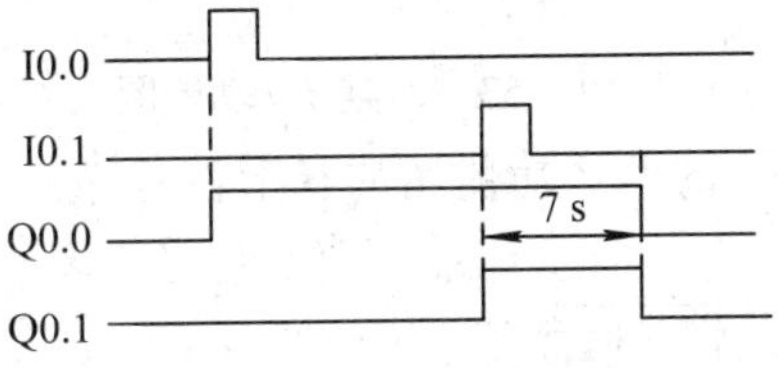

图 7-50　习题 7.4 波形图

7.5　按下按钮 I0.0(或 X0)后，红灯、绿灯、黄灯(Q0.0～Q0.2)或(Y0～Y2)按图 7-51 所示时序变化，请设计梯形图。

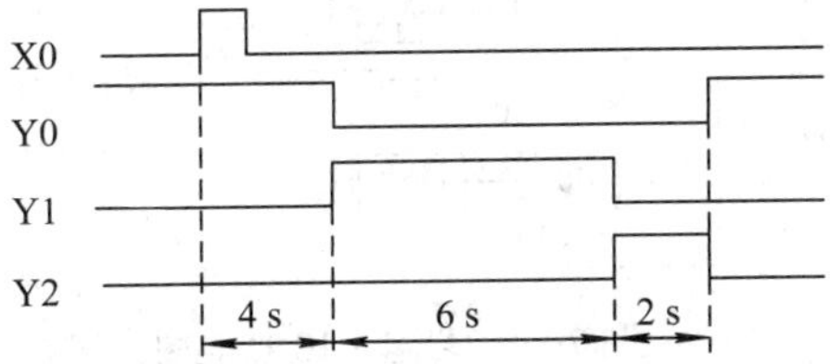

图 7-51　习题 7.5 时序图

7.6　某四节传送线，分别由 4 台电动机 M1、M2、M3、M4 拖动，要求按下启动按钮 I0.0 后，传送线逆序启动(M4→M3→M2→M1 依次动作)，按下停止按钮 I0.1 后，传送线顺序停止(M1→M2→M3→M4 依次停止)，试设计梯形图。

7.7　三相异步电动机的星形—三角形降压启动控制，要求星形接法工作 20 s 后，换接为三角形接法，换接延迟时间 0.5 s，请设计控制程序梯形图。

7.8　设计如图 7-52 所示的顺序功能图的梯形图程序。

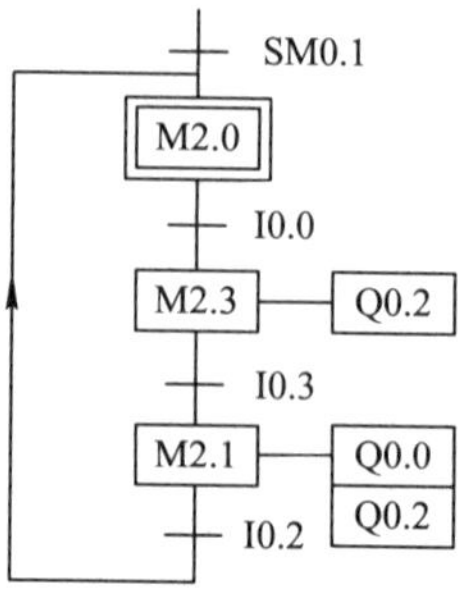

图 7-52　习题 7.8 功能图

7.9　设计如图 7-53 所示的顺序功能图的梯形图程序。

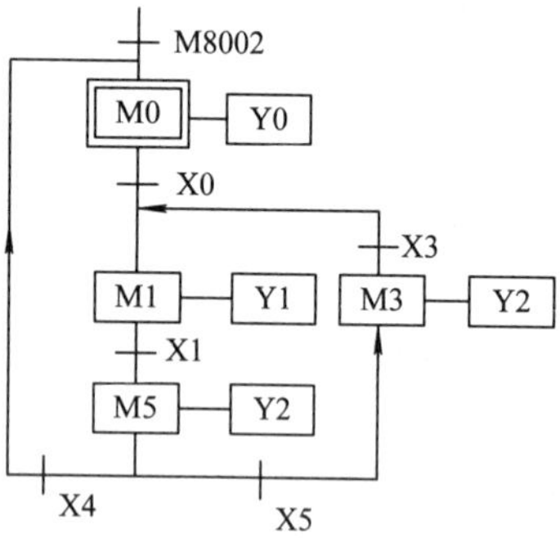

图 7-53　习题 7.9 功能图

7.10　设计如图 7-54 所示的顺序功能图的梯形图程序。

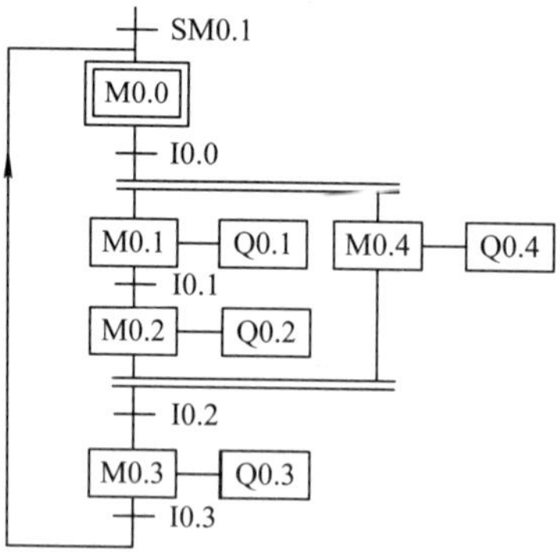

图 7-54　习题 7.10 功能图

7.11　某专用钻床用来加工圆盘状零件上均匀分布的 6 个孔，如图 7-55 所示。操作人员放好工件后，按下启动按钮 I0.0，Q0.0 变为 ON 状态，工件被夹紧，夹紧后压力继电器 I0.1 为 ON 状态，Q0.1 和 Q0.3 使两只钻头同时开始工作，钻到由限位开关 I0.2 和 I0.4 设定的深度时，Q0.2 和 Q0.4 使两只钻头上行，升到由限位开关 I0.3 和 I0.5 设定的起始位置时停止上行。两个都到位后，Q0.5 使工件旋转 120°，旋转到位时 I0.6 为 ON 状态，同时设定值为 3 的计数器 C0 的当前值加 1，旋转结束后又开始钻第 2 对孔。3 对孔都钻完后，计数器的当前值等于设定值 3，Q0.6 使工件松开，松开到位时，限位开关 I0.7 为 ON 状态，系统返回初始状态。应用西门子 S7-200 PLC 画出控制系统的顺序功能图。

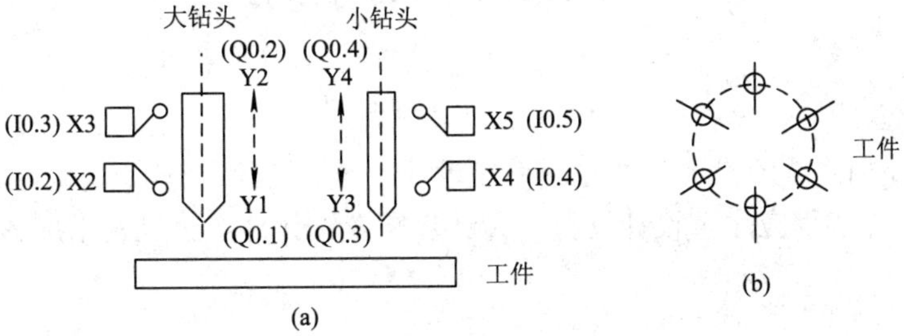

图 7-55　转床加工示意图

7.12　设计如表 7-6 所示的组合输出控制程序。要求如下：

(1) $t_0=t_1=\cdots=t_7=1$ s，设计梯形图；

(2) $t_0=1$ s，$t_1=2$ s，$t_2=1.5$ s，$t_3=4$ s，$t_4=8$ s，$t_5=2.5$ s，$t_6=0.5$ s，$t_7=3$ s，设计梯形图。

表 7-6　输出状态表

	t_0	t_1	t_2	t_3	t_4	t_5	t_6	t_7
Y0			ON		ON	ON		ON
Y1	ON	ON			ON			
Y2		ON	ON		ON		ON	ON
Y3			ON	ON		ON		

7.13　一个由 5 个灯组成的彩灯组，工作流程如下：按下启动按钮后，相邻的两个彩灯同时点亮和熄灭，不断循环，每组点亮的时间为 5 s，按下停止按钮后，所有彩灯立刻熄灭。设计梯形图。

第 8 章 PLC 控制系统设计

基于 PLC 控制系统的设计主要包括系统设计、程序设计、施工设计和安装调试等四个方面的内容。设计过程应注重设计规范、设计步骤及设计与实施过程中应该注意的事项。

8.1 PLC 控制系统设计概论

控制系统设计一般按照两个阶段进行，即系统设计和工程设计。通过系统设计确定控制系统的技术方案及设备选型。工程设计是从施工角度出发，解决系统实施中的细节问题。整个设计过程需要通过图纸资料和文字资料体现，建立详细的设计文件。

系统设计的基本任务和基本程序包括以下几个方面：

(1) 深入了解被控系统。首先要分析被控对象的工艺过程及工作特点，即熟悉系统原有的图纸资料，了解被控对象机、电之间的配合；收集现有的相同类型系统的设计经验和技术资料；确定被控对象对 PLC 控制系统的控制功能要求和控制系统的控制规模。这一阶段应大体确定以下几点：

① 设备内部机械、液压、气动、仪表、电气几大系统之间的关系。

② PLC 与其他智能设备(如计算机、变频器、工业电视、机器人)之间的关系。

③ PLC 是否需要通信联网。

④ 系统要求哪些工作方式(如手动、自动、半自动等)。

⑤ 需要显示哪些数据及显示的方式等。

⑥ PLC 的输入/输出信息要求。

⑦ 确定系统功能要求。

⑧ 确定系统规模和层次。

(2) 系统设计。系统设计是系统实施的关键，设计工作具体包括以下几个方面：

① 用一定方式描述工艺过程，对控制系统的每个控制功能作详细说明，确定技术方案。

② 确定外围设备的配置和 PLC，包括对 PLC 的机型、容量、I/O 模块、电源等的选择，并提出相应的设备与材料的规格和数量，完成设计概算。

③ 对 PLC 的 I/O 信号进行定义。画出 PLC 的 I/O 点与输入/输出设备的连接图或对应关系表。

④ 电气设计(硬件设计)，包括继电器控制部分和 PLC 控制部分的电气控制原理图、控制柜和操作面板电器布置图及安装接线图、控制系统各部分的电气互连图。

⑤ 供电系统和接地系统设计，系统可靠性设计。

⑥ PLC 应用程序及上位组态软件的设计。

(3) 系统实施。系统实施包括以下两方面：

① 根据图纸进行继电器系统、控制柜(台)等硬件实施及现场施工。

② PLC 应用程序及应用软件组态的实现。

(4) 联机调试。联机调试是最后的调试阶段。把 PLC 安装在控制现场，控制程序按功能分成几部分进行调试。为安全起见，先连接控制电路的输入、输出及相应电源，在确保传感器、执行器和硬接线，以及 PLC 的外部接线图和梯形图程序设计等方面的问题都解决后，再接通主电路电源，进行总体调试。

全部调试完毕后，交付试运行。运行一段时间后，如果工作正常且程序不需要修改，则应将程序固化到 EPROM 中，以防程序丢失。

(5) 整理技术文件。技术文件包括设计说明书、电气安装图、电气元件明细表及使用说明书等。

图 8-1 所示为 PLC 控制系统设计与调试的一般步骤。

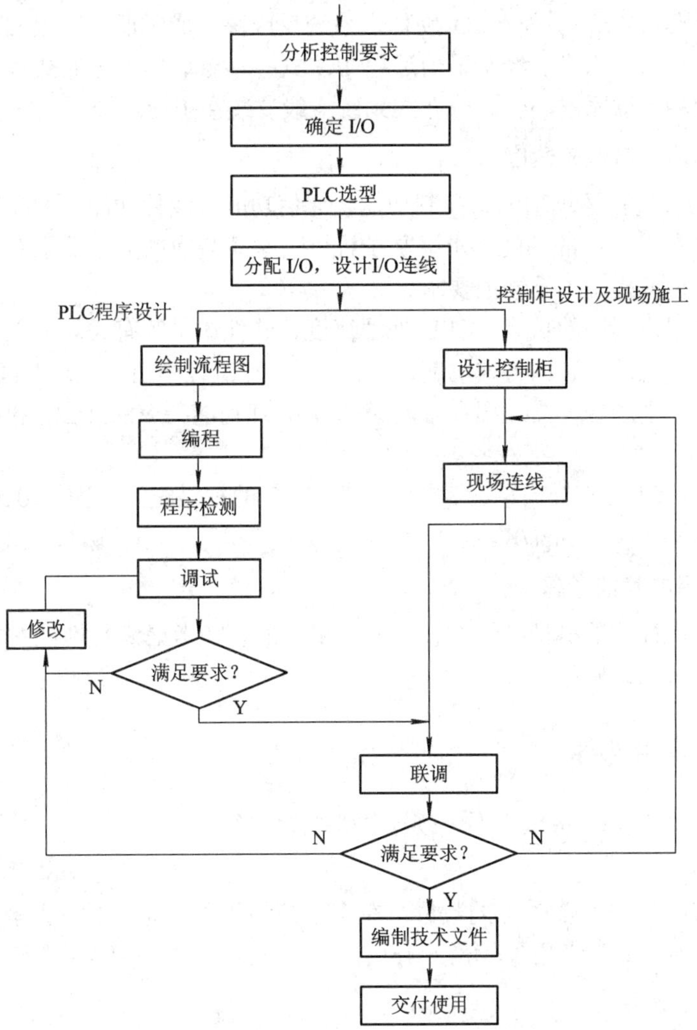

图 8-1　PLC 控制系统设计与调试的一般步骤

8.2　PLC 的选型

工艺流程的特点和应用要求是设计选型的主要依据。PLC 选型包括 PLC 的机型、容量、I/O 模块、特殊功能模块、电源等的选择，同时还需要考虑通信联网能力。

8.2.1　PLC 的机型选择

1. 结构形式

PLC 的硬件结构有整体式和模块式。按应用环境，PLC 的控制系统又可分为集中式和分布式。

整体式 PLC 一般用于系统工艺过程较为固定的小型控制系统中，而模块式 PLC 一般用于较复杂系统和环境差(维修量大)的场合。

集中式不需要设置驱动远程 I/O 硬件，系统反应快、成本低，一般安装在控制室。大型系统因其装置分布范围广，经常采用远程 I/O 式。多台联网的分布式适用于多台设备分别独立控制又要相互联系的场合。分布式系统一般安装在工业现场。

2. CPU 的能力与响应速度

CPU 的能力体现在运算功能、控制功能、通信功能、编程功能、诊断功能和处理速度等特性上。PLC 控制系统的功能要求、复杂程度、系统响应的应用需求对 PLC 的 CPU 的处理能力和响应速度提出了不同的要求。

响应速度与用户程序的长度、CPU 处理速度、软件质量等有关。在大概确定了用户程序的长度后，主要从两个方面考虑响应速度：一是 PLC 程序指令处理时间；二是 PLC 的扫描周期。对于个别场合，需选用具有高速 I/O 处理功能指令的 PLC 和中断输入模块的 PLC 等。

一般情况下，CPU 扫描周期应满足：小型 PLC 的扫描时间不大于 0.5 ms/K，大中型 PLC 的扫描时间不大于 0.2 ms/K。

3. 机型选择的其他考虑

毫无疑问，高性能的机型必然有较高的价格，所以在考虑满足性能的同时，还要根据工程的投资状况来确定机型。

8.2.2　PLC 的容量选择

对 PLC 容量的选择，应依据系统规模的要求来进行。

1. I/O 点数

应该合理选用 PLC 的 I/O 点的数量，在满足控制要求的前提下，力争选用的 I/O 点数最少，但必须留有一定的备用量(10%～15%)。

2. 用户存储器容量

存储器容量是可编程控制器本身能提供的硬件存储单元大小，程序容量是存储器中用户应用项目使用的存储单元的大小，因此程序容量小于存储器容量。设计阶段，由于用户应用程序还未编制，程序容量在设计阶段是未知的，需在程序调试之后才知道，因此，通常采用存储器容量的估算来替代。

存储器内存容量的估算没有固定的公式，许多文献资料中给出了不同公式，大体上都是按数字量 I/O 点数的 10～15 倍，加上模拟量 I/O 点数的 100 倍，以此数为内存的总字数(16 位为一个字)，另外再按此数的 25%考虑余量。

8.2.3　各种模块的选择

1．开关量 I/O

标准的 I/O 接口用于同传感器和开关(如按钮、限位开关等)及控制(开/关)设备(如指示灯、报警器、电动机启动器等)进行数据传输，典型的交流 I/O 信号为 24～240 V(AC)，直流 I/O 信号为 5～24 V(DC)。

(1) 选择开关量输入模块时，主要从下面三个方面考虑：

① 输入信号的类型及电压等级的选择。常用的开关量输入模块的信号类型有三种：直流输入、交流输入和交流/直流输入。

② 现场输入信号的距离。根据现场输入信号与 PLC 输入模块距离的远近来选择电平的高低。一般 24 V 以下属于低电平，其传输距离不宜太远，如 12 V 电压模块一般不超过 10 m，距离较远的设备选用较高电压模块比较可靠。

③ 高密度的输入模块。如 32 点输入模块，能允许同时接通的点数取决于输入电压和环境温度，一般同时接通的点数不得超过总输入点数的 60%。

(2) 选择开关量输出模块时，应从以下三个方面来考虑：

① 输出方式的选择。输出模块有三种输出方式：继电器输出、晶闸管输出、晶体管输出。其中，继电器输出价格便宜，使用电压范围广，导通压降小，承受瞬时过电压和过电流的能力强，且有隔离作用。但继电器有触头，寿命较短，且响应速度较慢，适用于动作不频繁的交流/直流负载。当驱动电感性负载时，最大开闭频率不得超过 1 Hz。晶闸管输出(交流)和晶体管输出(直流)都属于无触头开关输出，适用于通断频繁的感性负载。一般电磁阀的开闭、大电感负载、动作频率低的设备，其 PLC 输出端采用继电器输出或者固态继电器输出。各种指示灯、变频器/数字直流调速器的启动、停止最好采用晶体管输出。

② 输出电流的选择。模块的输出电流必须大于负载电流的额定值，如果负载电流较大而输出模块不能直接驱动，则应增加中间放大环节。对于电容性负载、热敏电阻负载，考虑到接通时有冲击电流，要留有足够的余量。

③ 允许同时接通的输出点数。在选用输出点数时，不但要核算一个输出点的驱动能力，还要核算整个输出模块的满负荷加载能力，即输出模块接通点数的总电流值不得超过模块规定的最大允许电流值。

2．模拟量 I/O

模拟量 I/O 接口是用来传输传感器产生的信号的。这些接口能测量流量、温度和压力等模拟量的数值，并用于控制电压或电流输出设备。PLC 的典型接口量程对于双极性电压为-10～+10 V，单极性电压为 0～+10 V，电流为 4～20 mA 或 10～50 mA。

一些制造厂家提供了特殊模拟接口，用来接收低电平信号(如 RTD、热电偶等)。一般来说，这类接口模块能接收同一模块上不同类型的热电偶或 RTD 的混合信号。用户应就具体条件向供货厂商提出要求。

3．特殊功能 I/O

在选择一台 PLC 时，用户可能会面临需要一些特殊类型且不能用标准 I/O 实现(如快速输入、频率等)的情况。用户应当考虑供货厂商是否提供一些特殊的有助于最大限度减小控制作用的模块，灵活模块和特殊接口模块都应考虑使用。有的模块自身能够处理一部分现场数据，从而使 CPU 可从处理耗时任务中解脱出来。

4．智能型 I/O

当前，PLC 的生产厂家相继推出了一些智能型的 I/O 模块。所谓智能型 I/O 模块，就是本身带有处理器，对输入/输出信号可作预先规定的处理，再将处理结果送入 CPU 或直接输出，这样可提高 PLC 的处理速度和节省存储器的容量。

智能型 I/O 模块有温度控制模块、高速计数器(可进行加法计数或减法计数)、凸轮模拟器(用于绝对编码输入)、带速度补偿的凸轮模拟器、单回路或多回路的 PID 调节器、ASCII/BASIC 处理器、RS-232C/422 接口模块等。

8.2.4　电源模块的选择

PLC 的 CPU 所需的工作电源一般都是 5 V 直流电源，一般的编程接口和通信模块还需要 12 V 和 24 V 直流电源。这些电源都由 PLC 本身的电源模块提供，所以在实际应用中要注意电源模块的选择。在选择电源模块时，一般应考虑以下几点：

(1) 电源模块的输入电压。PLC 电源模块可以包括各种各样的输入电压，有 220 V 交流、110 V 交流和 24 V 直流。在实际应用中根据具体情况选择。

(2) 电源模块的输出功率。在选择电源模块时，其额定输出功率必须大于 CPU 模块、所有 I/O 模块、各种智能模块等总的消耗功率之和，并且留有 30%左右的余量。当同一电源模块既要为主机单元又要为扩展单元供电时，从主机单元到最远一个扩展单元的压降必须小于 0.25 V。

(3) 扩展单元中的电源模块。在有的系统中，由于扩展单元中安装有智能模块及一些特殊功能模块，就要求在扩展单元中安装相应的电源模块，这时相应的电源模块输出功率可按各自的供电范围计算。

8.3　PLC 控制系统硬/软件详细设计

1．系统硬件设计

(1) 确定系统输入元件(如按钮、指令开关、限位开关、接近开关、传感器、变送器等)和输出元件(如继电器、接触器、电磁阀、指示灯等)的型号。

(2) 根据设备的操作任务和操作方式，确定操作面板所需的元件，如指示灯、数字显示装置、开关和按钮等，有的系统可能需要智能的操作面板。

(3) 确定 PLC 的输入点和输出点的关联信号。列表统计可编程控制器的输入信号和输出信号，在表中标明各信号的意义和类型，如信号是数字量还是模拟量，模拟信号的范围等。

(4) 给各输入、输出变量分配地址。梯形图中变量的地址与可编程控制器的外部接线端子号是一致的。这一步为绘制硬件接线图作好了准备，也为梯形图的设计作好了准备。

(5) 画出可编程控制器的外部硬件接线图。给输入/输出变量分配好地址后，画出可编程控制器的外部硬件接线图，以及其他电气原理图和接线图。

(6) 画出操作站和控制柜面板的机械布置图与内部的机械安装图。

(7) 建立符号表。符号表用来给存储器内的绝对地址命名，可对物理输入/输出信号和程序中用到的其他存储单元命名。建立符号表后，可以在程序中显示各绝对地址的符号名，有利于程序的设计和阅读。

2．梯形图程序设计及程序调试

(1) 根据总体要求和控制系统的具体情况，确定用户程序的基本结构，画出程序流程图或数字量控制系统的顺序功能图。它们是编程的主要依据，应尽可能地准确和详细。

(2) 根据系统的控制要求，采用合适的设计方法。较简单系统的梯形图可以用经验法设计，复杂系统的一般采用顺序控制设计法。画出系统的顺序功能图后，选择一种编程方法，设计出梯形图程序。

(3) 程序要以满足系统控制要求为主线，逐一编写实现各控制功能或各子任务的程序，逐步完善系统指定的功能。除此之外，程序通常还应包括以下内容：

① 初始化程序。在 PLC 上电后，一般都要做一些初始化的操作，为启动作必要的准备，避免系统发生误动作。初始化程序的主要内容有：对某些数据区、计数器等进行清零，对某些数据区所需数据进行恢复，对某些继电器进行置位或复位，对某些初始状态进行显示等。

② 检测、故障诊断和显示等程序。这些程序相对独立，一般在程序设计基本完成时再添加。

③ 保护和连锁程序。保护和连锁程序是程序设计中不可缺少的部分，必须认真加以考虑。它可以避免由于非法操作而引起的控制逻辑混乱。

(4) 梯形图程序的模拟调试。一般先对用户程序作模拟调试，根据顺序功能图，用小开关和按钮来模拟 PLC 实际的输入信号，例如，用它们发出操作指令或在适当的时候用它们来模拟实际的反馈信号，如限位开关触头的接通和断开。通过模块上各输出位对应的发光二极管，观察各输出信号的变化是否满足设计要求。

程序模拟调试的基本思想是，以方便的形式模拟产生现场实际状态，为程序的运行创造必要的环境条件。根据产生现场信号的方式的不同，模拟调试有硬件模拟法和软件模拟法两种形式。

① 硬件模拟法是使用一些硬件设备(如用另一台 PLC 或一些输入器件等)模拟产生现场的信号，并将这些信号以硬接线的方式连到 PLC 系统的输入端，其时效性较强。

② 软件模拟法是在 PLC 中另外编写一套模拟程序，模拟提供现场信号，其简单易行，

但时效性不易保证。在模拟调试过程中，可采用分段调试的方法，并利用编程器的监控功能。

(5) 现场调试。完成上述工作后，将可编程控制器安装在控制现场，接入实际的输入信号和负载。在联机总调试过程中将暴露出系统中可能存在的传感器、执行器和接线等硬件方面的问题，以及可编程控制器的外部接线图和梯形图设计中的问题，发现问题后在现场予以解决，直到完全符合要求。

8.4 系统的冗余设计

要提高基于PLC的控制系统的可靠性，一方面要保证外部设备的可靠性，在良好的环境下工作；另一方面也要提高PLC本身的可靠性。就PLC本身而言，其可靠性已由制造商采取措施保证，一旦产品出厂就是固定了的。从实际应用的角度来说，采用冗余设计则是进一步提高可靠性的重要措施。

冗余设计可采用的方式大体有手动操作设计(也称降级操作)、冷备运行设计(也称PLC的并列运行)和双机热备运行设计三种。

1. 手动操作设计

在控制器发生故障或进行设备调试时，通常采用手动操作。因此，一个控制系统大都设计有手动操作。

对于模拟量控制输出，在模拟量输出模块的输出端应串接一个手操器，手操器上有自动/手动转换开关。当转换开关打向“手动”时，将PLC的输出屏蔽掉，工作人员通过手操器上的旋钮手动调节输出的大小。

对于开关量输出，在输出电路上安装一个三工位(自动、手动开、手动关)的转换开关。当手动操作时，通过“手动开”或“手动关”直接由人工控制。

用于模拟量的手操器，可以选用自动化仪表厂制造的定型产品。用于开关量输出的手动/自动转换电路，可以根据实际情况自行设计。

2. 冷备运行设计

所谓冷备运行设计，是采用两台控制内容完全相同的控制器，其输入/输出通过切换开关或继电器分别连接到两台控制器上，当一台控制器发生故障时，可由运行人员手动切换到另一台控制器继续运行。

这种冷备运行设计仅适用于小规模、I/O 点数比较少、布线也容易的控制系统。如果I/O点数过多，则电缆配线比较复杂，从而限制了它的运用。

3. 双机热备运行设计

根据控制对象的不同，对控制系统的可靠性要求也不同。对一些控制对象，不仅要求控制系统有长时间的稳定性和可靠性，而且还要保证系统能够连续不断地完成控制任务，也就是不允许系统因发生故障而停止工作。采用冷备运行设计和手动操作设计是无法满足上述要求的，此时必须采用PLC的双机设备运行。双机设备运行配置可由两台独立的可编程控制器构成，有的制造商也推出了已经设计好的PLC冗余系统。冗余系统的构成原理就是在系统中采用两套相同的 CPU 单元，其中一台工作，一台热备；一旦工作的 CPU 发生故障，热备的 CPU 立即自动投入工作，此时热备的 CPU 就变为工作的，原工作的待故障处理完成后就变为热备的。除 CPU 冗余外，I/O 模块也可以采用冗余配置或非冗余配置。按照 CPU 冗余方式和 I/O 冗余方式，系统可以有各种不同方式的配置。

图 8-2 给出了双通道 I/O 配置的冗余系统。在这种冗余配置中，每一个 CPU 都有权管理另一个 CPU 的 I/O 模块。例如，当子系统 A 的 CPU 发生故障，同时子系统 B 的 I/O 模块也发生故障时，则系统由子系统 B 的 CPU 和子系统 A 的 I/O 模块共同实现所要求的控制功能。由此可见，这种配置的可靠性是较高的，它实际上是一种各个单元全部冗余的系统，即每个单元都并联然后再串联起来的串并联复合结构。

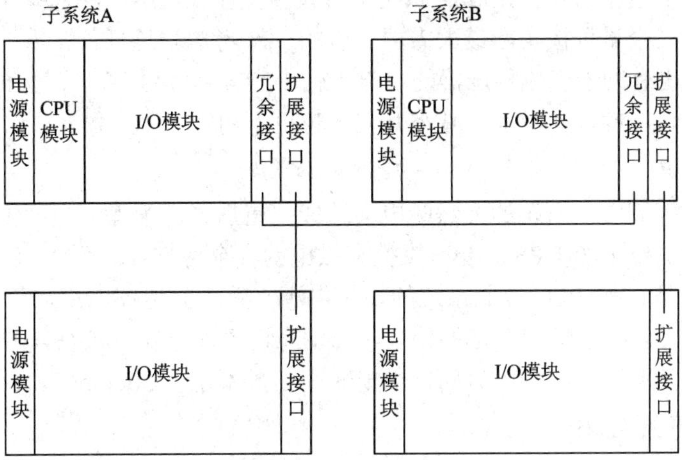

图 8-2　双通道 I/O 配置的冗余系统

根据实际使用情况来看，由 PLC 组成的系统，其 CPU 模块很少发生故障，而 I/O 模块损坏的可能性较大。所以，为了减少系统因 I/O 模块的故障而造成的停机时间，保证系统尽可能地连续工作，可以考虑个别 I/O 模块或 I/O 点的冗余配置。这样既可降低系统总投资，又可提高系统的可靠性，但其条件是要求 PLC 的 I/O 模块具有带电插拔的功能。

这种冗余配置实际上是单台 PLC 系统，只是对需要冗余配置的 I/O 点采用两块模块或两个 I/O 点，同时在用户程序中也要考虑相应的功能。严格地讲，这种配置并不完全是冗余结构，只是增加 I/O 点可靠性的一种措施。

8.5　系统供电电源设计

系统供电电源设计是指 PLC 的 CPU 和 I/O 模块工作所需电源系统的设计。

在 PLC 控制系统中，电源占有极重要的地位。电网干扰串入 PLC 控制系统主要是通过 PLC 系统的供电电源(如 CPU 电源、I/O 电源等)、变送器供电电源和与 PLC 系统具有直接电气连接的仪表供电电源等耦合进入的。

PLC 一般都使用市电(220 V，50 Hz)。电网的冲击、频率的波动将直接影响实时控制系统的精度和可靠性，有时电网的冲击甚至会给整个系统带来毁灭性的破坏。电网的瞬间变化是不断发生的，因此可产生一定的干扰传播到 PLC 系统中。为了提高系统的可靠性和抗干扰性能，在 PLC 供电系统中一般可采取隔离变压器、交流稳压器、不间断电源(UPS)、晶体管开关电源等保护措施。

1. 隔离变压器

隔离变压器的初级和次级之间采用隔离屏蔽层，该屏蔽层用漆包线或铜等非导磁性材料绕成。初、次级之间的静电屏蔽分别与初、次级间的零电位线相接，并将中心点经电容耦合接地。采用隔离变压器可以屏蔽掉供电电源中的各种干扰信号，从而提高系统的抗干扰性能。

2. 交流稳压器

为了抑制电网电压的起伏，PLC 系统中可设置交流稳压器。在选择交流稳压器时，其容量应留有余量，余量可按实际最大需求容量的 30%考虑。这样，一方面可充分保证稳压特性，另一方面也有助于交流稳压器的可靠工作。在实际应用中，有些 PLC 对电源电压的波动具有较强的适应性，此时为了减小开支，也可不用交流稳压器。

3. UPS 电源

在一些实时控制中，系统的突然断电会造成严重后果。为保证电网馈电不中断，可采用在线式不间断供电电源(UPS)供电，来提高供电的安全可靠性。而且，UPS 还具有较强的干扰隔离性能，是一种 PLC 控制系统的理想电源。系统突然掉电后，可自动切换到 UPS 电源供电，并按工艺要求进行一定的处理，使生产设备处于安全状态。在选择 UPS 电源时要注意所需要的功率容量和供电时间，供电时间一般不小于 30 min。

4. 晶体管开关电源

晶体管开关电源主要是指稳压电源中的调整管以开关方式工作，用调节脉冲宽度的办法调整直流电压。这种开关电源在电网或其他外加电源电压变化很大时，对其输出电压并没有多大影响，提高了直流供电系统的抗干扰能力。

如图 8-3 所示为 PLC 电源模块的供电设计。

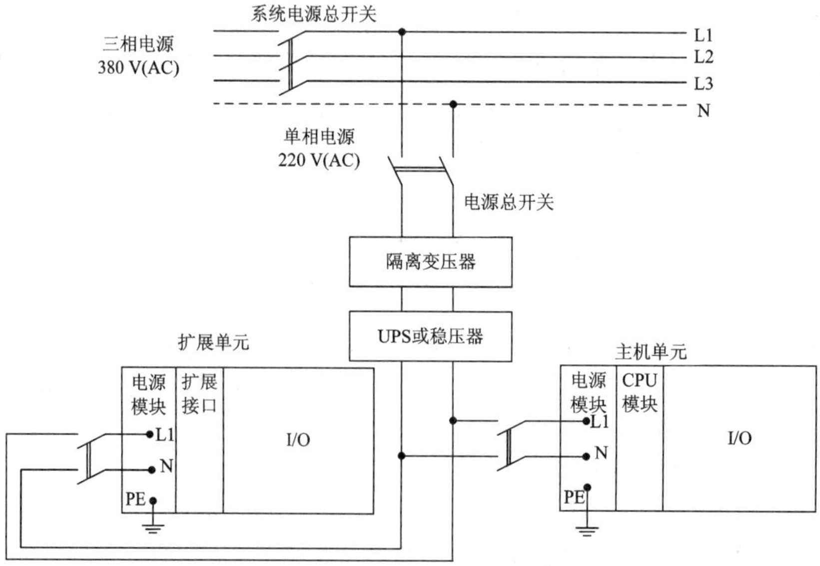

图 8-3　PLC 电源模块的供电设计

系统总电源为三相电网电源，通过系统电源总开关(空气开关)接入 PLC 组成的控制系统中。PLC 系统所需电源一般为交流 220 V。在多机系统中，如果每个 PLC 都单独供电，则可分别取自不同相，以保证三相电源的平衡。取自相电压的交流 220 V 电源通过电源开关接入隔离变压器(在一般情况下也可不使用隔离变压器)，经过隔离变压器后，通过交流稳压器或 UPS 不间断电源为系统供电。一般情况下，选择了 UPS 不间断电源就不必再选择交流稳压器。

在实际工程中，供电系统设计还要注意以下几点：

(1) PLC 电源模块接线。一般的 PLC 电源模块都有三个进线端子，用 L1、N、PE 表示。其中，L1 为相线，N 为零线，PE 为系统的地并与机壳相连，不能接错。

(2) 系统接地连接。PLC 电源模块的接地端应选择不小于 10 mm 的铜导体，并尽可能短地与接地系统连接。

(3) 选择交流稳压器、UPS 不间断电源的容量。这些容量应包括所有 PLC 模块所需的容量，并要留有一定的余量。

(4) PLC 电源模块的输入电压。有些产品可分别选择包括 220 V 交流、110 V 交流和 24 V 直流的输入电压，在我国使用较多的是 220 V 交流，但也有使用 24 V 直流的情况。如果电源模块输入电压为 24 V 直流，则供电系统的设计就要在电源模块和交流稳压器或 UPS 不间断电源之间加入直流稳压电源，且直流稳压电源容量的选择也要考虑全部所需容量。这一点在实际使用中必须加以注意，否则极易造成电源模块的损坏。图 8-4 为直流 I/O 模块的供电系统。

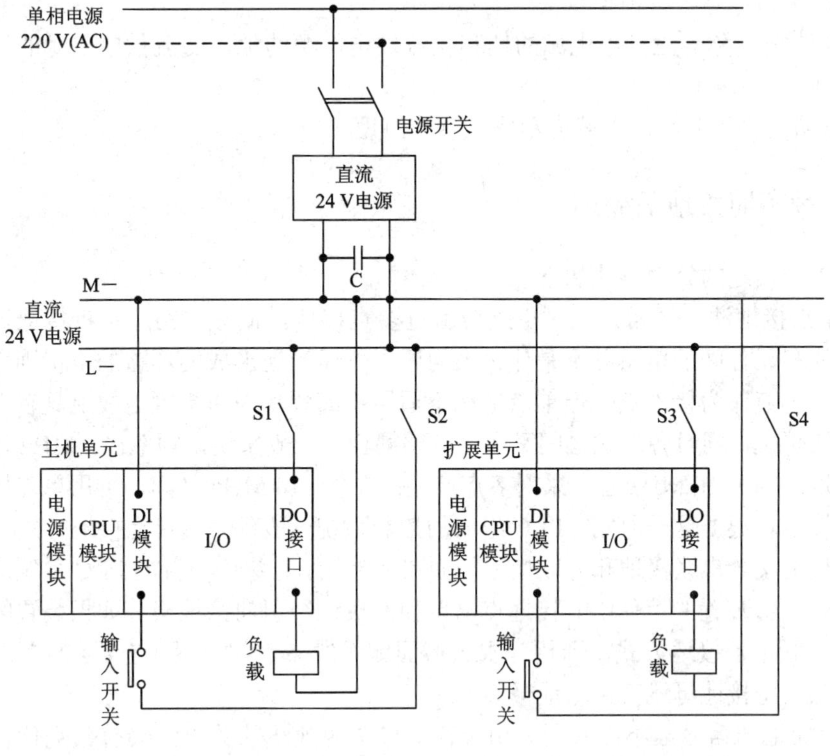

图 8-4　直流 I/O 模块的供电系统

8.6　系统接地设计

8.6.1　系统接地的概念

在 PLC 组成的控制系统中，接地的概念有以下几种理解：

(1) 保护接地。凡 PLC 机柜和操作台、配电柜、继电器柜等用电设备的金属外壳及控制设备正常不带电的金属部分，由于各种原因(如绝缘破坏等)而有可能带危险电压者，均应做接地保护。低于 36 V 供电的设备，如无特殊要求，可不做接地保护。

(2) 信号回路接地。在 PLC 控制系统的电子设备中，非隔离的信号需要建立一个统一的信号参考点，并应进行信号回路接地(通常为直流电源负极)。隔离信号可以不接地。这里的隔离指的应当是某一输入(出)信号和其他输入(出)信号的电路是隔离的，对地是绝缘的，电源是独立的、相互隔离的。

(3) 屏蔽接地。为防止静电感应和磁场感应而设置的屏蔽接地端子，均应进行屏蔽接地。

在上述接地概念中，信号回路接地和屏蔽接地又通称为工作接地。工作接地一般是信号参考点，通常以直流电源负极作为参考点。而保护接地是指接大地。工作接地某些情况下也需要接大地，以增加抗干扰能力。

工作接地又可按以下方式分类：

(1) 信号地：可分为数字地和模拟地，数字地也叫逻辑地，是各种开关量(数字量)信号的零电位，模拟地是各种模拟量信号的零电位。

(2) 电源地：分交流供电电源的地和直流供电电源的地，交流供电电源的地通常是产生噪声的地。

(3) 屏蔽地：为防止静电感应和磁场感应而设。

8.6.2　各种不同接地的处理

各种不同接地的处理方法如下：

(1) 单点接地法。通常，高频电路应就近多点接地，低频电路应单点接地。在低频电路中，布线和元件间的电感并不是什么大问题，然而接地形成的环路的干扰则影响很大，因此，常以单点作为接地点。但单点接地不适用于高频，因为高频地线上具有电感，因而增加了地线阻抗，同时各地线之间又产生电感耦合。一般来说，频率在 1 MHz 以下时，可用单点接地；高于 10 MHz 时，采用多点接地；在 1～10 MHz 之间，可用单点接地，也可采用多点接地。根据这一原则，PLC 组成的控制系统一般都采用单点接地方式。

单点接地又分串联接地和并联接地，如图 8-5 所示。集中布置的 PLC 系统适于并联单点接地方式，各装置的柜体中心接地点以单独的接地线引向接地极。如果装置间距较大，则应采用串联单点接地方式，即用一根大截面铜母线(或绝缘电缆)连接各装置的柜体中心接地点，然后将接地母线直接连地极。

(2) 交流地与信号地不能共用。由于在一段电源地线的两点间会有数毫伏甚至几伏电压，对低电平信号电路来说，这是一个非常重要的干扰，因此必须加以隔离。

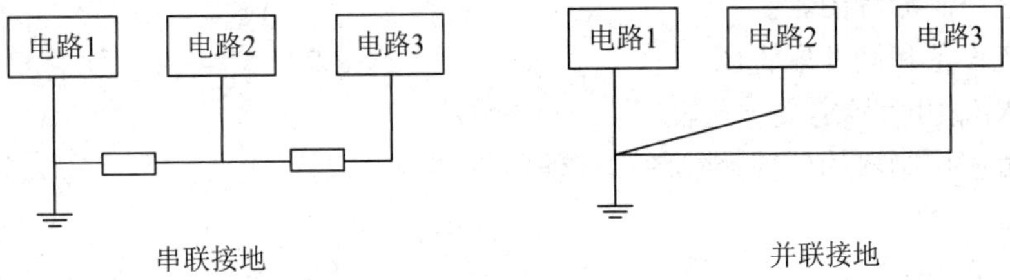

图 8-5　串联接地和并联接地

(3) 模拟地。为了提高抗共模干扰能力，对于模拟信号源可采用屏蔽浮置技术。对于具体 PLC 模拟量信号的接地处理，要严格按照操作手册上的要求进行设计。

(4) 保护地与工作地一般不能共用。在一段电源保护地线的两点间会有数毫伏甚至几伏的电位差，这对低电平信号电路来说是一个非常严重的干扰。因此，PLC 系统的工作地不要和保护接地混用。

(5) 浮地。浮地即该电路的地不与大地相连。浮地系统与大地的绝缘电阻不能小于 50 MΩ。这种方法具有一定的抗干扰能力，但一旦绝缘下降就会带来干扰。

还有一种方法，就是将机壳接地，其余部分浮空。这种方法抗干扰能力强，安全可靠，但实现起来比较复杂。

(6) 屏蔽地。根据屏蔽目的不同，屏蔽地的接法也不一样。电场屏蔽解决电容分布问题，一般接大地。电磁场屏蔽主要避免雷达、电台等高频电磁场辐射干扰，利用低阻金属材料高导流而制成，可接大地。磁场屏蔽用以防磁铁、电机、变压器、线圈等磁感应，其屏蔽方法是用高导磁材料使磁路闭合，一般接大地为好。当信号电路是一点接地时，低频电缆的屏蔽层也应一点接地。如果电缆的屏蔽层地点有一个以上，将产生噪声电流，形成噪声干扰源。当一个电路有一个不接地的信号源与系统中接地的放大器相连时，输入端的屏蔽应接至放大器的公共端；相反，当接地的信号源与系统中不接地的放大器相连时，放大器的输入端也应接到信号源的公共端。

8.6.3　接地设计的安装

为保证接地质量，一般的接地系统要求做到：

(1) 接地电阻在要求的范围内，对于由 PLC 组成的控制系统一般应小于 4 Ω。

(2) 接地系统要保证有足够的机械强度。

(3) 接地系统要经防腐处理，能耐腐蚀。

(4) 在工程中，PLC 组成的控制系统可以单独设计接地，也可以利用工厂的“等地位连接”进行接点设计。

8.7　设计文件的编制

系统交付使用后，应根据调试的最终结果整理出完整的技术文件，并提供给用户，以利于系统的维修和改进。技术文件应包括：

(1) 工艺控制流程图。

(2) 系统设备和硬件配置图。

(3) 输入/输出信号定义一览表。

(4) 可编程控制器的外部接线图和其他电气图纸，包括：

- 供电系统图；
- 接地系统图；
- 控制柜布置图；
- 控制柜接线图；
- 电缆平面敷设图；
- 电缆外部连接系统图；
- 设备材料表；
- 设备说明图。

(5) 可编程控制器的编程元件表，包括程序中使用的输入/输出位、存储器位、定时器计数器、顺序控制继电器等的地址、名称、功能，以及定时器、计数器的设定值等。

(6) 复杂控制系统框图、联锁系统逻辑图、顺序功能图、带注释的梯形图和必要的总体文字说明。

此外，还包括一定的组态文件。

思考与习题

8.1 PLC 控制系统设计一般分几个阶段进行？每个阶段的主要设计任务是什么？

8.2 设计文件的编制有哪几部分？

8.3 PLC 控制系统与继电器控制系统的设计过程相比，有何特点？

8.4 选择 PLC 的主要依据是什么？

8.5 什么是工作接地？

第 9 章　PLC 网络通信

网络在自动化系统集成工程中的重要性越来越显著。PLC 及其网络由于有较高的性价比，易于实现分散控制，已成为工业现场首选的工业控制系统。

PLC 的通信包括 PLC 之间、PLC 与上位计算机之间以及 PLC 与其他智能设备之间的通信。PLC 系统的通信接口有 RS-232C、RS-485、现场总线、工业以太网等。大中型 PLC 系统大多支持某种现场总线和标准通信协议(如 TCP/IP)，可以与工厂管理网(TCP/IP)相连接。

PLC 的网络通信一般通过各种专用的网络通信模块、通信卡及相应的通信软件实现，如三菱公司开发的 FX-232AW 接口模块用于 FX 系列 PLC 与计算机通信，三菱公司 A 系列的与以太网连接的接口模块 AJ71E71、与 MAP 网连接的接口模块 AJ71M51-S1、与 FAIS MAP 网连接的接口模块 AJ71M51-M1 等，以及西门子的各种 CP 通信模块。

9.1　网络通信基本知识

9.1.1　数据通信基础

1．数据通信方式

(1) 基本的通信方式。基本的通信方式可分为并行通信和串行通信。

并行通信是指通信中同时传送构成一个字或字节的多位二进制数据。例如，CPU 与 PIO 间的数据交换是八位一起传送的，这就是并行通信。对 PLC 而言，并行通信一般发生在 PLC 内部，它指的是多处理器 PLC 中处理器之间的通信，以及 PLC 中 CPU 单元和智能模块的 CPU 之间的通信。前者是在协处理器的控制和管理下，通过共享存储区实现多处理器之间的数据交换；后者则是经过背板总线通过双口 RAM 实现通信。

串行通信是指通信中构成一个字或字节的多位二进制数据是一位一位被传送的。这种通信方式的数据传输只需一、两根传输线，通信线路简单，有时可以用电话线实现，成本低，特别适用于远程通信；缺点是相对并行通信其传输速度慢。

(2) 全双工和半双工方式。从串行通信双方信息的交互方式来看，数据通信方式可以有单工、半双工、全双工。

全双工方式：数据的发送和接收分别由两根不同的传输线传送，通信系统的每一端都设置了发送器和接收器，通信双方都能在同一时刻进行发送和接收操作。

半双工方式：使用同一根传输线，既接收又发送。通信系统每一端的发送器和接收器通过收/发开关转接到通信线上进行方向切换，收/发开关实际上是由软件控制的电子开关。因此，虽然数据可以在两个方向上传送，但通信双方不能同时收/发数据。

2．波特率和波特率因子

在串行通信中，用“波特率”来描述数据的传输速率。所谓波特率，指每秒钟传送的二进制位数，其单位为 bps(bit per second，即 b/s)。国际上规定了一个标准波特率系列，即 110 b/s、300 b/s、600 b/s、1200 b/s、1800 b/s、2400 b/s、4800 b/s、9600 b/s、14.4 kb/s、19.2 kb/s、28.8 kb/s、33.6 kb/s、56 kb/s。例如，9600 b/s，指每秒传送 9600 位，包含字符的数位和其他必需的数位，如奇偶校验位等。通信线上所传输的字符数据(代码)是逐位传送的，1 个字符由若干位组成，因此每秒钟所传输的字符数(字符速率)和波特率是两种概念。在串行通信中，所说的传输速率是指波特率，而不是指字符速率。这两者的关系是：假如在异步串行通信中，传送一个字符，包括 12 位(其中有一个起始位、8 个数据位、2 个停止位)，其传输速率是 1200 b/s，每秒钟所能传送的字符数是 1200/(1+8+1+2)=100 个。

3．异步通信和同步通信

串行通信分为异步通信(ASYNC)和同步通信(SYNC)，以及同步数据链路通信(SDLC)、高级数据链路通信(HDLC)等，这些就是串行通信的软件协议。它们的主要区别表现在不同的信息格式上。

(1) 异步通信。异步通信传输的数据以字符为单位，而且字符间的发送时间是异步的，也就是说，后一个字符的发送时间与前一个字符无关。用一个起始位表示字符的开始，通常规定起始位是一个“0”。用停止位表示字符的结束，停止位通常规定为“1”，它可取 1 位、1.5 位或 2 位。一个字符可以用 5 位、6 位、7 位或 8 位数据表示，例如，在 ASCII 编码中，一个字符是用 7 位数据表示的，在数据后可以附加一位奇偶校验位，以提高数据位的抗干扰性能，但也可以不加。当没有数据要传送时，通信线路处于高电平“闲”状态，即等待状态。其传输格式如图 9-1 所示。

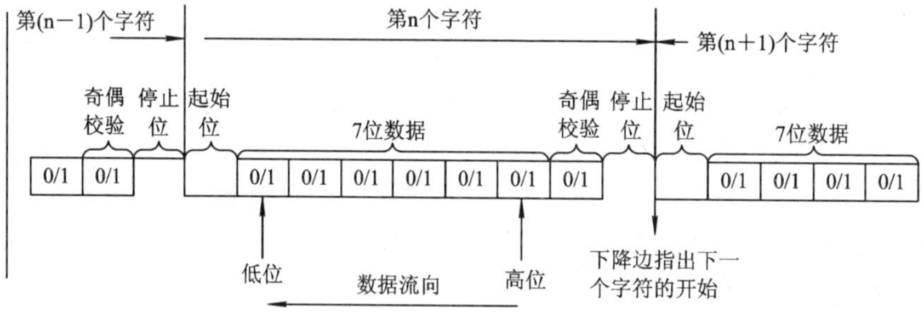

图 9-1　异步通信的传输格式

在异步通信时，发、收两端必须预先有下列规定：

① 信息格式，发送和接收的双方必须约定相同的帧格式，否则会造成传输错误。即预先规定一个字符的数据位数，奇偶校验的形式，以及停止位的位数等一帧的信息格式。

② 波特率。

③ 波特率系数。要预先规定接收时钟的频率是波特率的倍数，例如，波特率系数为

16、32 或 64 倍等。

(2) 同步通信。同步通信是指一种以报文和分组为单位进行传输的方式。由于报文可包含许多字符，因此可大大减少用于同步的信息量，提高传输速率。目前，在计算机网络中大多采用此种传输方式。

同步传输时，一个信息帧中包含许多字符，每个信息帧用同步字符作为开始。一个字符可以对应 5～8 位。当然，对同一个传输过程，所有字符对应同样的数位，比如说 n 位。同步通信时，不允许在数据之间出现空隙，如果发送端在某个时刻内没有数据发送，那么就要在这个时间间隙里补进去相应数量的同步字，直到再有新的数据发送为止。

同步传输的协议有面向字符的同步协议和面向比特的同步协议。面向字符的同步协议的特点是一次传送由若干个字符组成的数据块，而不是只传送一个字符，并规定了 10 个字符作为这个数据块的开头与结束标志，以及整个传输过程的控制信息，它们也叫做通信控制字。面向比特的协议中最具有代表性的是 IBM 的同步数据链路控制规程 SDLC(Synchronous Data Link Control)、国际标准化组织 ISO(International Standard Organization)的高级数据链路控制规程 HDLC(High Level Data Link Control)、美国国家标准协会(Americal National Standard Institute)的先进数据通信规程 ADCCP(Advanced Data Communication Control Procedure)。这些协议的特点是所传输的一帧数据可以是任意位，而且它是靠约定的位组合模式，而不是靠特定字符来标志帧的开始和结束，故称“面向比特”的协议。

4．RS-232、RS-485 标准及应用

RS-232、RS-422 与 RS-485 都是串行通信接口标准。RS-422 由 RS-232 发展而来，它是为弥补 RS-232 的不足而提出的。为改进 RS-232 通信距离短、速率低的缺点，RS-422 定义了一种平衡通信接口，将传输速率提高到 10 Mb/s，传输距离延长到 1.219 km (速率低于 100 kb/s 时)，并允许在一条平衡总线上连接最多 10 个接收器。RS-422 是一种单机发送、多机接收的单向、平衡传输规范。RS-485 标准是在 RS-422 基础上增加了多点、双向通信能力，即允许多个发送器连接到同一条总线上，同时增加了发送器的驱动能力和冲突保护特性，扩展了总线共模范围，后命名为 TIA/EIA-485-A 标准。

RS-232、RS-422 与 RS-485 标准只对接口的电气特性做出规定，而不涉及接插件、电缆或协议，在此基础上用户可以建立自己的高层通信协议。其有关电气参数参见表 9-1。

表 9-1　RS-232、RS-422 与 RS-485 的电气参数

电气参数		RS-232	RS-422	RS-485
工作方式		单端	差分	差分
节点数		1 收 1 发	1 发 10 收	1 发 32 收
最大传输电缆长度		0.015 km	1.219 km	1.219 km
最大传输速率		20 kb/s	10 Mb/s	10 Mb/s
最大驱动输出电压		+/−25 V	−0.25～+6 V	−7～+12 V
驱动器输出信号电平(负载最小值)	负载	+/−5～+/−15 V	+/−2.0 V	+/−1.5 V
驱动器输出信号电平(空载最大值)	空载	+/−25 V	+/−6 V	+/−6 V

续表

电气参数	RS-232	RS-422	RS-485
驱动器负载阻抗	3～7 kΩ	100 Ω	54 Ω
摆率(最大值)	30 V/μs	N/A	N/A
接收器输入电压范围	+/−15 V	−10～+10 V	−7～+12 V
接收器输入门限	+/−3 V	+/−200 mV	+/−200 mV
接收器输入电阻	3～7 kΩ	4 kΩ(最小)	≥12 kΩ
驱动器共模电压		−3～+3 V	−1～+3 V
接收器共模电压		−7～+7 V	−7～+12 V

1) RS-232 串行通信接口标准

(1) 电气特性。RS-232 采用不平衡传输方式，即所谓的单端通信。

典型的 RS-232 信号在正负电平之间摆动，在发送数据时，发送端驱动器输出正电平的范围为+5～+15 V，负电平的范围为−5～−15 V。当无数据传输时，线上为 TTL，从开始传送数据到结束，线上电平从 TTL 电平到 RS-232 电平，再返回 TTL 电平。接收器典型的工作电平范围为+3～+12 V 与−3～−12 V。由于发送电平与接收电平的差仅为 2～3 V，其传输距离最大约为 15 m，最高速率为 20 kb/s。RS-232 是为点对点(即只用一对收/发设备)通信设计的，其驱动器负载为 3～7 kΩ，所以，RS-232 适合本地设备之间的通信。

(2) RS-232C 的标准接口信号。RS-232C 的标准接口有 25 条线，即 4 条数据线、11 条控制线、3 条定时线、7 条备用和未定义线。其中，常用的只有 9 根，它们是数据装置准备就绪(Data Set Ready，DSR)、数据终端准备就绪(Data Terminal Ready，DTR)、请求发送(Request To Send，RTS)、允许发送(Clear To Send，CTS)、接收线信号检出(Received Line Detection，RLSD)、振铃指示(Ringing，RI)、发送数据(Transmitted Data，TxD)、接收数据(Received Data，RxD)、信号地。

(3) 连接方式举例。

- 采用 Modem(DCE)和电话网通信时的信号连接如图 9-2 所示。
- 采用专用电话线通信。
- 三线制近距离通信，如图 9-2(a)所示。
- 七线制近距离通信，如图 9-2(b)所示。

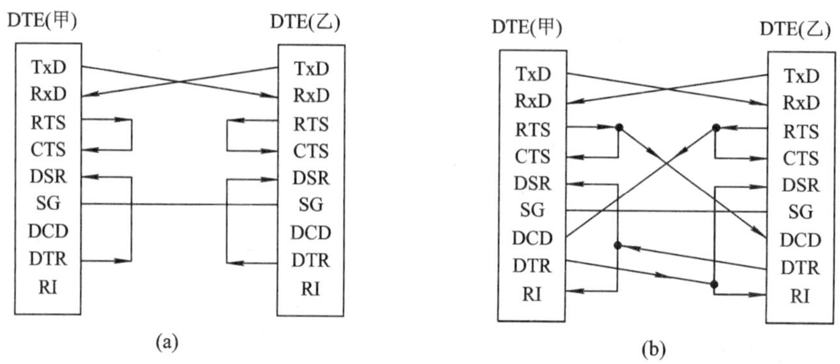

图 9-2　RS-232 连接方式

2) RS-485 串行接口标准

(1) 电气特性。RS-485 收发器采用平衡发送和差分接收方式，即在发送端，驱动器将 TTL 电平信号转换成差分信号输出；在接收端，接收器将差分信号变成 TTL 电平。因此，RS-485 具有抑制共模干扰的能力，加上接收器具有高的灵敏度，能检测低达 200 mV 的电压，故数据传输距离可达千米以上。

RS-485 使用一对双绞线，将其中一线定义为 A，另一线定义为 B，如图 9-3(a)所示，最大传输速率为 10 Mb/s。当波特率为 1200 b/s 时，最大传输距离理论上可达 15 km。平衡双绞线的长度与传输速率成反比，在 100 kb/s 速率以下，才可能使用规定最长的电缆长度。

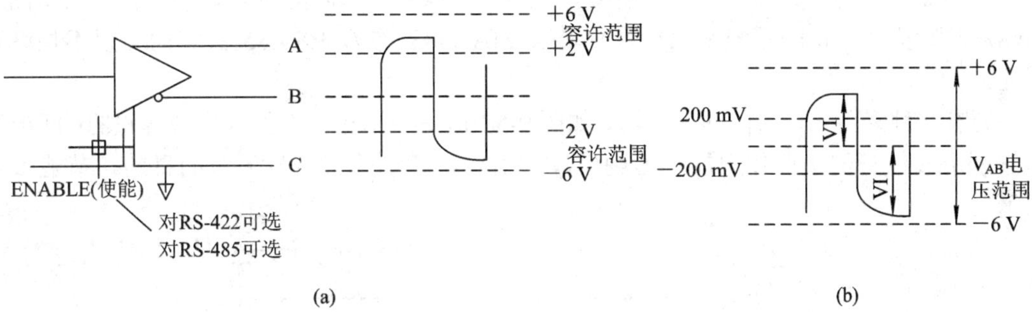

图 9-3　平衡传输接口及电气特性

通常情况下，发送驱动器 A、B 之间的正电平范围为+2～+6 V，是一个逻辑状态；负电平范围为−2～−6 V，是另一个逻辑状态。另有一个信号地 C，一个“使能”端。“使能”端用于控制发送驱动器与传输线的切断与连接。当“使能”端起作用时，发送驱动器处于高阻状态，称作“第三态”，即它是有别于逻辑“1”与“0”的第三态。

接收器也作了与发送端相对的规定，收、发端通过平衡双绞线将 AA 与 BB 对应相连。当在收端 AB 之间有大于+200 mV 的电平时，输出正逻辑电平；小于−200 mV 时，输出负逻辑电平。接收器接收平衡线上的电平范围通常在 200 mV～6 V 之间，参见图 9-3(b)。

(2) 接口连接。RS-485 具备多点、双向通信能力，但为半双工通信方式时则不能同时发送和接收信号。图 9-4 为 RS-485 的接口连接。

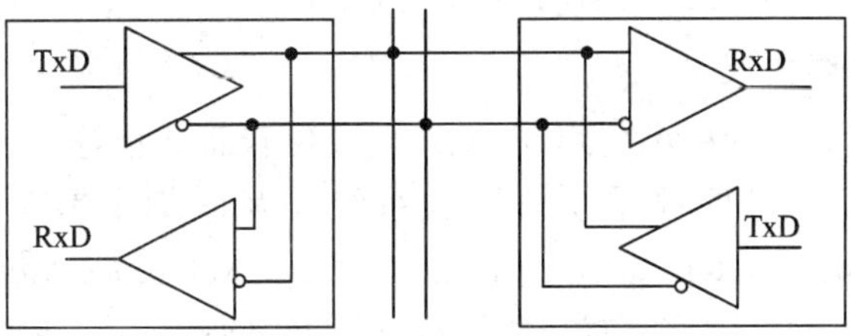

图 9-4　RS-485 的接口连接

(3) RS-485 的网络安装注意要点。RS-485 支持 32 个节点，可构成多节点网络。网络拓扑一般采用终端匹配的总线形结构，不支持环形或星形网络。在构建网络时，应注意如下两点：

① 采用一根双绞线电缆作总线，将各个节点串接起来，从总线到每个节点的引出线长度应尽量短，以便使引出线中的反射信号对总线信号的影响最低。

② 应注意总线特性阻抗的连续性，在阻抗不连续点会发生信号的反射。下列几种情况易产生这种不连续性：总线的不同区段采用了不同电缆，或某一段总线上有过多收发器紧靠在一起安装，再者是引到总线的分支线过长。总之，应该提供一条单一、连续的信号通道作为总线。

③ RS-485 传输线上匹配的一些说明。一般终端匹配采用终端电阻方法。RS-485 在总线电缆的开始和末端都需并接终端电阻，如图 9-5(a)所示，终端电阻一般介于 100 至 140 Ω，典型值为 120 Ω，相当于电缆特性阻抗的电阻，因为大多数双绞线电缆特性阻抗大约为 100～120 Ω。这种匹配方法简单、有效，但有一个缺点，即匹配电阻要消耗较大功率，对于功耗限制比较严格的系统不太适合。采用 MAX483 作为 RS-485 接口时可以不加终端匹配。

还有一种采用二极管的匹配方法，如图 9-5(b)所示。这种方案虽未实现真正的“匹配”，但它利用二极管的钳位作用能迅速削弱反射信号，达到改善信号质量的目的，节能效果显著。

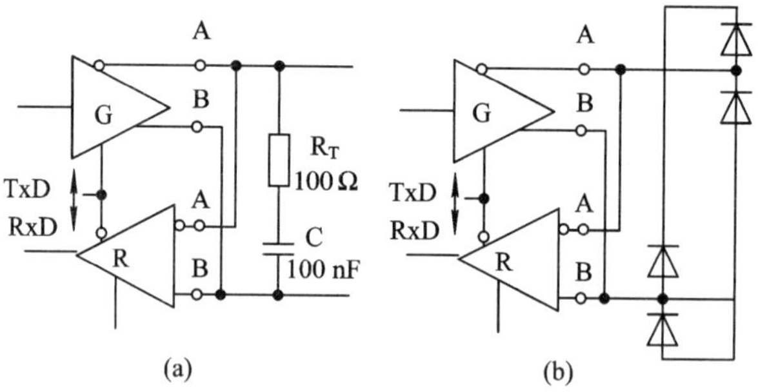

图 9-5　RS-485 终端匹配

9.1.2　工业控制局域网简介

局域网是工业计算机控制系统中主要使用的计算机网络，因其通信系统的高性价比而得到广泛应用。目前，可编程控制器网络均为局域网。

1. 分层结构及网络协议

(1) OSI 参考模型。国际标准化组织 ISO 于 1981 年正式推荐了一个网络系统结构——七层参考模型，称为信息处理系统—开放系统—互联基本参考模型 OSI(Information Processing System—Open System Interconnection—Basic Reference Model)。这个标准模型的建立，使得各种计算机网络向它靠拢，大大推动了网络通信的发展。

OSI 参考模型将整个网络通信的功能划分为七个层次，如图 9-6 所示，由低到高分别是物理层(PH)、数据链路层(DL)、网络层(N)、传送层(T)、会话层(S)、表示层(P)、应用层(A)。每层完成一定的功能，直接为其上层提供服务，并且所有层次都互相支持。第四层到第七层提供用户功能，主要负责互操作性，而第一层到第三层则用于提供网络通信功能，用于两个网络设备间的物理连接。

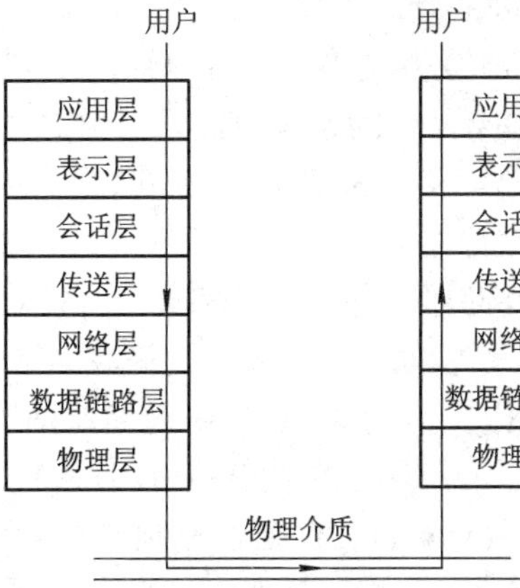

图 9-6 开放系统互联模型

物理层与传输媒体直接相连，主要作用是建立、保持和断开物理连接，以确保二进制比特流的正确传输。物理层协议规定数据终端设备(DTE)与数据通信设备(DCE)之间的接口标准；定义电缆如何连接到网卡上，以及需要用何种传送技术在电缆上发送数据；还定义了位同步及检查。物理层规定了接口的 4 个特性：机械特性、电气特性、功能特性和规程特性。

数据链路层把从物理层来的原始数据打包成帧。一个帧是放置数据的、逻辑的、结构化的包。数据链路层负责帧在计算机之间的无差错传递。数据链路层还支持工作站的网络接口卡所用的软件驱动程序，桥接器的功能也在这一层。

应用层是最终用户应用程序访问网络服务的地方，它负责整个网络应用程序的正常工作。程序如电子邮件、数据库等都利用应用层传送信息。

OSI 七层参考模型不是通信标准，它只给出一个不会由于技术发展而必须修改的稳定模型，使有关标准和协议能在模型定义的范围内开发和相互配合。在 OSI 范围内，只有各对等层通信协议才是可实现的。

一般的通信协议只符合 OSI 七层模型的某几层，如 EIA-RS-232-C 实现了物理层，IBM 的 HDLC(高级数据链路控制)实现了数据链路层，ANSI 的 ADCCP(先进数据通信规程)实现了数据链路层。

(2) MAP 制造自动化协议。美国通用汽车公司于 1982 年推出的制造自动化协议(MAP)建立了在工业环境下的局域网标准，可实现不同厂家生产的计算机、PLC 和数控机床、机器人等设备之间有效传输文件、控制指令和状态信号等。不少 DCS 系统的高层通信子网中配置了 MAP 协议，同样在 PLC 网络的高层通信子网中也配置了 MAP 协议。

MAP 协议被分为三类：全 MAP 结构、最小 MAP 结构和增强型 MAP 结构。全 MAP 结构(Full-MAP)包括 OSI 的七个层次，是 MAP 协议的全面实现。最小 MAP 结构(Mini-MAP)仅含 OSI 的三个层次(第一、第二和第七层)，是 MAP 协议的一种简化实现，以强调实时性为网络设计的主要目的。增强型 MAP 结构(MAP/EPA)是互连 Full-MAP 和 Mini-MAP 的通信技术实现，它同时包含了 Full-MAP 和 Mini-MAP 两种结构。

MAP 网络支持生产自动化应用，全 MAP 网络支持车间和部门之间的生产调度等，最小 MAP 网络支持生产设备与单元控制器之间的指令和响应的交换，增强型 MAP 节点实现全MAP网络和最小MAP网络之间的互联操作。

MPA采用宽带同轴电缆，即75 Ω共用电视同轴电缆，频带范围为59.75～95.75 MHz。

MAP规约采用了OSI参考模型，它的通信协议采用IEEE 802有关协定(如令牌环网IEEE 802.5、令牌总线网IEEE 802.4及CISA/CD IEEE 802.3)及ISO的有关标准。MAP节点把高层功能的实现，安排在节点智能部分来完成。在MAP节点中，有节点微处理器与节点的本地总线相连，总线带有存储器、外部设备和上层接口。

(3) Ethernet。Ethernet网络又称以太网，是著名的局域网络之一。

Ethernet实际上是一组协议，提供了物理层、数据链路层的网络结构的规约。层间联系是通过两个层间接口来完成的，即用户层和数据链路层间接口、数据链路层和物理层间接口。Ethernet为总线拓扑网络，采用CSMA/CD通信控制方式，可靠性高，并有较高通道利用率。用户设备、接口级与收发器统称为站(节点)。站间通信采用异步串行通信，当距离较远时，可采用中继站分段连接，以保证信号的真实性。

以太网一般使用同轴电缆、特种双绞线和光纤。Ethernet的同轴电缆采用基带传输，即数字信号直接加到电缆上。通常的以太网系统是10BASE-T，它的传输速率可达10 Mb/s。快速以太网(Fast Ethernet)是LAN传输标准，它提供100 Mb/s的速率(也叫做100BASE-T10)。

(4) 现场总线。关于这部分内容请参照第4章。

2. 网络拓扑结构

网络拓扑结构是抛开网络电缆的物理连接来讨论网络系统的连接形式，是指网络电缆构成的几何形状，它能表示出网络服务器、工作站的网络配置及相互之间的连接情况。

网络拓扑结构按形状可分为五种类型，分别是星形、环形、总线形、树形及总形/星形，常见的是星形、环形、总线形三种拓扑结构。

(1) 星形拓扑结构。星形布局是以中央节点为中心与各节点连接而组成的，各节点与中央节点通过点与点方式连接，中央节点执行集中式通信控制策略，因此中央节点相当复杂，负担也重，如图9-7(a)所示。

以星形拓扑结构组网，其中任何两个站点要进行通信都必须经过中央节点。

在文件服务器/工作站(File Servers/Workstation)局域网模式中，中心点为文件服务器，存放共享资源。由于在这种拓扑结构中，中心点与多台工作站相连，因此为便于集中连线，目前多采用集线器(Hub)。

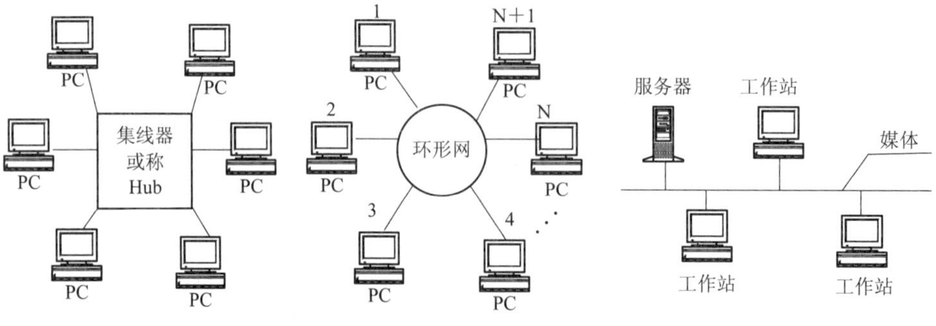

(a) 星形　　(b) 环形　　(c) 总线形

图9-7　网络拓扑结构

(2) 环形拓扑结构。环形网中各节点通过环路接口连在一条首尾相连的闭合环形通信线路中，环路上任何节点均可以请求发送信息。请求一旦被批准，便可以向环路发送信息。环形网中的数据可以是单向传输也可以是双向传输。由于环线公用，一个节点发出的信息必须穿越环中所有的环路接口，信息流中目的地址与环上某节点地址相符时，信息被该节点的环路接口所接收，而后信息继续流向下一环路接口，一直流回到发送该信息的环路接口节点为止，如图 9-7(b)所示。

环形网的特点是：信息在网络中沿固定方向流动，两个节点间仅有唯一的通路，大大简化了路径选择的控制。当某个节点发生故障时，可以自动旁路，可靠性较高。由于信息是串行穿过多个节点环路接口，当节点过多时，影响传输效率，使网络响应时间变长。但当网络确定时，其延时固定，实时性强；由于环路封闭，故扩充不方便。

(3) 总线形拓扑结构。用一条称为总线的中央主电缆，将各个工作站之间以线性方式连接起来的布局方式，称为总线形拓扑，如图 9-7(c)所示。

总线形网络是工业控制局域网中常用的网络拓扑结构，在总线形结构中，所有网络节点经通信接口(或网络适配器)挂接在总线上。通常，总线形网络采用高速数据通道方式控制通信，数据传送采用广播式，即任何一个节点发出的信息经通信接口(或适配器)后，沿总线向相反的两个方向传输，可以使所有节点接收到，而各节点将目的地址是本站站号的信息接收下来。

总线形网络的灵活性好，可连接多种不同传输速率、不同数据类型的节点，也易获得较宽的传输频带，常用同轴电缆或光缆作传输介质。总线形结构通常为开放型的，扩展灵活，共享资源能力强，极便于广播式工作，即一个节点发送则所有节点都可接收。

在总线两端连接的器件称为端结器(末端阻抗匹配器或终止器)，主要与总线进行阻抗匹配，最大限度吸收传送端部的能量，避免信号反射回总线而产生不必要的干扰。

3. 局域网访问控制技术

传输访问的控制技术与局域网的拓扑结构、工作过程有密切关系。目前，局域网常用的访问控制技术有三种，分别用于不同的拓扑结构。

(1) 带有碰撞检测的载波侦听多点(CSMA/CD)访问控制法。CSMA/CD(Carrier Sense Multiple Access with Collision Detection)含有两方面内容，即载波侦听多路访问(CSMA)和冲突检测(CD)。CSMA/CD 访问控制方式主要用于总线形和树形网络拓扑结构、基带传输系统。采用 CSMA/CD 介质访问控制方法的总线形局域网，每个节点在利用总线发送数据时，首先要侦听总线的忙、闲状态，如果总线上已经有数据信号传输，则为总线忙；如果总线上没有数据信号传输，则为总线空闲。如果一个节点准备好发送数据帧，并且此时总线空闲，它就可以启动发送。同时，也存在着这种可能，那就是在几乎相同的时刻，有两个或两个以上节点发送了数据帧，那么就会产生冲突。所以，节点在发送数据的同时应该进行冲突检测。如果在发送数据帧过程中检测出冲突，在 CSMA/CD 介质存取方法中，首先发送一串阻塞信号(Jamming Signal)，通知总线上各站冲突已发生，以使网络中所有节点都能检测出冲突存在，废弃冲突帧，减少因冲突浪费的时间，提高信道利用率。发送阻塞信号完成后，节点停止当前帧发送，进入重发状态。

(2) 令牌环(Token Ring)访问控制法。Token Ring (Token Passing Ring，令牌通行环)主要技术指标是：网络拓扑为环形布局，基带网，数据传输速率为 4 Mb/s，采用单个令牌(或双令牌)的令牌传递方法。

令牌(Token)也叫通行证，具有特殊的格式和标记，是由一个 1 位或几位二进制数组成的码。令牌沿环形网依次向每个节点传递，只有获得令牌的节点才有权利发送信息包。令牌有“忙”和“空”两个状态。当一个工作站准备发送报文信息时，首先要等待令牌的到来，当检测到一个经过它的令牌为空令牌时，即可以“帧”为单位发送信息，并将令牌置为“忙”标志，该标志附在信息尾部向下一站发送。下一站用按位转发的方式转发经过本站但又不属于由本站接收的信息。当某一站查到信息包指定的地址与本站地址相符时，则拷贝全部信息，并修改状态位，表示此“帧”已被正确接收，再继续转发修改了状态位的信息包。信息包绕环一周，由源发送点予以收回。按这种方式工作，发送权一直在源站点控制之下，只有发送信息包的源站点放弃发送权，把 Token 置“空”后，其他站点才有机会得到令牌以发送自己的信息。

(3) 令牌总线(Token Bus)访问控制法。令牌总线网通信协议是一种较新的技术，它是从令牌环(Token Ring)借鉴而来的。在 PLC 网络中，许多重要网络都采用了令牌总线存取控制方式。此方式把总线形或树形传输介质上的各工作站构成一个逻辑上的环，即将各工作站置于一个顺序的序列内(例如，可按照接口地址的大小排列)，具体可以是在每个站点中设一个网络节点标识寄存器 NID，初始地址为本站点地址。网络工作前，要对系统初始化，以形成逻辑环路。逻辑环形成后，令牌的逻辑环的控制方法类似于 Token Ring。在 Token Bus 中，媒体访问控制是通过传递一种称为令牌的特殊标志来实现的，信息是双向传送的，每个站点都可以“听到”其他站点发出的信息，所以令牌传递时都要加上目的地址。这种方式与 CSMA/CD 方式的不同在于，除了当时得到令牌的工作站之外，所有的工作站都只收不发，只有收到令牌后才能开始发送，所以拓扑结构虽是总线形的，但可以避免冲突。

令牌总线访问控制法的最大优点是：具有极好的吞吐能力，且吞吐量随数据传输速率的提高而增加，并随介质的饱和而稳定下来(但并不下降)；各工作站不需要检测冲突，故信号电压容许较大的动态范围，联网距离较远；有一定实时性，在工业控制中得到了广泛应用，如 MAP 网用的就是宽带令牌总线。其主要缺点在于，复杂性较高，时间开销较大，工作站可能必须等待多次无效的令牌传送后才能获得令牌。

4. 网络传输介质

网络传输介质是网络中连接双方的物理通路，也是通信中实际传送信息的载体。传输介质质量的好坏会影响数据传输的质量，包括速率、数据有否丢失等。

常用的网络传输介质可分为两类：一类是有线的，一类是无线的。有线传输介质主要有同轴电缆、双绞线及光缆。无线传输介质有微波、无线电、激光和红外线等。

9.2　三菱 FX 系列 PLC 通信

9.2.1　FX 系列 PLC 通信模式及系统构成

FX 系列 PLC 数据传输格式是采用异步格式，由 1 位起始位、7 位数据位、1 位校验位及 1 位停止位组成的；波特率为 9600 b/s，字符为 ASCII 码。根据使用的通信模块与协议的不同，PLC 分为以下四种通信模式：

(1) PLC 的 N∶N 通信方式。

(2) PLC 双机并联通信方式。

(3) PLC 与计算机专有协议通信方式。

(4) PLC 与计算机无协议通信方式。

表 9-2 详细列出了各通信模式的特性。

表 9-2　FX 系列 PLC 各通信模式的特性

<table>
<tr><th></th><th>N:N 通信</th><th>PLC 并联通信</th><th>专有协议通信</th><th>无协议通信</th></tr>
<tr><td>传输标准</td><td>RS-485</td><td>RS-485/RS-422</td><td colspan="2">RS-485/RS-422 或 RS-232</td></tr>
<tr><td>最长传输距离</td><td colspan="2">500 m</td><td colspan="2">RS-485/RS-422：500 m
RS-232：15 m</td></tr>
<tr><td>连接数量</td><td>8 站</td><td>1∶1</td><td>1∶N(N≤16)</td><td>1∶1</td></tr>
<tr><td>通信方式</td><td colspan="3">半双工</td><td>半双工 / 全双工</td></tr>
<tr><td>数据长度</td><td colspan="2" rowspan="3">固定</td><td colspan="2">7 bit/8 bit</td></tr>
<tr><td>校验</td><td colspan="2">无/奇/偶</td></tr>
<tr><td>停止位</td><td colspan="2">1 bit/2 bit</td></tr>
<tr><td>波特率</td><td>38 400 b/s</td><td>19 200 b/s</td><td colspan="2">300/600/1200/2400/4800/9600/19 200 b/s</td></tr>
<tr><td>头字符</td><td colspan="3" rowspan="2">固定</td><td rowspan="3">无/有效</td></tr>
<tr><td>尾字符</td></tr>
<tr><td>控制线</td><td colspan="3">—</td></tr>
<tr><td>协议</td><td colspan="2">—</td><td>格式 1/格式 4</td><td rowspan="2">无</td></tr>
<tr><td>和校验</td><td colspan="2">固定</td><td>无/有效</td></tr>
</table>

(1) PLC 的 N∶N 通信方式。这种通信模式适合 FX 系列 PLC 之间通过 RS-485 模块连接成一个小规模的网络系统，最大站点数为 8 个；通过对各 PLC 的相应特殊辅助继电器写入网络参数，进行站点性质(主站、从站)、站点编号等配置；利用基本梯形图程序和移动、读/写等指令，实现各站点之间的数据通信。其网络构成如图 9-8 所示，每个站点由 PLC 控制器和相适应的 485 通信设备构成。

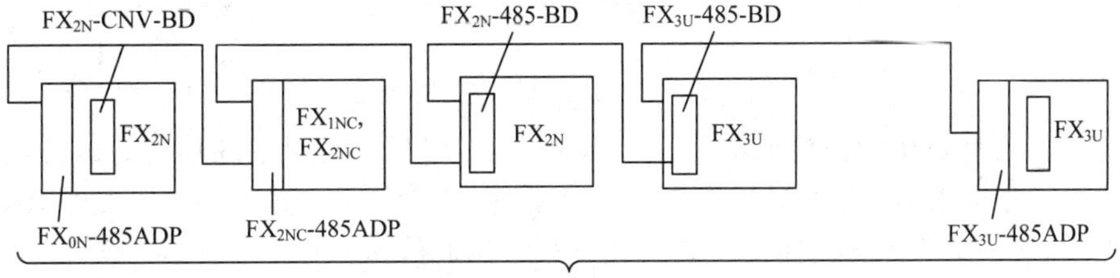

图 9-8　N∶N 通信方式的构成

(2) PLC 双机并联通信方式。这种模式是在两个 PLC 中定义一些辅助继电器和数据寄存器，它们之间的数据传输是采用对这些辅助继电器和数据寄存器的操作进行的。其系统结构如图 9-9 所示。

图 9-9　双机并联通信方式的构成

(3) PLC 与计算机专有协议通信方式。PLC 的这种通信方式在 FX 系列 PLC 通信中应用最多。它有两种结构形式，一种如图 9-10 所示，PLC 连接成基于 RS-485 标准的小规模的网络通信系统，最大站点为 16 个。PC 带有 RS-232 通信接口，需经过一个 RS-232C/RS-485 的转换模块（FX-485PC-IF）与 PLC 连接。这一节主要介绍这种通信方式。另一种如图 9-11 所示，是 PC 与 PLC 一对一的通信。

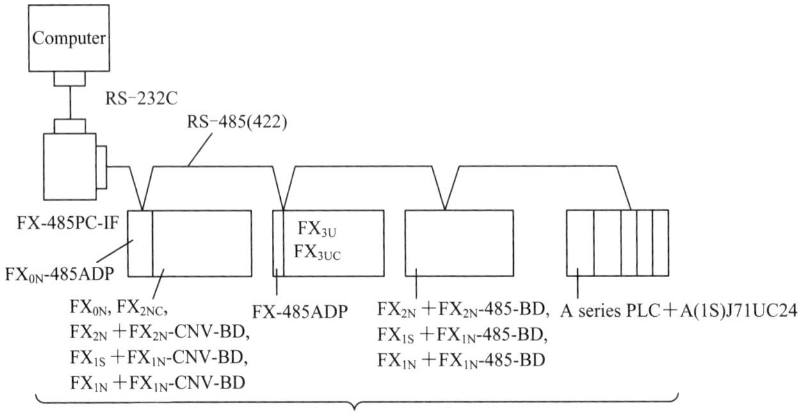

图 9-10　RS-485 的通信网络构成

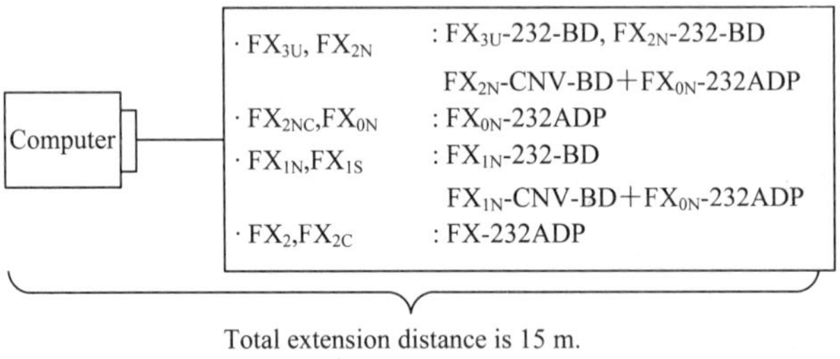

图 9-11　RS-232 通信方式的构成

(4) PLC 与计算机无协议通信方式。这是基于 RS-232 标准的通信方式。通过对 PLC 中特殊数据寄存器 D8120～D8129 的参数写入，进行通信格式设置。PLC 采用 RS 专用指令，可以与 PC、条形码阅读器、打印机等进行数据通信。

9.2.2　FX 系列 PLC 与计算机专有协议的通信

PLC 具有很强的现场控制能力，不仅能完成逻辑控制、顺序控制，还能进行模拟量处理，完成少数回路的 PID 闭环控制，以及各种专用控制要求，且可靠性高。PC 有较强的数据处理能力，内存储容量大、编程能力强，并具有良好人机界面的数据显示和过程状态显示及操作，通过打印机能生成报表文件，便于系统管理，这是可编程控制器本身不具备的。因此，通常将可编程控制器与通用计算机连接构成综合控制系统，两者功能互补。

为了实现 PC 与 PLC 的通信，应当做如下工作：

(1) 判别 PC 上配置的通信口是否与要连入的 PLC 匹配，若不匹配，则需增加通信模板。

(2) 要清楚 PLC 的通信协议，按照协议的规定及帧格式编写 PC 的通信程序。PLC 中配有通信机制，一般不需用户编程，只需进行一些初始设置。若 PLC 厂家有 PLC 与 PC 的专用通信软件出售，则此项任务较容易完成。

(3) 选择适当的操作系统提供的软件平台，编制用户要求的画面。

(4) 若要远程传送，可通过 Modem 接入电话网。

FX 系列 PLC 与计算机专有协议的通信方式采用串行通信方式，PLC 可以通过通信模块如三菱 FX232AW 模块，也可以通过 PLC 的编程口，连接到 PC 的串行 RS-232 接口，实现双方的物理连接。

下面介绍 PC 与 FX 系列 PLC 专有协议通信的实现。

1．通信协议的格式

为了实现 PLC 和计算机之间的通信，必须在 PLC 程序中设置数据寄存器 D8120、D8121 和 D8129 的值。其中，D8120 用来设置通信格式的特殊数据寄存器，可设置通信的数据长度、奇偶校验形式、波特率和协议方式；D8121 用来设置站号，用于计算机决定访问哪一台可编程控制器，站号设置范围为 00H～0FH；D8129 用于设置校验时间。系统的通信必须按规定的通信协议的格式处理，发送和接收数据才能正确。

PC(上位机)与 PLC(下位机)之间采用主从应答方式，PC 始终处于主动状态，根据需要向 PLC 发出读/写命令；PLC 处于被动状态，只能响应 PC 的命令。

读数据时，上位机先向 PLC 发出读数据命令，PLC 响应命令并将数据准备好，上位机再次读通信口即可读到所需数据。写数据时，上位机通过通信口向 PLC 发布写数据命令，PLC 即可接收。计算机通过向 PLC 发送不同的命令，可以灵活地对 PLC 的位元件或字元件以及特殊功能模块的缓冲区进行读/写。

通信协议的具体格式如下：

(1) 计算机从 PLC 读数据，如图 9-12 所示。上排信息流为 PC 到 PLC，下排信息流为 PLC 到 PC。

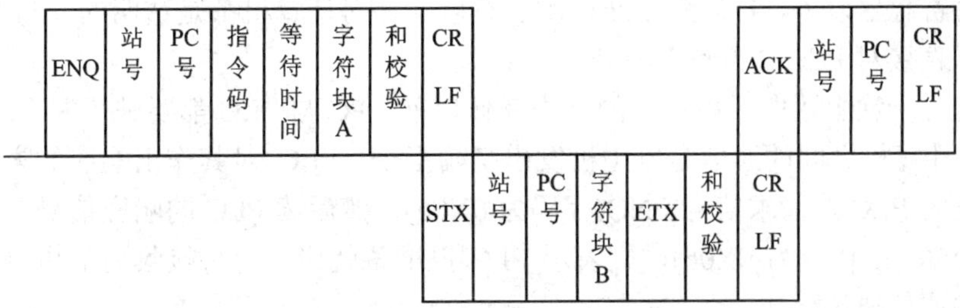

图 9-12　计算机从 PLC 读数据

(2) 计算机向 PLC 写数据，如图 9-13 所示。

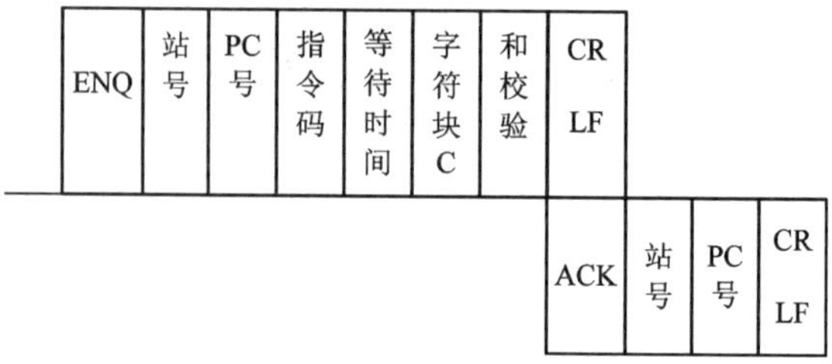

图 9-13　计算机向 PLC 写数据

其中，主要通信控制字符的含义如下：

- STX——信息帧开始的标志；
- ACK——双方确认应答；
- ETX——信息帧结束的标志；
- CR、LF——协议的信息帧结束标志；
- ENQ——计算机请求；
- 站号——由 PLC 提供，确定计算机访问哪一个 PLC；
- PC 号——FX 系列 PLC 的 PC 号是 FFH；
- 指令码——用来指定要求的操作；
- 等待时间—— 一些计算机要求的延迟时间；
- 字符块 A、字符块 B、字符块 C——指定 PLC 被操作的位元件或字元件。

2. 通信操作命令类型

上面读/写格式中的主体部分是指令码和字符块。指令码用来指定对 PLC 的操作，字符块指定 PLC 被操作的位元件或字元件。

PC 可对 PLC 的 RAM 区数据进行四种类型的读、写操作：

(1) 位元件或字元件状态读操作(CMD0)。

(2) 位元件或字元件状态写操作(CMD1)。

(3) 位元件强制 ON 操作(CMD7)。

(4) 位元件强制 OFF 操作(CMD8)。

其中，位元件包括 X、Y、M、S 以及 T、C 的线圈等，字元件包括 D、T、C、KnX、KnY、KnM 等。

除文件寄存器以外，FX 系列 PLC 的所有软元件对计算机都是透明的。与 PLC 相连的计算机可以直接对 PLC 内的软元件进行操作。

在每进行一次上述四类操作中的一类操作以前，PC 与 PLC 都要进行握手联络。FX 系列 PLC 与计算机之间的通信是以主机发出初始指令，PLC 对其作出响应的方式进行通信的。主机先对 PLC 发请求信号 ENQ(代码为 0X05)，然后读 PLC 的响应信号。如果读到的响应信号为 ACK(代码为 0X06)，则表示 PLC 已准备就绪，等待接收通信指令和数据。请参照前述的通信协议格式。

1) 位元件或字元件状态读操作

操作对象元件：PLC内部的X、Y、M、S、T、C、D元件。

(1) 计算机向PLC发送命令格式。

例如，PC读出站号“5”的PLCX040～X044共5点的内容：

ENQ	站号	PC号	指令	等待	首地址	位数	和校验
	05	FF	BR	A	X0040	05	47
05h	30h35h	46h46h	42h52h	41h	58h30h30h34h30h	30h35h	34h37h

说明：

① BR指令代码，以位为单位成批读出位软元件内存数据的指令。PC读FX PLC软元件内存的指令分为以位单位读出指令BR、以字单位读出指令WR。

② 数据表示形式，以十六进制数表示。

③ 报文等待时间，在0～150 ms之间，以10 ms为单位指定报文等待时间，显示为0～FH(十六进制)。例如，本例中的100 ms为“A”。

④ 一次读取位元件或字元件的个数，最多一次可读取0Xff个字节的元件，以ASCII码的形式发送。

⑤ 2位和校验，和累计为：把站号、PC号、指令、等待、首地址、位数等代码，按十六进制数据进行加法运算，取其和最低两位转化成ASCII码。

计算：

30h+35h+46h+46h+42h+52h+41h+58h+30h+30h+34h+30h+30h+35h=347h

(2) 在发送完上述指令格式代码后，就可直接读取PLC响应的信息。假设X040～X044中，X040和X043为OFF，其他都为ON的时候，响应信息格式如下：

STX	站号	PC号	信息	ETX	和校验
	05	FF	01101		05
02h	30h35h	46h46h	30h31h31h30h31h	03h	30h35h

2) 位元件或字元件状态写操作

操作对象元件：PLC内部的X、Y、M、S、T、C、D元件。

例如，在站号为“0”的PLCD0、PLCD1的两点中写入数据，指令如下：

ENQ	站号	PC号	指令	等待	首地址	位数	数据1，数据2	和校验
	00	FF	WW	0	D0000	02	1234，ACD7	F9
05h	30h30h	46h46h	57h57h	30h	44h30h30h30h	30h32h	31h32h33h34h，41h43h44h37h	46h39h

PLC返回信息：ACK(06h)接收正确，NAK(15h)接收错误。

说明：

① WW指令代码，以字为单位成批写入软元件内存数据的指令；写指令包括以位单位写指令BW、以字单位写指令WW。

② 首地址，写位元件或字元件的 4 位起始地址，高位先发，低位后发，且是以 ASCII 码的形式发送。

③ 位数，一次写入位元件或字元件的个数，以 ASCII 码的形式发送。

④ 数据，待写到 PLC RAM 区的数据 DATA，以 ASCII 码形式发送，本例中在 D0 中写入 1234H(十六进制)，在 D1 中写入 ACD7H。

⑤ 2 位和校验，和累计为：把站号、PC 号、指令、等待、首地址、位数等代码，取其和的最低两位转化成 ASCII 码，高位先发，低位后发。

注意：必须严格按照操作指令格式进行发送，在发送前，起始地址、数据、数据个数、校验和都必须按位转换成 ASCII 码。从 PLC 读到的数据亦是 ASCII 码形式，需要经过适当转换才能利用。

9.3 西门子 PLC 网络

9.3.1 SINEC 网络的分类与性能比较

西门子公司针对不同的应用场合为 PLC 产品设计了不同层次的网络产品，由低到高分为 4 个层次：SINEC S1、SINEC L2、SINEC H1、SINEC H3。它们遵循不同的国际标准，针对不同的应用场合，具有不同的通信速度和数据处理能力。表 9-3 为四种网络的技术特性。

表 9-3 西门子四种网络的技术特性

	SINEC S1	SINEC L2	SINEC H1	SINEC H3
采用标准	IEC TG 17B ASI 标准	DIN 19245 PROFIBUS	IEEE 802.3 以太网标准	ISO 9314 FDDI
访问方式	主从方式	令牌传送/主从方式	载波监听多路访问/冲突检测	令牌传送
传输速率	对 31 个从站的扫描时间：5 ms	9.6～1500 kb/s(可选)	10 Mb/s	100 Mb/s
传输媒介	不带屏蔽的双绞线电缆	带屏蔽的双绞线电缆/光纤电缆	带屏蔽的双绞线电缆/光纤电缆	光纤电缆
最多可连站数	31 个从站	127	1024	500
网络大小(估计值)	100 m	9.6 km(屏蔽双绞线)/23.8 km(光纤电缆)	1.5 km(双屏蔽双绞线)/4.3 km(光纤电缆)	100 km
拓扑结构	总线形/树形	总线形/树形/环形/星形	总线形/树形/星形	环形/星形
通信协议	ASI 协议	SINEC L2-FMS SINEC L2-DP SINEC L2-TF	SINEC H1-TF SINEC H1-MAP	
应用	驱动装置/传感器接口	单元网络/现场网络	局域网络/单元网络	干线网络

(1) SINEC S1 网络遵守 IEC(国际电工委员会)TG 17B 的 ASI 技术规范，是用于连接执行器、传感器、驱动器等现场器件的总线规范，可与简单开关形式传感器及驱动机构直接相连。与 L2 的强大功能相比，它只传递开关位置等少量的信息。其介质为双绞线电缆。它采用主从方式，单主机时可以有 31 个从站，最大优点是可以用通信电缆直接供电。西门子公司设计的 CP2413 用于 PC 与 S1 网络的连接，CP2433 用于 S5 系列 PLC 与 S1 网络的连接。

(2) SINEC L2 遵从 DIN 19245 标准，是西门子的过程现场总线标准(Profibus)，它为分布式 I/O 站或驱动器等现场器件提供了高速通信所需的用户接口，以及在主站间大量数据内部交换的接口。其介质为双绞线或光缆，为光缆时表示为 L2F0，节点数为 127 个，光缆长度为 23.8 km，双绞线长度为 9.6 km。SINEC L2 又分为如下子协议：L2-DP、L2-FMS、L2-TF 及 L2-AP。

L2-DP 遵从 Profibus 标准的开放式结构，适用于对时间要求严格的现场，能够以最快速度处理和传递网络数据，例如，在西门子 PLC 中用在 S5、S7 与分布式 I/O 系统 ET200 之间或与驱动器、阀门等其他现场器件的通信中。

L2-FMS 适用于现场装置、不同厂家生产的 PLC 之间的通信。

L2-TF 提供了与 H1 网通信的技术功能，使 H1 网能够利用西门子的低成本的 Profibus 现场总线 L2 网。

(3) SINEC H1 是高速工业控制 PLC 网络，是以 IEEE 802.3 以太网标准为基础设计的局域网，因此，称其为工业以太网。其介质为双绞线电缆或光缆，为光缆时，表示为 HIFO。SINEC H1 可以用于构成单元网络或局域网络，网络节点数可以达到 1024 个。使用光缆时距离可以达到 4.6 km，使用电缆时距离为 1.5 km。SINEC H1 使用 SINEC H1-TF 和 SINEC H1-MAP 协议。SINEC H1 是基于以太网的工业标准总线系统，它将 MAP 通信所认定的以太网作为通信的基础。

H1-TF 包括开放的 SINEC MAP 自动化协议，并已经在很多应用领域得到验证。实现 MAP 是 SINEC 的技术功能，它遵从 MAP3.0 制造信息规范，使用 MMS 作为两用户接口。H1-MAP 是以太网上的基于 MAP3.0 的国际标准。

(4) SINEC H3 是遵从 FDDI(ISO 9314)规范的主干网，通信介质为光缆，采用双环拓扑结构，网络节点可以扩至 500 个。SINEC H3 功能强大，能长距离传输不同网络间的数据，并且安全可靠。FDDI 是针对高速网络的，这个标准是面向未来的，它保证了 100 Mb/s 的数据传输率，允许分布区域的最大环周长为 100 km，并有高的负载承受能力。其通信介质为光纤，采用双环拓扑结构。SINEC H3 的高可靠性表现在，即使介质在某一点断开，信号也能利用其闭合返回传输功能进行正常的数据通信，这是由它的优异的双环冗余设计所保证的。

9.3.2　S7-300 PLC 多点接口网络(MPI)

S7-300 CPU 上有一标准化 MPI 接口，它既是编程接口，又是数据通信接口，使用 S7 协议；通过此接口 PLC 与 PLC 之间或与上位计算机之间都可以进行通信，从而组成多点接口 MPI 网络。其构成方框图如图 9-14 所示。MPI 符合 RS-485 标准，具有多点通信的性质，可连接多个不同的 CPU 或设备。MPI 的波特率设定为 187.5 kb/s，用于配置小范围的通信网络。

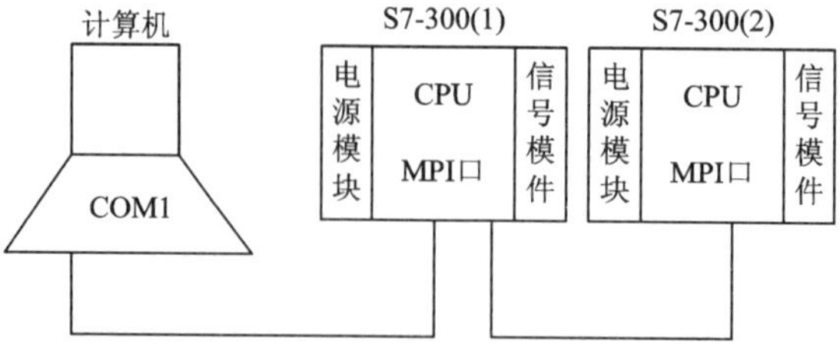

图 9-14　MPI 网络的构成方框图

1. MPI 地址

MPI 网络上的所有设备都被称为节点，不分段的 MPI 网(无 RS-485 中继器的 MPI 网)可以最多有 32 个网络节点。仅用 MPI 接口构成的网络称为 MPI 分支网(简称 MPI 网)。两个或多个 MPI 分支网，用网间连接器或路由器连接起来(如通过 SINEC L2)，就能构成较复杂的网络结构，实现更大范围的设备互连。MPI 分支网能够连接不同区段的中继器。

每个 MPI 分支网有一个分支网络号，以区别不同的 MPI 分支网。分支网上每一个节点都有一个不同的"MPI 网络地址"，这些地址是在 S7-300 硬件组态中设置的。节点 MPI 地址号不能大于给出的最高 MPI 地址，这样才能使每个节点正常通信。S7 在出厂时对一些装置给出了缺省 MPI 地址，如表 9-4 所示。MPI 分支网络号的缺省设置是 0。

用 STEP 7 软件包中的 configuration 功能为每个网络节点分配一个 MPI 地址和最高地址，然后对所有节点进行地址排序，连接时需在 MPI 网的第一个及最后一个节点接入通信终端匹配电阻。如果要向 MPI 网添加一个新节点，应该切断 MPI 网的电源进行操作。

表 9-4　缺省 MPI 地址

节点(装置)	缺省的 MPI 地址	缺省的最高 MPI 地址
PG	0	15
OP/TD	1	15
CPU	2	15

2. 网络连接部件

连接 MPI 网络常用到两个部件——网络插头和网络中继器，这两个部件也可用在 SINEC L2 网中。插头是 MPI 网上连接节点的 MPI 口和网络电缆的连接器。网络插头分为两种：一种带 PG 接口，一种不带 PG 接口。PG/OP 的 Sub D 的 9 针插头定义见表 9-5。

表 9-5　MPI PG/OP 的 9 针插头定义

针脚号	信号名称	说　明
1	—	—
2	—	—
3	RxD/TxD-P	发送/接收数据线 B(正)
4	RTS	发送请求
5	M5 V2	数据参考电位(从站来)
6	P5 V2	电源正(5 V，从站来)
7	—	—
8	RxD/TxD-N	发送/接收数据线 A(负)
9	—	—

为了保证网络通信质量，网络插头或中继器上都设计了终端匹配电阻。

对于 MPI 网络，节点间的连接距离是有限制的，从第一个节点到最后一个节点，最长距离仅为 50 m。对于一个要求较大区域的信号传输或分散控制的系统，采用两个中继器(或称转发器、重复器)可以将两个节点的距离增大到 1000 m，但是两个节点之间不应再有其他节点。

中继器可以放大信号、扩展节点间的连接距离，也可以用作抗干扰隔离，如用于连接不接地的节点和接地的 MPI 编程装置的隔离器。

3. 全局数据通信

通过全局数据(GD)通信服务，联网的 CPU 可以相互之间周期性地交换数据。例如，一个 CPU 可以访问另一个 CPU 的数据、存储位和过程映像。全局数据通信只可以通过 MPI 进行。组态在 STEP 7 的全局数据(GD)表中进行。

GD 通信方式以 MPI 分支网为基础，是为循环地传送少量数据而设计的。GD 通信方式仅限于同一分支网的 S7 系列 PLC 的 CPU 之间，构成的通信网络简单。S7 程序中的功能块 FB、功能块 PC、组织块 OB 都能用绝对地址或符号地址来访问全局数据。

在 MPI 分支网上实现全局数据共享的两个或多个 CPU 中，至少有一个是数据的发送方，有一个或多个是数据的接收方。发送或接收的数据称为全局数据，或者称为全局数据块。

全局数据块(GD 块)分别定义在发送方和接收方 CPU 的存储器中，依靠 GD 块，为发送方和接收方的存储器建立映射关系。在 PLC 操作系统的作用下，发送 CPU 在它的扫描循环的末尾发送 GD，接收 CPU 在它的扫描循环的开头接收 GD。这样，发送 GD 块中的数据，对于接收方来说是“透明的”。也就是说，发送 GD 块中的信号状态会自动影响接收 GD 块。接收方对接收 GD 块的访问，相当于对发送 GD 块的访问。

GD 可以由位、字节、字、双字或相关数组组成，它们被称为全局数据的元素。全局数据的元素可以定义在 PLC 的位存储器、输入、输出、定时器、计数器、数据块中。例如：I5.2(位)、QB 8(字节)、MW 20(字)、DB 5.DBD 8(双字)、MB 50：20(字节相关数组)就是一些合法的 GD 元素。MB 50：20 称为相关数组，是 GD 元素的简洁表达方式，冒号后的 20 表示该元素由 MB 50、MB 51、…、MB 69 连续 20 个存储字节组成。相关数组也可由位、字或双字构成。一个全局数据块(GD 块)由一个或几个 GD 元素组成，最多不能超过 24 B。

应用 GD 通信，就要在 CPU 中定义全局数据块，这一过程也称为全局数据通信组态。在对全局数据进行组态前，需要先执行下列任务：① 定义项目和 CPU 程序名；② 用 PG 单独配置项目中的每个 CPU，确定其分支网络号、MPI 地址、最大 MPI 地址等参数。

在用 STEP 7 开发软件包进行 GD 通信组态时，由系统菜单 Options 中的 Define Global Data 程序进行 GD 表组态。具体组态步骤如下：

(1) 在 GD 空表中插入参与 GD 通信的 CPU 代号。

(2) 为每个 CPU 定义并输入全局数据，指定发送 GD。

(3) 第一次存储并编译全局数据表，检查输入信息语法是否为正确数据类型，是否一致。

(4) 设定扫描速率，定义 GD 通信状态双字。

(5) 第二次存储并编译全局数据表。

编译后的 GD 表形成系统数据块，随后装入 CPU 的程序文件中。第一次编译形成的组态数据对于 GD 通信是足够的，可以从 PG 下载至各 CPU。如果需要输入与 GD 通信状态或扫描速率有关的附加信息，必须进行第二次编译。扫描速率决定 CPU 用几个扫描循环周期发送或接收一次 GD，发送和接收的扫描速率不必一致。扫描速率值应满足两个条件：① 发送间隔时间大于等于 60 ms；② 接收间隔时间小于发送间隔时间。否则，可能导致全局数据信息丢失。扫描速率的发送设置范围是4～255，接收设置范围是1～255，它们的缺省设置值都是8。

GD 通信为每一个被传送的 GD 块提供 GD 通信状态双字，该双字被映射在 CPU 的存储器中，使用户程序及时了解通信状态，对 GD 块的有效性与实时性作出判断。

4. 应用工控组态软件实现 MPI 网络通信的步骤

PLC 与上位计算机的通信可以利用高级语言程序实现，但用户必须熟悉互连的 PLC 及 PLC 网络采用的通信协议，严格按照通信协议规定为计算机编写通信程序，所以对用户的要求比较高。

如果选用工控组态软件实现 PLC 与上位计算机的通信，则相对比较简单，因为工控组态软件一般都提供不同设备的通信驱动程序，用户可以不必熟悉 PLC 网络的通信协议。另外，工控组态软件提供的强大工具使用户开发应用程序变得非常简单。下面以西门子公司的工控组态软件 WinCC 为例，讨论 S7-300 与上位计算机之间通信的实现方法。

工控组态软件 WinCC(Windows Control Center，视窗控制中心)是一个集成的人机界面(HMI)系统和监控管理(SCADA)系统。WinCC 提供各种 PLC 的驱动软件，因此，PLC 与上位计算机的连接变得非常容易。WinCC 与 STEP 7 合用，在 STEP 7 中配置的变量表可以在与 WinCC 的连接时直接使用。

S7-300 与 WinCC 之间通信的实现步骤如下：

(1) 启动 WinCC，建立一个新的 WinCC 项目，然后在标签管理(Tag Management)中选择添加 PLC 驱动程序。这里要建立一个多点接口 MPI 网络，所以选择支持 S7 协议的通信驱动程序 SIMATIC S7 Protocol Suite.CHN，在其中的“MPI”下连接所需台数的 S7-300，每连接一台 S7-300，要设置节点名、MPI 地址等参数。必须注意的是，MPI 地址必须与 PLC 中设置的相同。

(2) 在组态完的 S7-300 下设置标签，每个标签有三个设置项，即标签名、数据类型、标签地址。其中，最重要的是标签地址，它定义了此标签与 S7-300 中某一确定地址，如某一输入位、输出位或中间位等一一对应的关系。设置标签地址很容易，可以直接利用在 STEP 7 中配置的变量表，如设置标签地址为 Q0.0，表示 S7-300 中输出地址 Q0.0。用此方法将 S7-300 与 WinCC 之间需要通信的数据一一作成标签，即相当于完成了 S7-300 与 WinCC 之间的连接。

(3) 在图形编辑器(Graphics Editor)中，用基本元件或图形库中的对象制作生产工艺流程监控画面，并将变量标签与每个对象连接，也就相当于画面中各个对象与现场设备相连，从而可在 CRT 画面上监视、控制现场设备。

打开 S7-300 编程软件包 STEP 7，首先对计算机的一些参数进行设置，如选择串行通信口 COM1 作为编程通信口，MPI 地址为 1，数据传输速率为 187.5 kb/s 等。然后，开始对 S7-300 硬件组态，即对 S7-300 的机架底板、电源、CPU、信号模件等按其实际配置和物理地址进行组态。其中，在 CPU 的组态中要设置 MPI 地址，如可分别设置为 3、4。最后将组态程序表下载到 PLC 以确认。

在 STEP 7 中创建全局数据通信表(简称 GD 表)，对全局数据(Global Data)进行定义，标明数据的发送和接收关系，最后将 GD 表下载到各台 PLC 即可。

9.3.3　CP340 点对点通信的应用

这是一种低成本的解决方案。用 CP340/CP341 通信处理模块可以建立经济、方便的点到点链接，可以采用 20 mA(TTY)、RS-232C/V.24、RS-422/RS-485 等通信接口，有多种通信协议可以使用。它使 S7-300 CPU 能与计算机之间以点对点通信方式进行数据交换。

1．系统结构

CP340 通信连接如图 9-15 所示，CP340 通过背板总线与 PLC 的 CPU 相连。为减小通信时 CPU 模块的负担，CP340 被设计成智能型的。PLC 的 CPU 通过 CP340 与计算机的串行通信接口相连。

CP340 上固化有两个标准通信协议，它们是 3964(R)和 ASCII，用 STEP 7 中的专用组态工具可选择通信协议并确定协议的具体内容，组态数据存入 CPU 模块的系统数据块(SDB)中，该内容随 PLC 的其他组态数据被下载。当 PLC 启动时，有关的组态数据传入 CP340。然后，CP340 按照选定的通信协议传输数据。CP340 中的 ASCII 协议仅实现了 OSI 参考模型的第一层(物理层)，3964(R)还实现了第二层(数据链路层)。

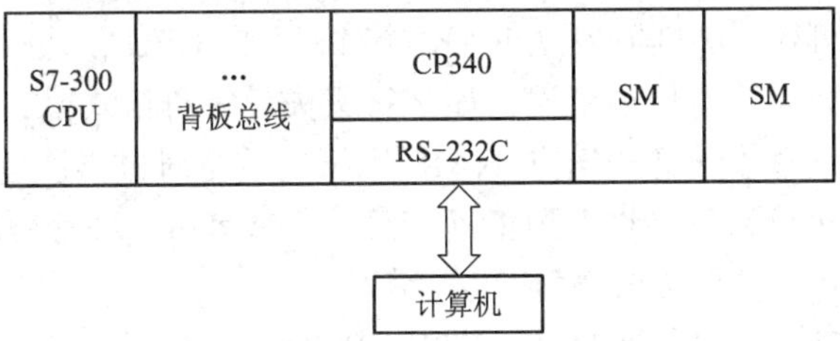

图 9-15　CP340 通信连接

2．3964(R)通信协议

3964(R)的信息帧格式如图 9-16 所示，信息帧包括控制字符和要发送的数据。控制字符既是表示信息帧开始或结束的标志，也是发送方与接收方的握手信号，还可用来保证传输数据的完整。控制字符有正文开始字符 STX(ASCII 码 02h)、数据链路转换字符 DLE(10h)、正文结束字符 ETX(03h)、块校验字符 BCC 和否定应答字符 NAK(15h)。

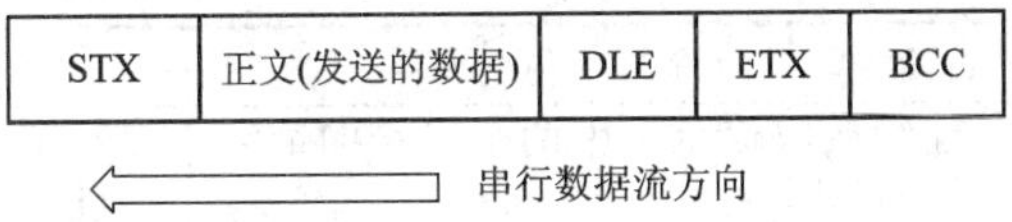

图 9-16　3964(R)信息帧格式

当 CP340 发送信息帧时，为建立通信链路，CP340 先发送控制字符 STX，如果收到接收方回送的控制字符 DLE，则通信链路成功建立，可开始传输正文。如果接收方回送的是 NAK(或其他非 DLE 字符)，或者在约定的时间(应答延迟时间)内接收方没有反应，CP340 将再次发送 STX 以建立通信链路。如果约定的重发次数到后，仍未建立通信链路，发送 NAK 字符给接收方。CP340 通过发送数据块将向 CPU 模块报告这个错误。

通信链路成功建立后，进入传输过程。CP340 开始连续传输正文(发送缓冲区的内容)，并自动加发 DLE、ETX 和 BCC 校验字符。

在信息帧的传输过程中，CP340 收到 NAK 字符或非 NAK 字符后，传输过程终止，并延时到字符间隔超时后发送 NAK 字符给接收方，使其闲置。然后，CP340 将再发送 STX，重建链路，重传信息帧。在信息帧全部发出后，CP340 等待接收方回送应答字符，如果收到 DLE，表示信息帧被接收方无差错收到，本次信息帧传输正确结束。此时，CP340 将数据从发送缓冲区删除并释放通信链路。如果 CP340 收到的应答字符是 NAK(或其他非 DLE 字符)，或者在预定的时间内接收方没有反应，CP340 将再发送 STX，重建通信链路，重传信息帧。如果约定的重发次数到后，仍未成功发送信息帧，CP340 发送 NAK 字符给接收方，向 CPU 模块报告错误。

当 CP340 闲置时(即没有发送请求时)，CP340 等待发送方建立通信链路。此时，CP340 收到任何非 STX 或 NAK 字符，将延时到字符间隔超时后发送 NAK 字符给发送方。当收到 NAK，继续保持闲置。

若在闲置状态下收到 STX，且 CP340 有可用的接收缓冲区，则回应发送方 DLE 建立通信链路。CP340 进入接收状态，然后开始将逐个收到的正文数据存入接收缓冲区。在接收状态下，CP340 接收下一个字符的等待时间超出约定的时间(即字符间隔时间)，CP340 发送 NAK 给对方，同时通过接收功能块向 CPU 模块报告错误。

如果 CP340 收到 STX 时没有接收缓冲区可用，则 CP340 延时 400 ms。延时到后，如果仍没有接收缓冲区可用，CP340 发送 NAK 给对方并向 CPU 模块报告错误。

在接收过程中，如果发生传输错误，如字符丢失、字符格式错、校验错等，CP340 继续接收信息帧，等到结束才回送发送方 NAK 字符、期待对方再次建立通信链路重发信息帧。如果允许的重发次数到后仍收不到正确信息帧，或者 4 s(块等待时间)内发送方没有重发，CP340 退出接收状态并向 CPU 模块报告错误。

在接收过程中，CP340 识别到 DLE、ETX、BCC 后，就停止接收，并把 CP340 内部计算的校验值与收到的 BCC 比较。如果 BCC 正确且无其他传输错误发生，CP340 发送表示收到正确信息帧的 DTE 字符给对方，然后进入闲置状态。否则，CP340 发送 NAK 给对方并等待重发，若约定次数内始终收不到正确的信息帧，或者 4 s 内没有重发，则 CP340 退出接收状态并报告错误。表 9-6 给出了 3964(R)通信协议的主要设置参数，略去了字符格式和波特率等参数。

表 9-6　3964(R)协议的主要设置参数

参　数	说　明	范　围	默认值
字符间隔时间	连续接收信息帧中两个字符的最大允许间隔时间	20～655 350 ms (10 ms 增量)	220 ms
应答延迟时间	接收方回送应答信号的最大允许延迟时间	10～655 350 ms (10 ms 增量)	2000 ms
重建链路次数	为建立通信链路，CP340 最多允许的重建次数	1～255	6
重传次数	传输信号帧出错时，最多允许重传次数(包括第一次)	1～255	6
优先级	优先级高的通信方式的发送请求优先得到响应	高或低	高
启动时清除接收缓冲器	该参数决定 CP 的接收缓冲区是否在启动时清除	是或否	是

3．ASCII 通信协议

ASCII 通信协议有三种类型的信息帧格式供选择，即结束标志的信息帧格式、定长度信息帧格式和自由信息帧格式。表 9-7 给出了 ASCII 通信协议的主要设置参数。由于有三种信息帧格式以及数据流控制等内容，因此，ASCII 通信协议的参数较多。这些参数与分类相关，可根据所选择的类型来设置相关参数。

表 9-7　ASCII 通信协议的主要设置参数

参　数	说　　明	范　围	默认值
接收信息帧结束标志	以此为依据，CP 判断信息帧是否结束	● 接收字符间隔超时 ● 有结束字符 ● 接收长度到	超时结束
字符间隔时间	连续接收信息帧中两个字符的最大允许间隔时间	4～65 535 ms	4 ms
信息帧结束字符 1	第一结束标志代码(不以结束符为依据时无意义)	任何字符	3
信息帧结束字符 2	第二结束标志代码(如果设置才可以和第一代码联合使用)	任何字符	0
接收信息帧长度	当以长度为结束依据时有意义	1～1024 B	240 B
数据流控制	定义使用什么数据流控制序列	● 不用 ● 用 XON/XOFF ● 用 RTS CTS	
XON 字符		任何字符	11(DC1)
XOFF 字符		任何字符	13(DC3)
等待 XON 字符的时间	在 CP340 发送时，等待发送允许握手信号(XON 或 CTS 变为“1”)的最长时间	20～655 350 ms (10 ms 增量)	2000 ms
启动时清除接收缓冲器	该参数决定 CP 的接收缓冲区是否在启动时清除	是或否	是
缓冲区信息帧数	允许在接收缓冲区中同时存储的最多信息帧数	1～250	250
防止重写	是否允许接收到的信息帧重写缓冲区中的旧信息帧	是或否	是

4．通信功能块

专用通信功能块是 CPU 模块与 CP340 的软接口，它们建立和控制 CPU 和 CP340 的数据交换。西门子通信的专用功能块有四个：发送功能块 FB 3(P-SEND)、接收功能块 FB 2 (P-RCV)、读 RS-232C 接口信号状态功能块 FC5(V24-STAT)和接口信号状态设置功能块 FC6(V24-STAT)。

这些功能块与 CP340 的组态工具等需要专门安装，安装完成后，功能块在 STEP 7 的 CP340 库中。使用时，需要将用到的功能块拷贝到用户程序中。

发送功能块 FB 3 有两个功能：一是将数据块中的数据写入 CP340 的发送缓冲区；二是监测 CP340 发送并返回 CP340 的发送情况。FB 3 的运行特性类似于定时器方块指令，完成一次发送需要多个扫描周期(调用多次)。因此，必须连续在每个扫描周期中调用 FB 3，使其在每个循环周期得到扫描，以避免一个信息帧的发送过程中断。

表 9-8 给出了发送功能块 FB 3 的调用及参数说明。表中，P_SEND 为 FB 3 的符号名，FB 3 需要 40 B 的背景数据块，I_SEND 是背景数据块符号名。

表 9-8　发送功能块 FB 3 的调用及参数说明

STL 调用表达				LAD 调用表达
CALL P_SEND，I_SEND REQ：= R：= LADDR：= DB_NO：= DBB_NO：= LEN：= DONE：= ERROR：= STATUS：=				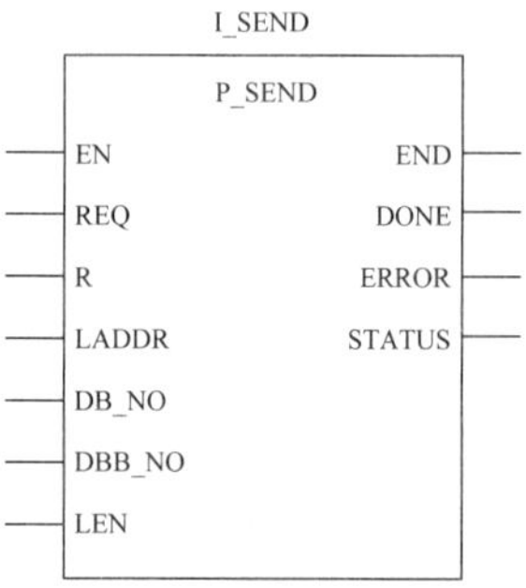
参数名	类型	数据类型	说　明	取值范围与注释
REQ	INPUT	BOOL	发送请求，上升沿有效	
R	INPUT	BOOL	放弃发送请求	放弃当前的请求，终止发送
LADDR	INPUT	INT	CP340 地址	CP340 地址取决于其安装位置
DB_NO	INPUT	INT	数据块号	存储发送数据的数据模块
DBB_NO	INPUT	INT	数据字节号	发送数据在数据块中的开始字节号
LEN	INPUT	INT	数据长度	发送数据的字节长度 1<LEN<1024(受发送缓冲区大小限制)
DONE	OUTPUT	BOOL	发送请求无错误完成	DONE 为“1”，表示正确完成发送请求，此时 STATUS 为 0
ERROR	OUTPUT	BOOL	发送请求有错误完成	如果发送请求不能正确完成，则 ERROR 为“1”
STATUS	OUTPUT	WORD	错误说明字	如果 ERROR 为“1”，则在 STATUS 中可得到错误细节

接收功能块 FB 2 有两个功能，一是将 CP340 接收缓冲区中的数据读回并存入数据块；二是返回 CP340 的接收情况。FB 2 的运行特性类似于 FB 3，完成读数也需要多个扫描周期(调用多次)。

表 9-9 给出了接收功能块 FB 2 的调用及参数说明，表中 P_RCV 为 FB 2 的符号名，FB 2 需要 40 B 的背景数据块，I_RCV 是背景数据块符号名。

P_RCV 将 CP340 接收缓冲区中的数据连续存放在数据块中，为此，需要说明数据块号(DB_NO)、数据存在数据块中的起始字节号(DBB_NO)。

表 9-9 接收功能块 FB 2 的调用及参数说明

STL 调用表达	LAD 调用表达
CALL P_RCV，I_RCV EN_R：= R：= LADDR：= DB_NO：= DBB_NO：= NDR：= ERROR：= LEN：= STATUS：=	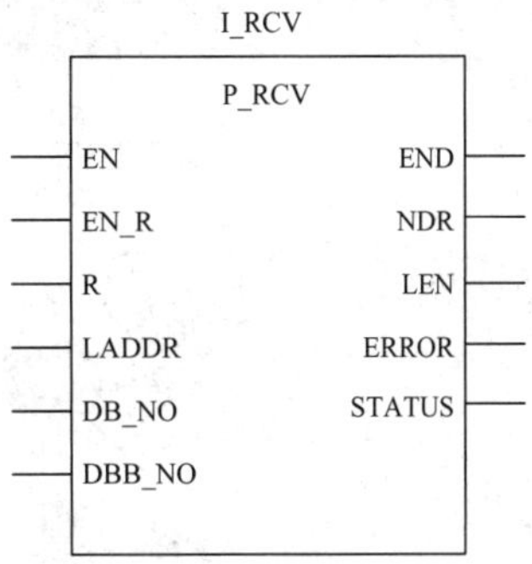

参数名	类型	数据类型	说 明	取值范围与注释
EN_R	INPUT	BOOL	允许读	
R	INPUT	BOOL	放弃发送请求	放弃当前的请求，终止发送
LADDR	INPUT	INT	CP340 地址	CP340 地址取决于其安装位置
DB_NO	INPUT	INT	数据块号	存储发送数据的数据模块
DBB_NO	INPUT	INT	数据字节号	发送数据在数据块中的开始字节号
NDR	OUTPUT	BOOL	请求无错误完成，数据完整	NDR 为“1”，表示正确完成请求，此时 STATUS 为 0
ERROR	OUTPUT	BOOL	请求有错误完成	如果发送请求不能正确完成，则 ERROR 为“1”
LEN	OUTPUT	INT	接收到的信息帧长度	数据的字节长度，1<LEN<1024(受接收缓冲区大小限制)
STATUS	OUTPUT	WORD	错误说明字	如果 ERROR 为“1”，则在 STATUS 中可得到错误细节

9.3.4 利用 PROFIBUS 协议进行网络通信

PROFIBUS 现场总线的结构、特点在 4.2 节中已作介绍。这里以 SIEMENS 公司的产品为例，介绍 PROFIBUS 网络系统的配置及设备选型。由于 PROFIBUS 现场总线的网络拓扑结构是主从结构，由若干主站和从站组成网络通信系统。主站可分成一类主站和二类主站。一类主站完成总线通信控制与管理，以及周期性数据访问。PLC、PC 都可作一类主站的控制器。二类主站完成非周期性数据访问，如数据读/写、系统配置、故障诊断等。二类主站包括操作员工作站(如 PC 加图形监控软件)、编程器、HMI 等。从站是 PLC 或其他控制器。PLC 可作 PROFIBUS 上的一个从站，作为 PROFIBUS 主站的一个从站，在 PLC 存储器中有一段特定区域作为与主站通信的共享数据区。主站可通过通信间接控制从站 PLC 的 I/O。一个最小系统至少由一个 PROFIBUS (一类)主站和若干 PROFIBUS 从站组成。PROFIBUS 现场总线的网络结构如图 9-17 所示。

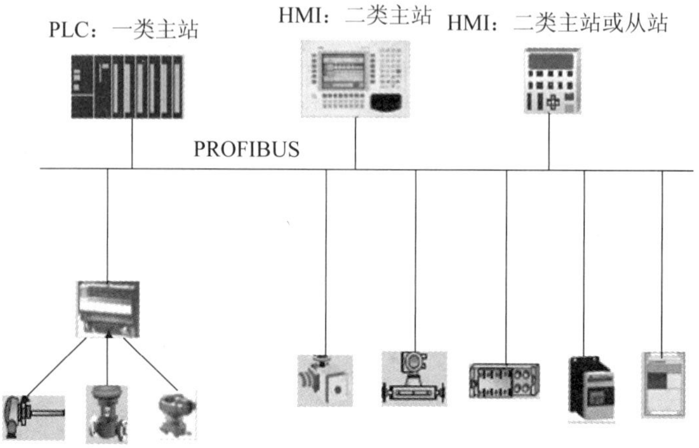

图 9-17　PROFIBUS 现场总线的网络结构

使用 PROFIBUS 系统，在系统启动前先要对系统及各站点进行配置和参数化工作。系统配置主要有以下几个部分：

1. 选择一类主站

(1) 选择 PLC 作一类主站有两种形式：

① PLC 的处理器 CPU 带内置 PROFIBUS 接口。这种 CPU 通常具有一个 PROFIBUS-DP 和一个 MPI 接口。

② 配置 PROFIBUS 的通信处理器。CPU 不带 PROFIBUS 接口，需要配置 PROFIBUS 通信处理器模块，如 CP342-5 通信处理器、CP443-5 通信处理器，以及用于 PC/PG 的通信处理器。

(2) 选择 PC 加网卡作一类主站。PC 加 PROFIBUS 网卡可作为主站，这类网卡具有 PROFIBUS-DP、PA 或 FMS 接口，如 CP5411、CP5511、CP5611 网卡及 CP5412 通信处理器。要注意选择与网卡配合使用的软件包。

2. 选择带 PROFIBUS 接口的分散式 I/O、传感器、驱动器等从站

从站可以是 PLC 或现场智能设备，如智能传感器、智能驱动器。这些智能设备本身有 PROFIBUS 接口。如果设备不具备 PROFIBUS 接口，可考虑分散式 I/O 方案，即可以采用 PLC 作为从站，这些设备接在 PLC I/O 上。以下的设备可以构成从站：

(1) ET200M。

(2) PLC 作从站——智能型 I/O 从站。

(3) DP/PA 耦合器和链路。

如果使用 PROFIBUS-PA，可能会采用 DP 到 PA 扩展的方案。这样，需选 DP/PA 耦合器和链路，实现 DP 到 PA 电气性能的转换。

(4) NC 数控装置、电动执行器、过程控制器、数字控制器、具有通信技术的低压开关设备 SIRIUS NET 等设备。

这类设备、执行器或各种模块都配有 PROFIBUS 接口，如 CNC 数控装置带有具有 PROFIBUS 的绝对编码器，PROFIBUS 绝对值编码器可作为从站通过 PROFIBUS 与主站连接，可与 PROFIBUS 上的数字式控制器、PLC、驱动器、定位显示器一起使用。

3. 以 PC 为主机的编程终端及监控操作站(二类主站)

普通 PC 和工业级计算机都可配置成 PROFIBUS 的编程、监控、操作工作站。PC 带有网卡或编程接口，如 CP5411、CP5511、CP5611 网卡及 CP5412 通信处理器。

4. 操作员面板 SIMATIC HMI/COROS(二类主站)

操作员面板用于操作员控制，如设定修改参数、设备启停等，并可在线监视设备的运行状态，如流程图、趋势图、数值、故障报警、诊断信息等。操作员面板有字符型操作员面板(OP5、OP7、OP15、OP17)和图形操作员面板(OP25、OP35、OP37)两种。

5. 远程 I/O 从站的配置

PROFIBUS 远程 I/O 从站(包括 PLC 智能型 I/O 从站)的配置包括：

(1) PROFIBUS 参数配置，如站点、数据传输速率。

(2) 远程 I/O 从站硬件配置，如电源、通信适配器、I/O 模块。

(3) 远程 I/O 从站的 I/O 模块地址分配。

(4) 主从站传输输入、输出及通信映像区的地址。

(5) 故障模式设定。

6. SIMATIC WinCC

在 PC 基础上的操作员监控系统已得到很大发展，采用组态软件使监控功能方便又强大，可确保安全、可靠地控制和生产。组态软件的概念和应用在下一节中介绍。WinCC 组态软件与 SIMATIC S7 的连接有以下几种形式：

(1) MPI(S7 协议)。

(2) PROFIBUS(S7 协议)。

(3) 工业以太网(S7 协议)。

(4) TCP/IP。

(5) SLOT/PLC。

(6) ST-PMC ROFIBUS(PMC 通信)。

S7-300 PLC 系统完成配置工作的支持软件是 STEP 7 编程软件。其主要设备的所有 PROFIBUS 通信功能都集成在 STEP 7 编程软件中。使用 STEP 7 编程软件可完成 PROFIBUS 系统及各站点的配置、参数化、文件编制、启动测试、诊断等功能。除此之外，STEP 7 编程软件还具有以下功能：

(1) 系统诊断功能。在线监测可找到故障站，并可进一步读到故障提示信息。

(2) 第三方设备集成及设备数据库文件(GSD)支持功能。当PROFIBUS系统中需要使用第三方设备时，应该得到设备厂商提供的GSD文件。将GSD文件拷贝到STEP 7软件指定目录下，使用STEP 7可在友好的界面指导下完成第三方产品在系统中的配置及参数化工作。

9.4 组态软件的概念

源程序开发工业控制软件存在开发周期长、重复使用率低，且修改源程序必须由开发者修改(否则相当困难)等问题。

组态(Configuration)就是用应用软件中提供的工具、方法完成工程中某一具体任务的过程。工业组态软件是数据采集与过程控制的专用软件，是处在自动控制系统监控层一级的软件平台和开发环境。组态软件使用户能根据自己的控制对象和控制目的，快速构建特定任务的工业自动控制监控系统，完成最终的自动化控制工程。组态软件应该能支持各种工控设备和常见的通信协议，并且通常能提供分布式数据管理和网络功能。对应于原有的人机接口(Human Machine Interface，HMI)软件的概念，组态软件应该是一个使用户能快速建立自己的HMI软件的工具或开发环境。

1. 组态软件的主要特点

(1) 延续性和可扩充性：用通用组态软件开发的应用程序，当现场(包括硬件设备或系统结构)或用户需求发生改变时，不需作很多修改就能方便地完成软件的更新和升级。

(2) 封装性(易学易用)：通用组态软件把各个功能都用一种方便用户使用的方法包装起来，对于用户，不需掌握太多的编程语言技术(甚至不需要编程技术)，就能很好地完成一个复杂工程所要求的所有功能。

(3) 通用性：每个用户根据工程实际情况，利用通用组态软件提供的底层设备(PLC、智能仪表、智能模块、板卡、变频器等)的I/O Driver、开放式的数据库和画面制作工具，就能完成一个具有动画效果、实时数据处理、多媒体功能和网络功能以及历史数据和曲线并存的工程，且不受行业限制。

2. 组态软件的系统构成

1) 按照组态软件的应用环境划分

按照组态软件的应用环境划分，组态软件由两大部分构成：

(1) 系统开发环境：是自动化工程设计工程师为实施其控制方案，在组态软件的支持下进行应用程序的系统生成工作所必须依赖的工作环境。通过建立一系列用户数据文件，生成最终的图形目标应用系统，供系统运行环境运行时使用。

系统开发环境由图形界面组态程序、实时数据库组态程序等若干个组态程序组成。

(2) 系统运行环境：在系统运行环境下，目标应用程序被装入计算机内存并投入实时运行。系统运行环境由图形界面运行程序、实时数据库运行程序等若干个运行程序组成。

组态软件支持在线组态技术，即在不退出系统运行环境的情况下可以直接进入组态环境并修改组态，使修改后的组态直接生效。

自动化工程设计工程师最先接触的一定是系统开发环境，通过一定工作量的系统组态和调试，最终将目标应用程序在系统运行环境投入实时运行，完成一个工程项目。

2) 按照功能构成划分

组态软件因为功能强大，而每个功能相对来说又具有一定的独立性，因此其组成形式是一个集成软件平台，由若干程序组件构成。

(1) 应用程序管理器：提供应用程序的搜索、备份、解压缩、建立新应用等功能的专用管理工具。

(2) 图形界面开发程序：是自动化工程设计工程师为实施其控制方案，在图形编辑工具的支持下进行图形系统生成工作所依赖的开发环境。通过建立一系列用户数据文件，生成最终的图形目标应用系统，供图形运行环境运行时使用。

(3) 图形界面运行程序：在系统运行环境下，图形目标应用系统被图形界面运行程序装入计算机内存并投入实时运行。

(4) 实时数据库系统组态程序：目前，比较先进的组态软件都有独立的实时数据库组件，以提高系统的实时性，增强处理能力。实时数据库系统组态程序是建立实时数据库的组态工具，可以定义实时数据库的结构、数据来源、数据连接、数据类型及相关的各种参数。

(5) 实时数据库系统运行程序：在系统运行环境下，目标实时数据库及其应用系统被实时数据库系统运行程序装入计算机内存并执行预定的各种数据计算、数据处理任务。历史数据的查询、检索、报警的管理都是在实时数据库系统运行程序中完成的。

(6) I/O 驱动程序：是组态软件中必不可少的组成部分，用于 I/O 设备通信，互相交换数据。DDE 和 OPC Client 是两个通用的标准 I/O 驱动程序，用来支持 DDE 标准和 OPC 标准的 I/O 设备通信。多数组态软件的 DDE 驱动程序被整合在实时数据库系统或图形系统中，而多数的 OPC Client 则单独存在。

思考与习题

9.1　说明同步通信和异步通信的信息传输。

9.2　异步通信中为什么需要起始位和停止位?

9.3　简述 RS-232C 和 RS-485 在原理、性能上的区别。

9.4　什么是通信网络的传输介质？常用介质有哪几种?

9.5　网络拓扑结构常用的有哪几种？试画图说明。

9.6　试说明令牌环通信协议的主要内容。

9.7　试说明令牌总线通信协议的主要内容。

9.8　采用 FX 系列 PLC 与计算机专有协议的通信方式，叙述 PC 读第 2 站的 PLC、X020 ~ X024 的连续 5 个点数据的全过程。

9.9　试说明 S7-300 系列 PLC 的 MPI 网络通信实现的原理。

第 10 章　PLC 控制系统应用实例

实例一　基于 PLC 的控制系统在污水处理中的应用

一、工艺介绍

一般污水处理绝大部分采用活性污泥法处理工艺，如 AB 法、A/O 法、A2/O 法、SBR 法、氧化沟法等。它们适用于不同场合，能满足不同出水水质要求。中小规模污水处理厂选用氧化沟、SBR 法有明显优点，而对大型污水处理厂来说，推流式活性污泥法仍是首选方案。

这里介绍一个中小规模污水处理控制系统，采用的是典型氧化沟(Orbal)工艺。

污水处理工艺流程如图 10-1 所示，大致分为三个阶段。

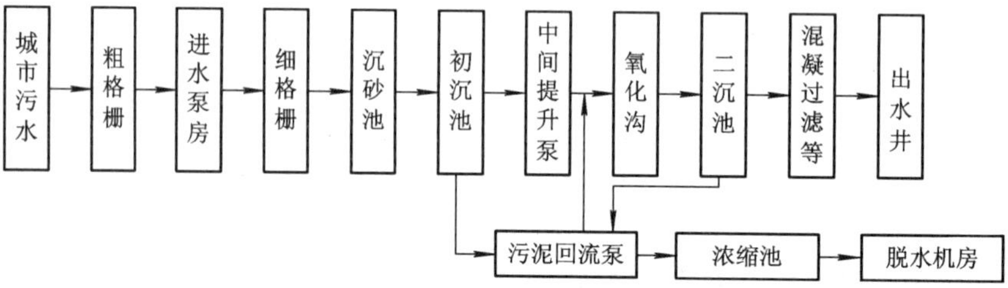

图 10-1　工艺简图

(1) 预处理阶段(格栅间、进水泵房和沉砂池)。城市污水由管道集中后，水流首先经过粗格栅，将粗的垃圾去除，在工作过程中，根据格栅前后水井液位差启动格栅机。污水在进水泵房用水泵提升，再经过细格栅及旋流沉砂池。在沉砂池中，通过搅拌使池内水呈螺旋状运动，进一步去除小的垃圾和泥砂。进水泵房一般装有多台大功率污水提升水泵。

(2) 生化处理及后处理阶段(氧化沟、二沉池和出水井)。污水进入水处理主体结构——氧化沟，在氧化沟中经过曝气机调节曝气，发生缺氧、氧化、硝化、反硝化等反应；经过氧化沟处理的水流入二沉池，再加入 Fe^{3+} 或 Al^{3+}，使得水中的$(PO_4)^{3-}$得以沉淀。充分沉淀后，清水最后经二氧化氯消毒后排入河流。

(3) 污泥处理(污泥浓缩池和脱水机房)。沉淀的污泥经脱水机滤干，以便于运输和处置。

二、控制系统构成

污水处理中有大量的开关量需要控制，因此，采用 PLC 作为现场控制器是非常合适的。

1. 系统结构

污水处理系统结构如图 10-2 所示。中央控制室、PLC 现场控制器、ET200 系列分布式 I/O 组成计算机分布式控制系统。中央控制室集中实现对全厂污水处理过程的实时监测、分析、管理和远程控制。中央控制主要由两台上位计算机构成，采用 WinCC 组态软件开发中控室监控画面，根据工艺绘制流程图，显示所有相关测控仪表的实时值，建立中心监控系统平台，使操作员能随时监视运行状态。在监控平台上建立历史数据查询系统和重要数据保存系统，能对日报表、月报表、年报表进行打印。

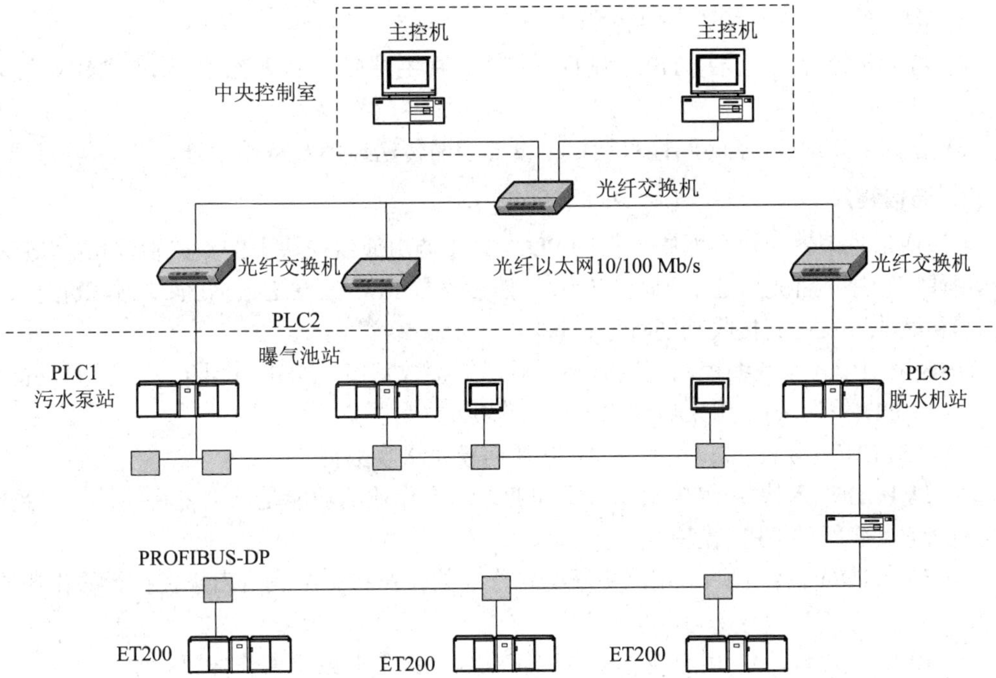

图 10-2　污水处理系统结构

三台西门子 S7-300 系列 PLC、分布式 I/O ET200 和液晶屏连成 PROFIBUS 现场总线网。PLC 为主站，通过通信处理器模块和网络连接。PLC 与中控室通信采用工业以太网络、星形连接方式。采用西门子的 STEP 7 编程软件完成 PLC 的实时测控软件。

PLC1 站处于进水提升泵房，主要完成粗/细格栅间、提升泵、沉砂池、电动阀门等预处理单元设备的控制。

PLC2 站为曝气池站，主要完成提升泵、氧化沟和二沉池等物化生化处理单元设备的控制。

PLC3 站处于污泥回流泵房，控制污泥回流泵、压缩机、脱水机等设备。

现场各个监控点的参数包括水位、温度、流量、溶解氧浓度等模拟量，由对应的一次仪表传感器或变送器检测，并转变为 4～20 mA 的电流信号，经屏蔽电缆送至各个子系统的输入模块，由 PLC 通过各种模块接口采样电信号。同样，模拟量控制信号由 PLC D/A 输出模块以 4～20 mA 电流形式送到执行机构，控制执行机构的动作。

用 STEP 7 对 PROFIBUS 网络组态，网络中所有站都设置相同的数据传送速率，从站地址单一赋值。

在 STEP 7 中，建立一个 DP 主站的步骤如下：

(1) 在站点窗口中选择一个机架。

(2) 在硬件列表中选择主站 CPU，如 CPU 315-2 DP。

(3) 拖动一个模块到合适的机架行，选择“属性”项，则 PROFIBUS 节点窗口打开。

这时可以创建一个 PROFIBUS 的子网，或选择已经存在的子网，设置子网属性，如传送速率等，设置这个主站的地址，确认设置。

在 STEP 7 中，设置 DP 从站模块的步骤如下：

(1) 在硬件列表窗口中选择从站模块。

(2) 将从站模块拖至所属 DP 主站标志符上，在主站后会出现连线，示意主、从之间的关系。

(3) 在 PROFIBUS 子网属性对话框中设置子网传送速率及从站地址。

2. 通信程序

通过通信处理器模块和网络连接的 PLC，直接调用通信模块中的数据管理功能块(DHB)来实现通信程序。首先对通信模块初始化，然后设置 PLC 的发送数据区、接收数据区，最后编写初始化、发送、接收功能程序模块。

DHB 采用形式参数编程，调用时必须对形式参数赋值。DHB 主要有以下几种功能块：

(1) SEND(发送块)：用来启动 CP 通信模块发送数据。

(2) RECEIVE(接收块)：用来启动 CP 通信模块接收数据。

(3) FETCH(取入块)：用来启动一个作业，这个作业的功能是从网上目的站读取数据，再经网络取回自己的 CPU 模块。

(4) CONTROL(控制块)：用来更新特定作业的作业状态字或给出正在执行的作业的作业号。

(5) RESET(复位块)：用来对指定接口正在执行的作业或全部作业进行复位。

(6) SYNCHRON(同步块)：在 PLC 启动时，使通信模块和 CPU 模块同步，并对通信模块的接口进行初始化，以保证 DHB 正常运行。

PLC 的 CPU 模块和通信模块之间采用共享存储器通信法交换数据。共享区是通信模块中的双端口 RAM。

PLC 的通信模块包括初始化模块、发送模块、接收模块。初始化模块在 PLC 冷启动组织块(OB 20)和热启动组织块(OB 21)及故障重启动(OB 22)中编制。发送、接收功能模块在 PLC 周期循环扫描中编制。

初始化模块调用 SYNCHRON，使 CPU 与 CP 通信模块同步。调用时的参数有双口 RAM 中页面号、一次能够交换的数据帧的最大字节数、参数赋值出错标志。

发送模块调用 SEND，启动通信模块发送数据。其中，需要准备的参数有双口 RAM 中页面号、作业号、作业状态字、数据类型、数据源块编号、数据源开始地址、数据块长度、参数赋值出错标志。

接收模块调用 RECEIVE，启动通信模块接收数据。其中，需要赋值的参数有双口 RAM 中页面号、作业号、作业状态字、数据类型、数据目的块编号、数据目的区开始地址、数据块长度、参数赋值出错标志。

PLC 与智能从设备通信的实现：先设置好智能从设备的通信参数；PLC 的通信模块组态时，建立一个集中的数据库，将从站设为主站的一部分 I/O 区，采用周期 I/O 方式通信。通信模块会自动刷新此数据库。PLC 对此数据库的访问采用简单的读/写 I/O 指令输入(L IW)、输出(T QW)。

三、电气设计

图 10-3 是电机运行控制主电路和控制电路。污水处理中的大部分设备是电机，如格栅机、提升水泵、曝气机等。电机运行方式有单向或双向(可逆)两种。

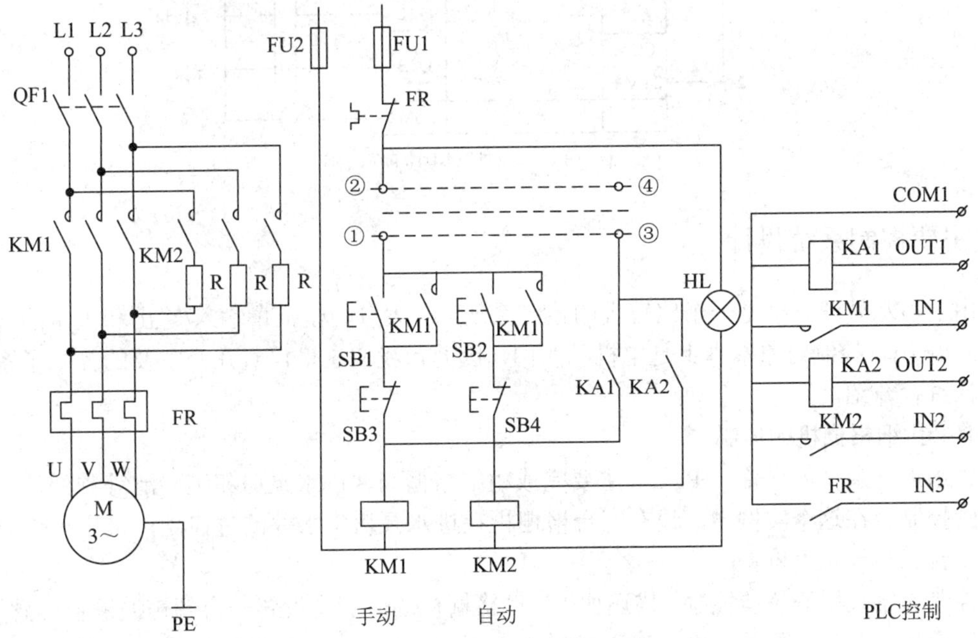

图 10-3　电机运行控制主电路和控制电路

图 10-3 是可逆运行电路。这些电机的启、停可以是手动或 PLC 自动控制，通过主令开关 SAK 来选择。

当主令开关选择①、②时，电机采用手动控制，按下启动按钮 SB1 或 SB2，交流接触器 KM1 或 KM2 通电动作，电机正向或反向运行，SB3、SB4 为停止按钮。

当主令开关选择③、④时，电机采用自动控制，用 PLC 输出控制继电器 KA1、KA2，接触器 KM1、KM2 动作，以达到控制电机正反转的目的。

图 10-4 是 PLC 外部接线图的示例，输出信号有电机驱动和运行指示，输入信号有手动开关和运行状态。

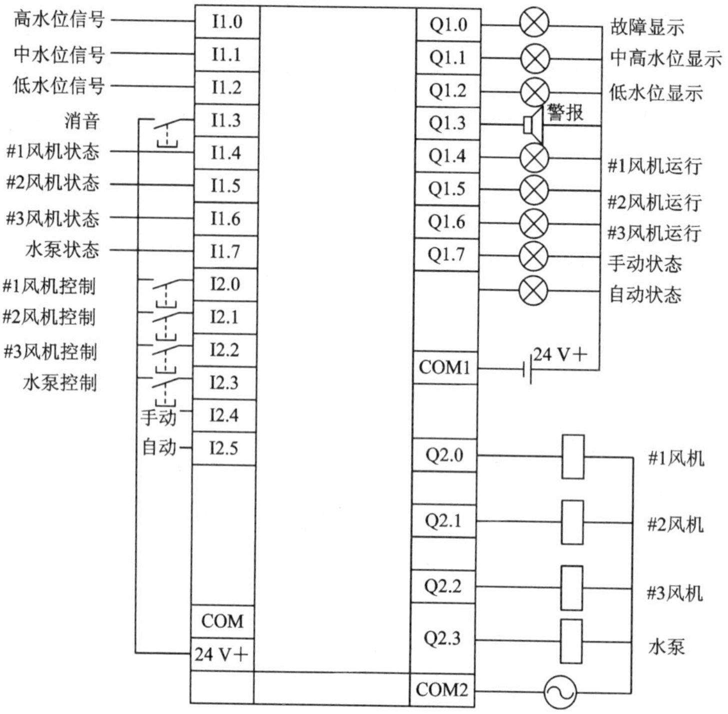

图 10-4 PLC 外部接线图简单示例

四、主要控制系统设计

由于污水处理系统是一个比较大的控制系统，有大量的模拟量输入/输出和大量的开关量输入/输出，控制对象基本上是电机和阀门，因此，我们这里仅对几个主要的控制子系统的设计进行介绍。

1．粗/细格栅机的控制

进水提升泵房内设置一 PLC，主要完成粗细格栅间、进水泵房和沉砂池等预处理单元设备的控制。在这个实例中，设有三台格栅机在进水泵房集水井的进口处，采用可逆方式运行三台三相异步电机。

控制方案采用液位差控制，描述如下：在格栅机的前后均设置一台超声波液位传感器，检测格栅机的前后液位差，再由变送器将 4～20 mA 的液位差信号送到 PLC 模拟量输入模块设定低液位差和高液位差，当检测到的液位差大于设定上限时，PLC 强制启动格栅机进行清渣，否则按预定的周期清渣；当检测到的液位差低于设定下限时，停止格栅机。

2．提升泵的自动控制

系统有三台提升泵、一台变频器。PLC 根据泵池液位高、中、低信号自动调节三台泵的启/停。泵池水位到预设的低水位时启动 #1 泵；水位上升到预设的中水位时，#1 泵由变频运行转换到工频运行；这时再变频启动 #2 泵，依次启动 #3 泵。

切换开始时，变频器停止输出(变频器设置为自由停车)，利用水泵的惯性将第一台水泵切换到工频运行，变频器连接到第二台水泵上启动并运行。照此，将第二台水泵切换到工频运行，变频器连接到第三台水泵上启动并运行。

水位下降需要减泵时，系统停止第三台水泵的运行，第二台水泵切换到变频调节状态。水位继续下降，系统停止第二台水泵的运行，第一台水泵切换到变频调节状态。

作为多台提升泵的自动控制，满足先启先停的原则，以优化资源的利用率。为了提升泵的安全，系统设置了提升泵的干运转保护。同时，系统还设置了泵的频繁启/停保护，群启动保护等，以延长其使用寿命。

3. 曝气系统的自动控制

曝气池作为污水处理的核心，具有举足轻重的作用。污水经过预处理后，在这里通过微生物吸附污水中的有机物，达到除磷脱氮的目的。水中氧的含量对污水的处理效果是至关重要的。对生化池的自动控制，主要是对溶解氧浓度的控制。

PLC 用来控制从污水进入曝气池，到处理后的污水流出曝气池的整个过程。在每个曝气池的不同地点设溶解氧测试仪(DO 仪)，测量池中污水的含氧量。PLC 定时检测曝气池内的溶解氧值，并与给定的溶解氧值比较，以控制和调节输出量(即曝气机开启台数)，使被控量(氧化沟溶解氧浓度)接近给定值。

在这个例子中，设有三台曝气机(鼓风机)用于向曝气池供氧，其中有一台变频风机。在曝气池的不同地点设有三块溶解氧测试仪(即 DO 仪)，测量池中的含氧量。PLC 根据现场测量值来调节鼓风量。鼓风机的开启台数由 PLC 根据溶解氧的平均值来控制。PLC 每隔 10 min 判断一次曝气池内的溶解氧值，溶解氧低于设定下限时，变频风机增加 10%。若变频风机已达最大值，则增开一台普通风机。溶解氧高于设定上限时，变频风机减少 10%，若变频风机已达最小值，则关闭一台普通风机。其控制流程如图 10-5 所示。

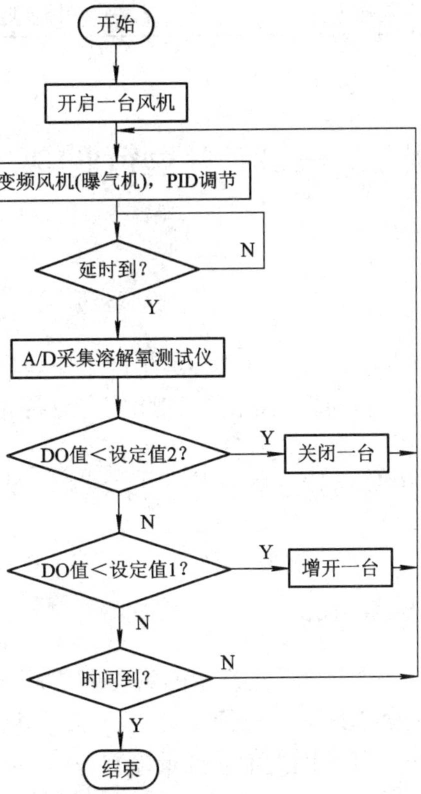

图 10-5　曝气池控制流程

表10-1为曝气系统PLC站设备配置。

表10-1 曝气系统PLC站设备配置

编 号	设备名称	规 格	数 量
1	中央处理器	CPU 314	1
2	12槽机架+8槽机架		1
3	电源	PS-307	1
4	后备电池	BATTERY	1
5	PROFIBUS通信模块	CP5430	1
6	热插拔导轨	530 mm	2
7	冗余借口模块	IM153-2	2
8	热插拔底板模块1	IM153	2
9	热插拔底板模块2	BM 2 mm×40 mm	8
10	8路模拟量输入模块	SM331	2
11	32点数字量输入模块	SM321	4
12	32点数字量输出模块	SM 322	2
13	16点数字量输出模块	SM322	1
14	ET200M分布式I/O		2
15	前连电器	40针前连接器	16
16	前连电器	20针前连接器	14

实例二 PLC在灯泡行业中的应用

一、设计任务描述

石英晶体成型是灯泡行业中比较常见的一道生产工序。由于不同种类的灯泡对石英制品的尺寸、规格、均匀度等指标的要求不同，因此生产设备亦不同，但其生产工艺大致都由几道顺序相连的工序构成，即送料、加热、模具合拢、吹气成型等。本节我们介绍吹泡机控制系统的设计过程，希望通过这个例子，学习者能初步掌握中、小规模PLC控制系统的设计开发。

二、控制系统的特点及基本功能

控制系统设备是金属卤化物灯生产过程中的重要环节之一，自动化程度较高，分为自动型和半自动型两类。其主要工艺流程包括送料、加热(预热和精热)、吹泡成型、下料等过程，加工精度是±0.01 mm。其关键技术是批量控制与运动控制相结合，在传统的顺序控制中嵌入了两个自由度的运动控制。运动控制包括堆料轴(下称尾架)和加热轴(下称火架)

的自动归零以及工作空间中指定方向、速度和距离的定位(单轴或双轴联动)。生产中先将石英管加热，再由堆料轴将石英管均匀堆积在指定区域，待石英管吹泡成型后，泡壁的厚度与均匀度需满足要求。因此，加热轴与堆料轴的协调控制就显得非常重要。当然，最终吹出的泡型还与氢、氧燃烧压力值、氮气(吹泡用气体)压力值、机构动作时间等参数有关，但这些参数调整起来相对都是比较容易的，也较容易控制。

该设备的输入量含多个零位开关、限位开关和手动输入信号；输出量包括送料、夹模、退料汽缸和氢气、氧气、氮气等阀门执行机构。针对这一控制任务，较好的解决办法是采用分级控制思想，即加工流程由上位机实现，运动控制由下位机实现，这样可以保证对速度、加速度等指标的实时监控。考虑系统对运动速度和精度的要求，选用步进电机作为驱动。

其基本功能包括：

(1) 生产方式：手动、自动(自动方式下能根据设置完成四种规格产品的加工)。

(2) 生产规格：50 W、70 W、100 W、150 W 四类。

(3) 加工精度：±0.01 mm。

三、系统分析及硬件构成

系统采用 SIEMENS 公司生产的 SIMATIC S7-300 系列 PLC 组成控制系统的硬件，该系列 PLC 具有模块化、无排风扇结构、易于实现分布等特点，适合于小规模性能要求的控制对象。上位机即标准的 CPU 模板，运动控制功能由单轴步进电机定位模板(自带 CPU)实现步进电机控制。系统结构简单，具有良好的硬件通用性和高的性能价格比。

CPU 模板完成加工程序流程控制功能和人机界面交互功能，实现模式有手动模式和自动模式。

手动模式下可借助操作员面板完成机械调试、更换规格等生产操作；此时若电机处于通电状态，则系统处于自锁状态，许多基本操作不易实现。所以，利用两个输出点对电机的电源通断(使能)进行控制，从而可以在手动方式下自由地移动各轴。

自动模式下，CPU 模板完成顺序控制并调用定位模板完成加工任务。

定位模板作为下位机完成尾架和火架的位置控制，支持数控指令(M 指令和 G 指令)，可以独立编程实现控制要求。

CPU 模板通过内部总线与定位模板实现通信。由 CPU 将需要的运动信息通过总线传递给定位模板，并根据接收到的反馈信息判断其执行情况。

I/O 点数统计：

(1) 输入：手动方式下，包括操作键(9 点)、限位开关(4 点)、HOME 位置检测(2 点)、手动/自动切换、规格选择开关(2 点)、启动、停止、急停，共 21 点。

(2) 输出：包括电机使能(尾架、火架)、主轴旋转、单火多火(氢、氧)、头架/尾架夹头、模具进退、模具开合、氮气、报警、计数、运行指示，共 15 点。

PLC 选型：根据系统规模、程序量、响应速度及运动控制功能等因素，CPU 模块选用西门子 S7-300 系列 CPU 314，其他模块包括电源模块 PS-307、16DI 模块、16DO 模块、16DI/O 模块以及 2 个定位模块。

控制系统的硬件构成如图 10-6 所示。

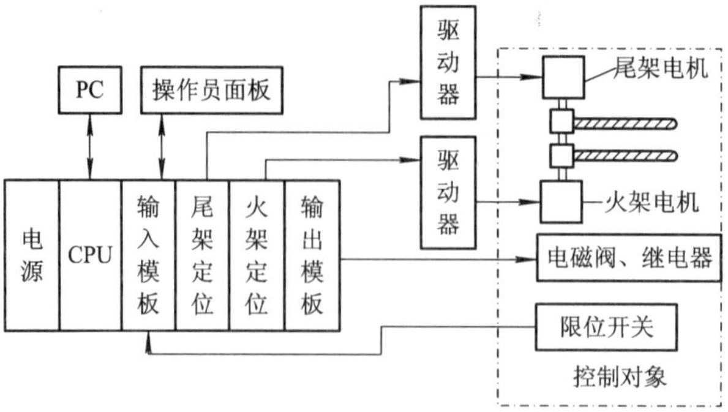

图 10-6　控制系统硬件构成

四、系统硬件图纸设计

硬件图纸设计应包括以下内容：

(1) 系统配置图：用简单的方框图说明各部件的相互关系。

(2) 控制系统原理图：包括主回路原理图(如图 10-7 所示)以及辅助回路、控制回路原理图(图 10-8 为 I/O 接口原理图)。

(3) 元器件布局图。

(4) 接线图。

(5) 材料清单，包括电线、电缆、接插件等。

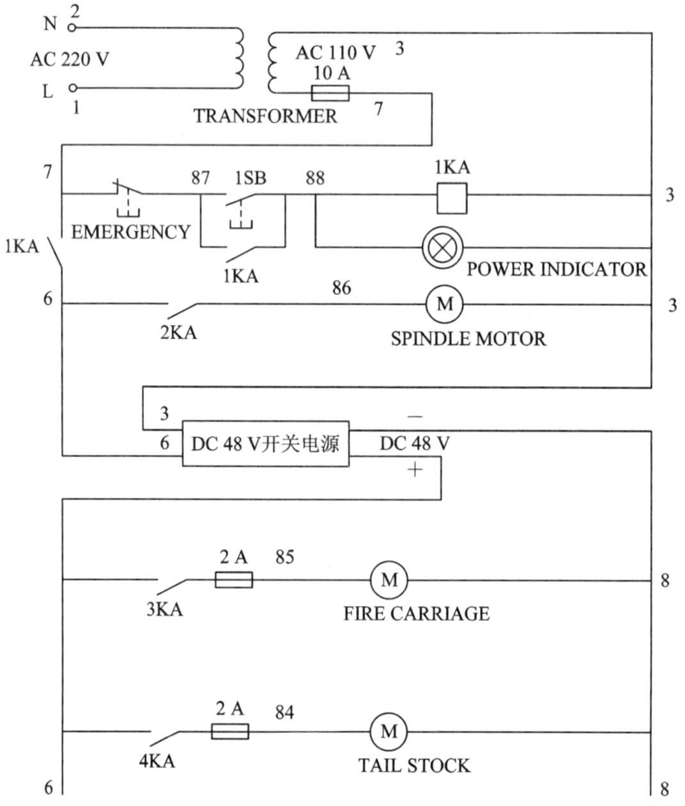

图 10-7　控制系统主回路原理图

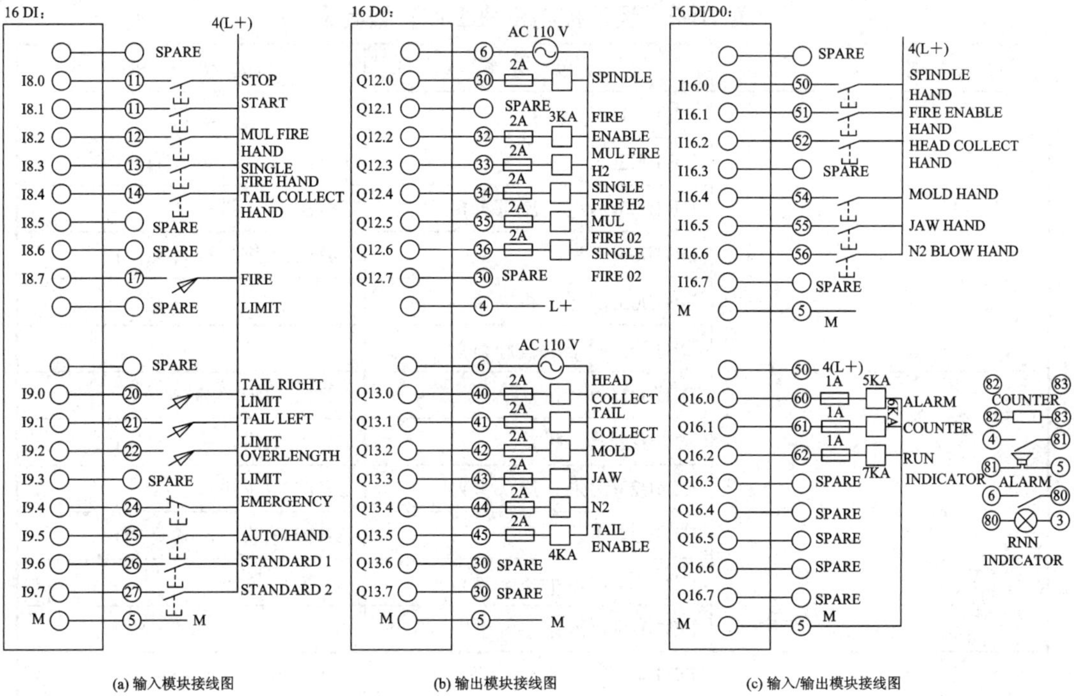

图 10-8　I/O 接口原理图

五、系统软件设计

控制系统软件设计的关键是要处理好顺序控制如何嵌套运动控制。图 10-9 说明了如何在顺序控制中调用运动模块动作，它的基本思想是将运动控制视为一个开关量输出，当条件满足时，触发某轴按指定参数动作，而具体的运动参数已通过表 10-2 的形式编写并保存在了运动控制模块中，指令形式为机床语言。

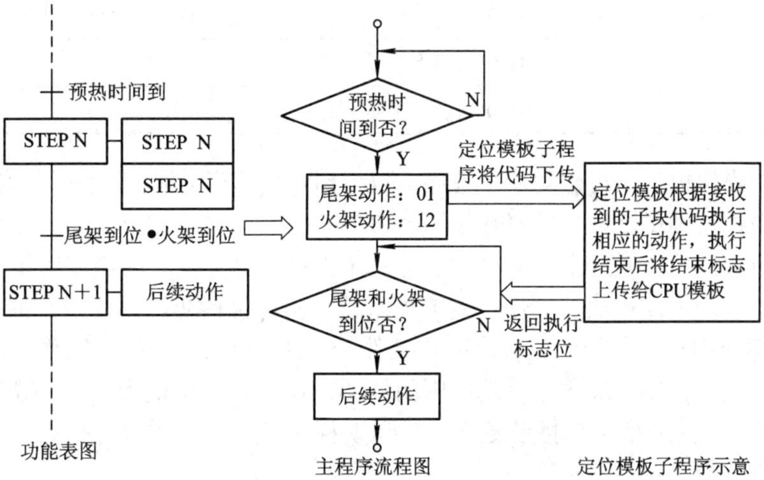

图 10-9　主程序与定位程序的关系

表 10-2 运动控制模块工作参数定义

规 格	尾 架 电 机	火 架 电 机
50 W	DB1001(第一推)	DB1010(退，装料)
	DB1002(第二推)	DB1011(进，单火加热)
	DB1003(后退，尾部夹)	DB1012(工进)
	DB1004(工进)	DB1013(进，准备夹模)
	DB1005(后退准备夹模)	
	DB1006(后退准备卸料)	
70 W	DB1021(第一推)	DB1030(退，装料)
	DB1022(第二推)	DB1031(进，单火加热)
	DB1023(后退，尾部夹)	DB1032(工进)
	DB1024(工进)	DB1033(进，准备夹模)
	DB1025(后退准备夹模)	
	DB1026(后退准备卸料)	
100 W	DB1041(第一推)	DB1050(退，装料)
	DB1042(第二推)	DB1051(进，单火加热)
	DB1043(后退，尾部夹)	DB1052(工进)
	DB1044(工进)	DB1053(进，准备夹模)
	DB1045(后退准备夹模)	
	DB1046(后退准备夹模)	
150 W	DB1061(第一推)	DB1070(退，装料)
	DB1062(第二推)	DB1071(进，单火加热)
	DB1063(后退，尾部夹)	DB1072(工进)
	DB1064(工进)	DB1073(进，准备夹模)
	DB1065(后退准备夹模)	
	DB1066(后退准备卸料)	

运动控制模块提供了特殊功能子程序，包括初始化程序、读/写模式、读诊断信息、读用户 DB 中数据、读中断数据等操作(FC1～FC6)。工作参数的定义类似于数控车床的机床语言。对该模块的操作通过上面 6 个封装好的子程序即可实现，用户使用起来非常方便。

在处理好运动控制模块与顺序控制的关系后，构建包括初始化程序、主程序和定位模板子程序三部分的程序。初始化程序完成硬件(含定位模板)的初始化工作；主程序则根据加工工艺实现顺序控制，顺序控制功能图如图 10-10 所示；定位模板子程序则完成与下位机(运动控制模板)的通信，包括参数设定、运动程序子块代码接收与执行、使能信号处理等。具体的程序清单这里不再列出。

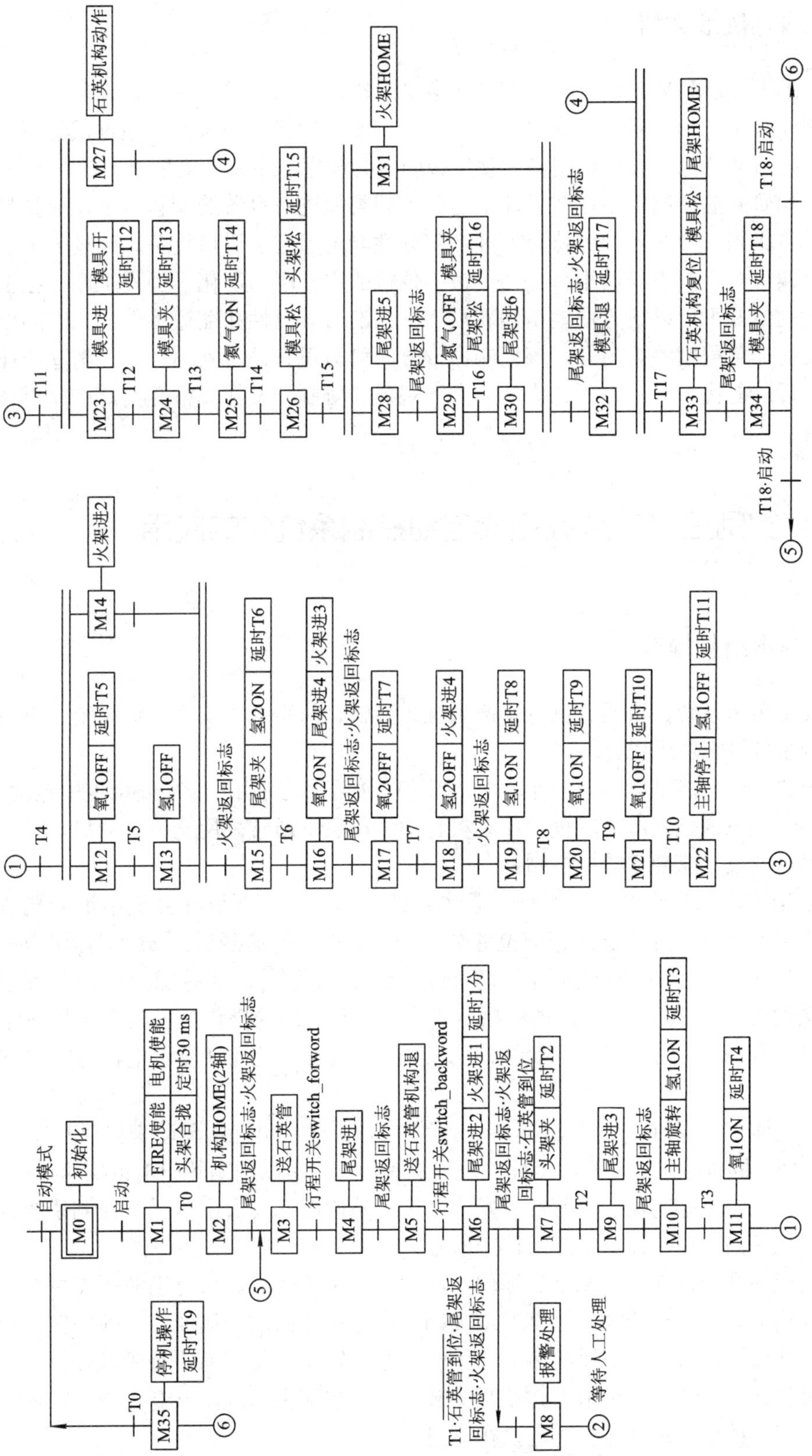

图 10-10　生产工艺顺序控制功能图

六、调试与编写技术文档

在完成上述设计步骤后，进入离线和在线调试阶段，可以发现，由于该设备具有顺序控制特点，因此调试工作主要是时间参数和运动控制参数的优化两方面，通过试验即可得到最佳参数。技术文档包括设计说明书、使用说明书、程序清单及各类图纸。

基于该结构研制的控制器不仅在性能上达到了同类型进口设备的最新水平，而且具有结构紧凑、性价比高、升级方便的特点，并在部分性能上超过了进口设备。通过一个主控程序完成现有四种规格的生产而不再需要更换上位机的主程序，简化了操作工序；在主控程序改动不大的情况下可以很方便地增加新规格；在泡形一致性和缩短单件加工时间上也比原进口系统有一定程度的提高等。该控制器一方面可与现有设备互为冗余，消除企业随时面临停产的后顾之忧，另一方面也为扩大生产规模和研制开发新规格金卤灯产品提供了技术上的支持。

实例三　PLC 在电梯自动控制系统中的应用

一、电梯的基本结构简介

电梯主要由曳引系统、轿厢、重量平衡系统、导轨、门系统、安全保护系统、电力拖动和电气控制系统等部件组成。

曳引系统的主要功能是输出与传递动力，拖动电梯运行。曳引系统主要由曳引电动机、减速机、曳引轮和电磁抱闸组成。曳引电动机也称主电机，通常采用交流电动机，目前大多采用变频器对其进行速度和转矩控制。

轿厢是运送乘客和货物的电梯组件，是电梯的工作部分。轿厢在井道中沿着导轨作升降运动。井道侧壁对应各楼层的相应位置装有减速、平层的遮磁板(或磁铁等)作为位置信号，以便当轿厢接近相应楼层平层区时发送减速、停车信号。在井道中还设有各层的楼层编码开关的磁块(或磁铁)，用作楼层指示信号。轿厢内门的操作盘上设有选层按钮及相应的指示灯，还有开/关门按钮、急停按钮、有无司机开关及各种显示电梯运行状态的指示灯。

门系统由轿厢门、层门、开门机、门锁装置组成，由一台电动机驱动来实现开/关门动作。在门开启到不同位置时，位置检测开关发出位置信号，用以控制开门电机减速或停止。在门上方或门框上装有感应器，当感应器发现门区有障碍时，便发出信号给控制系统，控制系统立即停止关门动作，并输出开门控制信号。

在井道对应各楼层候梯厅一侧开有厅门，厅门平时是关闭的，只有当轿厢停稳在该层时，厅门被轿门的联动机构带动一起打开或关闭。在各层厅门的一侧面装有呼梯按钮和楼层显示装置，呼梯按钮通常有上行呼梯、下行呼梯各一个(最底层只有上行呼梯按钮，最高层只有下行呼梯按钮)。按钮内(有时在按钮旁)装有呼梯响应指示灯，该灯亮表示呼梯信号被控制系统登记。楼层显示装置有时也设在厅门上方。

电气控制系统由 PLC、变频器、交流电动机、输入/输出电器部件和控制屏(柜)等组成，主要功能是对电梯的运行进行控制。

二、五层电梯的逻辑控制设计

本例侧重电梯控制中 PLC 逻辑控制的设计，不讨论主电动机的升降速度的调节、转矩的控制以及安全保护系统的实现。

1．输入/输出点及内部继电器的分配

采用三菱 FX 系列 PLC，输入/输出点分配如表 10-3 所示。程序中使用的内部继电器说明见表 10-4。

表 10-3　输入/输出点分配

输入点	对应信号	输出点	对应信号
X1	呼叫按钮 1↑	Y0	电梯向上运行信号
X2	呼叫按钮 2↑	Y1	—
X3	呼叫按钮 2↓	Y2	电梯向下运行信号
X4	呼叫按钮 3↑	Y3	KV 线圈及故障
X5	呼叫按钮 3↓	Y4	上行指示
X6	呼叫按钮 4↑	Y5	下行指示
X7	呼叫按钮 4↓	Y6	开门动作信号
X10	呼叫按钮 5↓	Y7	关门动作信号
X11	内呼按钮去 1 楼	Y10	1↑外呼指示
X12	内呼按钮去 2 楼	Y11	2↑外呼指示
X13	内呼按钮去 3 楼	Y12	2↓外呼指示
X14	内呼按钮去 4 楼	Y13	3↑外呼指示
X15	内呼按钮去 5 楼	Y14	3↓外呼指示
X16	1 楼平层信号	Y15	4↑外呼指示
X17	2 楼平层信号	Y16	4↓外呼指示
X20	3 楼平层信号	Y17	5↓外呼指示
X21	4 楼平层信号	Y20	内呼按钮去 1 楼指示
X22	5 楼平层信号	Y21	内呼按钮去 2 楼指示
X23	上下限位	Y22	内呼按钮去 3 楼指示
X24	轿厢内开门按钮	Y23	内呼按钮去 4 楼指示
X25	轿厢内关门按钮	Y24	内呼按钮去 5 楼指示
X26	热继电器		
X27	开门到位信号		
X30	关门到位信号		

表 10-4　内部继电器说明

M101	1 楼上升	外呼按钮用，用于记忆外呼按钮呼梯信号，平层解除	M111	上升综合信号
M102	2 楼上升		M112	
M103	2 楼下降		M113	
M104	3 楼上升		M114	
M105	3 楼下降		M115	下降综合信号
M106	4 楼上升		M116	
M107	4 楼下降		M117	
M108	5 楼下降		M118	
M501	1 楼平层	平层用，用于记忆平层信号，被其他平层信号解除	M119	下降记忆信号
M502	2 楼平层		M120	上升记忆信号
M503	3 楼平层		M226	1 层有效开门信号
M504	4 楼平层		M227	2 层有效开门信号
M505	5 楼平层		M228	3 层有效开门信号
M201	内呼去 1 楼	用于要去的楼层，平层时解除	M229	4 层有效开门信号
M202	内呼去 2 楼		M230	5 层有效开门信号
M203	内呼去 3 楼		M240	已正常开关门记忆信号
M204	内呼去 4 楼		M241	1 层手动开门
M205	内呼去 5 楼		M242	2 层手动开门
M211	1 楼上升	开关门有效外呼	M243	3 层手动开门
M212	2 楼上升		M244	4 层手动开门
M213	2 楼下降		M245	5 层手动开门
M214	3 楼上升		M246	各层手动开门信号综合
M215	3 楼下降		T0	开门时间
M216	4 楼上升		T1	关门时间
M217	4 楼下降		T3	运行后不在平层的时间
M218	5 楼下降		T4	无人乘坐回基站的时间
M221	内呼去 1 楼	开关门有效内呼		
M222	内呼去 2 楼			
M223	内呼去 3 楼			
M224	内呼去 4 楼			
M225	内呼去 5 楼			

2. 电梯逻辑控制部分程序的设计

逻辑控制功能主要包括自动平层、自动定向运行、自动和手动开关门、呼梯并进行信号记忆等功能。本案例程序是应用经验设计法设计的。10-11～图 10-15 给出了五层电梯的逻辑控制的部分程序。控制程序的进入由 MC MCR 主控指令控制，X0 为允许电梯自动控制的开关。

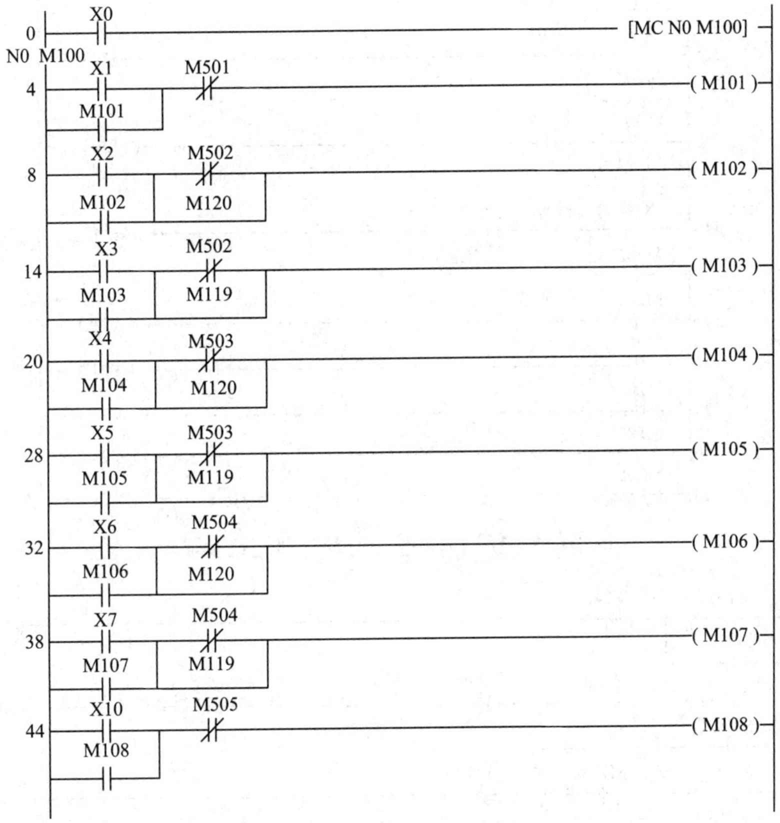

图 10-11　厅门外呼按钮呼梯信号及记忆

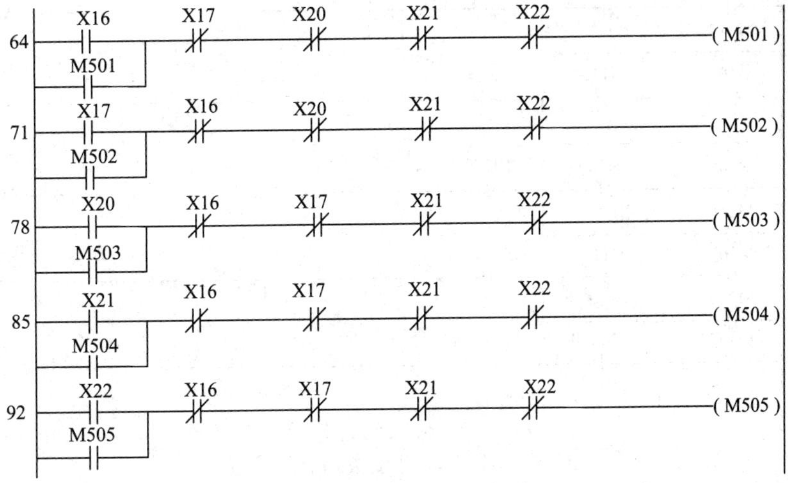

图 10-12　平层信号记忆及信号解除

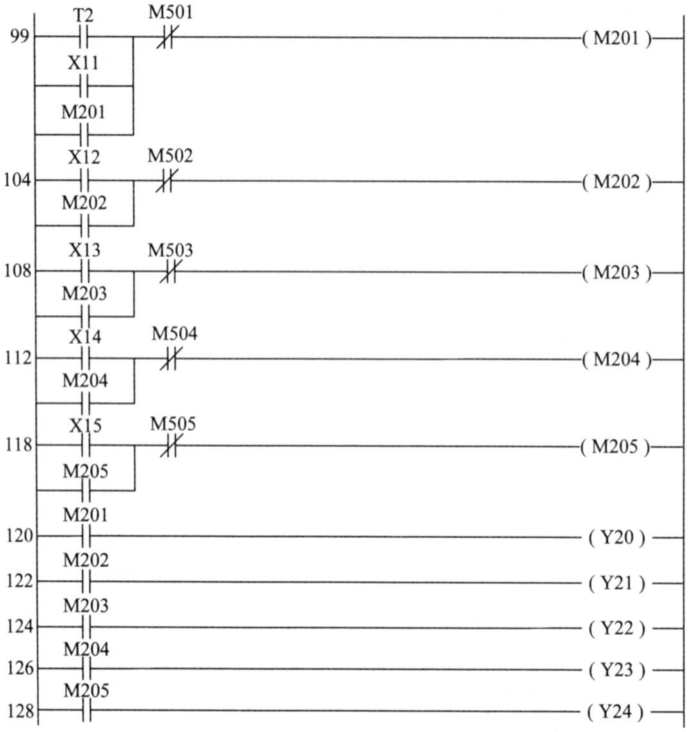

图 10-13　轿厢内呼按钮呼梯信号记忆和显示

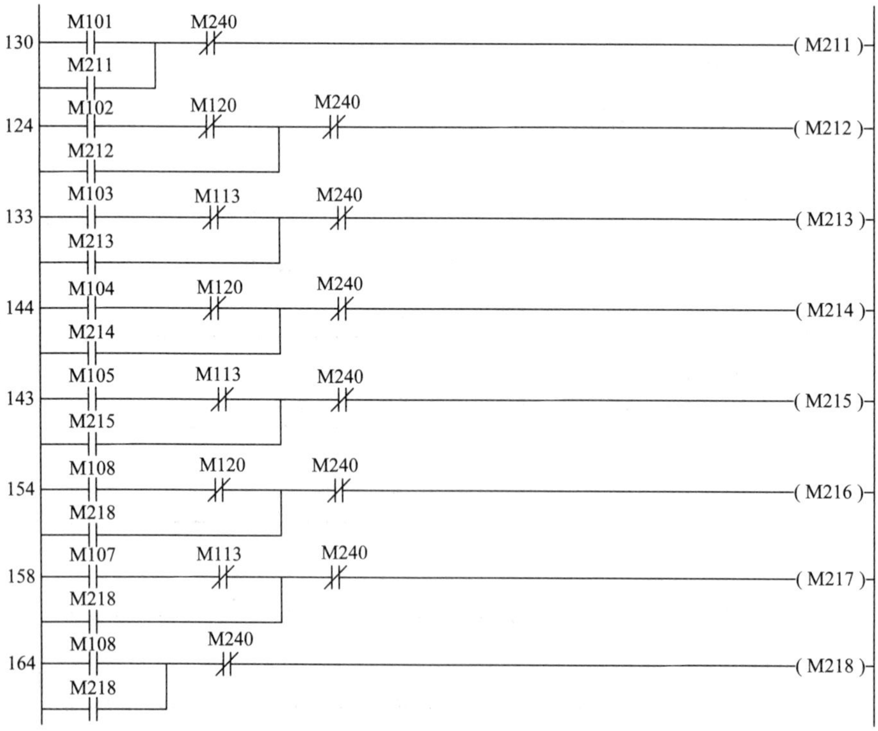

图 10-14　厅门开/关门有效信号

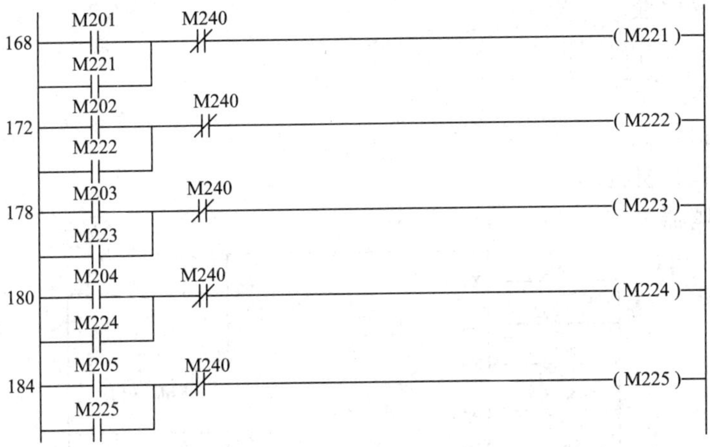

图 10-15　轿厢内呼开/关门有效信号

实例四　基于 PLC 控制的自动门系统

一、自动门简介

平移自动门控制装置由主控制器、门内和门外感应探测器、开/关门位置限位开关(霍尔传感器)、开/关门执行机构(电动机)、门扇行进轨道等部件组成。考虑到自动控制门在出现故障时维修方便，所以增加了手动开/关门功能。因此，其工作方式包括自动和手动。当电机遇到障碍物引起阻力过大，驱动器出现故障时，电机应立即停止并报警。

自动门自动工作过程分析：本案例中应用 PLC 作为主控制器，感应探测器作为检测器件，当有人或物体靠近门时，感应探测器探知进入感应区域的通行者，立即输出低电平有效信号给 PLC 控制器。PLC 获取该输入信号，启动电机，驱动开门。当门开到限位开关位置时，电机停止运行。门打开并延迟一时间段后，若探测到无人(感应探测器无信号)，则 PLC 发出关门信号，电机反转。当门移动到关门限位开关位置时，电机停止运行。

在关门过程中，若探测开关检测有人或物要进入或出去，自动门停止闭合，并自动进入开门程序。PLC 硬件接线图如图 10-16 所示。

二、输入/输出要求分析及分配

1. 输入

X1：关门到位限位开关 SQ1；

X2：开门到位限位开关 SQ2；

X3：选择开关 S3，拨到手动开门方式；

X4：选择开关 S3，拨到手动关门方式；

X5：选择开关 S3，拨到自动方式；

X6：门外光电探测开关；

X7：门内光电探测开关；

X10：驱动器故障信号。

2．输出

Y1：开门执行机构；

Y2：关门执行机构；

Y3：接蜂鸣器。

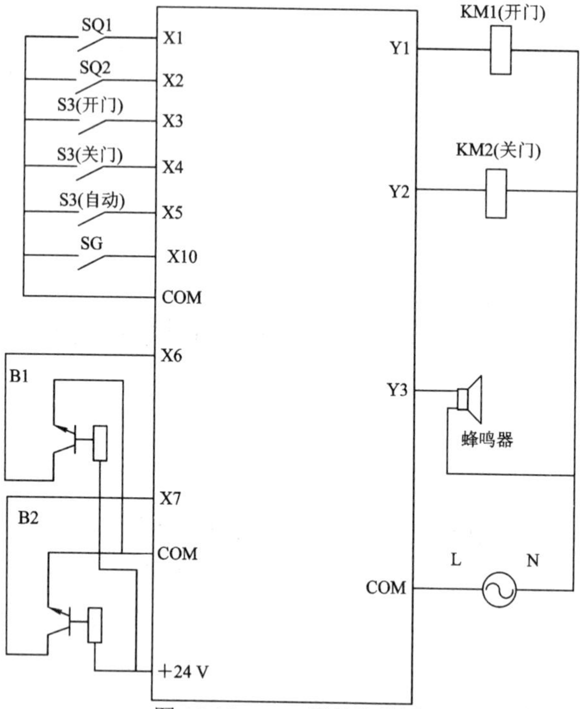

图 10-16　PLC 硬件接线图

三、程序设计

1．开门控制

开门控制视选择开关 S3 的具体位置分为两种情况：当 S3 拨向手动开门位置(X3 闭合)时，Y1 输出，控制电机使门一直处于开状态；当 S3 拨向自动位置(X5 闭合)时，则根据 X6 或 X7 的探测开关的检测信号进行动作。开门至限位开关 X2，开门过程结束。图 10-17 为开门控制程序梯形图。

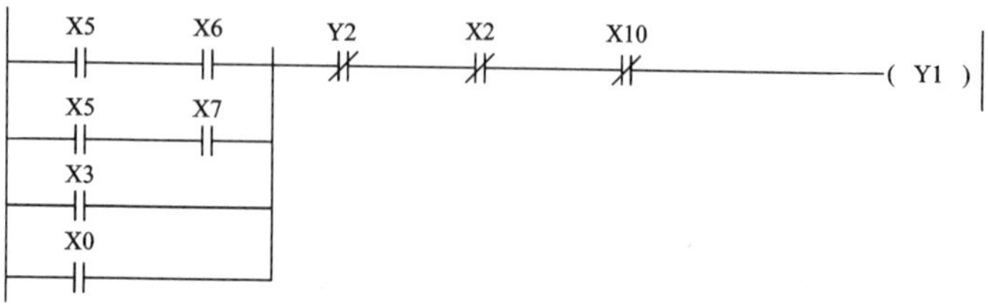

图 10-17　开门控制程序梯形图

2．关门控制

关门控制视选择开关 S3 的具体位置分为两种情况：当 S3 拨向关门位置(X4 闭合)时，

即手动关门，Y2 输出，控制电机一直处于关门过程。当 S3 拨向自动位置(X5 闭合)时，若开门到位则限位开关(X2)作用，且光电探测开关 X6、X7 无信号，这两个条件同时成立时，开始定时；定时时间到，自动进入关门过程；当门移动到关门限位开关(X1)位置时，电机停止运行，关门过程结束。在关门过程中，当有人员出现在光电探测开关(X6、X7)探测范围内时，立即停止关门，并自动进入开门程序。电机驱动器故障报警时，也停止关门。关门控制程序梯形图如图 10-18 所示。

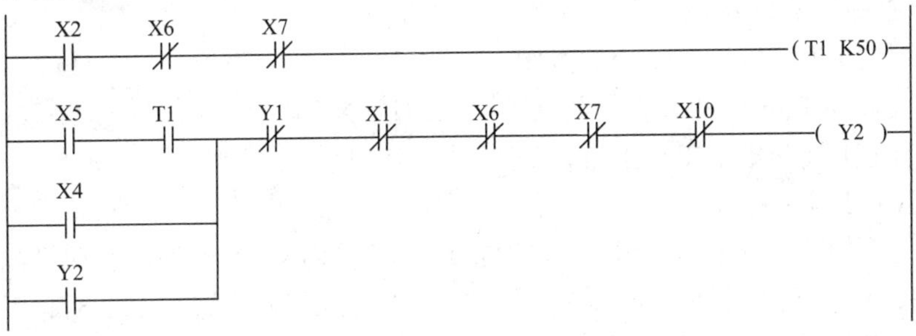

图 10-18　关门控制程序梯形图

3．蜂鸣器控制

当门将要关时，Y3 输出，蜂鸣器响 1 s，以提示行人。当故障报警时，蜂鸣器短促响 10 s，控制程序如图 10-19 所示。其中 T5 为故障报警时蜂鸣器作用的总时间，M1 为关门时蜂鸣器作用的中间继电器，T3、T4 组成震荡电路，M2 为报警时蜂鸣器作用的中间继电器。

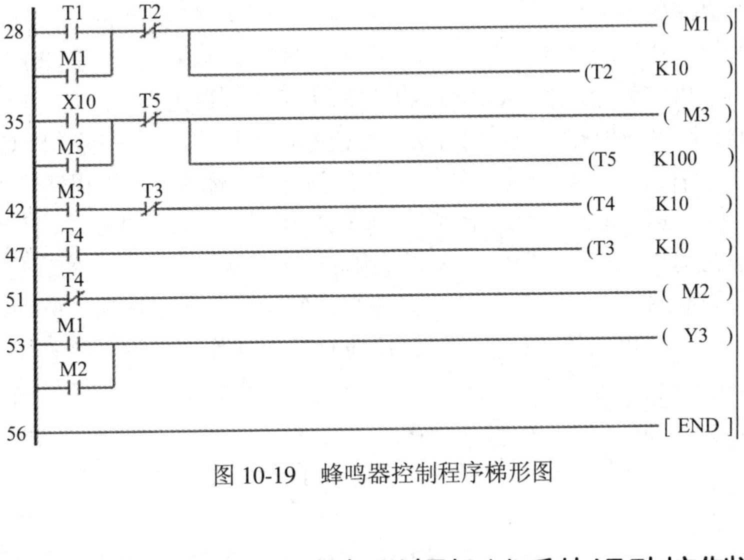

图 10-19　蜂鸣器控制程序梯形图

实例五　基于 PLC 的直角坐标机械手的运动控制设计

一、控制任务描述

直角坐标机械手在自动化生产线中常用于上料、下料、装配、搬运等各类工作。系统的主要控制任务是：根据生产任务设计并优化工艺流程，编制程序控制机械手，按照指定的生产工艺流程逐一完成各道工序。

本例中，直角坐标机械手的作业任务是完成待检工件在工装台与检测工位之间的自动上、下料。根据作业要求，机械手需要完成对工装台上排列好的工件的取放操作，可分解为由 X 轴、Y 轴构成的二维平面位置控制，机械手 Z 轴的升降控制，和手爪的打开、合拢动作控制。图 10-20 为该机械手结构示意图。

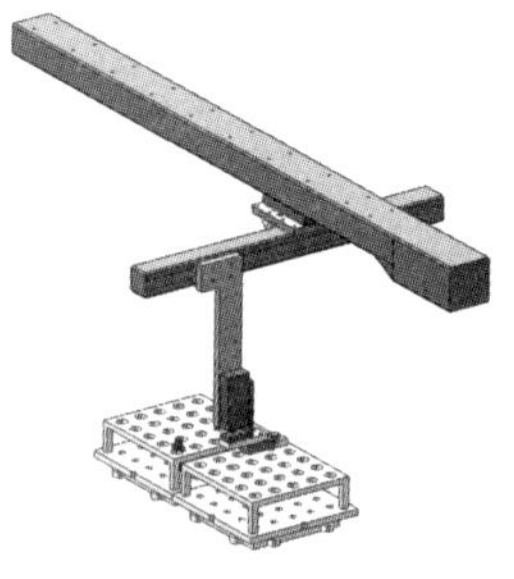

图 10-20 直角坐标机械手结构示意图

机械手具体的工作流程如下：上料时，先通过 X 轴、Y 轴运动至工装台指定工件上方，Z 轴下降到作业位置，用手爪将工件夹持住并升至提升位置，然后通过位置控制运送至检测端，Z 轴下降至作业位置，手爪打开放下工件，启动检测；下料时，先通过 X 轴、Y 轴运动至检测端工件上方，Z 轴下降到作业位置，手爪抓起工件并上升，然后经位置控制运送至卸料区放下工件，如此反复操作。

对于一个完整的控制系统而言，以上描述的仅仅是机械手的基本工作流程，实际设计时还有很多辅助环节，如物料传送、位置检测、测试结果分析、人机交互等环节，也都是程序设计过程中需要考虑的内容，此处不做展开，只重点分析机械手工艺流程的实现方法。

二、系统硬件分析及主要硬件构成

机械手控制系统的核心任务是 X-Y 平面位置控制。PLC 实现位置控制一般有两种方法，一种是利用 CPU 模块的高速脉冲输出口作为信号源实现速度和位移的控制，这种方法需要占用较多的 CPU 模块资源，编程时也要考虑大量的参数化问题，是一种位控指标不高的低成本解决方案；另一种方法是采用分级控制思想，将位置控制任务从 PLC 的 CPU 模块中分离出来，利用智能位控模块独立实现位置控制任务，其优点是可以提高位置控制能力(如精度、速度等指标)，减轻 CPU 模块的负担，利于结构化编程，使 CPU 模块可以更专注于设备整体工艺流程的实现。比较分析后，本例采用后一种分级控制的方法实现位置控制。

在驱动环节，机械手各关节的驱动方式应根据实际任务要求选择。驱动组合包括全气动、气动电动结合、全电动等几种形式，气压驱动具有动作速度快、控制简单、成本低等特点，但无法进行高精度位置控制；电动方式一般采用步进电机和交流伺服电机，位置控制精度高，负载能力强。本例中需要实现由 X 轴、Y 轴构成的二维平面位置控制，因此采用电机驱动方式；Z 轴的作业任务为提升和下降，手爪的动作为夹持和打开，因此 Z 轴和手爪采用气压驱动方式。

根据控制要求，结合前面的分级控制思想，PLC 控制器选型定为三菱 FX3U-64MT。位置控制部分的选型包括运动控制器和电机驱动装置，运动控制器使用与三菱 PLC 兼容的运动控制模块，本例选用的位控模块为电缸的专用控制器，具有位控与驱动两项功能。电机驱动装置选用集成了步进电机的电缸(IAI 的 56P 和 35P)。电缸是将伺服电机(或步进电机)与丝杠一体化设计的模块化产品，将电机的旋转运动转换成直线运动。集成了伺服电机的电缸能够实现高精度直线运动，可以在运动过程中做到零噪声。

IAI 电缸控制驱动器的特点是：单轴支持最大 512 点的位置记忆存储(离线、在线均可进行位置标定)；PLC 运动指令发布与电缸控制器返回的执行结果通过 DI/DO 实现交互；电缸的目标位置由 PLC 通过一组 DO 构成的二进制编码指定(最多 9 路/512 点)；示教时支持手动方式和连续运行方式。根据上述特点，PLC 的 CPU 模块与位置控制驱动器之间的参数传递采用常规的 DI/DO 即可完成，结构关系简洁明了。

综上分析，直角坐标机械手控制系统的硬件选型如下：CPU 模块 FX3U-62MT/ES-A (1 个)、I/O 扩展模块 FX2N48ER(1 个)、X 轴位置控制驱动器模块 PCON-CA-56P(1 个)、Y 轴位置控制驱动器模块 PCON-CA-35P(1 个)、触摸屏 GS2107-WTBD(1 个)(HMI)、低压电器(若干)。

三、系统硬件原理图设计

硬件原理图包括系统配电与保护、PLC 控制器、电缸控制驱动器、输入/输出接口等。图 10-21 为 PLC 控制器接线原理图，CPU 模块 FX3U 的 DI/DO 主要用来向电缸控制驱动器传送位置控制参数和指令，对速度有较高要求，选用 NPN 输出方式的晶体管类型；扩展模块 FX2N48ER 用作各位置检测开关的输入端口和多个气缸电磁阀的控制端口，采用继电器输出类型。图 10-22 为电缸控制驱动器接线原理图。其中图(a)为与 CPU 传递控制参数和指令的接线图，图(b)为配电和保护电路接线图。

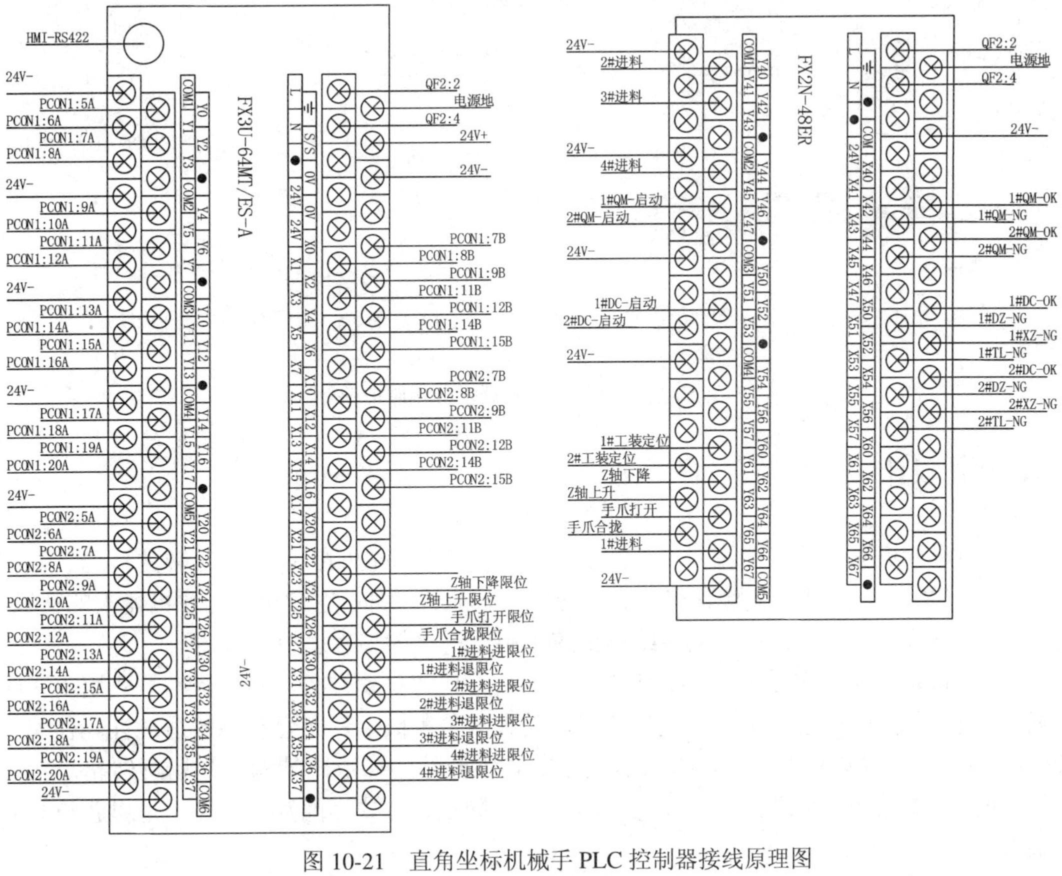

图 10-21　直角坐标机械手 PLC 控制器接线原理图

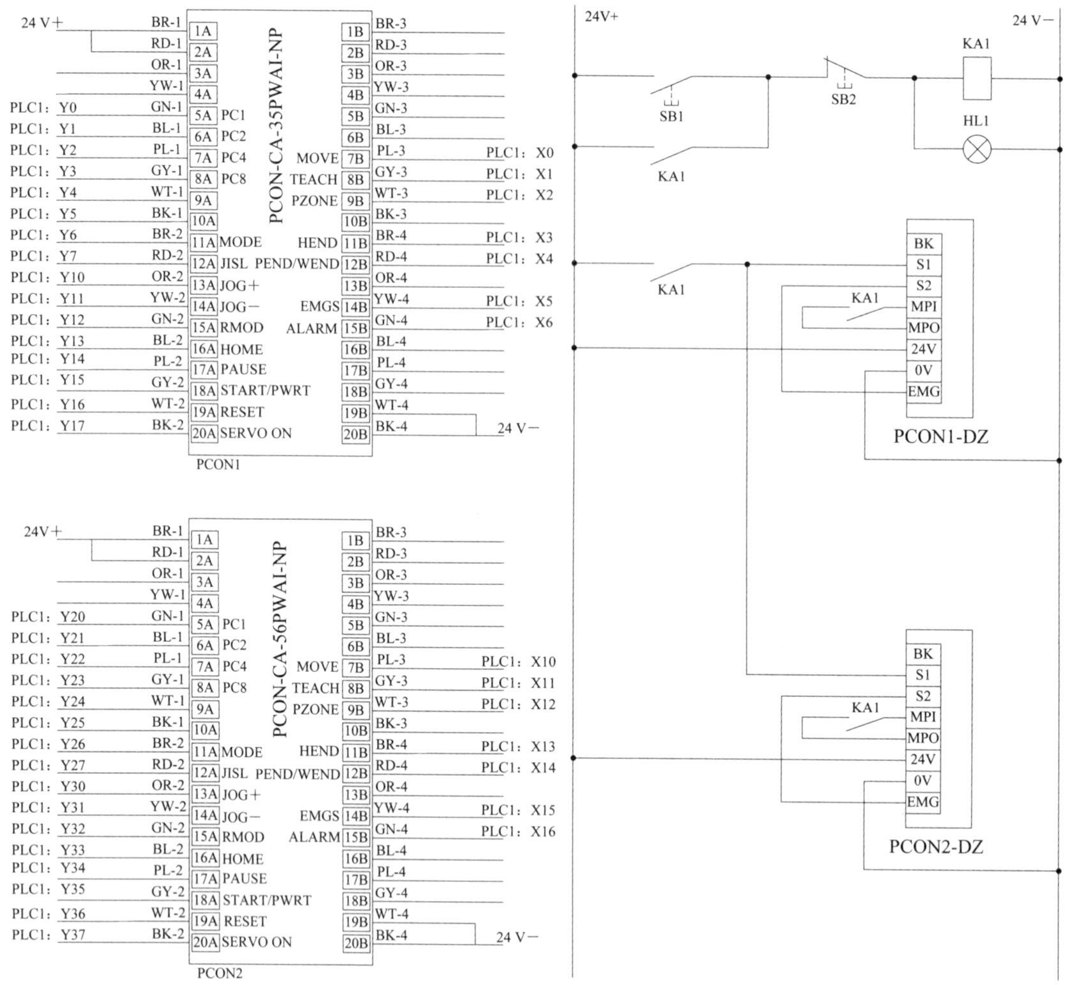

(a) 电缸驱动控制器控制端子接线原理图　　(b) 电缸驱动控制器电源与保护端子接线原理图

图 10-22　电缸控制驱动器接线原理图

四、软件设计

直角坐标机械手的工艺流程由于涉及一些关联执行机构的控制，如工装的传送、检测设备的工作等，因此功能上除具有工业自动化装备的特点外，也有一些工业机器人的特征。为了提高编程效率和可读性，软件结构上应采用结构化的编程思想。

首先将系统的工作方式分为手动方式、示教方式和自动方式，其中示教方式用于在线编辑修改工作点的位置参数。示教功能可以大大改善机械手及配套设备的适应性。在编程时，采用第 7 章具有多种工作方式的编程方式中介绍的梯形图结构，利用跳转指令将三种工作方式做结构化处理，如图 10-23 所示，不同工作方式之间互不干涉，可以各自独立编程。

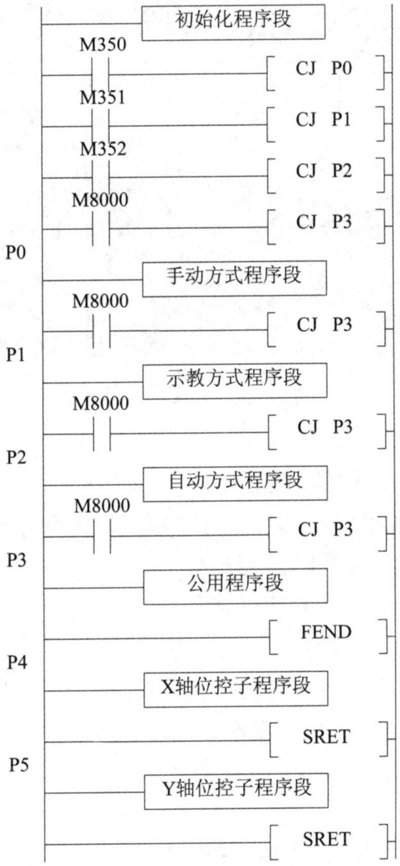

图 10-23　工作方式结构图

1) 手动方式

当设备处于调试、维护或检修情况时，技术人员需要对输入/输出状态是否符合控制逻辑、电气接线是否正确、执行机构与传动装置动作是否到位等情况作出判断，此时设备应工作在手动方式下，通过 I/O 之间点对点的逻辑控制来实现上述控制目的。尽管功能单一，却必不可少。因为采用结构化编程思想，手动方式下的程序，可采用经验设计法，直接建立输入与输出逻辑关系。

2) 示教方式

示教原意是由人工导引机器人完成预期动作，并进行存储的机器人程序编制过程。本例中由于采用了具有示教功能的电缸控制驱动器，同时借助触摸屏的人机交互能力，因此在机械手的控制环节增加了示教方式，从而使机械手的柔性得到提升。

示教方式的人机界面如图 10-24 所示。其主要功能应包括基准位置设定(Home)、电机驱动使能(Enable)、工作位置调节、连续/步进切换、工作参数记忆等。当机械手的作业点发生偏差时，通过手动调节 X 轴和 Y 轴的位置，修正完毕后可以覆盖原有作业点数据(每轴最大可记录 512 个作业点)。在调节位置时，为保证位置数据的准确性，需要确保工作台不发生抖动或移位，因此将工装定位功能也放在示教界面中。

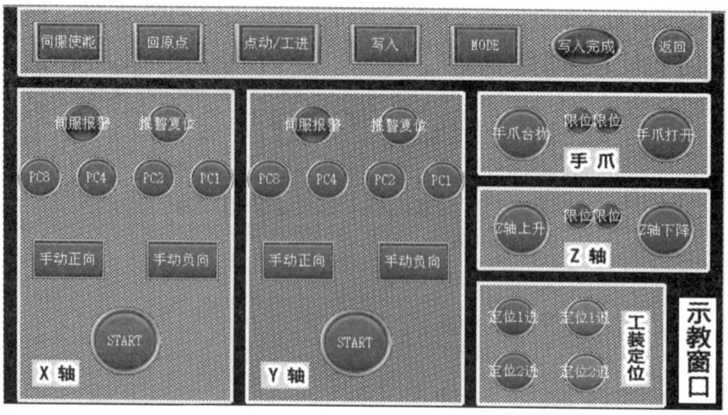

图 10-24　直接坐标机械手示教人机交互界面

以 X 轴为例，编程时的工艺流程如下：

(1) 电机驱动上电，即按下伺服使能按钮至 ON 状态，电机驱动上电。

(2) X 轴、Y 轴寻找基准(绝对零位)，用以修正设备断电时受外力造成的位置偏差，即按下回原点按钮至 ON 状态，执行回原点操作。

(3) 设定连续/步进方式，默认为连续运行方式。

(4) 寻找待修正工作点，首先根据目标点编号设置 PC8、PC4、PC2、PC1 的状态，其编码方式采用十六进制编码，由于本案例单轴实际工作位置不超过 16 点，因此只需要设置 4 个位变量即可，每个位置都有唯一编码，习惯上可以根据位置的先后顺序对各轴编址，如 1 号位置的 PC8～PC1 编码为 0001；目标点编码设定好之后，按下 START 按钮，执行机构会快速运行到指定位置。

(5) 通过手动正向或手动负向按钮，移动 X 轴到指定位置，并进行位置修正，直到满足要求，等待数据保存。

(6) 确认 PC8～PC1 编码后，按下模式按钮(MODE)至 ON 状态。

(7) 按下写入按钮至 ON 状态，观察写入完成指示灯是否点亮；若指示灯点亮，按下写入按钮至 OFF 状态。

(8) 按下模式按钮(MODE)至 OFF 状态，一次示教点修正完成；如要继续修正其他工作点，重复步骤(4)～步骤(8)。

在示教工作方式下，上述工艺流程会作为操作人员的操作规程，因此程序设计时，除回原点功能外，都只需要简单地实现各步骤的控制关系即可，编程类似于手动方式。

3) *自动方式*

自动方式是设备正常生产的工作方式，需要严格执行相应的生产流程，因此通过分析生产流程，提出一个结构清晰并具有顺序控制特征的架构，是程序设计的核心所在。一般来讲，自动化生产线或装备都具有顺序控制特征，这样才能保证生产的有序性、一致性。

图 10-25 为自动方式的人机界面。上部为设备检测结果统计显示区，便于对产品分类处理及数据统计；下部左侧为设备初始运行准备区，当设备每个班次第一次投入运行时，需要操作人员进行初始状态确认，包括“回初始位置”和“工装移位”两个操作按钮；下部右侧为设备运行区，包括“启动”和“停止”两个按钮。下面分析“回初始位置”和“启动”两个功能按钮的程序设计方法。

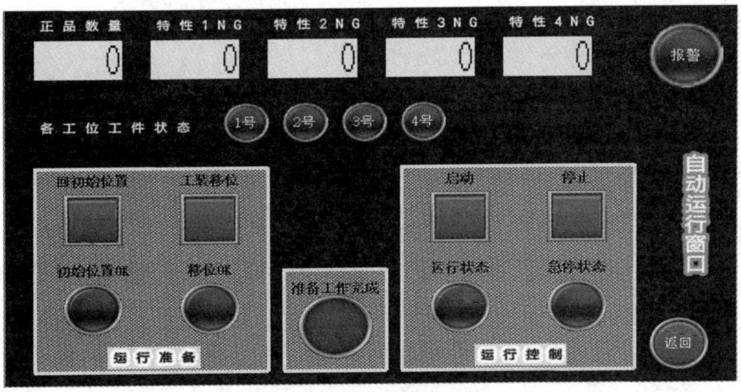

图 10-25　直角坐标机械手自动运行人机界面

(1) 回初始位置程序设计。回初始位置的作用就是找到每个轴的基准位置，也称零位或原点，功能类似于示教方式下的回原点操作，但前者未考虑手爪和 Z 轴的状态。其简单的顺序特征如图 10-26 所示。

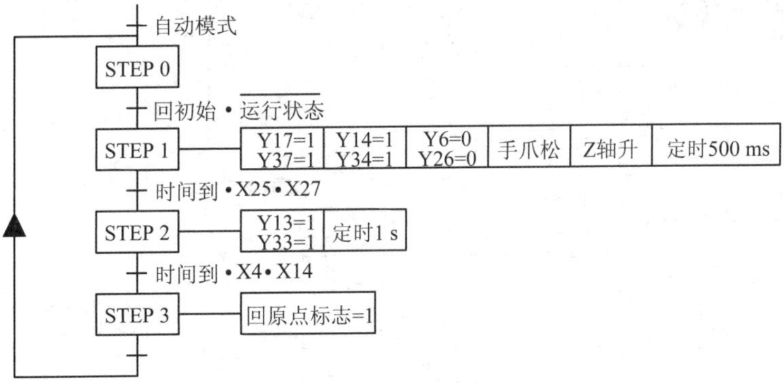

图 10-26　回初始位置顺序功能图

表 10-5 给出了回初始位置程序输入/输出继电器功能描述。回原点功能完成后点亮相应的状态指示灯，表示可以进行后续操作。

表 10-5　回初始位置输入/输出继电器功能描述

编　址		功　能	状 态 说 明
输入	X25	手爪打开限位	手爪打开到位后为 ON
	X27	Z 轴上升限位	Z 轴上升到位后为 ON
	X4	Y 轴执行结束	Y 轴执行动作完成后返回值为 ON
	X14	X 轴执行结束	X 轴执行动作完成后返回值为 ON
输出	Y17	Y 轴伺服使能	Y 轴运行时应置为 ON
	Y37	X 轴伺服使能	X 轴运行时应置为 ON
	Y14	Y 轴 Pause	有效时应置为 ON
	Y34	X 轴 Pause	有效时应置为 ON
	Y6	Y 轴 MODE	非示教存储时应为 OFF 状态，为 ON 时进入数据存储模式
	Y26	X 轴 MODE	非示教存储时应为 OFF 状态，为 ON 时进入数据存储模式
	Y13	Y 轴 HOME	为 ON 时表示 Y 轴启动回原点功能
	Y33	X 轴 HOME	为 ON 时表示 X 轴启动回原点功能

(2) 自动运行程序设计。图 10-27 是根据自动运行方式下的生产流程编制的顺序功能图。

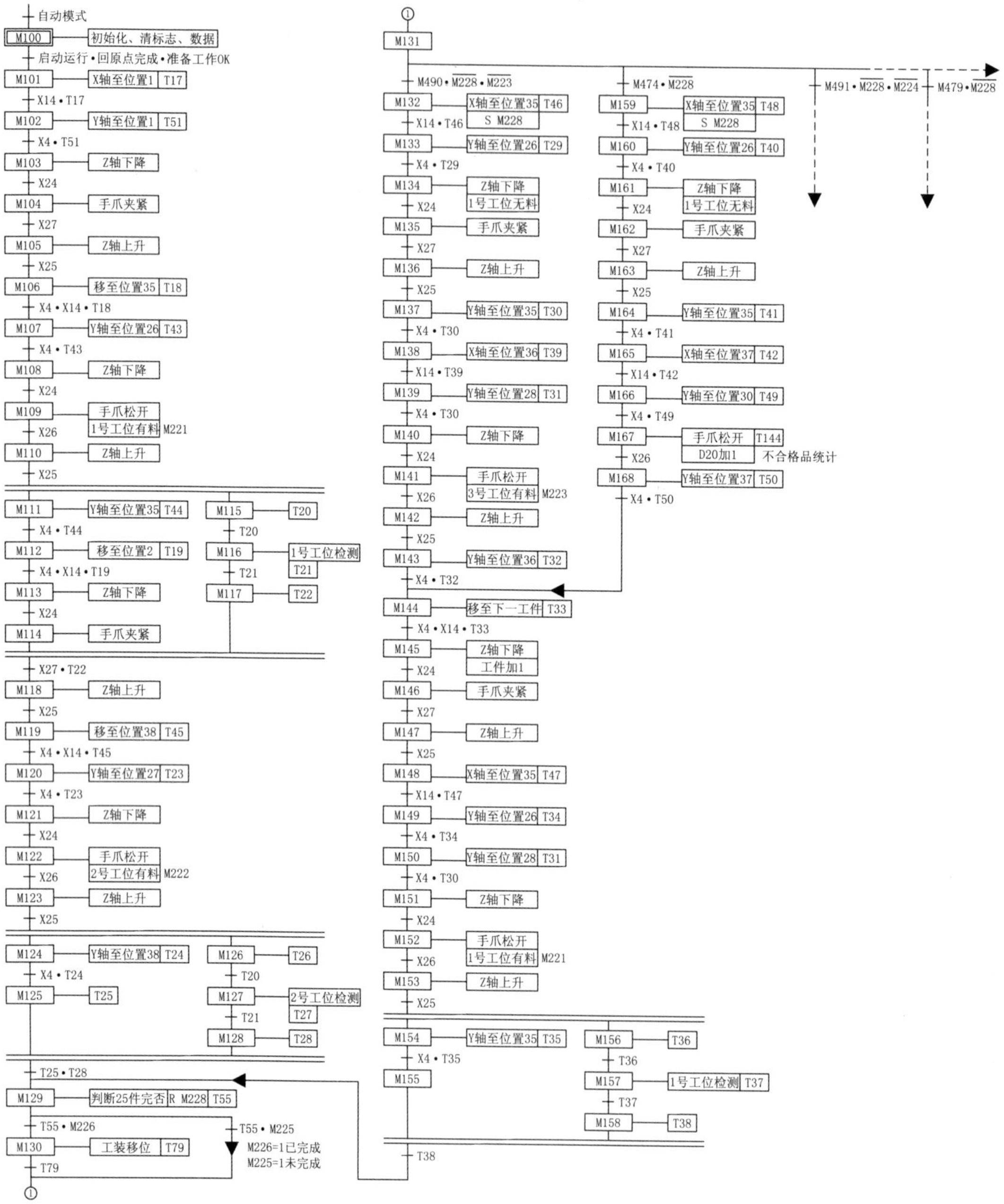

图 10-27　自动运行方式单组顺序功能图

由于该设备检测工位有四个，工艺流程比较繁琐。一方面尽管每个设备都有各自不同的生产工艺，但若从顺序控制的思想出发，只要工艺流程具有顺序特征，处理手法大同小异；另一方面考虑到本案例主要分析机械手运动控制的实现方法，因此图中只绘制了一个检测工位的顺序功能图，希望借此说明如何将运动控制与顺序控制结合起来，而另外几个工位处理方法类似。

① 多分支结构的处理方法。

从顺序功能图中可以看到，机械手的任务就是从工装台上取件送至 1 号或 2 号检测工位，如检测合格，再将该工件送至 3 号或 4 号工位检测，最终对工件进行品质分类和数据统计，不合格品按分类情况返修(注：图中未画出 2、4 号工位的顺序控制流程，其处理方法与 1、3 号工位类似)。

由于 1 号工位与 2 号工位检测任务相同，3 号工位与 4 号工位检测任务也相同，实际构成了两组检测装置并行工作。在顺序功能图的结构处理上，步 M131 后的分支判断很重要，各分支入口条件中增加了一个互斥条件 M228，当有多个分支满足条件时，按照预先制定的优先级(可以利用 PLC 程序扫描的特点实现)执行相应分支，进入分支后先将 M228 置位，这样其他分支的转换条件就不能满足，直到该分支执行完返回到步 M129 时再将 M228 复位。

② 运动控制的处理方法。

对于机械手而言，很多工作任务都与位置控制有关，若按照传统的经验设计法，对于 X、Y 轴(Z 轴为气动方式)的控制要考虑的不仅是控制参数的传递，还要考虑如何避免各运动环节可能产生的相互影响，无疑会增加程序的复杂性，也不利于后续调试和维护工作的开展，因此若能在顺序控制中处理好运动控制问题，则可有效解决上述问题。

首先根据工艺流程，在顺序功能图中，将 X、Y 轴的每个位控任务都作为一个动作，运用子步的概念，如步 M101 对应的动作是“X 轴至位置 1”、步 M102 对应的动作是“Y 轴至位置 1”等，这样程序的主体结构就可以按照顺序控制的编程方法展开。那么 M102 对应的动作如何编程实现呢？一种方法是以步元件作为驱动条件，采用经验法设置位控参数，然后启动该项任务，并将执行结果作为结束该步的转换条件；另一种方法是利用子程序调用，将其中共性的控制指令子程序化，这样可以减少程序量，提高可读性，如图 10-28 所示。

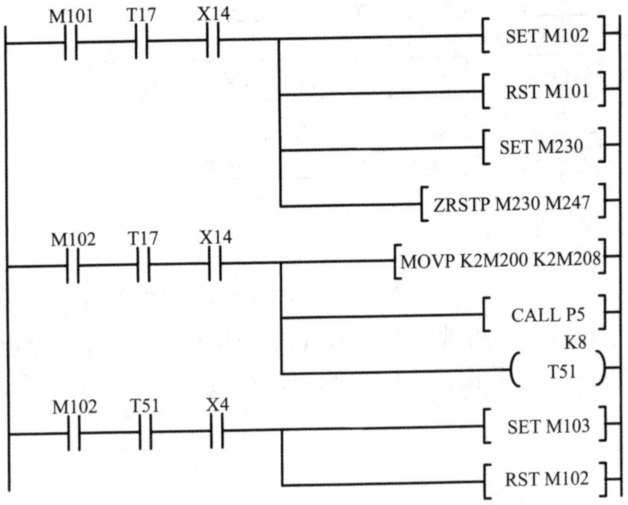

图 10-28　运动控制子程序与主程序的关系

该段程序采用以转换为中心的编程方法，第一个梯级除了步元件的处理外，还对子程序中使用的部分元件进行初始化操作；第二个梯级先将位置参数 K2M200 传递给 K2M208 (子程序中存储位置参数的元件)，然后调用 Y 轴运动子程序，启动 Y 轴，运行至位置 1；第三个梯级是当 Y 轴移动至指定位置后，结束该工步，实现活动步的传递，进入下一工步。

其次，分析设备工艺流程，合理安排运动轨迹(路线)。不同工步的位置控制可能是单轴动作，如“X 轴至位置 35”、“Y 轴至位置 26”，也可能是双轴联动，如“移至位置 38”。位置编号按照工作路线预先定义的机械手作业点，每个编号都对应了两组数据，即 X 轴和 Y 轴的 PC8～PC1。编程时，一方面，每个位置控制任务都有步元件作为限制条件，彼此之间不会相互干涉，可以各自独立编程；另一方面，当双轴联动时，第一个梯级要对 X 轴、Y 轴均作初始化操作，在第二个梯级连续调用子程序 P4、P5 即可。

最后，当程序结构搭建好之后，可以采用前面介绍的顺序控制设计法完成编程，而子程序 P4、P5 是实现位置控制的关键，下面对其简单分析一下。由于本例采用的电缸控制器，功能较强，对接口信号做了详细的约定，使用时只要按照厂家定制的流程向电缸控制器发出控制信号就可以实现位置控制，如图 10-29 所示。其中 STEP 0～STEP 3 在回原点功能中已经作了参数化，因此在子程序中可以不再处理，只要写入位置参数后，延迟 20 ms 启动电机即可。需要强调的是，由于机械手的作业点较多，位置编号与 X 轴和 Y 轴的 PC8～PC1 需要建立一个映射关系，这也是子程序编写的重点。

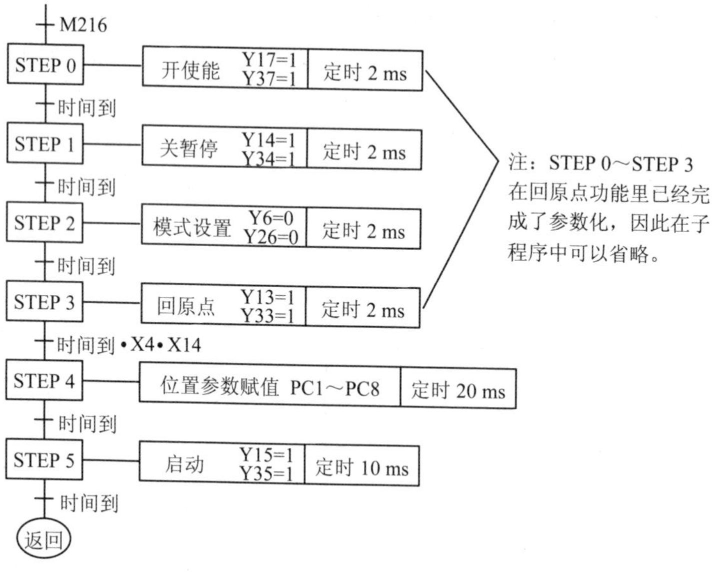

图 10-29　子程序顺序功能图

本案例采用了电缸作为机械手 X 轴和 Y 轴的执行机构，由于该电缸的控制器自身具有较强的可编程能力，因此降低了开发难度，能够实现较理想的位控效果和友好的人机交互方式。

附录 A

常用电气图图形符号

图形符号	说　明
基本符号	
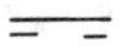	直流 注：电压可标注在符号的右边，系统类型可标注在符号的左边
	交流 注：频率或频率范围以及电压的数值应标注在符号的右边，系统类型应标注在符号的左边
	交直流
+ −	正极、负极
	运动、方向或力
	能量、信号传输方向
	接地一般符号 注：如表示接地的状况或作用不够明显，可补充说明
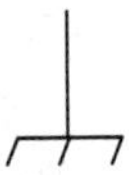 或 	接机壳
	等电位

图形符号	说　明
	故障
	端子 可拆卸端子
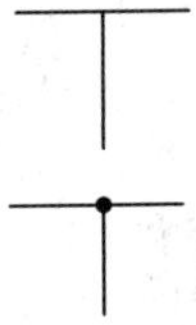	导线的连接
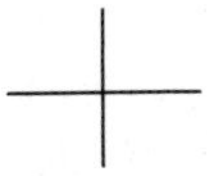	导线跨越而不连接
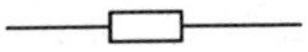	电阻器的一般符号
	电容器的一般符号
	电感器、线圈、绕组、扼流圈
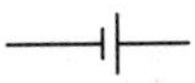	原电池或蓄电池 注：长线代表阳极，短线代表阴极，为了强调短线可画粗些
控制、保护装置	
	动合(常开)触点 注：本符号也可以用作开关的一般符号
	动断(常闭)触点

续表一

图形符号	说　明
	先断后合的转换触点
	中间断开的双向触点
形式1  形式2 	当操作器件被吸合时，延时闭合的动合触点
形式1  形式2 	当操作器件被释放时，延时断开的动合触点
形式1  形式2 	当操作器件被释放时，延时闭合的动断触点

图形符号	说　明
形式1  形式2 	当操作器件被吸合时，延时断开的动断触点
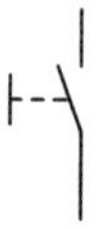	手动开关的一般符号
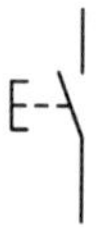	按钮开关(不闭锁)
	位置开关，动合触点 限制开关，动合触点
	位置开关，动断触点 限制开关，动断触点
	多极开关的一般符号，单线表示
	多极开关的一般符号，多线表示

续表二

图形符号	说　明	图形符号	说　明
	接触器(在非动作位置触点断开)		熔断器式隔离开关
	具有自动释放的接触器		跌开式熔断器
	接触器(在非动作位置触点闭合)		避雷器
	断路器		避雷针
	隔离开关	电机、启动器	
	负荷开关(负荷隔离开关)		电机一般符号 符号内的星号必须用下述字母代替： C——同步变流机 G——发电机 GS——同步发电机 M——电动机 MG——能作为发电机或电动机使用的电机 MS——同步电动机 SM——伺服电机 TG——测速发电机 TM——力矩电动机 IS——感应同步器
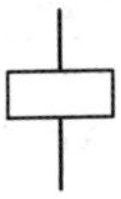	操作器件的一般符号		
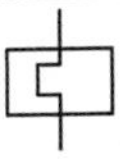	热继电器的驱动器件		
	热继电器触点		
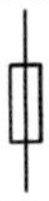	熔断器的一般符号		交流电动机
	熔断器式开关	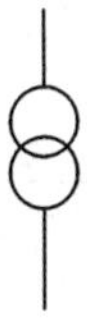	双绕组变压器，电压互感器

续表三

图形符号	说　明	图形符号	说　明
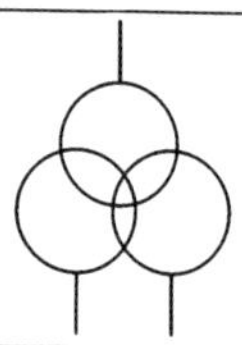	三绕组变压器		导线、导线组、电线、电缆、电路、传输通路(如微波技术)、线路、母线(总线)的一般符号 注：当用单线表示一组导线时，若需示出导线数，可加小短斜线或画一条短斜线加数字表示
	电流互感器		
	电抗器，扼流圈	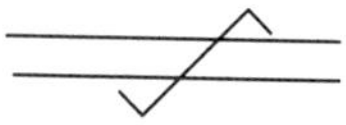	绞合导线(示出二股)
	自耦变压器	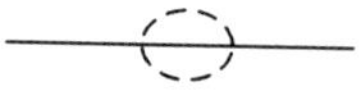	屏蔽导线
仪表、信号器件		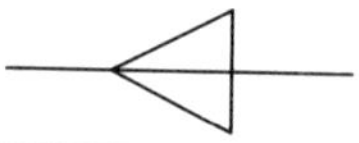	不需要示出电缆芯数的电缆终端头
	电压表		架空线路
	电流表		沿建筑物明敷设通信线路
	功率因数表		滑触线
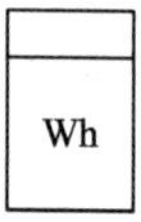	电度表(瓦特小时计)		中性线
	电铃		保护线
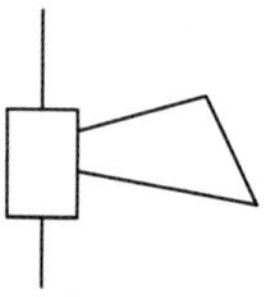	电喇叭		保护和中性共用线
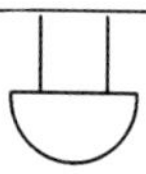	蜂鸣器		

附录B 常用基本文字符号

类别	符号	举例
组件 部件	A	分离元件放大器、磁放大器、激光器、微波激射器、印制电路板、本表其他地方未提及的组件、部件
变换器	B	热电传感器、热电池、光电池、测功计、晶体换能器、送话器、拾音器、扬声器、耳机、自整角机、旋转变压器
电容器	C	
二进制单元、延迟器件、存储器件	D	数字集成电路和器件、延迟线、双稳态元件、单稳态元件、磁芯储存器、寄存器、磁带记录机、盘式记录机
杂项	E	光器件、热器件、本表其他地方未提及的元件
保护器件	F	熔断器、过电压放电器件、避雷器
发电机、电源	G	旋转发电机、旋转变频机、电池、振荡器、石英晶体振荡器
信号器件	H	光指示器、声指示器
	J	
继电器、接触器	K	
电感器、电抗器	L	感应线圈、线路陷波器、电抗器
电动机	M	
模拟集成电路	N	运算放大器、模拟/数字混合器件
测量、试验设备	P	指示、记录、积算、测量设备、信号发生器
电力电路的开关	Q	断路器、隔离开关
电阻器	R	可变电阻器、电位器、变阻器、分流器、热敏电阻
开关、选择器	S	控制开关、按钮、限制开关、选择开关、选择器
变压器	T	电压互感器、电流互感器
调制器、变换器	U	鉴频器、解调器、变频器、编码器、逆变器、变流器
电真空器件 半导体器件	V	电子管、气体放电管、晶体管、晶闸管、二极管
传输通道、波导、天线	W	导线、电缆、母线、波导、偶极天线、抛物面天线
端子、插头、插座	X	插头和插座、端子板、焊接端子片、连接片、电缆封端和接头
电气操作的机械装置	Y	制动器、离合器、气阀
终端设备、混合变压器、滤波器、均衡器	Z	电缆平衡网络、压缩扩展器、晶体滤波器、网络

参 考 文 献

[1] 陈建明. 电气控制与 PLC 应用. 北京：电子工业出版社，2006.

[2] 王仁祥. 常用低压电器原理及其控制技术. 北京：机械工业出版社，2001.

[3] 夏天伟. 电器学. 北京：机械工业出版社，1999.

[4] 于庆广. 可编程控制器原理及系统设计. 北京：清华大学出版社，2004.

[5] 刘顺禧. 电气控制技术. 北京：北京理工大学出版社，2000.

[6] 胡学林. 可编程控制器教程(基础篇). 北京：电子工业出版社，2003.

[7] 廖常初. 可编程序控制器的编程方法与工程应用. 重庆：重庆大学出版社，2001.

[8] 常晓玲. 电气控制系统与可编程控制器. 北京：机械工业出版社，2004.

[9] 陈立定，吴玉香，苏开才. 电气控制与可编程控制器. 广州：华南理工大学出版社，2001.

[10] 宋建成. 可编程序控制器原理与应用. 北京：科学出版社，2004.

[11] 《低压电器五大发展趋势》[EB/OL]，中国自动化网. http://www.ca800.com/news/html/2007-1-8/n41105.html, 2006.3.28.

[12] 《国内外低压电器发展趋势》[EB/OL]，中国自动化网. http://www.ca800.com/news/html/2007-1-8/n42036.html, 2006.3.28.

[13] 彭瑜. 工控编程语言国际标准 IEC 61131-3 及其影响. IEC 61131-3 巡回研讨会，2006.

[14] 阳宪惠. 现场总线技术及其应用. 北京：清华大学出版社，1999.

[15] JB/T 10542-2006《低压电器通信规约》，机械工业标准化与质量，2006.

[16] 陈宇，段鑫. 可编程控制器基础及编程技巧. 广州：华南理工大学出版社，2002.

[17] 阮于东. 低压电器的数据通信. 电气时代. 2004.1.